大型水利工程影响下

河流水温时空变化

分析与研究

李雨　陈金凤　刘秀林　等 ◇ 著

长江出版社
CHANGJIANG PRESS

图书在版编目（CIP）数据

大型水利工程影响下河流水温时空变化分析与研究 / 李雨等著 .

武汉：长江出版社，2025. 4. -- ISBN 978-7-5804-0102-1

Ⅰ．P341

中国国家版本馆 CIP 数据核字第 2025SD8131 号

大型水利工程影响下河流水温时空变化分析与研究

DAXINGSHUILIGONGCHENGYINGXIANGXIAHELIUSHUIWENSHIKONGBIANHUAFENXIYUYANJIU

李雨等　著

责任编辑： 郭利娜

装帧设计： 刘斯佳

出版发行： 长江出版社

地　　址： 武汉市江岸区解放大道 1863 号

邮　　编： 430010

网　　址： https://www.cjpress.cn

电　　话： 027-82926557（总编室）

027-82926806（市场营销部）

经　　销： 各地新华书店

印　　刷： 武汉新鸿业印务有限公司

规　　格： 787mm×1092mm

开　　本： 16

印　　张： 17.75

字　　数： 420 千字

版　　次： 2025 年 4 月第 1 版

印　　次： 2025 年 4 月第 1 次

书　　号： ISBN 978-7-5804-0102-1

定　　价： 138.00 元

前 言
PREFACE

河流是地球生态系统中的重要组成部分，承担着水资源输送、气候调节、生态环境保护和生物多样性维持等多重功能。尤其在大型流域中，河流作为水文循环的重要组成部分，不仅为农业、工业和生活用水提供保障，还为水生生物提供栖息地。水温是水生生态系统中最重要的环境因子之一，水温的变化对水体物理、化学性质及水生生物产生较大影响，并直接影响水生生物的分布、繁殖和生长。对于鱼类来说，水温影响着它们的生理活动和生长速度。在水温变化的影响下，鱼类的食物摄取量、代谢速率和繁殖周期都会发生显著变化。不同鱼类对水温的适应能力不同，水温升高可能导致一些鱼类的栖息地缩小，甚至影响其种群的存续。水温的变化不仅影响鱼类的个体生长，还可能破坏水体中的生物链条，影响水体中的植物和微生物群落，进而影响整个生态系统的稳定性和功能。尤其是对于温水性和冷水性鱼类而言，水温的改变可能带来难以预测的生态后果。

水库作为一种重要的水利工程设施，其在抵御洪水灾害、改善航道条件和为国家提供能源方面起到重要作用的同时，也不可避免地引起原有自然连通的网络化水系结构与功能的明显改变，同时也显著改变了天然河流的水文特性，尤其是水温的季节性波动。水库的蓄水、调度和放水等操作，对流经水库的水流和水温产生了直接影响。首先，水库表层的水温通常受太阳辐射的影响较大，而深层水温主要受水库上游来水流动以及水层温差调节作用的共同影响。由于水库蓄水后，水流的流动速度减缓，水体滞留时间增加，深层水体可能出现层结现象，表层和底层水温差异较大。特别是在水库的调度过程中，水库上层的温暖水体被调入下游，可能会造成下游水温的升高，影响水生生态系统。水库的建设还可能改变水流的自然波动特征，导致季节性水温波动趋于平稳、水体热容量增大、水温调节作用复杂化。这些变化对下游的生态环境产生了深远影响。特别是在长期蓄水或大规模调度的情况下，水温的改变可能使水生生态环境难以适应，进而引发物种迁徙、适应性下降等问题。

长江流域是我国最大的水系,跨越多个气候带,水文条件复杂,河流形态的多样性,以及流速、流量、水深、水温、水质、水文周期变化及河床底质构成等多种生态因子的异质性,共同造就了长江流域丰富的生境多样性,形成了多样的河流生物群落。然而,随着气候变化、经济发展以及水利工程的建设,长江流域的生态系统正面临着越来越大的压力。目前,我国的13大水电基地中有7个分布于长江流域,而金沙江、雅砻江、大渡河、乌江和长江上游水电基地等5个分布在长江上游流域,其中宜昌以上的长江上游干流分布有三峡、向家坝、溪洛渡、白鹤滩、乌东德、观音岩、鲁地拉、龙开口、金安桥等大型水电站。此外,在长江上游其他各个支流上,如沱江、嘉陵江、牛栏江、普渡河、横江、渔泡江、綦江等上也修建有诸多的梯级水电站。流域内频繁的水库建设、过度开发水资源等,导致水温、流量等水文因子发生了显著变化,进一步加剧了生态系统的脆弱性。长江流域的水生生态系统具有高度的敏感性,尤其在水库建设后,水温的改变可能使一些水生生物种失去适宜的生存环境,甚至导致物种灭绝。水库的调度改变了流域内水流的季节性变化,导致鱼类的栖息地遭到破坏,甚至影响到水生植物的生长和繁殖。这些生态变化可能对整个流域的水质和生物多样性造成长期影响,破坏生态平衡。因此,研究水库运行对水温的影响,不仅是理解水库调度与水生态变化关系的关键,也是保护水生态、维持水生生物多样性和提高水资源管理科学性的重要手段。

本书全面分析了长江攀枝花—宜昌江段历史水温时空演变特征,以及近年来受大型水利工程调度影响下攀枝花—宜昌江段表层水温的时空变化成因,在此基础上以溪洛渡、向家坝、三峡、丹江口等长江流域已建大型水利工程为节点,系统论述了水温监测站网布局、水库表层和垂向水温监测技术、库区水温垂向和沿程变化规律、坝前垂向水温结构及演变特征、坝下河道水温多时间尺度演变规律等关键内容,并以溪洛渡水库分层取水的生态调度为案例,分析了水库生态调度策略对坝下生态保护区内水温结构和时空演变规律的影响。

本书共分为8章,由李雨组织设计并主持编写。李雨、陈金凤、刘秀林、王雪、曾凌、邹珊等人共同完成全书的编写。编写过程中参阅了国内外大量的技术资料和参考文献,也感谢水利部长江水利委员会水文局各局属勘测局提供的监测和分析资料。笔者对所有为本书出版做出辛勤劳动的同事们和朋友们致以衷心的感谢!

本书涉及内容较多,加之作者水平也有限,书中难免存在不足之处和局限性,敬请广大读者和同行批评指正!

作 者
2025 年 1 月

目 录

CONTENTS

第 1 章　绪　论

1.1　研究背景

长江,这条被誉为中华大地的生命之河,不仅承载着深厚的文化底蕴,更蕴藏着无尽的自然宝藏。其中,水能资源之丰富,堪称国之瑰宝,水能资源绝大部分汇聚于长江上游那广袤无垠的百万平方千米流域之内,宛如一颗璀璨的明珠,熠熠生辉。在这片神奇的土地上,长江上游段、金沙江、雅砻江、大渡河、乌江等一条条奔腾不息的江河,共同构筑起一系列对国家能源安全具有不可估量价值的大型水电基地。这些基地不仅是国家电力供应的重要支柱,更是驱动经济社会可持续发展的绿色引擎,持续为社会发展注入清洁高效的能源动力。

然而,在长江流域水利水电事业蓬勃发展的同时,大型水库的兴建也引发了人们对生态环境的深切关注。这些雄伟的水利工程,在带来巨大经济效益的同时,也潜藏着对自然生态的深远影响。如何平衡发展与保护,确保长江上游的生态环境不受破坏,成为摆在我们面前的一项紧迫而艰巨的任务。

面对这一挑战,开展长江大型水利工程影响下河流水温时空变化分析与研究显得尤为重要。本书旨在深入剖析大型水利工程对水温的影响机制,探索其垂向生态价值的最大化路径,并据此提出科学合理的调度策略,以实现生态效益与经济效益的双赢。通过这一研究,我们不仅能够更好地了解长江上游生态系统的内在规律,还能为未来的水利工程建设提供有力的科学依据,确保在保障国家能源安全的同时,也守护好这片绿水青山。

长江大型水利工程建设对生态环境影响问题不容忽视,尤其是对水温时空变化影响。水温,作为河流系统中理化生物过程的核心要素与主要调控力量,其变化对生态系统的影响深远而复杂。大型水利工程的兴建,在带来防洪、发电、灌溉、航运等多重效益,有力推动流域经济社会发展的同时,也悄然改变着水库水温的时空分布格局。以溪洛渡水库为例,自蓄水至运行初期,其垂向空间内逐渐形成了水位变动区、温度不稳定区、温度过渡区和温度相对稳定区等多个层次。这些区域的水温随季节变化的特性各不相同,展现出水库水温分布的复杂性与动态性。尤为值得注意的是,水库的蓄水运行在某些特定季节会导致水温出现垂向分层现象,且下泄水温与天然河流水温存在显著差异。这一现象不仅显著改变了库区及下游河流的水温节律,还引发了下游河道的"滞温"与"滞冷"效应,对水文生态产生了深远影响。水温的变化,直接关系着水生植物的生长条件、生物数量及分布格局。对于水体中的鱼类而言,水温的波动更是关乎其生存、生长发育及栖息地选择的关键因素。当库区水体和下游河道的水温发生变化时,鱼类的生活习性、繁殖策略乃至种群结构都可能随之调整,以适应新的水温环境。然而,这种调整并非总是积极的,有时可能引发种群数量的减少、生物多样性的下降乃至生态系统的失衡。

因此,必须高度重视大型水利工程建设对水温分布及水生生态系统可能产生的负面影响。通过科学规划与合理调度,最大限度地减缓水温变化对水生生物的不利影响,是保障库区及下游河道水文节律与水生生态系统健康稳定的重要任务。这不仅是对水利工程可持续发展的要求,更是对生态环境保护与修复的历史使命。因此,开展长江大型水利工程影响下河流水温时空变化分析与研究,具有重大的现实意义和研究价值。

(1)在国家江河战略层面

该研究既是坚决贯彻"共抓大保护、不搞大开发"要求,也是筑牢长江流域生态屏障的具体实践。

长江流域江河众多,大型水利工程分布广泛,其在防洪、发电、灌溉、供水等方面发挥着巨大作用,是国家水资源综合利用和调配体系的关键组成部分。在新时期"共抓大保护、不搞大开发"的绿色发展理念下,保护河流生态环境是重中之重。河流水温是河流生态系统的重要环境因子,对河流生态系统的结构和功能有着深远影响。大型水利工程改变了河流的自然水文过程,进而引起水温的时空变化。大型水利工程运行后,河流水温的季节变化、年际变化等可能发生改变。例如,水库的蓄水和放水过程会改变河流的热交换过程,导致水温的季节变化幅度减小或增大。通过长期监测和分析水温的时间变化规律,可以评估水利工程对河流生态系统的长期影响,为生态修复和保护提供时间尺度上的指导。水利工程上下游的水温分布也会发生变化,不同河段的水温差异可能影响水生生物的分布和迁移。

研究水温变化能够揭示水利工程对河流生态系统的影响机制,为生态保护提供科学依据。例如,水温的变化会影响鱼类的繁殖、洄游等生命活动。许多鱼类对水温有特定的要求,水利工程导致的水温变化可能使鱼类繁殖期提前或推迟,影响鱼类种群数量和分布。通过研究水温时空变化,可以采取针对性的生态保护措施,如设置生态调度方案,调节下泄水温,为鱼类等水生生物创造适宜的生存环境,保护生物多样性。通过了解不同水利工程对水温的影响,也能够优化水利工程的规划与建设,使工程布局更加科学合理,充分发挥江河水资源的综合效益。例如,在规划新的水利工程时,可以参考已有工程对水温的影响研究成果,避免因水温变化对生态环境和水资源利用造成不利影响,确保江河水资源的可持续利用,为国家经济社会发展提供坚实的水资源保障。

此外,研究大型水利工程影响下河流水温时空变化还具有重要的社会经济意义。在农业灌溉方面,水温适宜与否直接影响农作物的生长发育。了解河流水温变化规律,可以合理安排灌溉时间和水量,提高灌溉效率,保障农业生产。在工业用水方面,一些工业生产过程对水温有特定要求,准确掌握河流水温变化有助于工业企业合理利用水资源,降低生产成本。同时,水温变化还可能影响河流的航运、旅游等功能。通过研究水温时空变化,可以采取相应的措施,保障这些社会经济活动的正常进行。

综上所述,从国家江河战略和共抓大保护、不搞大开发的角度出发,开展大型水利工程影响下河流水温时空变化分析与研究,对于完善国家江河战略布局、保护河流生态环境、促进水资源合理利用、保障经济社会可持续发展具有不可替代的重要意义。

(2)在学术研究意义层面

该研究是深化大型水利工程建设运行对生态环境影响的系统科学认识,促进相关多学科交叉融合,支撑新时代水生态环境保护的重要基础。

从学科认识的维度来看,这项研究开启了一扇通往多学科融合世界的大门。水文学作为基础学科,为我们理解河流自然状态下的热量平衡和水流运动规律提供了关键的理论框架。在水利工程介入后,水文学的方法能够帮助我们追踪水流条件改变所导致的热量传输路径和速率的变化。物理学则从微观层面深入解析水温变化的机制,热传导和对流理论在解释水库水体与大气之间的热交换,以及水体内部的热量传递过程中发挥着重要作用。生态学的引入则让我们更加关注水温变化对整个河流生态系统的影响。鱼类的繁殖周期、浮游生物的季节性变动,无一不与水温的变化息息相关。通过跨学科的视角,我们得以突破传统学科边界,从更加系统和全面的角度审视大型水利工程对河流生态环境的综合影响。

深入学科内涵层面,这一研究为水利工程学和河流生态学带来了全新的发展契机。传统水利工程学主要聚焦于工程的建设、运行与管理,以实现防洪、发电和灌溉等实际功能。但随着生态环境保护意识的不断增强,对大型水利工程影响下河流水温时空变化的研究,促使水利工程学开始融入生态友好的设计理念。在水库泄流设计中,通过优化泄流方式和时间,尽可能降低水温分层对下游河道生态系统的负面影响,实现工程效益与生态保护的平衡。对于河流生态学而言,水温时空变化的研究进一步揭示了河流生态系统的高度复杂性和敏感性。水温作为关键的生态因子,其微小的变化都可能引发物质循环、能量流动和生物群落结构的连锁反应。通过深入研究水温变化,能够完善河流生态学的理论体系,为河流生态系统的保护和修复提供更为精准的科学指导。

从学术价值的角度出发,通过长期的监测和深入的数据分析,我们能够建立更加精确的水温变化模型。这些模型不仅能够预测不同水利工程情景下河流水温的时空分布,还能为研究其他人类活动对河流生态环境的影响提供重要的参考。在实践应用中,研究成果为水利工程的科学管理和河流生态保护提供了强有力的支持。水利工程管理者可以根据水温变化的研究结果,制定更加科学合理的调度方案,在保障工程效益的同时,最大限度地减少对生态环境的负面影响。环境保护部门则可以将水温变化研究结果作为制定河流生态保护政策和标准的重要依据,推动河流生态系统的可持续发展。

综上所述,大型水利工程影响下河流水温时空变化的分析与研究,在学科认识、学科内涵和学术价值等多个方面都具有不可忽视的重要意义。它不仅促进了多学科的深度融合,丰富了水利工程学和河流生态学的理论内涵,更为相关理论的发展和实践应用奠定了坚实的基础。

(3)在水利水电行业高质量发展层面

该研究是促进水利水电工程优化运行管理,切实推进"绿色水电"转型发展的必要保障。

长江流域大型水利工程星罗棋布,水库作为水利工程的核心设施,其调度方式显著影响着大坝上下游的水温结构和时空变化,而河流生态系统又是一个复杂而精妙的整体,水温的变化犹如引发连锁反应的"多米诺骨牌",会对水生生物的多样性和生态系统的稳定性产生影响。目前,水库的调度目标呈现出多元化且复杂的特性。一方面,要确保防洪、发电、灌溉等传统功能得以高效实现,这些功能关乎区域的经济发展与民生保障;另一方面,还必须兼顾生态环境保护,全力维持河流生态系统的健康稳定状态。

河流水温的时空变化,在众多生态过程中扮演着举足轻重的角色。水库的年内跨时域调度,大量低温水下泄致使下游河道水温显著下降。鱼类等水生生物对水温变化极为敏感,水温的骤变可能致使它们的繁殖过程遭受阻碍,生长发育受到抑制,甚至出现死亡现象,进而严重破坏生态系统的结构与功能。通过对水温时空变化的深入研究,我们能够精准掌握不同泄洪规模、方式和时间对下游水温的影响规律。基于这些规律,在汛期调度时,水库管理部门便能够优化泄洪方案。例如,采用分层取水技术,根据水温分布情况,选取适宜水温的水层进行泄放,从而有效减少对下游生态的冲击,在确保防洪安全的同时,最大限度地降低对生态环境的负面影响。

较之天然河道,水库成库后可能会改变水体的热交换过程,加剧水温分层现象,使得下泄水温与自然状态下的水温产生较大差异,进而降低下游农业灌溉用水的水温,而水温对农作物的生长有着显著影响。适宜的水温能够促进农作物根系对养分的吸收,有利于农作物的生长发育;反之,不适宜的水温则可能导致农作物生长不良,甚至造成减产。大型水利工程的建设改变了河流原有的水温分布状况。通过对水温时空变化的研究,能够明确在不同季节、不同灌溉水量条件下,水库放水对灌溉区域水温的具体影响。这使得水库在进行灌溉调度时,能够依据农作物的生长需求,灵活调整放水时间与水量,确保灌溉水温适宜,提高灌溉用水的质量,有力地促进农业生产的可持续发展。

综上所述,通过对大型水利工程影响下河流水温时空变化的深入分析与研究,为水库优化调度提供了全方位、多层次的决策依据,实现工程效益与生态效益的双赢局面,推动水利事业与生态环境的协调可持续发展。

1.2 研究现状

(1)国外水库水温研究历程

鉴于生态环境保护的重要性、供水及灌溉工程对水温的特定要求,以及水库流场与温度场耦合计算的迫切需求,全球各国已广泛开展了深入的水库水温基础理论探索与工程实践。在这一领域,美国与日本起步较早,成果丰硕,引领着国际研究的潮流。

美国自 20 世纪 30 年代初便率先涉足水库水温研究,旨在应对日益严峻的水库富营养化问题。通过系统的水温原型观测,科学家们积累了丰富的第一手数据。40—50 年代,研究重心转向探讨水温与水电站取水作业之间的相互作用,以及坝前温度场的精确计算。进入 70 年代,水温数学模型迎来了蓬勃发展,不仅极大地推动了理论研究的深化,还催生了众多分层取水结构的创新设计,有效提升了水资源管理的科学性与效率。

日本在水库水温领域的探索则兴起于第二次世界大战之后,其研究焦点别具特色,主要聚焦于水温对农作物生长的影响、水库水温的分层特性分析,以及分层选择取水结构的研发等方面。通过不懈努力,日本学者在这些领域取得了显著成就,为水库水温管理提供了宝贵的理论与实践指导,进一步丰富了全球水库水温研究的内涵。

苏联及北欧部分国家在早期的水温研究中,主要聚焦于预防冰害问题。自20世纪70年代起,这些国家普遍展开了对水库水温的实地监测与分析工作,同时深入研究了分层取水技术和热力计算方法,以更好地理解和应对水温变化带来的影响。时至今日,在国外的流域水环境综合治理中,水温已被广泛视为水质评估的关键指标之一,其研究深度和广度均在不断拓展。这不仅体现了水温研究在维护水生生态系统健康、保障水质安全方面的重要性,也凸显了其在推动流域水环境综合治理科学化和精细化进程中的不可或缺作用。

这些研究揭示了不同地理区域水温变化的主要驱动力,为理解全球气候变化和人类活动对水文生态系统的影响提供了重要依据。通过综合这些观点,我们可以更全面地评估气候变化和水利工程对河流生态系统水温动态的复杂影响,从而为制定有效的水资源管理和保护策略提供科学支持。

（2）国内水库水温研究历程

我国水库水温研究最早是由于水库工程设计和施工的实际需要,20世纪50—60年代进行了部分水库水温监测及时空特性分析;70年代华东勘测设计研究院(现为中国电建集团华东勘测设计研究院有限公司)、中国水利水电科学研究院、中南勘测设计研究院(现为中国电建集团中南勘测设计研究院有限公司)等单位在综合分析众多水库水温实测资料的基础上,提出了许多水库水温估算的经验性公式,如李怀恩法、张大发法、朱伯芳法等;90年代以后,在对国外数学模型方法引进和吸收、发展的基础上,国内水库水温数学模型技术不断发展,应用范围也逐渐扩大,在三峡水库及金沙江、雅砻江等一些水电开发重点河段的水温研究和工程实践中取得了较好的成效。

现阶段我国致力于天然水温恢复技术研究(如分层取水),积极开展大型水利工程的水温控制和科学管理研究。邹振华、袁博等分别针对水利工程对长江干流、黄河以及澜沧江水温的影响进行了深入研究,夏依木拉提则聚焦于气候变化对天山西部内流河水温的潜在影响。此外,Xiao等探讨了三峡水库与气候变化共同作用下长江流域水温的变化情况;Shi等详细研究了向家坝水库水温及其影响因素的月变化和季节性变化规律;Sun等则关注了三峡水库影响下的季节性水温变化模式。邹珊等进一步探讨了气候变化及支流入汇等多重因素对水温的综合影响,揭示了水温变化的复杂机制。李雨等通过对金沙江下游及川江段水温的沿程时空变化规律进行分析,为理解该区域水温的动态特征提供了重要依据,邵骏等则针对金沙江上游水温的变化规律进行了深入研究。李禔来、姬雨雨等分别对梯级水库的累积水温影响、库区洲滩水温变化等展开了详细分析。

1.3　主要研究内容

水温作为水环境的核心影响因子,其波动深刻地塑造着水的物理与化学特性,影响着水生生物的分布格局、生长发育进程及整个水生生态系统的稳定性。本书主要从以下 6 个部分对大型水利工程影响下河流水温时空变化情况进行分析和研究。

(1)长江攀枝花—宜昌江段梯级水库群建设对河流水温的影响分析研究

选取了干支流控制性水文站近 60 年的水温资料,采取归因分析和多尺度对比分析开展研究。归因分析方面,为了深入探究长江攀枝花—宜昌江段水温时空分布变化的驱动因素,从气候变化、梯级水库运行及支流入汇等多重因素,采用归因分析方法,识别了该河段水温变化的主要影响因子。多尺度对比分析方面,为了更深入地了解长江攀枝花—宜昌江段水温的时空变异特性及沿程分布,采用多尺度对比分析方法。通过对比不同时间尺度(如年际、季际、月际等)和不同空间尺度(如干流与支流、上游与下游等)的水温数据,揭示了该江段水温变化的复杂性和多样性。

(2)长江攀枝花—宜昌江段梯级水库群建设对河流沿程表层水温时空变化分析

从表层水温过程与特征分析、历史水温差异分析、沿程变化分析及干支流影响分析等 4 个方面,开展长江攀枝花—宜昌江段梯级水库群建设对河流沿程表层水温时空变化分析研究。旨在全面剖析长江攀枝花—宜昌江段各监测断面的表层水温过程、特征、与历史水温的差异、沿程变化趋势及干支流间的相互关系,以期能够揭示该江段水温变化的内在规律,为河流生态保护、水资源管理及气候变化研究提供科学依据。

(3)溪洛渡—向家坝梯级水库库区垂向水温结构变化分析

溪洛渡和向家坝梯级水库作为金沙江流域重要的梯级水电站,其水温结构的研究对于保障生态安全、优化调度策略具有重要意义。从确保监测数据的全面性和代表性方面考虑,在库区干支流选择 12 个垂向水温监测断面,从垂向水温分层分析、时间序列分析、空间相关性分析等 3 个方面,全面分析了溪洛渡—向家坝梯级水库库区垂向水温结构和演变特征。

(4)以三峡工程建设为核心的三峡库区及长江中下游河道水温变化分析

研究聚焦于三峡库区内的朱沱、寸滩、巴东 3 个关键站点,以及长江中下游干流沿岸的宜昌、汉口、大通等重要水域的水温数据,从特征指标统计分析、阶段性水温过程变化、水温序列趋势检验、水温特征值突变检验等 4 个方面,对这些代表性水域的水温进行了详尽分析,揭示了其水温变化的特征与规律。

（5）丹江口水库建设对汉江中下游河道水温的长期累积性影响研究

从丹江口水库建设各时期对水温特征的影响分析、汉江中下游河道水温多时间尺度变化分析、汉江中下游河道水华易发期水温特征及汉江中下游鱼类产卵期水温特征这 4 个方面,全面分析了丹江口水库建设对汉江中下游河道水温的长期累积性影响,深入探究其影响机制、影响程度及影响范围,并评估该影响对下游河道水环境、生态及经济等方面的长期效应。

（6）溪洛渡水库分层取水水温调节调度实践及效果分析研究

介绍了溪洛渡水库水温生态调度目标和溪洛渡水库梁门运行方案,从监测要素、监测断面布设、监测时间及频次 3 个方面论述了溪洛渡水库生态调度期水温监测方案,并系统分析了不同调度方案对表层水温、垂向水温结构和下游保护区的综合影响,研究成果为水库分层取水生态调度工作开展及成效分析提供了重要参考。

第 2 章　长江攀枝花—宜昌江段历史水温时空特征及其成因分析

2.1　流域概况

2.1.1　自然地理

长江作为我国最重要的内河航运大动脉,全长约 6300km,自青藏高原唐古拉山脉的主峰各拉丹冬雪山发源,向东流经 11 个省(自治区、直辖市),最终在上海市崇明岛附近汇入东海。长江攀枝花—宜昌江段是长江上游至中游的重要部分,其自然地理概况复杂多样,拥有丰富的自然资源和独特的气候条件,长江攀枝花—宜昌江段位于我国的西南部至中部,跨越四川、重庆、湖北等省(直辖市)。其中,攀枝花位于四川省的最南端,地处金沙江畔,是长江上游的重要城市之一。而宜昌则位于湖北省的中西部,是长江上游和中游的分界点,也是三峡大坝的所在地。这一江段全长约 1600km,占长江总长度的 1/4 左右。

长江攀枝花—宜昌江段地形复杂,从青藏高原的崇山峻岭到四川盆地的肥沃平原,再到三峡地区的险峻峡谷,构成了多样化的地貌景观。

(1)攀枝花段

攀枝花地处金沙江畔,地势北高南低,由西北向东南倾斜。其地形以高山、峡谷为主,平均海拔为 1000～2000m。金沙江在此段形成了多处险峻的峡谷,如二滩峡谷等,这些峡谷不仅景色壮观,也蕴藏着丰富的水能资源。

(2)四川盆地段

长江在进入四川盆地后,地势变得平坦,形成了广袤的平原和丘陵地带。四川盆地是我国著名的紫色土分布区,土壤肥沃,农业发达,盆地内的成都平原是我国重要的粮食生产基地之一。

(3)三峡段

长江在宜昌附近进入三峡地区,形成了著名的三峡峡谷。三峡由瞿塘峡、巫峡和西陵峡组成,全长193km,是长江上最险峻、最壮丽的峡谷景观。三峡地区的山峰高耸入云,峡谷深邃幽长,江水湍急奔腾,形成了独特的自然景观和人文景观。

2.1.2 水文气象

2.1.2.1 水文特征

长江攀枝花—宜昌江段的水文特征复杂多样,包括河流径流、泥沙输移、洪水灾害等方面。

(1)河流径流

长江在这一江段的径流量较大,年径流量占长江流域总径流量的1/3以上。其中,金沙江是长江上游的主要支流之一,其径流量约占长江上游总径流量的1/2。长江在进入四川盆地后,由于地势平坦,河流流速减缓,形成了多处湖泊和湿地。三峡地区的河流则呈现出峡谷河流的特点,流速快、流量大。

(2)泥沙输移

长江攀枝花—宜昌江段的泥沙输移量较大,尤其是金沙江和三峡地区。这些泥沙主要来源于河流两岸的岩石侵蚀和土壤侵蚀。泥沙的输移对长江河道的演变和下游地区的河床淤积具有重要影响。

(3)洪水灾害

长江攀枝花—宜昌江段是洪水灾害频发的地区之一。受地形复杂、气候多变,加上河流径流量大、泥沙输移量大等因素的影响,这一江段在汛期(4—10月)容易发生洪水灾害,给当地人民的生产和生活带来了严重的影响。

2.1.2.2 气象特征

长江攀枝花—宜昌江段的气候受亚洲季风的影响,呈现出亚热带季风气候的特点。

(1)攀枝花段

攀枝花地处金沙江干热河谷区,气候炎热干燥,年均气温在20℃以上,年降水量在800~1000mm。由于其独特的地理位置和气候条件,攀枝花成为我国著名的"阳光城"和"冬暖夏凉"的避暑胜地。

(2)四川盆地段

四川盆地气候温和湿润,四季分明。年均气温在16~18℃,年降水量在800~1200mm。盆地内的气候条件适宜农业生产,是我国重要的粮食和油料作物生产基地。

（3）三峡段

三峡地区的气候具有显著的山区气候特点,气温随海拔升高而降低,降水则随海拔升高而增加。年均气温在 15℃ 左右,年降水量在 1000～1600mm。三峡地区的气候条件适宜多种植物生长,是我国重要的生物多样性保护区之一。

2.1.3 河流水系

长江攀枝花—宜昌江段拥有众多支流,这些支流在流域内发挥着重要作用,不仅增加了流域的水资源总量,还形成了复杂的水系网络。

（1）雅砻江

雅砻江是长江上游的重要支流之一,发源于青海省巴颜喀拉山南麓,自北向南流经四川省甘孜藏族自治州、凉山彝族自治州等地,在攀枝花市附近汇入长江。雅砻江流域地形复杂,气候多样,拥有丰富的水能资源和矿产资源。

（2）岷江

岷江是长江上游的重要支流之一,发源于四川省西北部岷山山脉,自北向南流经阿坝藏族羌族自治州、成都市等地,在宜宾市附近汇入长江。岷江流域是四川省重要的农业区和人口密集区,对当地的经济社会发展具有重要意义。

（3）嘉陵江

嘉陵江是长江上游最大的支流之一,发源于陕西省宝鸡市境内,自北向南流经甘肃省、陕西省、四川省等地,在重庆市汇入长江。嘉陵江流域地形复杂,气候多样,拥有丰富的水能资源和农业资源。

（4）乌江

乌江是长江上游的重要支流之一,发源于贵州省西北部,自西向东流经贵州省、重庆市等地,在重庆市涪陵区附近汇入长江。乌江流域是贵州省重要的农业区和人口密集区,对当地的经济社会发展具有重要意义。

此外,长江攀枝花—宜昌江段还有许多其他支流,如金沙江、赤水河等,这些支流在流域内发挥着重要作用,共同构成了长江上游复杂的水系网络。

2.1.4 水生生态

长江作为世界第三大河流及我国的第一大河流,其流域面积广阔,约 180 万 km²,不仅为中华大地带来了丰沛的水源,也孕育了极为丰富的鱼类资源。据统计,长江流域内有 370 多种鱼类,其中 112 种为特有鱼类,其淡水鱼的产量更是占据了全国产量的一半。这充分展现了长江在生态与渔业方面的重要性。在长江的上游地区,尤其是宜昌以上的河段,构成了一个特殊且独特的水域生态系统。这里的水生生物种类繁多,鱼类资源尤为突出,多达 286 种,其中包括了许多我国著名的珍稀、特有鱼类物种。这些鱼类不仅是生物多样性的重要组成部分,也是长江生态系统健康与稳定的关键指标。为了有效保护长江上游鱼类的物种多样性、维护自然生态环境的完整性,并应对水利开发等活动可能对河流自然生态系统带来的不利影响,国家设立了长江上游珍稀特有鱼类国家级自然保护区。这一保护区的建立,旨在拯救长江上游众多濒危的珍稀特有鱼类,确保它们能够在一个相对安全、未受干扰的环境中繁衍生息。保护区范围从向家坝下 1.8km 处开始,一直延伸至地维重庆大桥的长江干流江段,以及部分支流或其河口段。自 1997 年初步设定以来,经过多次调整,最终在 2013 年确定了其最终范围。据调查,保护区内分布着 199 种鱼类,其中 70 种为长江上游特有,更有 38 种鱼类被列入各级保护名录,这充分说明了保护区在保护鱼类多样性方面的重要性。保护区内的鱼类生态习性与水域生态环境高度适应,大部分种类适应底栖激流生活,繁殖方式以产黏性卵为主,并以底栖动物或藻类为食。同时,保护区内还有 20 余种产漂流性卵的鱼类,除圆口铜鱼外,其余各种均在保护区内设有产卵场。这些特征不仅展现了长江上游鱼类保护区内鱼类的多样性,也反映了其在长江上游鱼类区系中的典型代表地位。长江上游鱼类保护区干流河段经济鱼类"四大家鱼"(青鱼、草鱼、鲢、鳙),以及珍稀鱼类白鲟、胭脂鱼、达氏鲟产卵场分布见图 2.1。

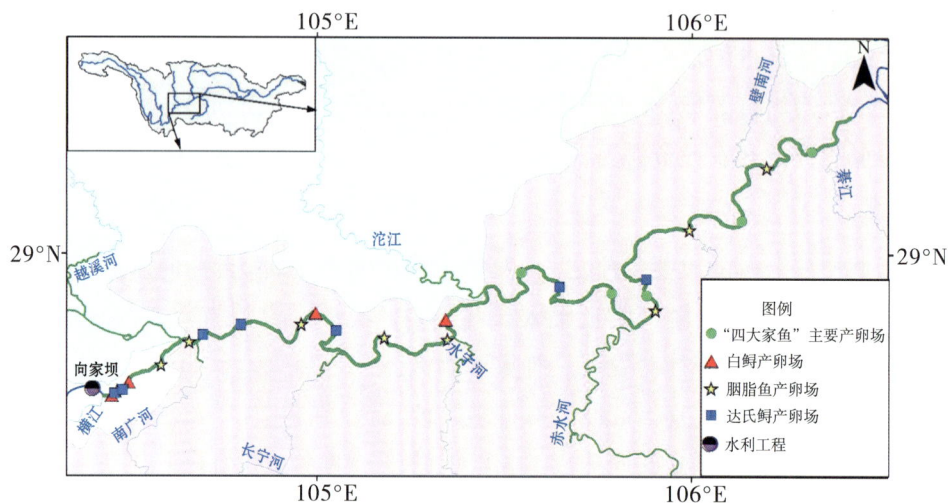

图 2.1 长江上游鱼类保护区干流河段典型鱼类产卵场分布

2.1.5 主要水利工程

长江攀枝花—宜昌江段主要的水利工程从上而下主要有乌东德、白鹤滩、溪洛渡、向家坝等 4 座大型水利枢纽工程。

（1）乌东德水电站

乌东德水电站坐落于金沙江干流上,位于云南省昆明市禄劝彝族苗族自治县和四川省凉山彝族自治州会东县交界的金沙江河道上。电站共安装 12 台单机容量 85 万 kW 的水轮发电机组,总装机容量达到 1020 万 kW,是目前世界上已投产的最大水轮发电机组之一。电站主体工程于 2015 年 12 月正式开工,于 2020 年 6 月实现了首批机组投产发电,至 2021 年 6 月全部机组投产,标志着这一世界级巨型水电站的成功建成。

乌东德水电站的开发任务以发电为主,兼顾防洪、航运和促进地方经济社会发展。通过利用金沙江丰富的水能资源,将水能转化为电能,为周边地区提供充足的电力供应,多年平均年发电量约为 389.1 亿 kW·h。这些电力资源不仅满足了四川、云南两省的用电需求,还通过"西电东送"战略输送到华中电网、华东电网和广东电网等地,为区域经济发展提供了强大动力。电站水库正常蓄水位为 975m,总库容达到 74.08 亿 m³,其中防洪库容为 24.4 亿 m³。这些库容在洪水季节可以有效地调节洪水流量,减轻下游地区的防洪压力,具有防洪的重要功能。同时,乌东德水电站通过调节水库水位来应对干旱等极端天气情况,保障周边地区的用水安全。电站的建设还改善了金沙江的航运条件,通过大坝蓄水,库区水深增加,流速减小,淹没了主要的险滩,使得金沙江航道更加通畅和安全。这不仅提高了航道的通行能力,也促进了周边地区的物资交流和经济发展。

（2）白鹤滩水电站

白鹤滩水电站位于四川省凉山彝族自治州宁南县和云南省昭通市巧家县交界处的金沙江下游干流河段上。电站共安装 16 台单机容量达 100 万 kW 的水轮发电机组,总装机容量高达 1600 万 kW。这一数字不仅使白鹤滩水电站成为仅次于三峡水电站的世界第二大水电站,也标志着我国在水电领域的又一次重大突破。白鹤滩水电站主体工程于 2017 年全面开工,于 2021 年 6 月实现了首批机组投产发电,2022 年 12 月实现了全部机组投产发电。

白鹤滩水电站的开发任务以发电为主,兼顾防洪、航运等综合效益,其多年平均年发电量高达 624 亿 kW·h,足以满足约 7500 万人一年的生活用电需求。白鹤滩水电站还是"西电东送"战略的重要支撑点,能够将源源不断的清洁电能输送到东部负荷中心,为缓解东部地区能源紧张局面、促进经济社会发展提供有力保障。

（3）溪洛渡水电站

溪洛渡水电站是位于四川省雷波县和云南省永善县交界的金沙江下游河段上的巨型水电站,电站共安装 18 台单机容量 77 万 kW 的水轮发电机组,总装机容量达到

1386 万 kW,是我国第三大、世界第四大水电站,仅次于三峡水电站、巴西的伊泰普水电站和白鹤滩水电站。溪洛渡水电站地处四川盆地与云贵高原的过渡地带,地势险峻,河谷深切,为水电站的建设提供了得天独厚的自然条件。电站主体工程于 2005 年 12 月正式开工,于 2013 年 7 月首批机组发电,2014 年 6 月底全部机组投产发电。

溪洛渡水电站的开发任务以发电为主,兼具防洪、拦沙、改善下游航运条件等综合效益。作为金沙江下游河段开发规划中的重要梯级水电站之一,溪洛渡水电站的建设对于推动长江流域的能源开发和经济社会发展具有重要意义。发电是溪洛渡水电站的首要任务,其多年平均年发电量高达 571.2 亿 kW·h,相当于替代标准煤约 1.52 亿 t,减排二氧化碳约 4.16 亿 t。此外,溪洛渡水电站还具有重要的防洪、拦沙和改善下游航运条件等综合效益。通过水库的调节作用,水电站可以有效减轻下游地区的洪涝灾害和泥沙淤积问题;同时,水库的蓄水还可以改善下游航运条件,促进区域经济的发展和交流。

（4）向家坝水电站

向家坝水电站位于云南省昭通市水富市与四川省宜宾市叙州区交界的金沙江下游河段上,是金沙江水电基地最后一级水电站。向家坝水电站位于金沙江峡谷出口处,距水富城区仅 1500m,是金沙江下游水电开发的关键节点。电站共安装了 8 台 80 万 kW 巨型水轮机和 3 台 45 万 kW 大型水轮机,总装机容量达到了 775 万 kW。这一装机规模使向家坝水电站成为我国第五大水电站,仅次于三峡、白鹤滩、溪洛渡和乌东德水电站。向家坝水电站于 2006 年 11 月 26 日正式开工建设,于 2012 年 11 月 5 日实现了首台机组投产发电,于 2014 年 7 月实现了全部 8 台机组投产发电的目标。

向家坝水电站的开发任务以发电为主,兼具防洪、航运、灌溉、拦沙等综合效益,并承担对溪洛渡水电站的径流反调节功能。发电是向家坝水电站的首要任务,其多年平均年发电量高达 307.47 亿 kW·h,这些清洁电能通过直流特高压送往华中、华东地区,为缓解东部地区能源紧张局面、促进经济社会发展提供了有力保障。防洪也是向家坝水电站的重要任务之一,水电站汛期预留防洪库容 9.03 亿 m^3,具有控制洪水比重大、距离防洪对象近的特点。通过水库的调节作用,水电站可以有效减轻下游地区的洪涝灾害风险,保障人民生命财产安全。此外,向家坝水电站还兼具航运、灌溉、拦沙等综合效益,促进了区域经济的发展和交流。

金沙江下游梯级水电站的建设对当地生态环境产生了一定的影响,在项目建设过程中,建设单位采取了一系列措施以减轻对环境的影响。例如,通过科学规划和精心设计,尽量减少对当地植被和野生动物的破坏;采用先进的环保技术和设备,减少废水、废气、废渣的排放;加强生态监测和管理,及时发现和解决环境问题;建设专门的鱼类增殖放流站,人工繁育珍稀特有鱼类并定期放流;设置鱼道、升鱼机等过鱼设施帮助鱼类洄游；划定栖息地保护区并实施生态调度等以促进鱼类繁殖；建设分层取水设施，调节下游水温等。尽管采取了多项措施，大型水电站的生态影响（如鱼类洄游阻断、河流连续性丧失）仍需持续关注。未来需进一步推动流域统筹管理、创新过鱼技术，并探索"水风光储一体化"等低碳综合开发模式，实现生态与能源的平衡。

2.1.6　水工程的联合调度

乌东德、白鹤滩、溪洛渡和向家坝梯级水库是长江流域水工程联合调度运用计划的水库。根据《金沙江下游梯级水库联合优化调度方案（2024 年度）》（长水调〔2024〕201 号），金沙江下游梯级水库联合调度原则为：兴利调度服从防洪调度，发电调度兼顾航运调度并服从水资源调度；单一水库调度服从梯级联合调度；梯级联合调度服从流域水工程统一调度。

为充分发挥水库发电、航运、供水、生态等综合效益，乌东德、白鹤滩、溪洛渡和向家坝梯级水库防洪、兴利、生态等调度方式如下。

（1）联合防洪调度

1）防洪调度目标与原则。

在确保枢纽工程安全的前提下，金沙江下游梯级水库联合调度，必要时长江上游干支流其他控制性水库配合，提高宜宾、泸州、重庆主城区的防洪能力，配合三峡水库承担长江中下游的防洪任务，减少三峡水库入库洪量、洪峰流量。

2）对川渝河段防洪调度方式。

①当川渝河段发生洪水时，乌东德、白鹤滩、溪洛渡、向家坝水库联合拦蓄洪水。

②对宜宾、泸州主城区的防洪调度方式。当预报李庄站洪峰流量超过 51000m³/s，或朱沱站洪峰流量超过 52600m³/s 时，金沙江下游梯级水库实施防洪补偿调度，金沙江中游梯级、雅砻江梯级和岷江水系水库适时配合，控制李庄、朱沱两站洪峰流量分别不超过 51000m³/s、52600m³/s。

③对重庆主城区的防洪调度方式。当预报寸滩站洪峰流量大于 83100m³/s，金沙江下游梯级水库联合拦洪、削峰、错峰，金沙江中游梯级、雅砻江梯级、岷江水系水库和嘉陵江水系水库适时配合，对重庆主城区进行联合防洪调度，尽量控制寸滩站洪峰流量不超过 83100m³/s。

④考虑水文气象预报，金沙江下游梯级水库可对川渝河段标准以下洪水实施适度拦洪、削峰、错峰调度，减轻川渝河段的防洪压力。

3）配合三峡水库对长江中下游防洪调度方式

①当三峡水库对长江中下游实施防洪调度时，金沙江下游梯级水库同步拦蓄来水，按三峡水库预报入库流量和水库水位进行分级控泄，减少进入三峡水库的洪量；

当预报三峡水库入库洪峰较大时,削减进入三峡水库的洪峰流量。

②若川渝河段洪水发生在前、长江中下游洪水发生在后,或川渝河段与长江中下游洪水发生遭遇,金沙江下游梯级水库先对川渝河段进行防洪调度。如有必要,则进一步加大拦蓄,配合三峡水库进行拦洪。

③若长江中下游洪水发生在前、川渝河段洪水发生在后,金沙江下游梯级水库应在满足溪洛渡、向家坝水库为川渝河段预留防洪库容不少于 29.6 亿 m^3、向家坝水库预留防洪库容不少于 5 亿 m^3(其中,对宜宾、泸州主城区防洪需预留防洪库容 14.6 亿 m^3)的前提下,配合三峡水库进行拦洪。

4)当川渝河段或长江中下游发生超标准洪水,金沙江下游梯级水库要在保证自身防洪安全的前提下,充分发挥削峰、错峰作用,减轻洪涝灾害损失。

5)在金沙江下游梯级水库联合防洪调度时,各水库拦蓄流量根据 4 座水库实时水位、防洪控制站洪水和区间洪水情况合理安排,可优先运用白鹤滩、溪洛渡水库拦蓄。

6)金沙江下游梯级水库实施防洪调度后,在洪水退水过程中,应根据川渝河段、长江中下游的实时及预报雨水情和三峡水库水位等情况,在确保下游河段防洪安全的前提下,合理控制水库水位。

7)当乌东德、白鹤滩、溪洛渡、向家坝水库水位分别拦洪运用至 975.0m、825.0m、600.0m、380.0m 后,转为按保枢纽安全的方式调度。

(2)兴利调度

1)蓄水调度。

①8 月 1 日开始,视流域汛情和气象水文预报,乌东德、白鹤滩水库可承接前期运行水位逐步蓄水。8 月上中旬,乌东德、白鹤滩水库应适度控制蓄水进程;8 月下旬,在溪洛渡、向家坝水库留足为川渝河段防洪所需库容且长江中下游不需要实施防洪调度的前提下,乌东德、白鹤滩水库可分别逐步蓄水至 975.0m、825.0m。

②9 月上旬,溪洛渡、向家坝水库可承接前期运行水位开始逐步蓄水,9 月底可蓄至正常蓄水位。

2)枯水期调度。

①金沙江下游梯级水库蓄至正常蓄水位后,一般在 11 月底前尽量维持高水位运行,12 月开始在统筹考虑流域供水、生态、发电、航运等需求逐步消落,并服从流域水库群消落的总体安排。

②6 月底,金沙江下游梯级水库水位一般应消落至防洪限制水位。

3)其他兴利调度

①金沙江下游梯级水库发电、航运、供水等其他兴利调度按照已有相关规定执行。

②在确保枢纽工程安全的前提下,按水利部印发的《金沙江流域水量调度方案》

供水,满足向家坝灌区工程取水需求,以及梯级水库最小下泄流量、生态基流要求,一般情况下按保障向家坝水库下游引航道水位不低于 265.8m 和生态基流(1200m³/s)控制,并统筹协调金沙江下游河段与宜宾以下长江干流航运用水需求。

③必要时,金沙江下游梯级水库应配合三峡等水库为长江中下游开展补水调度。

(3)生态调度

1)梯级水库正常运行期间,乌东德、白鹤滩水库 8 月至次年 2 月泄放生态基流分别不低于 900m³/s、1160m³/s,其余月份分别不低于 1160m³/s、1260m³/s,溪洛渡水库生态基流为 1200m³/s,与下游水库水位衔接时,可按日均泄放控制;向家坝水库生态基流为 1200m³/s。

2)根据防洪形势、流域来水情况和流域生态调度需求,梯级水库可相机开展促进鱼类繁殖、减缓下泄水流滞温效应等生态调度试验。

3)生态调度试验期间,金沙江下游梯级水库应联合调度;必要时,梯级水库应与三峡水库联合实施生态调度。

2.2 水文(水温)监测站网及分析方法

2.2.1 水文(水温)监测站网

研究河段干流及重要支流上有 9 个控制性水文站具有长系列水温观测资料,分别为金沙江下游干流的攀枝花、华弹和屏山站,川江干流的朱沱、寸滩和宜昌站,以及重要支流岷江出口控制站高场站,嘉陵江出口控制站北碚站和乌江出口控制站武隆站,各测站位置见图 2.2。

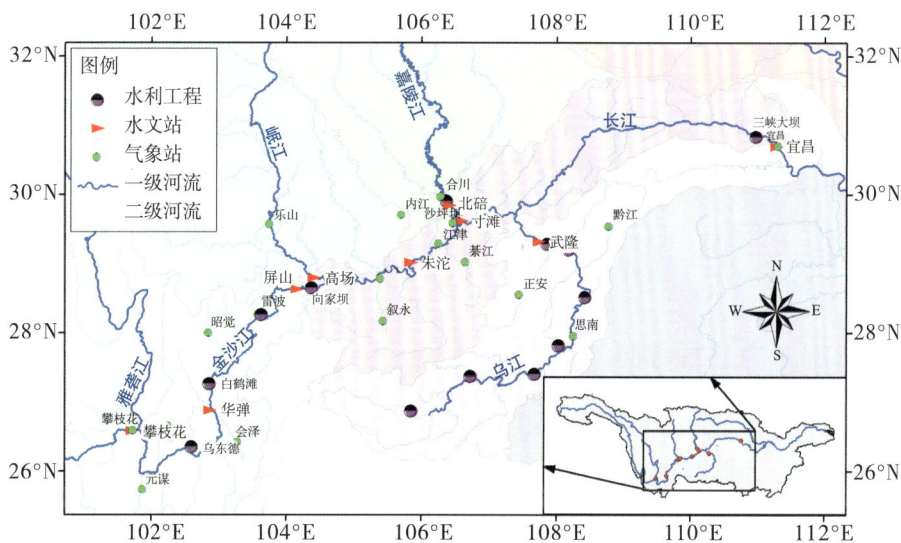

图 2.2 攀枝花—宜昌江段干支流及水文站示意图

2.2.2 分析方法

选取以上 9 个水文测站 1956—2016 年共 61 年的月均水温资料，统计各站及沿程多年水温变化过程。其中，从 2012 年开始向家坝水文站代替屏山站成为金沙江的出口控制站。因此，书中屏山站 2012—2016 年的水温数据实际为向家坝水文站的观测数据。各水文站历史水温序列特征值及资料缺失情况见表 2.1。

表 2.1　　　　　　　　各水文站历史水温序列特征值及资料缺失情况

水文站	多年平均月水温范围/℃	多年平均年水温/℃	资料系列/年
攀枝花	10.2～20.5	16.2	1966—2016(缺 1968,1969,1986)
华弹	11.3～21.9	17.5	1979—2015(缺 1985—1987)
屏山	12.2～23.0	18.5	1960—2016(缺 1977,1985—1987)
高场	9.0～22.8	16.6	1957—2016(缺 1959—1960)
朱沱	10.3～23.9	18.0	1960—2016(缺 1968—1978,1980)
北碚	9.3～28.0	19.0	1960—2016(缺 1982)
寸滩	10.5～25.0	18.5	1956—2016(缺 1957—1958)
武隆	10.8～24.6	17.8	1959—2016(缺 1960,1967,1970,1976,1979)
宜昌	10.4～25.7	18.3	1956—2016(缺 1958—1961)

水温变化受气温、水文和人类活动等多因素的影响，呈现随时间变化规律，采用概率统计的方法确定各月及年平均水温的年内及年际的变化特征；为消除季节变化的影响，分别对典型站点春、夏、秋、冬四季的水温序列进行分段对比分析，以辨识水利工程对下游水温的影响；在此基础上结合线性回归的方法对各测站的极值水温序列进行线性拟合，斜率的 10 倍趋向率即为每 10 年水温的变化值，并采用 Mann-Kendall 和 Spearman 检验法对其长期变化趋势进行分析；另外，通过河段沿程水温的对比分析，以获取沿程干流上、下游以及干、支流的水温变异特征。

2.3 攀枝花—宜昌江段水温多尺度变化特征

2.3.1 水温年内分布特征

攀枝花—宜昌江段内 9 个站水温的年内变化模式见图 2.3，年变化主要分为两段，一般以 6—8 月为分界，1—6 月为升温期，8—12 月为降温期，且各站点最低水温普遍出现在 1 月，攀枝花、华弹和屏山站最高水温出现在 6、7 月，高场—宜昌河段站点最高水温均出现在 8 月。这不仅因为上游升温水流到下游需要一定的时间，还因为下游岷江、嘉陵江、乌江三大支流的入汇补给了低温水,使得下游河段水温达到最高值有一定的延迟性。年内水温变化极差由上游至下游有沿程增大趋势,最大极差为嘉陵江北碚站,最高水温与最低水温相差达 26℃左右,与所在重庆地区的夏季气温偏高有关,上游攀枝花站的年内各月水温变化相对平缓,极差 12℃左右。

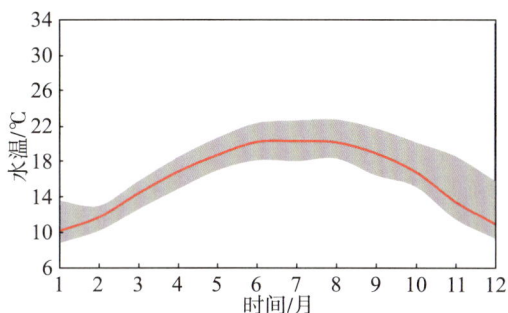

（a）攀枝花水文站

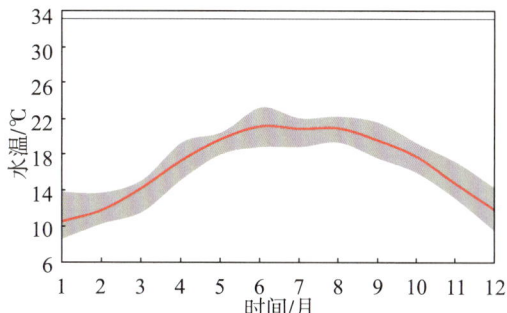

（b）华弹水文站

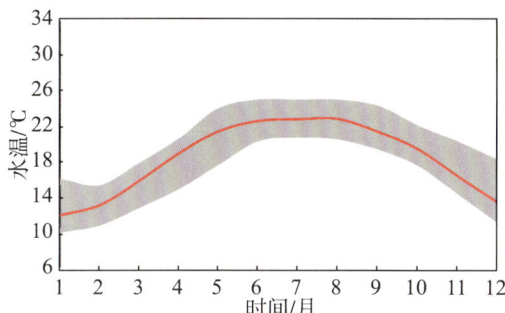

（c）屏山水文站

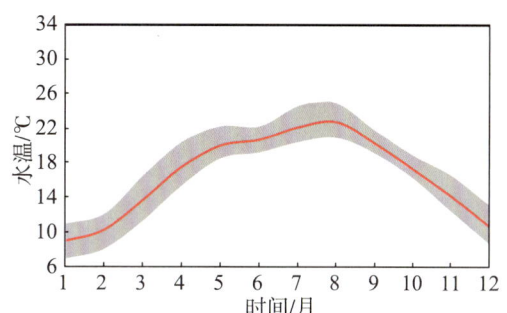

（d）高场水文站

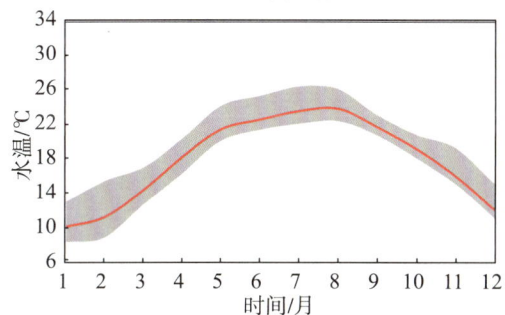

（e）朱沱（三）水文站

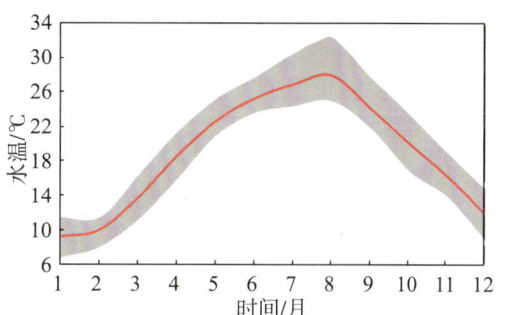

（f）北碚水文站

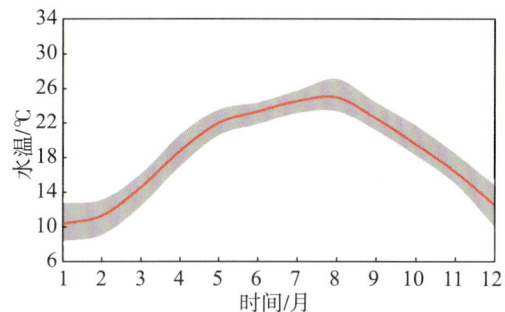

（g）寸滩水文站

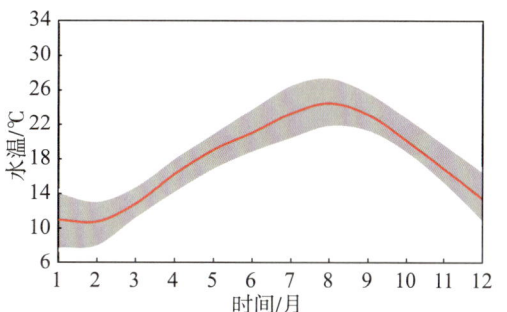

（h）武隆水文站

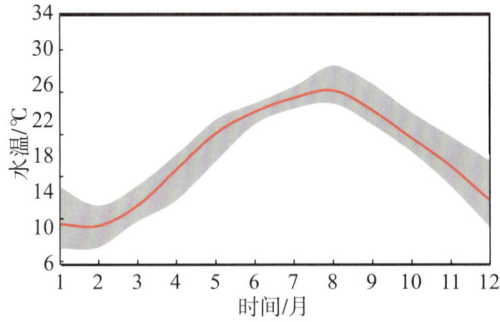

(i)宜昌水文站

■ 温度范围　── 多年平均

图 2.3　各水文站年内各月水温分布

2.3.2　年均水温变化特征

研究河段内各水文站年均水温变化序列及 10 年平均值分别见图 2.4 和表 2.2。由图 2.4 可知,受全球气候变暖影响,除岷江高场站及乌江武隆站的水温年际变化趋势不明显外,近 60 年来长江攀枝花—宜昌江段水温总体上呈上升趋势,水温上升趋向率为 0.051～0.247℃/10a。宜昌站水温的上升幅度最大,至 20 世纪 90 年代水温上升 1.1℃,近 10 年水温较 20 世纪 50 年代上升幅度达 1.4℃。而岷江控制站高场站水温在 1956—1990 年呈现出相反的降温趋势,至 80 年代水温下降 1℃。有关研究指出自 20 世纪 50 年代以来存在一个以四川盆地为中心的变冷带,直至 90 年代有变暖趋势,故可以认为岷江高场站水温的降温过程主要是受气温变化的影响。

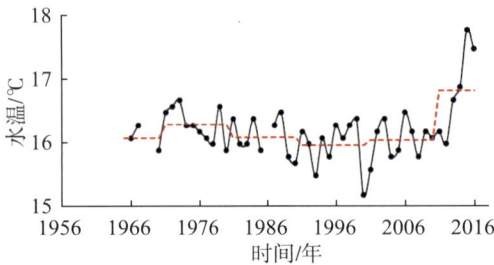

(a)攀枝花水文站

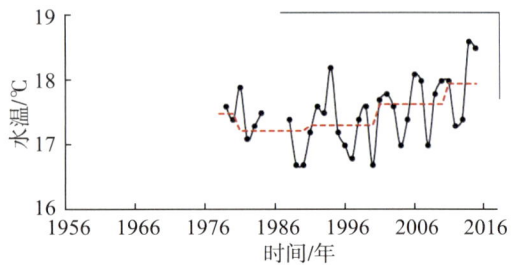

(b)华弹水文站

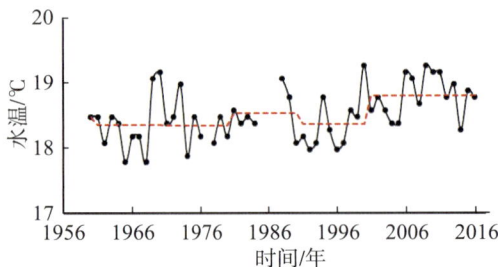

(c)屏山水文站

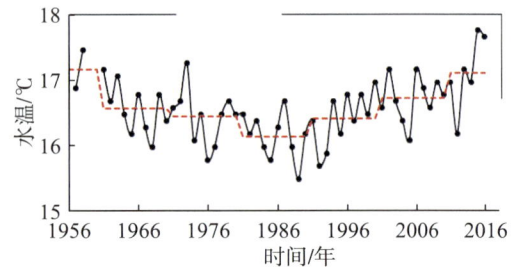

(d)高场水文站

（e）朱沱（三）水文站

（f）北碚水文站

（g）寸滩水文站

（h）武隆水文站

（i）宜昌水文站

—●— 年平均水温　----- 10年平均

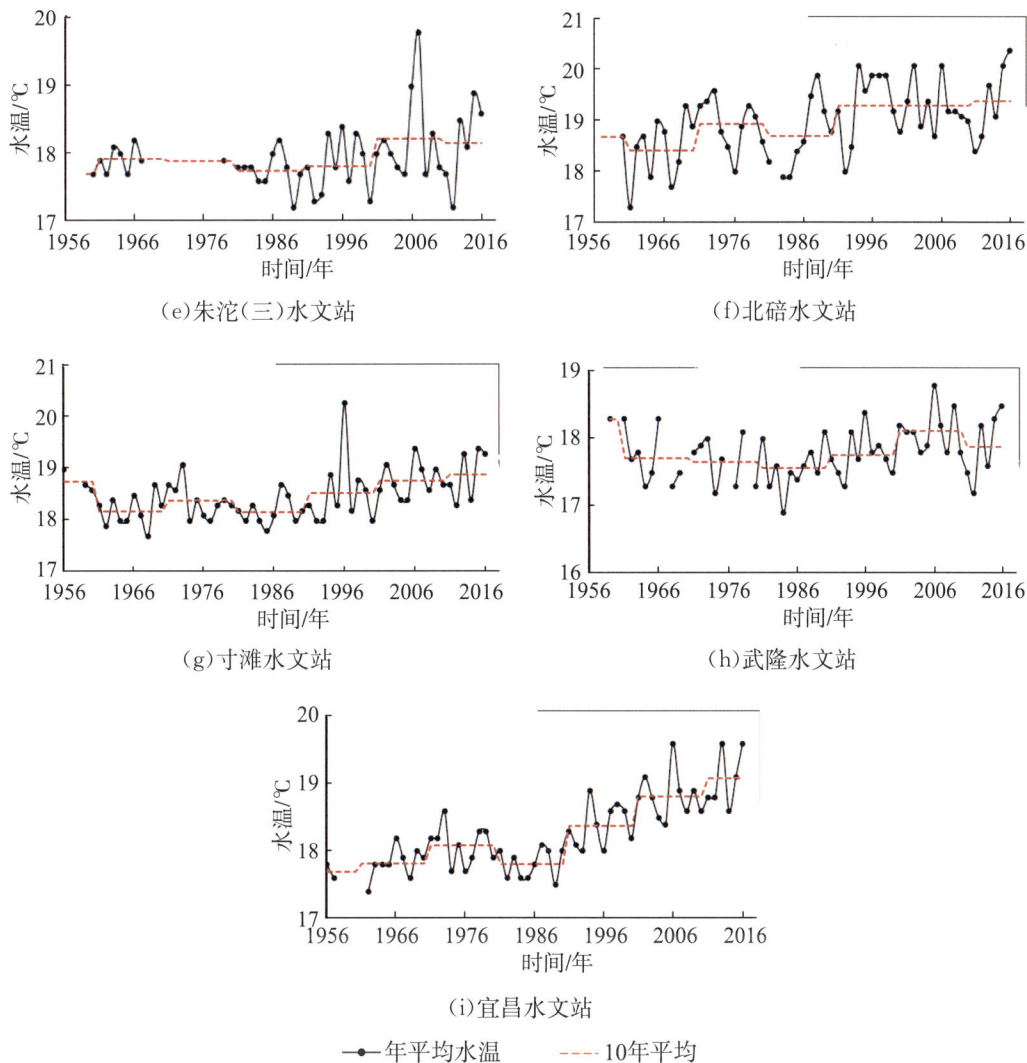

图 2.4　各水文站年均水温变化曲线

表 2.2　　　　　　　　各水文站年均水温 10 年平均值统计

水文站	平均水温/℃						
	1956—1960 年	1961—1970 年	1971—1980 年	1981—1990 年	1991—2000 年	2001—2010 年	2011—2016 年
攀枝花	/	16.1	16.3	16.1	16.0	16.1	16.9
华弹	/	/	17.5	17.2	17.3	17.6	18.0
屏山	18.5	18.4	18.4	18.6	18.4	18.8	18.8
高场	17.2	16.6	16.5	16.2	16.4	16.8	17.2
朱沱（三）	17.7	17.9	17.9	17.8	17.8	18.2	18.2
北碚	18.7	18.4	19.0	18.7	19.3	19.3	19.4

续表

水文站	平均水温/℃						
	1956— 1960 年	1961— 1970 年	1971— 1980 年	1981— 1990 年	1991— 2000 年	2001— 2010 年	2011— 2016 年
寸滩	18.8	18.2	18.4	18.2	18.5	18.8	18.9
武隆	18.3	17.7	17.7	17.6	17.8	18.1	17.9
宜昌	17.7	17.8	18.1	17.8	18.4	18.8	19.1

由河段各站水温随年代的变化序列可看出,20 世纪 60 年代和 80 年代均表现为水温偏低时期,自 20 世纪 90 年代以来,各站水温一致呈现出逐步上升趋势,至 2011—2016 年,各站水温分别上升 0.9、0.7、0.4、0.8、0.4、0.1、0.4、0.1、0.7℃,攀枝花、华弹、宜昌站的上升幅度最大,且 2010 年以后水温上升趋势尤为明显。其中,攀枝花站表现最为突出,2011—2016 年水温变幅达 0.8℃,相对变幅率为 5%,远超于 2010 年以前的水温相对变幅率,为 0.6%～1.24%。

2.3.3 极值水温变化特征

以河段内各水文站多年年最高、最低水温序列进行趋势分析见图 2.5,各站均表现出:年最高水温呈下降趋势,而年最低水温呈上升趋势,致使水温年内变幅逐年减小,水温过程趋于平坦化。

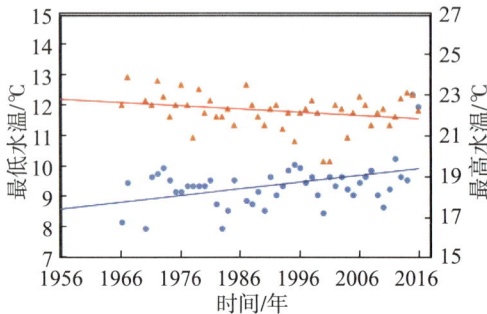

（a)攀枝花水文站

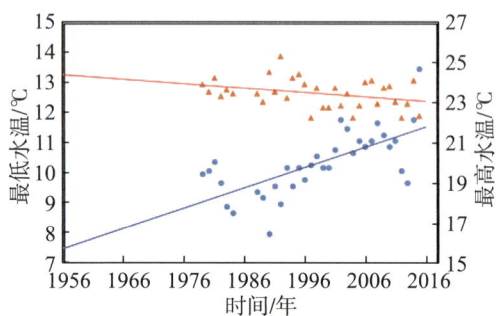

（b)华弹水文站

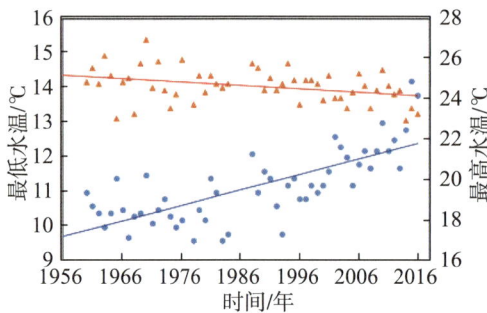

（c)屏山水文站

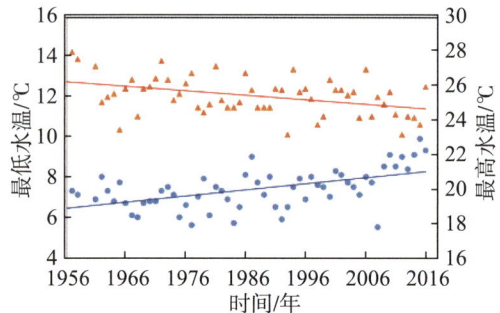

（d)高场水文站

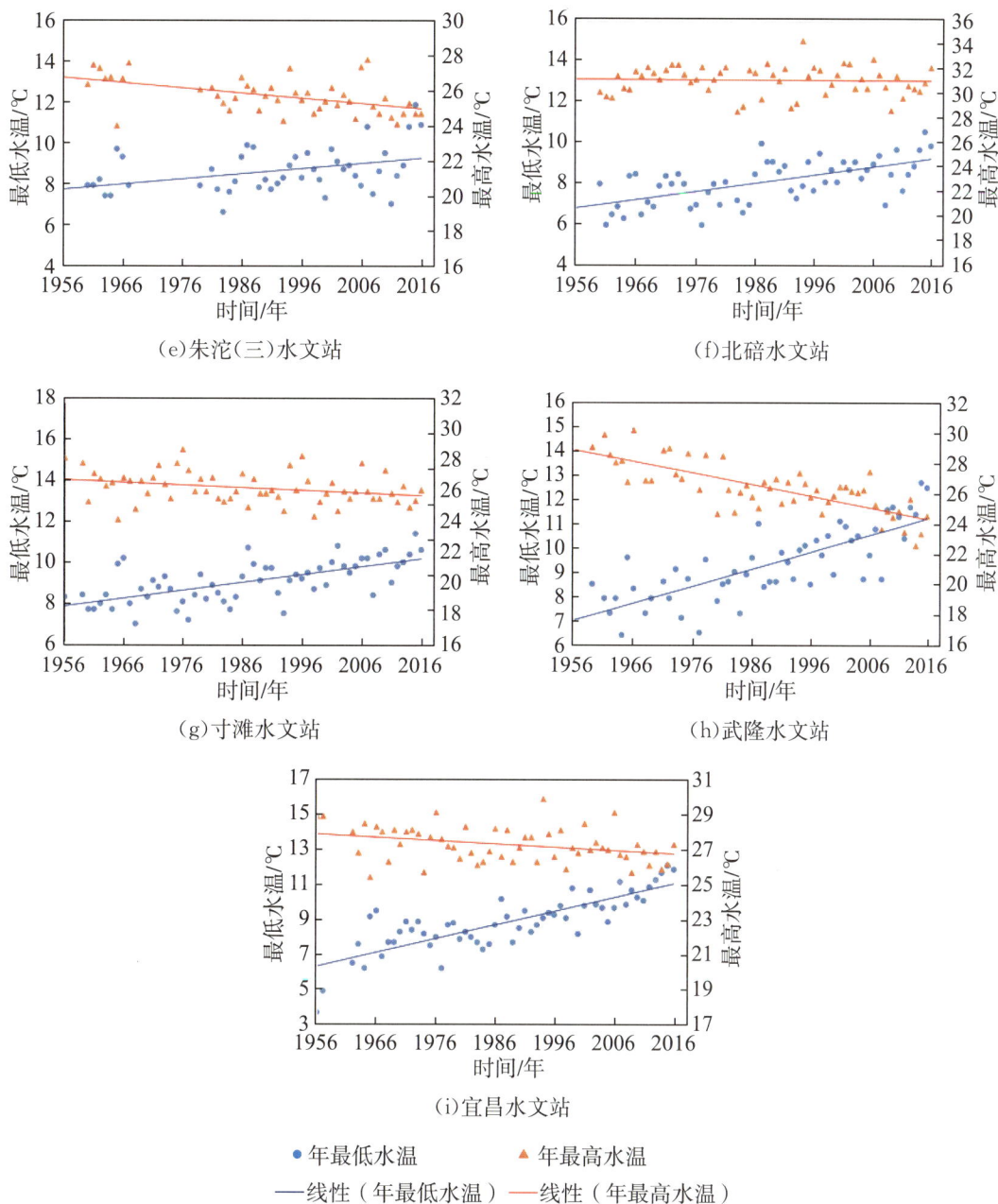

图 2.5 各水文站多年年最高、最低水温变化序列

利用 MK 和 Spearman 检验法分别对各站年最高、最低水温变化趋势进行检验，结果见表 2.3。由表 2.3 可知，年最高水温的变化坡度均为负值，表明均存在下降趋势，其中武隆站的下降幅度最大，下降趋向率达到$-0.76℃/10a$。经检验，除攀枝花、华弹和北碚站的下降趋势不显著外，其余各站年最高水温序列的$|Z_{MK}|$和Z_S均大于各自的临界值 $N_{0.05/2}(0,1)=1.96$ 和 $t_{0.05/2}(61-2)=2$，故均表现为显著下降趋势；同理，年最低水温的上升趋势除攀枝花站不明显外，其余各站的年最低水温在 1956—

2016 年均呈现出显著上升趋势,宜昌站的上升幅度最大,上升趋向率为 0.79℃/10a。各站年内水温极差逐年减小,减小幅度为 0.38～1.46℃/10a。

表 2.3 各水文站年最高、最低水温变化趋势检验结果

水文站	年最高水温				年最低水温			
	坡度	Z_{MK}	Z_S	变化趋势	坡度	Z_{MK}	Z_S	变化趋势
攀枝花	−0.016	−1.59	−1.56	不显著	0.022	1.91	1.97	不显著
华弹	−0.023	−1.65	−1.76	不显著	0.067	4.42	5.51	显著上升
屏山	−0.017	−2.68	−2.73	显著下降	0.045	5.62	7.70	显著上升
高场	−0.026	−2.93	−2.96	显著下降	0.030	4.15	4.65	显著上升
朱沱(三)	−0.030	−3.71	−3.81	显著下降	0.026	2.62	2.66	显著上升
北碚	−0.002	−0.09	−0.16	不显著	0.040	4.97	5.86	显著上升
寸滩	−0.014	−2.34	−2.33	显著下降	0.038	5.41	6.41	显著上升
武隆	−0.076	−5.88	−7.93	显著下降	0.070	6.47	9.39	显著上升
宜昌	−0.018	−2.64	−2.52	显著下降	0.079	6.89	9.90	显著上升

2.3.4 水温沿程变化特征

长江攀枝花—宜昌江段的水温沿程分布特征及其随年代的变化见图 2.6。由图 2.6 可知,在全球气候变暖的大形势下,自 20 世纪 80 年代起,近 40 年沿程水温均呈上升趋势,但各站升温幅度略有差距,其中宜昌站升温趋势最为明显,2011—2016年,最高、最低以及平均水温均上升约 1℃;而各站的水温波动并未改变水温的沿程分布特征,金沙江下游、川江干流以及岷江、嘉陵江、乌江三大支流的水温分布各异。

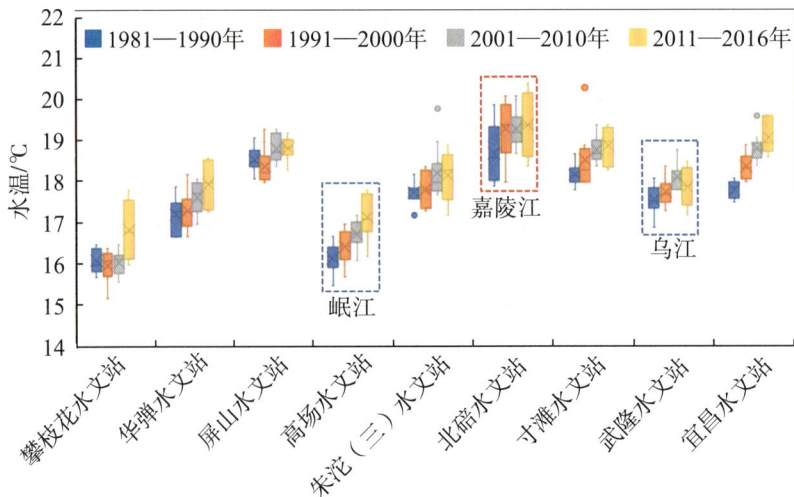

图 2.6 长江攀枝花—宜昌江段沿程水温分布

　　从上游到下游,金沙江干流攀枝花—屏山干流水温沿程逐渐升高。就平均水温而言,攀枝花站到华弹站再到屏山站水温均上升1℃左右;岷江高场站水温明显低于金沙江干流屏山站,水温相差2℃左右,且岷江出口流量占干流流量的50%以上(表2.4),因此岷江低温水的入汇将对干流水温产生较大影响,直接导致下游朱沱站的升温趋势被打破。屏山—朱沱站干流水温下降约0.6℃,嘉陵江北碚站较长江上游干流水温偏高约1℃,嘉陵江的高温水汇入,使干流水温(寸滩站)略微抬升,但升温幅度不大,较朱沱站升高约0.5℃,主要由于嘉陵江北碚站的径流量仅占干流朱沱站的25%左右,故影响较微弱。乌江武隆站水温略低于干流水温,但由于乌江入汇流量仅为干流的14%,故对下游干流水温变化几乎无影响,受气候变暖与三峡水库调蓄作用的综合影响,下游宜昌站与寸滩站水温基本持平。

表2.4　　　　　　　　攀枝花—宜昌江段重大支流与干流多年平均流量对比

年份	多年平均流量/(m³/s)					
	屏山	高场	朱沱	北碚	寸滩	武隆
1981—1990	4480	2810(62.7%)	8470	2410(28.5%)	11110	1440(13.0%)
1991—2000	4680	2600(55.6%)	8420	1740(20.7%)	10610	1700(16.0%)
2001—2010	4630	2470(53.3%)	8130	1880(23.1%)	10320	1400(13.6%)
2011—2016	4030	2480(61.5%)	7850	2000(25.5%)	10210	1430(14.0%)

　　注:支流流量的百分比为支流控制站与干流上游站点的流量比值。

2.4　溪洛渡—向家坝梯级水库运行对水温的影响

2.4.1　水库运行后下泄水温的变化

　　年均水温变化是各月水温变化综合的反映,不同季节的月均水温差异较大,年平均水温的年际变化无法反映出这一差异。为了分析水库的建设对典型站点(屏山站和宜昌站)的水温序列影响,将春季(3—5月)、夏季(6—8月)、秋季(9—11月)、冬季(12月至次年2月)的平均水温序列的年际变化分离开来,屏山站以向家坝水库2012年正式下闸蓄水为分割点,宜昌站以三峡工程2003年实现水库初期蓄水为分割点,各月及季节平均水温在水库建成蓄水前后的变化见图2.7、图2.8和表2.5。

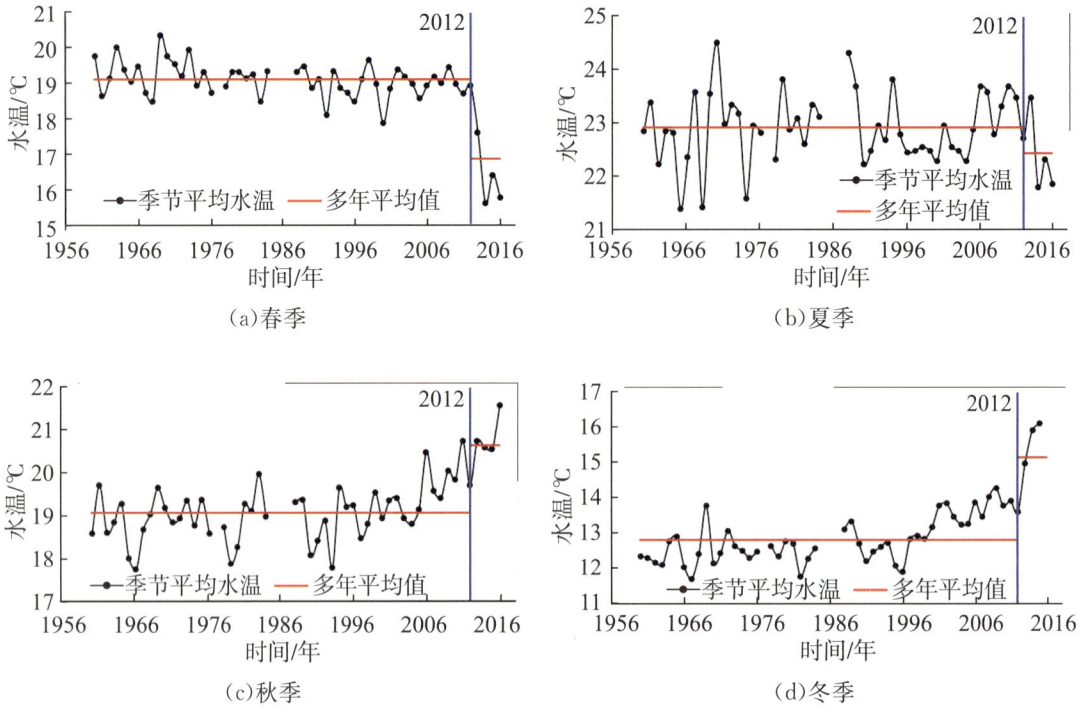

图 2.7 屏山站(2012 年后为向家坝站)季节平均水温的年际变化

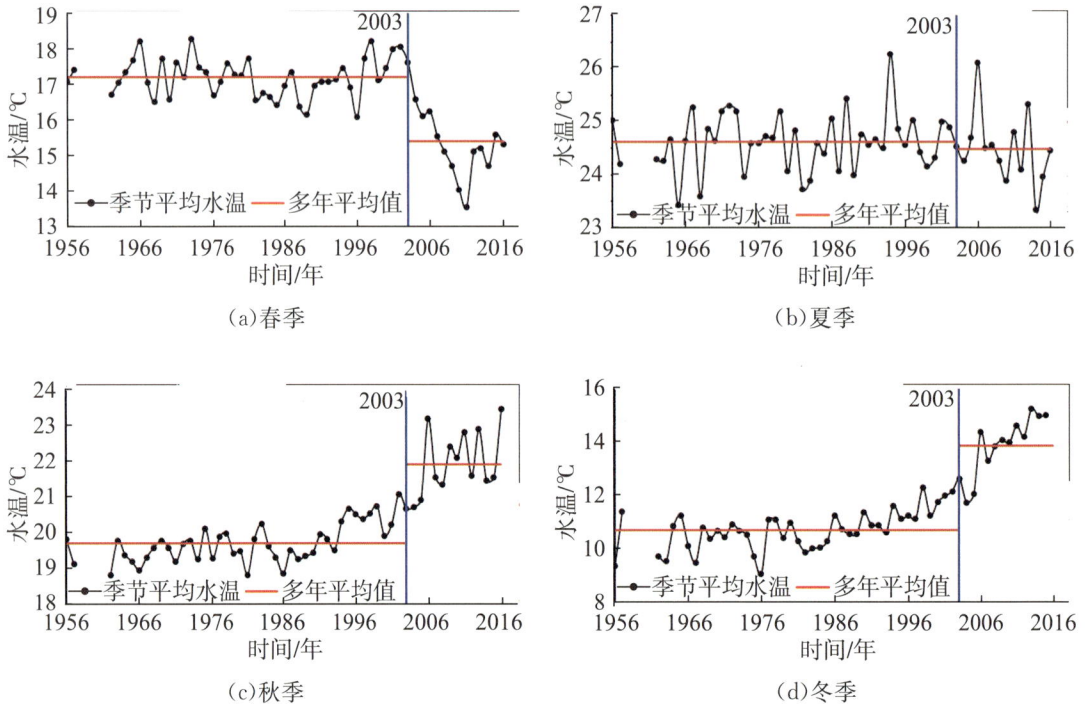

图 2.8 宜昌站季节平均水温的年际变化

表2.5　水库建成蓄水前后各月及季节平均水温变化统计

水温变化℃/%		屏山		宜昌	
春季	3月	−1.7℃(−10.30%)	−2.2℃ (−11.7%)	−1℃(−8.0%)	−1.8℃ (−10.5%)
	4月	−2.6℃(−13.5%)		−2.6℃(−15.0%)	
	5月	−2.4℃(−11.2%)		−1.8℃(−8.3%)	
夏季	6月	−1.3℃(−5.9%)	−0.5℃ (−2.1%)	−0.7℃(−2.9%)	−0.1℃ (−0.5%)
	7月	−0.3℃(−1.2%)		0℃(+0.2%)	
	8月	+0.2℃(+0.8%)		+0.2℃(+1.0%)	
秋季	9月	+0.5℃(+2.3%)	+1.6℃ (+8.2%)	+1.3℃(+5.8%)	+2.2℃ (+11.2%)
	10月	+1.4℃(+7.2%)		+2.3℃(+11.6%)	
	11月	+2.8℃(+17.2%)		+3℃(+18.3%)	
冬季	12月	+3.8℃(+28.6%)	+2.3℃ (+18.2%)	+4.3℃(+35.1%)	+3.1℃ (+29.4%)
	1月	+2.5℃(+20.5%)		+3.6℃(+37.1%)	
	2月	+0.5℃(+4.1%)		+1.7℃(+17.0%)	

　　由图2.7、图2.8、表2.5可知,近60年来,屏山站春季水温呈下降趋势,秋季和冬季水温呈上升趋势,向家坝水库建成蓄水后趋势更为显著,春季水温与天然河道情况相比下降2.2℃,变化率达−11.7%,冬季升温2.3℃,变化率为18.2%,其中升温期4月与降温期12月的变化幅度最大,分别为−2.6℃和3.8℃;宜昌站各季节水温变化趋势与屏山站相同,在三峡水库蓄水后,春季水温下降1.8℃,变化率为−10.5%,秋季、冬季水温分别上升2.2℃和3.1℃,变化率高达11.2%和29.4%,各月水温变化幅度最大达到−2.6℃和4.3℃,依然发生在4月和12月两个月。两站夏季水温变化均不明显。

　　屏山站与宜昌站年均水温的变化均呈上升趋势,可见年水温的变化主要受秋季和冬季水温变化的影响,而春季水温在水库建成蓄水后明显降低,表现出与气候变暖相反的趋势,其主要原因是电站下泄水温较天然水温显著偏低。

2.4.2　水库运行后沿程水温的变化

　　由典型站点的水温序列分析可知,水库运行后电站下泄水温与天然水温存在较大差异,主要表现为春季下泄水温偏低,而秋季、冬季水温偏高。因此,攀枝花—宜昌江段干流梯级水库的运行,以及存在水温差异的重大支流的入汇,必将对沿程水温的分布格局造成显著影响。根据溪洛渡—向家坝水电站的建造历程,将历史长序列水温资料分为历史时期(1956—2004年)、建设期(2005—2011年)和运行期(2012—2016年)三个时期进行对比分析,从而辨别水库运行对沿程水温变化的影响。

建设期和运行期各月平均水温较历史时期变化幅度分别见图2.9和图2.10。由图2.9、图2.10可知,运行期水温的变化幅度大于建设期。建设期,由于溪洛渡和向家坝水库还未蓄水,其对攀枝花—寸滩江段的沿程水温影响很小,这一江段干流屏山、朱沱和寸滩站各月水温较历史时期轻微抬升,应为气候变暖影响所致。而武隆站与宜昌站的水温分别在3—8月和3—6月表现出下降趋势,武隆为乌江出口控制站,乌江两源汇口以下有11级水电开发,梯级水库的运行下泄低温水导致武隆站春季、夏季水温明显降低;宜昌站位于三峡大坝下游出口处,三峡水库自2003年起已实现初期蓄水,溪洛渡—向家坝水电站的建设期(2005—2011年)为三峡工程的运行期,由于三峡电站下泄水温与历史天然河道水温的显著差异,因此宜昌站水温变化幅度明显大于沿程其余站点,且春季水温显著降低,而秋季、冬季水温显著升高。而在运行期,攀枝花—宜昌江段各水文站一致表现出春季水温降低而秋季、冬季水温明显升高,重大支流以及宜昌站水温的变化趋势与建设期基本相同,但溪洛渡—向家坝电站下游干流屏山(向家坝水文站)、朱沱及寸滩站各月水温变化与建设期呈现显著差异。可明显看出,建设期水温差异受气候变暖影响,而运行期年内各月水温变化的差异是由溪洛渡—向家坝电站运行下泄低温水所致。

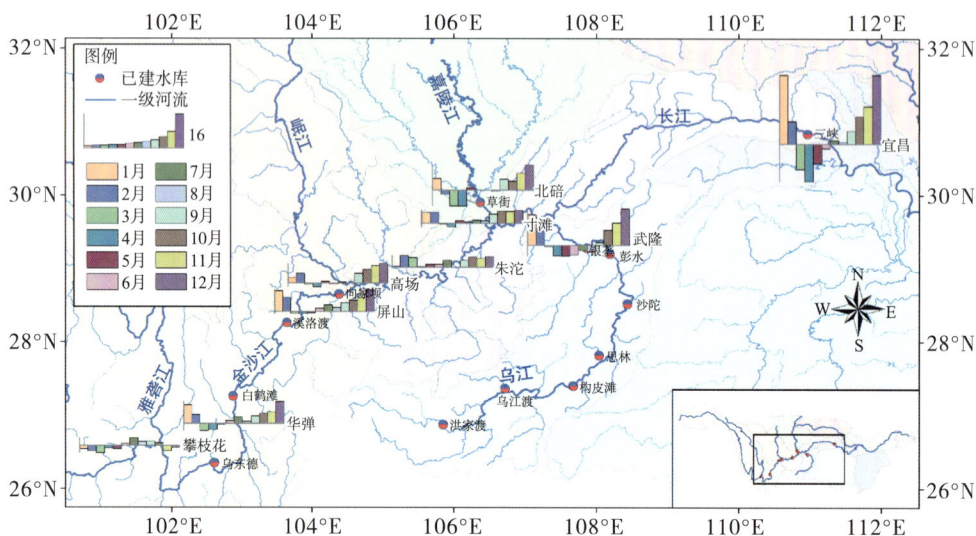

图2.9 建设期各月平均水温较历史时期变化幅度

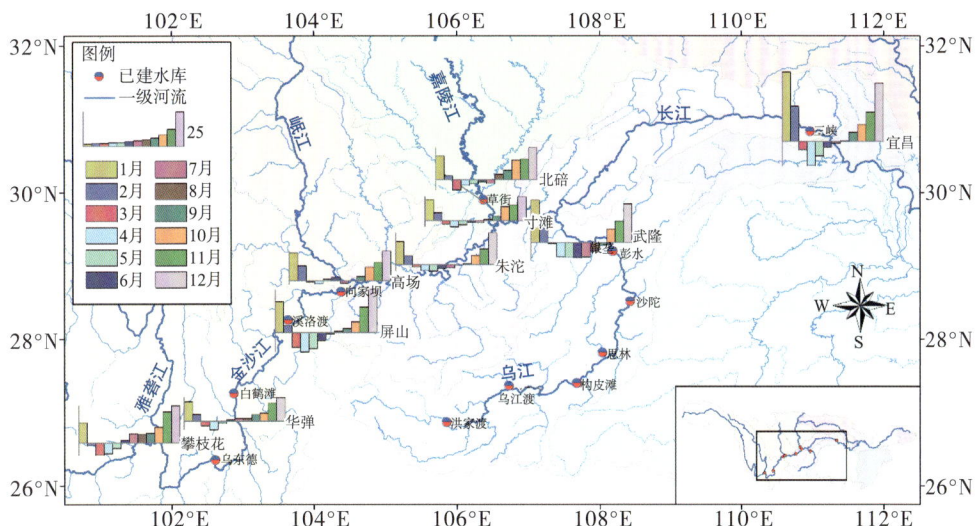

图 2.10 运行期各月平均水温较历史时期变化幅度

通过以上分析可知,梯级水库的运行会使下游河道水温呈现出春季水温下降而秋季、冬季水温明显升高。因此,由于溪洛渡—向家坝水库的建成运行,必将对下游河段水温产生显著影响,从而改变攀枝花—宜昌江段水温的沿程分布格局,历史时期与溪洛渡—向家坝水库运行时期各月沿程水温分布格局变化见图 2.10。由图 2.10可得出以下结论。

1)攀枝花—屏山江段在历史时期受没有梯级水库的影响,一致呈现出良好的沿程升温趋势,但在运行期由于溪洛渡—向家坝水库的运行下泄低温水,升温趋势在春季被打破,3—6月向家坝水文站水温明显低于华弹,而11月至次年1月向家坝水文站水温又显著高于华弹。

2)历史时期,由于岷江发源于高原雪山地带,因此岷江高场水温较干流水温总是明显偏低,岷江低温水的入汇,致使下游干流朱沱站水温的降低。运行期,3—6月向家坝水文站水温受水库下泄低温水影响而显著降低,但岷江高场站水温变化较小,4、5月,岷江水温略高于干流水温,由低温水转变为高温水入汇。进入冬季,向家坝水文站水温受水库下泄高温水影响显著升高,岷江水温与干流水温差距逐渐增大,最大可相差2℃左右。

3)历史时期,由于乌江11级水电开发,乌江武隆站水温在春季较干流水温明显偏低,其余时期与干流水温基本持平,但在运行期,武隆站水温在4—6月比历史时期水温偏低幅度增大,5月武隆站水温较寸滩站水温偏低达2℃,主要因为位于武隆站上游距离最近的银盘水电站在2012年的建成运行。

4)寸滩—宜昌江段在历史时期沿程水温基本持平,2—5月宜昌水温略低于寸滩站。运行期,受武隆站水温受银盘水电站下泄水温的影响,乌江汇入干流水温发

29

生显著变化,以及三峡工程对宜昌站水温发生显著改变,因此寸滩—宜昌江段在春季(3—5月)呈现沿程降温趋势,而秋季、冬季(9月至次年2月)呈现明显的沿程升温趋势。

2.5 沿程水温影响因素分析

2.5.1 影响水温的主要气象因子分析

天然河流中水域表面温度的变化,是水气界面复杂的热力交换过程。影响水温的主要气象因素有:气温、太阳辐射、相对湿度和风速,其影响程度各不相同。

太阳短波辐射,一部分被空气中的气体、水蒸气及尘埃所吸收,使空气增温;另一部分到达水面被水体表层所吸收,使水体增温;太阳辐射热是空气和水体的同一热源,且两者在获得太阳辐射热通量大小上为正相关,即空气获得的太阳辐射热量增大,水面吸收太阳辐射热量也随之增大。空气是直接与水体相接触的,并且以长波辐射和感热交换的方式直接作用于水体,影响水面温度的变化,因此气温对水温的影响一般来说是最大的,而太阳辐射对水温的影响可以考虑到气温的影响中,且由于辐射数据难以获取,因此太阳辐射对河道水温的影响暂且不考虑。

影响水体温度的另外两个主要气象因素是相对湿度和风速。在其他条件不变的情况下,空气中相对湿度增大,水面蒸发变小,水体温度呈现上升趋势;反之,则水体温度呈现下降趋势。风速影响水—气界面紊动扩散的强度,风速愈大,水分子扩散愈快,蒸发散热愈强烈。在其他条件不变的情况下,风速增大,水温呈现下降趋势。因此,这里只考虑气温、相对湿度和风速3个主要气象因子对河道水温的影响。

攀枝花—宜昌江段沿岸气象站站点数量不多,综合分析流域和站点的地理位置关系和气候条件,选用水温监测站点附近19个气象站(图2.2)的气象资料作为相应的参考,数据来自中国气象科学数据共享服务网,同样选取1956—2016年气温、相对湿度、风速的逐月数据资料,采用反距离加权法得到各水文站点的水温、流量及气象多年平均值(表2.6)。

表 2.6　　　　　　　　各水文站水温及气象多年平均值

水文站	水温/℃	流量/(m³/s)	气温/℃	湿度/%	风速/(m/s)
攀枝花	16.2	1798	20.9	57.1	1.4
华弹	17.5	3951	15.7	67.7	1.6
屏山	18.5	4479	12.6	80.8	1.5

水文站	水温/℃	流量/(m³/s)	气温/℃	湿度/%	风速/(m/s)
高场	16.6	2653	17.8	80.1	1.0
朱沱(三)	18.0	8294	17.6	82.2	1.4
北碚	19.0	2050	18.0	83.6	1.0
寸滩	18.5	10715	18.5	79.2	1.4
武隆	17.8	1529	16.4	77.4	1.1
宜昌	18.3	13438	17.0	75.3	1.3

为了分析各气象因子对水温的影响程度,选用水温及各气象因子统计年限重合的部分,以保证数据的合理性与相关性。采用 Pearson 相关分析法衡量水温与气象因子关系的密切程度。当相关系数 r 越接近于 1,变量间的关系越密切。r 为正值时,表示正相关;r 为负值时,表示负相关。要判断样本的 r 是否有意义,还需对 r 进行假设检验,判断相关关系的显著性。

水文站水温和各主要气象因子间的相关性分析结果见表 2.7。由表 2.7 可知,气温变化与水温变化相关性完好,呈正相关,对水温变化影响显著,起到决定性作用。湿度和风速变化与水温变化的相关性较差,且不同站点的相对湿度与风速和水温之间的正负相关性存在差异,并无可比性。这主要是因为在不同月份当湿度和风速变化时,气温也同样发生了变化,且气温对水温的影响程度远远大于湿度和风速对水温的影响,相关系数大部分可达到 0.9 以上。

表 2.7　　　　　　　　水文站水温和各主要气象因子间的相关性分析结果

水文站	Pearson 相关性		
	气温	相对湿度	风速
攀枝花	0.885 * *	0.368 * *	0.234 * *
华弹	0.953 * *	0.428 * *	−0.415 * *
屏山	0.953 * *	0.034	−0.280 * *
高场	0.987 * *	−0.224 * *	0.455 * *
朱沱(三)	0.978 * *	−0.290 * *	0.441 * *
北碚	0.974 * *	−0.432 * *	0.303 * *
寸滩	0.982 * *	−0.365 * *	0.353 * *
武隆	0.938 * *	−0.093 *	0.298 * *
宜昌	0.946 * *	0.302 * *	0.114 * *

注:*,* * 分别表示在 0.05 和 0.01 水平(双侧)上显著相关。

2.5.2 来水组成对水温的影响

由以上分析可知,1981—2016 年岷江低温水入汇直接导致下游河道水温降低 0.6℃,因此断面来水组成对沿程水温的影响也不可忽略,白鹤滩—朱沱江段各断面分时段的流量对比见图 2.11。由图 2.11 中可以看出,溪洛渡—向家坝梯级水库运行后(2012—2016 年),1—4 月,干流白鹤滩、向家坝和朱沱站的流量较建库前天然情况(1956—2011 年)相对增大,5 月流量较天然情况略有减小,支流岷江高场站流量变化情况与干流相同,横江流量变化不大。2017 年,干流各站点 1—5 月流量均显著增大,支流岷江高场站流量较 2012—2016 年平均流量有所减小,横江站除 5 月流量略有减小外,其余月份流量依然变化不大。2018 年,白鹤滩站 2 月流量较 2017 年有减小趋势,其余月份变化不明显,向家坝、朱沱、高场站流量在 1 月和 5 月显著升高,2—4 月略有减小,但干流白鹤滩、向家坝、朱沱以及高场站 2018 年 1—5 月流量较建库前天然情况均有显著升高,而横江站 2018 年 1—5 月流量为历史最低值。

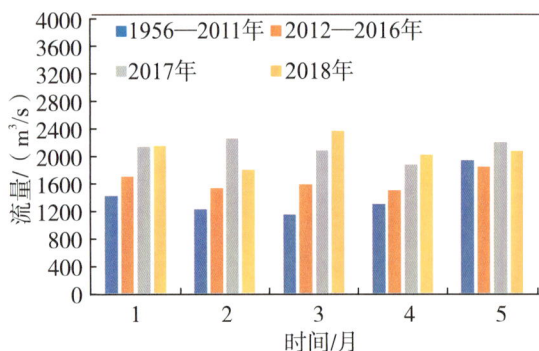

(a)白鹤滩水文站

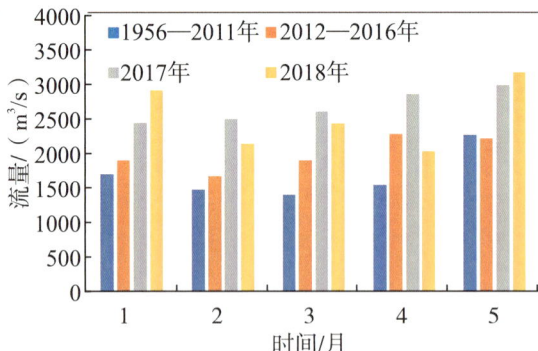

(b)向家坝水文站

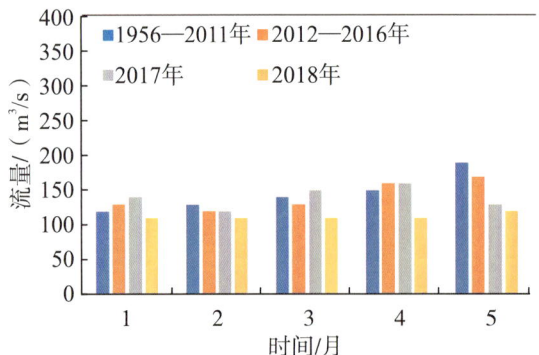

(c)横江(二)水文站

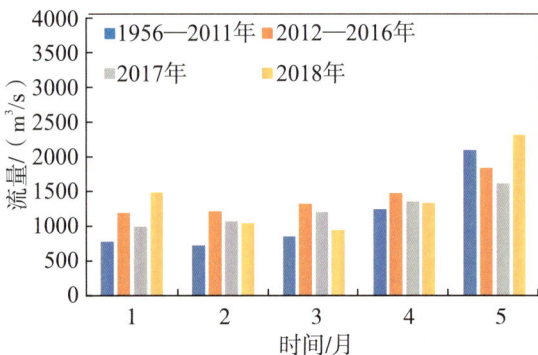

(d)高场水文站

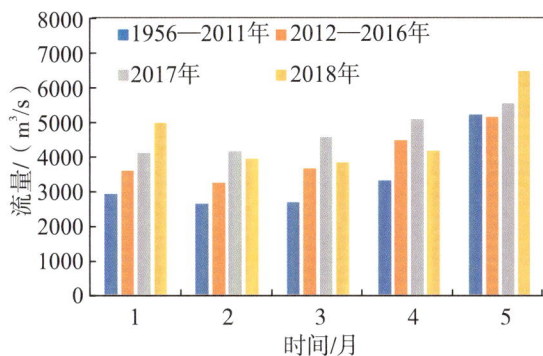

（e）朱沱（三）水文站

图 2.11　白鹤滩—朱沱江段各断面分时段流量对比

白鹤滩—朱沱江段各断面 1—5 月分时段水温和流量统计见表 2.8。由表 2.8 可见，朱沱断面来水组成中，干流向家坝以上占 50% 左右，支流岷江占 30% 左右，横江流量偏小，仅占 5% 以下，对干流水温的影响基本可以忽略不计。

1956—2011 年 1—3 月向家坝流量占比偏大，均在 50% 以上，岷江高场流量占比偏小，4—5 月向家坝流量占比逐渐减小，岷江流量占比逐渐增大，两者在 5 月流量基本持平，均占朱沱断面来水 40% 左右。但由于岷江高场水温总是低于干流向家坝水文站的水温，因此 1—5 月，向家坝—朱沱沿程水温均呈下降趋势，其中 2 月下降趋势最为显著，沿程降温最大达 2℃。

溪洛渡—向家坝梯级水库运行后，向家坝站点流量占比较建库前（1956—2011年）在 1—3 月减小，而 4 月增大，岷江高场流量占比则在 1—3 月增大，而 4—5 月减小，向家坝电站运行下泄低温水使坝下水文站在 3—5 月水温显著降低，而岷江未受梯级水库影响，水温基本不变，1—3 月高场水温低于向家坝站，使向家坝—朱沱沿程水温呈下降趋势，4—5 月高场水温高于向家坝站，向家坝—朱沱沿程水温变为上升趋势。

2017 年，向家坝站 1—5 月流量较历史时期均有上升趋势，占朱沱断面来水比例均增大至 55% 左右，岷江高场流量占比相对减小，干支流及沿程水温变化趋势与2012—2016 年基本相同。2018 年，向家坝站 3 月流量占比显著增大至 62.6%，岷江流量占比缩小为 24.4%，其余月份向家坝站流量占比较 2017 年有减小趋势，但较建库前流量占比增大，而岷江流量占比变化趋势相反。2018 年岷江水温自 3 月开始高于干流向家坝站水温，使向家坝—朱沱沿程水温开始呈现上升趋势，5 月沿程升温最大达 2.2℃。

表 2.8　白鹤滩—朱沱江段各断面 1—5 月分时段水温和流量统计

年份	月份	白鹤滩水文站 水温/℃	白鹤滩水文站 流量/(m³/s)	向家坝水文站 水温/℃	向家坝水文站 流量/(m³/s)	向家坝水文站 占比/%	横江（二）水文站 水温/℃	横江（二）水文站 流量/(m³/s)	横江（二）水文站 占比/%	高场水文站 水温/℃	高场水文站 流量/(m³/s)	高场水文站 占比/%	朱沱（三）水文站 水温/℃	朱沱（三）水文站 流量/(m³/s)
1956—2011	1	11.2	1440	11.9	1710	57.4	/	120	4.0	8.8	790	26.5	10.1	2980
	2	12.5	1240	13.3	1480	55.0	/	130	4.8	10.2	730	27.1	11.3	2690
	3	15.1	1170	16.2	1400	50.9	/	140	5.1	13.7	860	31.3	14.6	2750
	4	18.3	1320	19.4	1550	45.9	/	150	4.4	17.6	1250	37.0	18.4	3380
	5	20.6	1960	21.8	2270	43.0	/	190	3.6	20.0	2110	40.0	21.6	5280
2012—2016	1	12.9	1720	14.4	1900	51.9	/	130	3.6	10.5	1200	32.8	11.8	3660
	2	13.2	1550	13.8	1680	50.9	/	120	3.6	11.2	1220	37.0	11.9	3300
	3	14.8	1600	14.6	1900	50.9	/	130	3.5	13.6	1330	35.7	14.3	3730
	4	17.3	1510	16.8	2290	50.2	/	160	3.5	17.3	1480	32.5	17.6	4560
	5	20.1	1860	19.4	2220	42.5	/	170	3.3	20.3	1850	35.4	20.6	5220
2017	1	15.0	2160	16.1	2450	58.5	11.7	140	3.3	11.8	1000	23.9	14.0	4190
	2	15.0	2280	14.8	2500	59.2	12.5	120	2.8	11.9	1080	25.6	13.5	4220
	3	14.9	2100	14.4	2610	56.4	13.1	150	3.2	13.2	1210	26.1	14.0	4630
	4	17.0	1890	15.3	2860	55.4	17.2	160	3.1	17.5	1360	26.4	17.2	5160
	5	19.6	2220	18.0	2990	53.3	19.9	130	2.3	20.1	1620	28.9	19.9	5610

续表

年份	月份	白鹤滩水文站		向家坝水文站			横江（二）水文站			高场水文站			朱沱（三）水文站	
		水温/℃	流量/(m³/s)	水温/℃	流量/(m³/s)	占比/%	水温/℃	流量/(m³/s)	占比/%	水温/℃	流量/(m³/s)	占比/%	水温/℃	流量/(m³/s)
2018	1	14.2	2170	15.1	2920	57.9	10.7	110	2.2	10.5	1490	29.6	13.1	5040
	2	13.8	1820	14.0	2140	53.4	10.1	110	2.7	10.7	1050	26.2	12.4	4010
	3	15.2	2380	14.3	2440	62.6	15.7	110	2.8	15.5	950	24.4	15.5	3900
	4	17.4	2040	16.2	2030	47.9	18.6	110	2.6	18.4	1340	31.6	18.3	4240
	5	19.5	2090	17.6	3180	48.5	20.4	120	1.8	19.6	2330	35.6	19.8	6550

注：占比为该断面流量占朱沱站断面流量的比值。

2.6 本章小结

溪洛渡—向家坝梯级电站运行后，坝下游河道春季、夏季水温降低，而秋季、冬季水温升高。长江攀枝花—宜昌江段历史水温时空特征及成因分析结果如下。

1）近 60 年来，攀枝花—宜昌江段水温上升趋向率为 0.051～0.247℃/10a。宜昌站水温上升幅度最大，2011—2016 年水温较 1956—1960 年上升 1.4℃。2010 年以后水温上升趋势更加显著，攀枝花站 2011—2016 年较前 10 年水温上升 0.8℃，相对变幅率为 5%，远超于 2010 年以前的水温相对变幅率，为 0.6%～1.24%。

2）近 60 年来，攀枝花—宜昌江段年最高水温呈下降趋势，而年最低水温呈上升趋势，水温年内变幅逐年减小。武隆站年最高水温下降趋向率为 −0.76℃/10a。宜昌站年最低水温上升趋向率为 0.79℃/10a。各站年内水温极差逐年减小，减小幅度为 0.38～1.46℃/10a。

3）金沙江干流攀枝花—屏山区间干流水温沿程逐渐升高，攀枝花—华弹—屏山水温分别上升约 1℃。低温（较干流平均低 2.0℃）、量大（占干流流量的 45%）的岷江水汇入，使屏山—朱沱沿程水温下降约 0.6℃，嘉陵江北碚站较干流水温偏高约 1℃，径流量与朱沱站比值为 25%，入汇使朱沱—寸滩沿程水温略微抬升 0.5℃。乌江入汇流量仅为干流的 14%，对下游干流水温变化几乎无影响，使寸滩—宜昌水温基本持平。

4）2012 年溪洛渡—向家坝梯级电站运行后，坝下游向家坝站 2012—2016 年 4 月与 12 月水温变幅最大，较建坝前屏山站水温分别改变 −2.6℃ 和 4℃。电站春季下泄低温水使向家坝坝下水温在 3—6 月比岷江水温更低。

5）从影响水温的因素来看，气象因子中攀枝花—宜昌江段气温变化与水温变化相关性完好，呈正相关关系，对水温变化影响显著。来水组成中干流向家坝以上水量占朱沱断面的 50% 左右，支流岷江水量占朱沱断面的 30% 左右，对干流水温的影响较大，溪洛渡—向家坝梯级水库运行后，1—3 月高场水温低于向家坝站，使向家坝—朱沱沿程水温呈下降趋势，4—5 月高场水温高于向家坝站，向家坝—朱沱沿程水温变为上升趋势。

第 3 章　长江攀枝花—宜昌江段沿程表层水温时空变化分析

3.1　表层水温人工及自动监测技术方案

3.1.1　监测断面布设

2016 年 8 月至 2019 年 7 月,水利部长江水利委员会水文局在长江攀枝花—宜昌江段共布设了 35 个表层水温监测断面,其中 12 个自动监测断面为每日 24 段 24 次监测,其余断面为全年每日 8 时监测 1 次表层水温数据(表 3.1)。

表 3.1　　　　　　　　　　　2017—2019 年度水温监测方案

河名	序号	监测断面	监测内容	监测服务期
长江	1	三堆子(四)水文站	表层水温,每日 8 时监测 1 次	增补水文站断面
	2	钒钛工业园区	表层水温,每日 8 时监测 1 次	3 年
	3	乌东德(二)水文站	表层水温,每日 8 时监测 1 次	增补水文站断面
	4	白鹤滩水文站	表层水温,每日 8 时监测 1 次	增补水文站断面
	5	金阳河汇口下游	每日 8 时监测 1 次表层水温,每月中旬监测 1 次垂向水温(同时记录测点的水深)	3 年
	6	美姑河汇口下游	每日 8 时监测 1 次表层水温,每月中旬监测 1 次垂向水温(同时记录测点的水深)	3 年
	7	溪洛渡大坝坝前	每日监测 24 段 24 次表层水温,每小时监测 1 次垂向水温(同时记录测点的水深)	3 年
	8	溪洛渡水文站	每日监测 24 段 24 次表层水温	2018 年 2 月 8 日新增
	9	绥江县城	每日监测 24 段 24 次表层水温,每月中旬监测 1 次垂向水温(同时记录测点的水深)	3 年
	10	向家坝大坝坝前	每日监测 24 段 24 次表层水温,每小时监测 1 次垂向水温(同时记录测点的水深)	3 年

河名	序号	监测断面	监测内容	监测服务期
长江	11	向家坝水文站	每日监测24段24次表层水温	2018年2月8日新增
	12	柏溪镇	每日监测24段24次表层水温	2018年2月8日新增
	13	李庄水文站	每日监测24段24次表层水温	3年
	14	合江水位站	每日监测24段24次表层水温	3年
	15	朱沱(三)水文站	表层水温,每日8时监测1次	增补水文站断面
	16	江津区	每日监测24段24次表层水温	3年
	17	寸滩水文站	表层水温,每日8时监测1次	增补水文站断面
	18	巴东(三)水位站	表层水温,每日8时监测1次	增补水文站断面
	19	黄陵庙(陡)水文站	表层水温,每日8时监测1次	增补水文站断面
	20	宜昌水文站	表层水温,每日8时监测1次	增补水文站断面
牛栏江	21	牛栏江支库库中	每日8时监测1次表层水温,每月中旬监测1次垂向水温(同时记录测点的水深)	3年
金阳河	22	金阳河支库库中	每日8时监测1次表层水温,每月中旬监测1次垂向水温(同时记录测点的水深)	3年
美姑河	23	美姑河支库库中	每日8时监测1次表层水温,每月中旬监测1次垂向水温(同时记录测点的水深)	3年
横江	24	横江(二)水文站	表层水温,每日8时监测1次	3年
岷江	25	高场水文站	表层水温,每日8时监测1次	3年
沱江	26	富顺水文站	表层水温,每日8时监测1次	3年
赤水河	27	仁怀镇	表层水温,每日8时监测1次	3年
	28	赤水镇	每日监测24段24次表层水温	3年
	29	赤水河口	每日监测24段24次表层水温	3年
嘉陵江	30	北碚水文站	表层水温,每日8时监测1次	3年
御临河	31	御临河支库库中	每日8时监测1次表层水温,每月中旬监测1次垂向水温(同时记录测点的水深)	3年
乌江	32	武隆水文站	表层水温,每日8时监测1次	3年
澎溪河	33	澎溪河支库库中	每日8时监测1次表层水温,每月中旬监测1次垂向水温(同时记录测点的水深)	3年
大宁河	34	大宁河支库库中	每日监测24段24次表层水温,每月中旬监测1次垂向水温(同时记录测点的水深)	3年
香溪河	35	香溪河支库库中	每日8时监测1次表层水温,每月中旬监测1次垂向水温(同时记录测点的水深)	3年

2017年度,长江攀枝花—宜昌江段表层水温监测断面共布设了钒钛工业园区、金阳河汇口下游、美姑河汇口下游、溪洛渡大坝坝前、绥江县城、向家坝大坝坝前、李

庄水文站、合江水位站、江津区、金阳河支库库中、牛栏江支库库中、美姑河支库库中、横江(二)水文站、高场水文站、富顺水文站、赤水河口、赤水镇、仁怀镇、北碚水文站、武隆水文站、御临河支库库中、澎溪河支库库中、大宁河支库库中及香溪河支库库中等 24 个水温监测断面,其中干流 9 个,支流 15 个;2018 年 2 月新增溪洛渡水文站、向家坝水文站和柏溪镇 3 个自动监测断面,故 2018 年度和 2019 年度为 27 个水温监测断面,干流 12 个,支流 15 个,其中自动监测断面 12 个。由于 2019 年度溪洛渡水文站遭遇水毁,设施被破坏,不能进行有效的水温测量,但是从 2018 年度监测结果来看,溪洛渡 1 号尾水洞、6 号尾水洞和溪洛渡水文站水温过程基本一致(图 3.1),因此可用尾水洞数据代替辅助分析,尾水洞测量设备在 2018 年 8 月 28 日至 9 月 13 日、2019 年 4 月 23 日至 5 月 4 日两个时间段未测到有效数据(图 3.2)。另外,柏溪镇测站在 2018 年 8 月 28 日至 9 月 13 日、2019 年 4 月 23 日至 5 月 4 日和 2019 年 5 月 28 日至 7 月 31 日三个时间段未监测到有效数据。

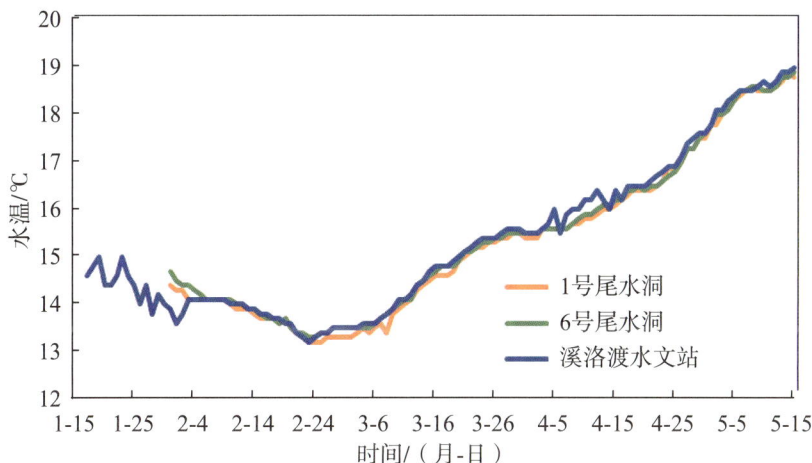

图 3.1　2018 年 1—5 月溪洛渡尾水洞与坝下水文站水温过程对比

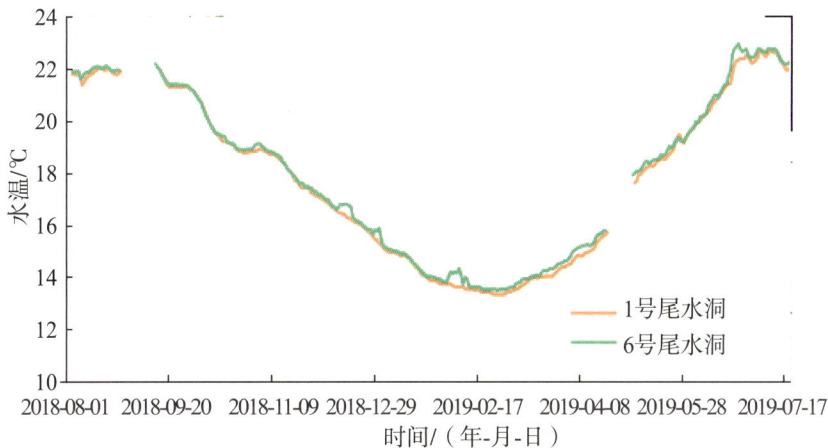

图 3.2　2018—2019 年溪洛渡尾水洞水温过程

　　为了更好地研究长江攀枝花—宜昌江段的水温沿程变化,搜集了三堆子(四)、乌东德(二)、白鹤滩、溪洛渡(坝下)、向家坝(坝下)、朱沱(三)、寸滩、巴东(三)、黄陵庙(陡)和宜昌等10个水文站断面的表层水温观测数据。其中,溪洛渡水文站和向家坝水文站在2017年8月至2018年2月的表层水温数据采用水文站观测数据,2018年之后的水温数据采用自动监测设备采集的数据。

　　各监测断面具体布置情况及相关要求见表 3.1、图 3.3,断面布置结构见图 3.4,各监测断面节点间相对距离见表 3.2。

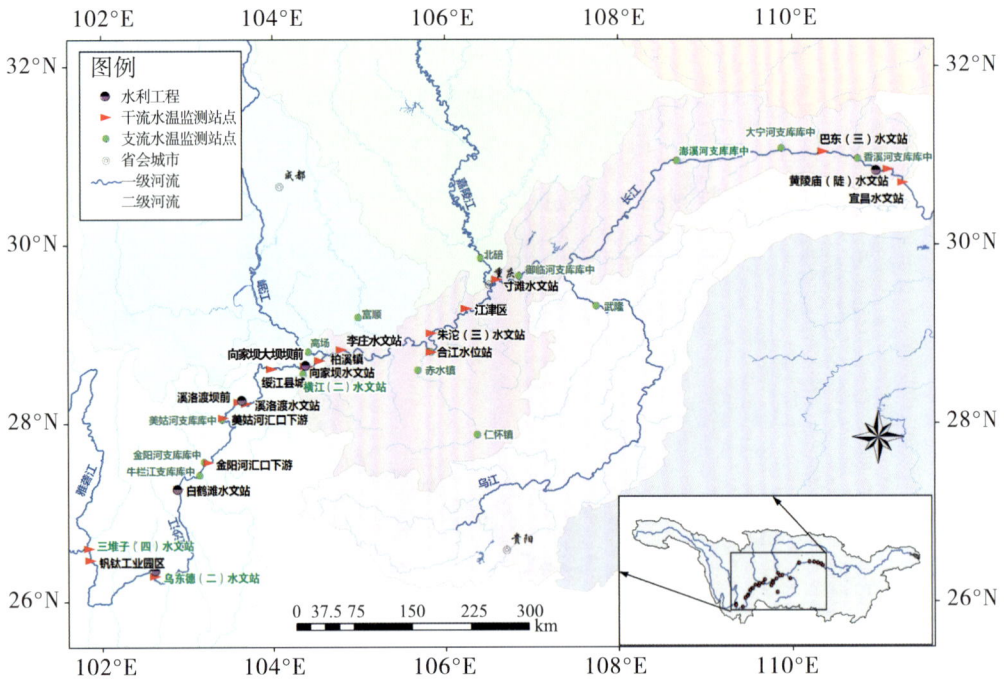

图 3.3　水温监测断面布置示意图

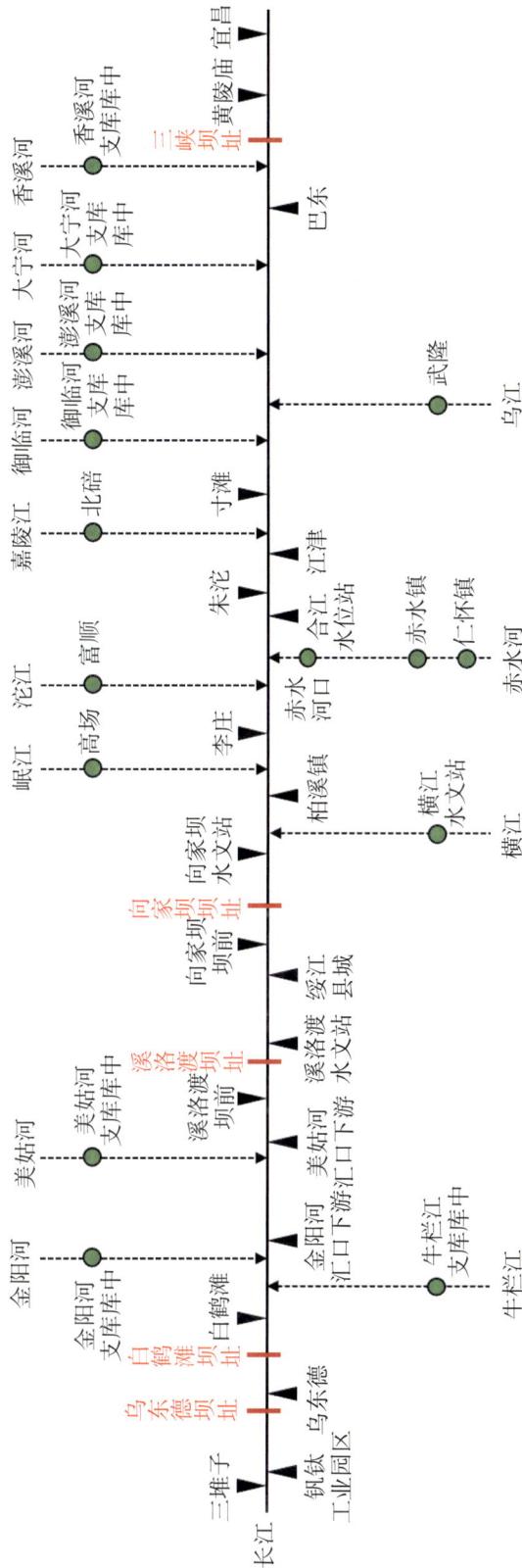

图3.4 水温监测断面布置结构示意图

表 3.2 各监测断面节点间相对距离

监测断面节点	与上一断面节点间距离/km	距溪洛渡坝址距离/km	距向家坝坝址距离/km	距三峡坝址距离/km
攀枝花	/	/	/	/
三堆子(四)水文站	14.1	/	/	/
钒钛工业园区	14.3	/	/	/
乌东德坝址	177.2	/	/	/
乌东德(二)水文站	5.0	/	/	/
白鹤滩坝址	173.3	−194.8	/	/
白鹤滩水文站	5.6	−189.3	/	/
牛栏江汇口	44.1	−145.2	/	/
金阳河汇口	19.7	−125.5	/	/
金阳河汇口下游	1.9	−123.6	/	/
美姑河汇口	86.4	−37.3	/	/
美姑河汇口下游	2.0	−35.3	/	/
溪洛渡大坝坝前	30.2	−5.1	/	/
溪洛渡坝址	5.1	0.0	−149.4	/
溪洛渡水文站	6.0	6.0	−143.4	/
绥江县城	93.0	99.0	−50.4	/
向家坝大坝坝前	49.0	148.0	−1.4	/
向家坝坝址	1.4	149.4	0.0	/
向家坝水文站	1.7	/	1.7	/
横江汇口	2.1	/	3.8	/
柏溪镇	13.1	/	16.9	/
岷江汇口	15.4	/	32.3	/
李庄水文站	22.3	/	54.6	/
沱江汇口	106.0	/	160.6	/
赤水河汇口	69.8	/	230.4	/
合江水位站	1.0	/	231.4	/
朱沱(三)水文站	33.0	/	264.4	/
江津区	72.4	/	336.8	/
嘉陵江汇口	70.6	/	407.4	/
寸滩水文站	6.3	/	413.7	−599.5
御临河汇口	42.2	/	/	−557.3
乌江汇口	72.3	/	/	−485.0
澎溪河汇口	262.0	/	/	−223.0

监测断面节点	与上一断面节点间距离/km	距溪洛渡坝址距离/km	距向家坝坝址距离/km	距三峡坝址距离/km
大宁河汇口	100.0	/	/	−123.0
巴东(三)水位站	51.4	/	/	−71.6
香溪河汇口	41.3	/	/	−30.3
三峡坝址	30.3	/	/	0.0
黄陵庙(陡)水文站	12.3	/	/	12.3
宜昌水文站	31.7	/	/	44.0

注：负值代表断面节点位于坝址上游，正值代表断面节点位于坝址下游。

3.1.2 监测仪器配置

(1)表层水温人工监测

表层水温人工监测主要依托现有水文站，设备采用水银温度计。监测断面节点主要包括：三堆子(四)水文站、乌东德(二)水文站、白鹤滩水文站、溪洛渡水文站、向家坝水文站、朱沱(三)水文站、寸滩水文站、黄陵庙(陡)水文站、宜昌水文站。

(2)表层水温自动监测

溪洛渡大坝坝前、溪洛渡水文站、绥江县城、向家坝大坝坝前、向家坝水文站、柏溪镇、李庄水文站、合江水位站、江津区、赤水镇、赤水河口和大宁河支库库中 12 个断面采用自动监测方式。

表层水温自动监测采用 PHSW 温度传感器，为一种铂电阻温度传感器，铂电阻随着温度的升高而增大，通过测量金属电阻值的变化，可以测量出其对应的温度，该传感器精度达到 0.1℃。表层水温自动监测设备配置清单见表 3.3。

表 3.3　　　　　　　　　　表层水温自动监测设备配置清单

序号	名称	型号	单位	数量	备注
1	温度传感器	PHSW	台	1	线缆 60m
2	遥测终端机	YAC9900	台	1	/
3	GPRS 模块	/	台	1	/
4	电源系统	/	套	1	1.1 块 15W 太阳能板，2.1 个 12V/7Ah 蓄电池，3.1 个充电控制器
5	土建配套设施	/	处	1	安装基础、立杆、太阳能支架等

3.2　攀枝花—宜昌江段表层水温时空变化分析

3.2.1　评价指标统计分析

表层水温监测断面共 35 个,整理统计 35 个水温监测断面 2016 年 8 月 1 日至 2019 年 7 月 31 日 3 个年度的逐日水温数据特征值,并进行对比分析,结果见表 3.4。同时,为了直观反映 2017—2019 年表层水温评价指标沿程变化情况,体现年均水温、年最高水温、年最低水温和年极温差在时空上的分布特征,绘制 2017—2019 年度水温评价指标沿程分布对比(图 3.5、图 3.6),图中散点为支流水温分布情况,线性为干流水温沿程分布情况。

结合统计结果表和沿程分布图,首先对年均水温变化进行分析。2017—2019 年度,长江攀枝花—宜昌江段各断面年均水温范围为 16.1~21.1℃,2017 年度和 2018 年度较 2019 年度较高,且这两个年度均温相差不大,干流上温差在 0.4℃以内,支流温差在 0.8℃以内,2019 年度干支流断面较前两年平均低约 0.6℃,原因在于本年度气温较低;3 个年度沿程分布呈现一致性,总体上均呈现沿程升温特性,三堆子(四)至宜昌水文站升温约 3℃;受溪洛渡、向家坝和三峡水库的调蓄作用,沿程可分为 4 个区段分析,三堆子至美姑河汇口下游保持了良好的升温趋势,温度上升幅度较大,为 3℃左右,美姑河汇口下游至向家坝坝前为溪洛渡—向家坝库区,受溪洛渡—向家坝水库蓄水调度影响,美姑河汇口下游至溪洛渡水文站温度平均下降 1℃,溪洛渡水文站至向家坝坝前温度平均上升 0.9℃,向家坝水文站至寸滩为受向家坝低温水下泄和支流入汇影响的保护区河段,该河段支流横江、高场岷江为均温较干流低,沱江富顺、赤水赤水河口均温较干流高,江段水温沿程缓慢上升,寸滩至宜昌水文站为主要受三峡水库蓄水和下泄影响的河段,巴东至宜昌水温下降约 0.2℃;从溪洛渡、向家坝水库坝前和坝后年均水温来看,受下泄低温水影响,溪洛渡坝后均温较坝前平均低 0.6℃,向家坝坝后较坝前低 0.6℃;从支流年均水温与干流对比看,支流横江、高场岷江和乌江武隆均温较低,沱江富顺、赤水赤水河口和嘉陵江北碚均温较高。

表3.4　各断面水温变化特征值对比统计

序号	监测断面	2016年8月31日至2017年7月31日水温特征值				2017年8月31日至2018年7月31日水温特征值				2018年8月31日至2019年7月31日水温特征值			
		年均水温/℃	年最高水温/℃ (月-日)	年最低水温/℃ (月-日)	年极温差/℃	年均水温/℃	年最高水温/℃ (月-日)	年最低水温/℃ (月-日)	年极温差/℃	年均水温/℃	年最高水温/℃ (月-日)	年最低水温/℃ (月-日)	年极温差/℃
1	三堆子(四)水文站	16.8	21.2 (8-31)	11.8 (3-4)	9.4	16.8	21.0 (7-13)	11.6 (2-16)	9.4	16.1	21.4 (7-5)	11.7 (2-4)	9.7
2	钒钛工业园区	16.6	21.0 (8-18)	12.8 (2-12)	8.2	16.7	22.7 (7-29)	12.0 (12-2)	10.7	15.1	20.9 (7-21)	9.0 (12-22)	11.9
3	乌东德(二)水文站	17.3	21.1 (8-28)	13.3 (2-28)	7.8	17.6	21.6 (6-29)	12.1 (2-6)	9.5	17.0	21.8 (7-18)	12.6 (1-13)	9.2
4	白鹤滩水文站	18.4	22.6 (8-30)	14.2 (2-28)	8.4	18.5	22.7 (7-6)	12.3 (2-5)	10.4	18.1	23.3 (7-4)	13.4 (12-30)	9.9
5	金阳河汇口下游	19.4	25.0 (7-6)	13.6 (1-31)	11.4	19.9	26.2 (8-23)	12.8 (2-4)	13.4	18.3	23.5 (6-24)	13.3 (1-24)	10.2
6	美姑河汇口下游	19.6	24.9 (9-13)	14.2 (3-14)	10.7	19.5	25.8 (8-8)	13.3 (2-20)	12.5	19.3	23.9 (7-23)	14.0 (2-23)	9.9
7	溪洛渡大坝坝前	19.3	28.6 (7-30)	13.6 (3-8)	15.0	19.4	27.5 (8-1)	13.3 (2-23)	14.2	18.5	23.8 (7-29)	13.4 (2-24)	10.4
8	溪洛渡水文站	18.5	23.2 (8-22)	14.0 (3-18)	9.2	18.9	23.4 (8-24)	13.2 (2-23)	10.2	18.0	22.8 (7-6)	13.4 (2-24)	9.4

续表

序号	监测断面	2016年8月31日至2017年7月31日水温特征值				2017年8月31日至2018年7月31日水温特征值				2018年8月31日至2019年7月31日水温特征值			
		年均水温/℃	年最高水温/℃ (月-日)	年最低水温/℃ (月-日)	年极温差/℃	年均水温/℃	年最高水温/℃ (月-日)	年最低水温/℃ (月-日)	年极温差/℃	年均水温/℃	年最高水温/℃ (月-日)	年最低水温/℃ (月-日)	年极温差/℃
9	绥江县城	19.5	27.0 (8-10)	14.6 (2-21)	12.4	19.2	25.4 (8-22)	13.7 (2-8)	11.7	18.5	25.0 (8-2)	13.2 (2-25)	11.8
10	向家坝大坝坝前	19.6	25.5 (8-26)	14.5 (3-1)	11.0	19.6	23.9 (8-21)	13.8 (2-22)	10.1	18.9	25.2 (7-27)	13.4 (2-27)	11.8
11	向家坝水文站	18.9	23.2 (8-1)	14.3 (3-2)	8.9	19.0	23.3 (8-23)	13.5 (2-23)	9.8	18.3	23.2 (7-22)	13.3 (3-2)	9.9
12	柏溪镇	/	/	/	/	17.8	23.0 (7-24)	13.4 (2-16)	9.6	17.1	22.8 (8-1)	13.1 (3-2)	9.7
13	李庄水文站	18.5	24.2 (8-24)	13.7 (2-12)	10.5	18.3	23.5 (8-8)	11.6 (2-13)	11.9	17.8	23.3 (9-3)	12.1 (2-11)	11.2
14	合江水位站	19.1	27.0 (8-4)	12.9 (2-13)	14.1	18.9	25.4 (8-25)	11.2 (2-11)	14.2	18.3	26.0 (7-31)	11.5 (1-3)	14.5
15	朱沱(三)水文站	18.6	24.8 (8-25)	13.0 (2-11)	11.8	18.9	25.1 (8-22)	11.5 (2-7)	13.6	18.1	24.3 (9-3)	11.0 (1-9)	13.3
16	江津区	19.2	25.5 (8-1)	13.5 (2-24)	12.0	19.0	25.0 (8-22)	11.7 (2-13)	13.3	18.4	24.8 (9-4)	11.6 (1-4)	13.2

续表

序号	监测断面	2016年8月31日至2017年7月31日水温特征值				2017年8月31日至2018年7月31日水温特征值				2018年8月31日至2019年7月31日水温特征值			
		年均水温/℃	年最高水温/℃（月-日）	年最低水温/℃（月-日）	年极温差/℃	年均水温/℃	年最高水温/℃（月-日）	年最低水温/℃（月-日）	年极温差/℃	年均水温/℃	年最高水温/℃（月-日）	年最低水温/℃（月-日）	年极温差/℃
17	寸滩水文站	19.3	26.9（8-24）	12.7（1-18）	14.2	19.3	26.5（8-23）	11.0（2-10）	15.5	18.0	26.1（9-3）	11.2（1-5）	14.9
18	巴东（三）水位站	19.9	27.5（9-2）	13.3（2-22）	14.2	19.8	27.5（8-7）	12.2（2-24）	15.3	19.3	27.0（9-8）	11.8（2-17）	15.2
19	黄陵庙（陡）水文站	19.8	27.7（9-6）	12.6（2-26）	15.1	19.6	27.3（8-10）	12.5（2-25）	14.8	19.1	26.3（9-15）	11.5（3-7）	14.8
20	宜昌水文站	19.8	27.4（9-6）	13.2（2-22）	14.2	19.6	27.7（8-7）	12.1（3-8）	15.6	19.0	26.5（9-13）	11.2（2-27）	15.3
21	牛栏江支库库中	19.3	25.9（6-28）	14.1（2-26）	11.8	18.8	23.3（8-9）	12.7（1-20）	10.6	17.8	23.5（7-29）	13.2（1-22）	10.3
22	金阳河支库库中	19.6	25.9（7-30）	13.9（1-31）	12.0	20.0	26.4（8-31）	12.8（2-6）	13.6	18.4	23.4（6-22）	13.3（1-28）	10.1
23	美姑河支库库中	20.0	29.0（8-24）	14.4（2-7）	14.6	20.0	27.1（8-3）	13.6（2-23）	13.5	18.4	26.5（8-9）	13.9（2-24）	12.6
24	横江（二）水文站	17.3	24.7（8-24）	9.8（1-20）	14.9	17.7	24.9（8-22）	7.7（2-2）	17.2	16.9	24.1（9-5）	9.4（1-10）	14.7

续表

序号	监测断面	2016年8月31日至 2017年7月31日水温特征值				2017年8月31日至 2018年7月31日水温特征值				2018年8月31日至 2019年7月31日水温特征值			
		年均水温/℃	年最高水温/℃(月-日)	年最低水温/℃(月-日)	年极温差/℃	年均水温/℃	年最高水温/℃(月-日)	年最低水温/℃(月-日)	年极温差/℃	年均水温/℃	年最高水温/℃(月-日)	年最低水温/℃(月-日)	年极温差/℃
25	高场水文站	17.6	26.0 (8-26)	10.8 (1-21)	15.2	17.6	25.4 (8-1)	9.2 (2-2)	16.2	16.9	24.4 (9-3)	9.7 (1-3)	14.7
26	富顺水文站	20.6	33.0 (7-29)	11.0 (1-28)	22.0	20.5	32.8 (8-1)	8.6 (2-5)	24.2	19.8	31.5 (9-2)	9.3 (1-16)	22.2
27	仁怀镇	16.2	24.6 (7-29)	10.0 (1-15)	14.6	19.2	29.0 (7-20)	8.2 (2-28)	20.8	17.6	28.1 (8-2)	7.0 (12-11)	21.1
28	赤水镇	19.1	31.0 (8-24)	10.5 (2-10)	20.5	19.3	30.4 (8-23)	8.0 (2-7)	22.4	18.0	29.0 (9-5)	8.7 (1-4)	20.3
29	赤水河口	19.5	31.0 (8-3)	11.1 (1-13)	19.9	19.8	31.9 (8-7)	8.2 (2-8)	23.7	18.7	30.7 (8-1)	8.9 (1-5)	21.8
30	北碚水文站	20.3	32.2 (8-25)	11.4 (1-31)	20.8	19.5	31.8 (8-7)	9.4 (1-30)	22.4	19.3	30.4 (9-1)	10.2 (1-17)	20.2
31	御临河支库库中	21.0	33.6 (7-27)	12.4 (2-28)	21.2	20.9	32.9 (8-2)	10.9 (2-2)	22.0	20.8	32.5 (9-2)	11.9 (1-7)	20.6
32	武隆水文站	18.6	24.7 (8-25)	12.9 (3-19)	11.8	18.2	24.2 (7-30)	11.3 (2-23)	12.9	17.7	24.8 (9-2)	11.5 (2-19)	13.3

续表

序号	监测断面	2016 年 8 月 31 日至 2017 年 7 月 31 日水温特征值				2017 年 8 月 31 日至 2018 年 7 月 31 日水温特征值				2018 年 8 月 31 日至 2019 年 7 月 31 日水温特征值			
		年均水温/℃	年最高水温/℃ (月-日)	年最低水温/℃ (月-日)	年极温差/℃	年均水温/℃	年最高水温/℃ (月-日)	年最低水温/℃ (月-日)	年极温差/℃	年均水温/℃	年最高水温/℃ (月-日)	年最低水温/℃ (月-日)	年极温差/℃
33	澎溪河支库库中	21.1	31.4 (8-22)	13.3 (2-22)	18.1	20.9	33.0 (8-4)	12.1 (2-13)	20.9	21.1	30.7 (9-2)	12.1 (2-19)	18.6
34	大宁河支库库中	20.9	30.6 (8-11)	13.7 (2-22)	16.9	20.2	29.3 (8-3)	12.2 (2-20)	17.1	19.7	28.9 (8-19)	11.6 (2-18)	17.3
35	香溪河支库库中	20.4	29.7 (7-28)	13.1 (3-16)	16.6	20.5	29.7 (8-24)	12.3 (2-21)	17.4	19.8	29.3 (8-9)	11.6 (2-28)	17.7

注：钒钛工业园区所处河段为一漫滩，水深较浅，人工测量水温时，测温探头受外界环境影响较大，导致所测水温数值与邻近断面相比不合理，应重新考虑该断面选址。柏溪镇测站是 2018 年新增站点，其 2017—2018 年度数据为 2018 年 2 月 8 日至 7 月 31 日；2018—2019 年度其在 2018 年 8 月 28 日至 9 月 13 日，2019 年 4 月 23 日至 5 月 4 日和 2019 年 5 月 28 日至 7 月 31 日三个时间段未监测到有效数据，这三个时间段水温较高但无数据导致其统计特征值较邻近断面异常。

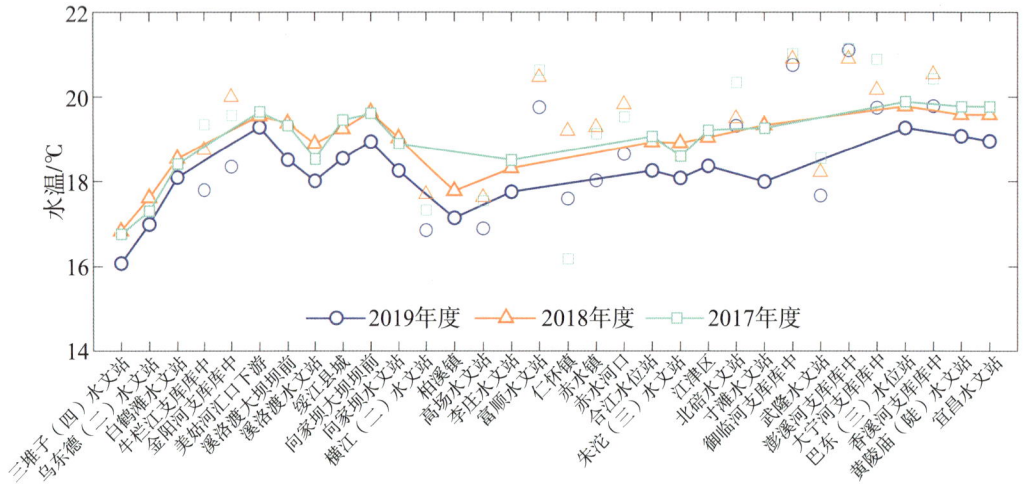

图 3.5　长江攀枝花—宜昌江段年均水温沿程变化对比

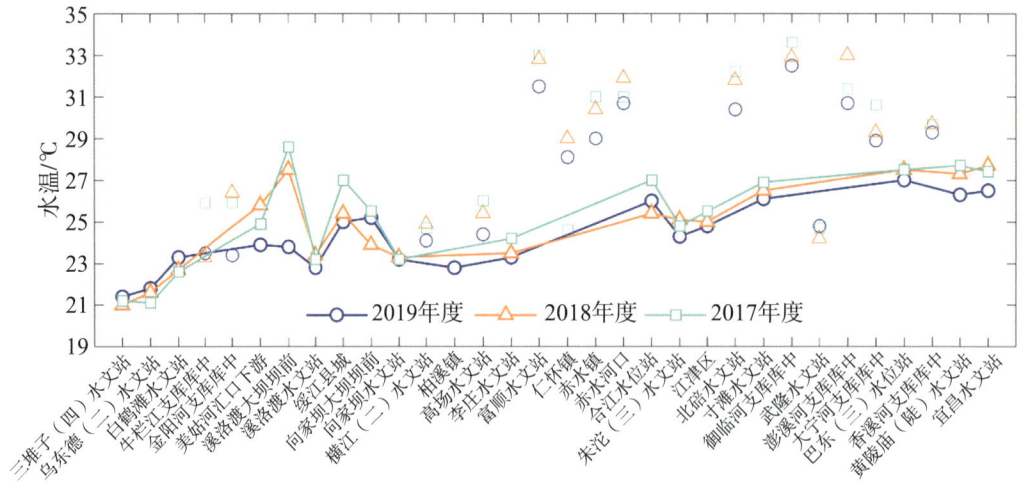

（a）年最高水温沿程变化

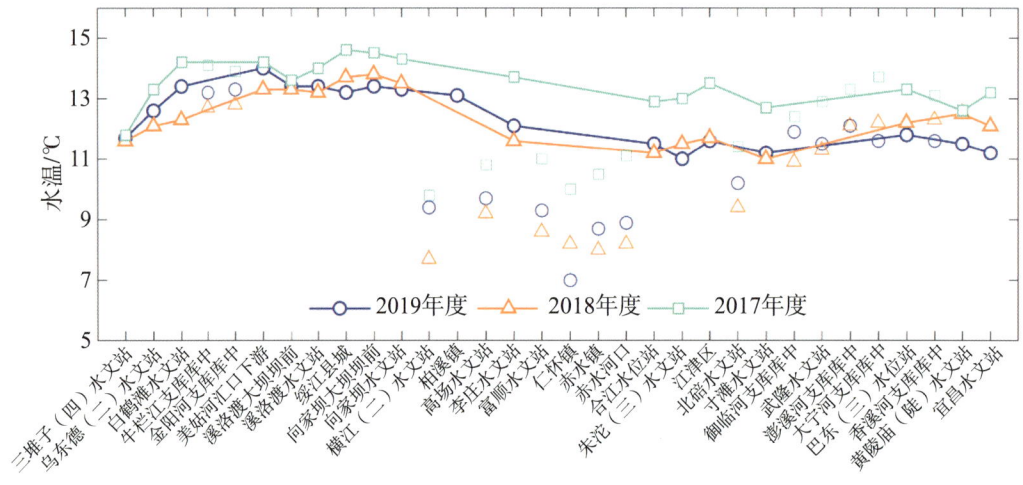

（b）年最低水温沿程变化

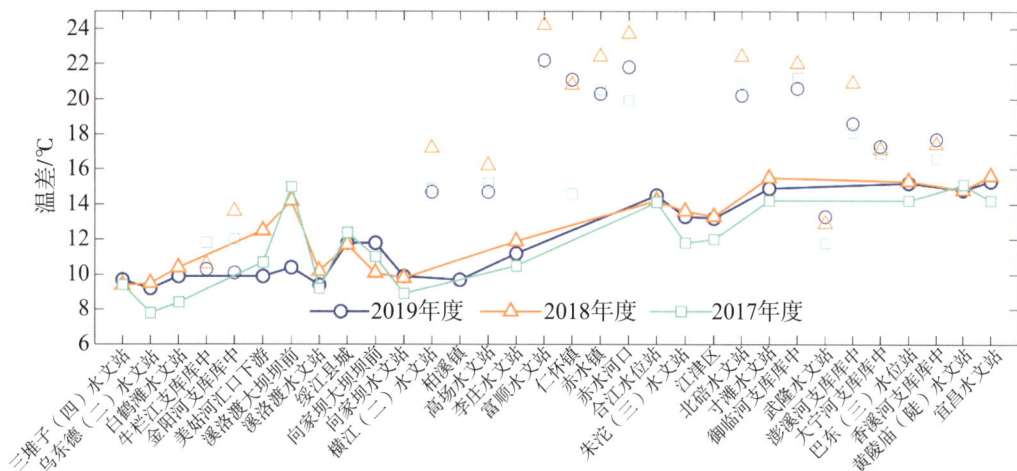

（c）年极温差沿程变化

图 3.6　长江攀枝花—宜昌江段年极值指标沿程变化对比

极值水温是衡量水温年内过程的重要指标，长江攀枝花—宜昌江段最高水温普遍出现在 7 月和 8 月，最高水温在 21.1～33.6℃变动，最高水温沿程分布同样呈现增加特性，宜昌水文站比三堆子（四）水文站最高水温平均高约 6℃，支流除乌江武隆外，均比干流最高水温值大；2017 年度和 2018 年度气温高加上水库蓄水储热大，溪洛渡坝前与相邻断面最高水温相比较为突出，比上游美姑河汇口下游断面平均高约 2.7℃，3 年过程线变化一致。攀枝花—宜昌江段最低水温普遍出现在 1 月和 2 月，最低水温为 7～14.6℃，2017 年度最低水温较 2018 年度和 2019 年度相对较高，2018 年度和 2019 年度水温较近，上游的最低水温较下游偏高。攀枝花—宜昌江段上游最高水温低而最低水温高使得其年极温差较下游低，年极温差分布上支流比干流大得多，干流极差范围为 7.8～15.6℃，支流为 10.1～24.2℃，3 个年度年极温差分布较为一致；水库下泄水温对下游河道影响的特点之一是水温过程均一化，2017 年度溪洛渡水库坝后较坝前极差低 5.4℃，向家坝坝后较坝前极差低 2.1℃。

3.2.2　逐日变化特征

3.2.2.1　干流断面逐日变化特征

为分析长江干流各监测断面水温年内变化情况，将各断面 2016 年 8 月至 2019 年 7 月月平均水温进行统计，数据见表 3.5 至表 3.7。各断面表层水温逐日以及控制断面与 2012 年 8 月至 2016 年 7 月平均过程线对比见图 3.7。

表 3.5   干流各断面 2017 年度月平均水温变化统计

断面名称	2016 年 8—12 月平均水温/℃					2017 年 1—7 月平均水温/℃						
	8 月	9 月	10 月	11 月	12 月	1 月	2 月	3 月	4 月	5 月	6 月	7 月
三堆子(四)水文站	20.4	20.0	18.8	17.1	15.2	13.8	13.2	12.3	14.6	17.3	19.3	19.0
乌东德(二)水文站	20.8	20.7	19.0	17.3	15.3	14.1	13.7	13.7	15.2	18.1	20.0	19.7
白鹤滩水文站	22.1	21.6	20.0	18.2	15.9	15.0	15.0	14.9	17.0	19.6	20.8	20.7
美姑河汇口下游	23.3	23.4	21.9	19.9	17.8	16.3	15.0	14.9	17.8	20.2	21.9	23.0
溪洛渡大坝坝前	23.9	21.6	20.9	20.0	18.1	16.0	14.9	14.7	17.8	19.6	20.8	23.3
溪洛渡水文站	22.5	21.4	20.1	19.5	17.1	15.8	14.7	14.2	15.6	18.7	21.2	21.6
绥江县城	24.3	23.1	21.6	20.1	18.0	16.3	15.0	14.9	17.5	19.3	21.3	21.9
向家坝大坝坝前	23.7	23.1	22.0	20.3	18.4	16.7	15.3	14.7	17.3	19.7	21.8	22.1
向家坝水文站	22.9	22.8	21.9	20.1	17.7	16.1	14.8	14.4	15.3	18.0	20.7	21.7
柏溪镇	/	/	/	/	/	/	/	/	/	/	/	/
李庄水文站	23.0	22.4	20.7	18.5	16.3	14.7	14.0	14.3	16.6	19.3	20.1	21.8
合江水位站	25.5	23.1	21.3	18.6	15.8	14.6	13.9	14.1	17.1	19.9	21.3	23.0
朱沱(三)水文站	24.1	22.4	20.5	17.8	15.8	14.0	13.5	14.0	17.2	19.9	21.3	23.0
江津区	24.8	22.6	21.4	18.6	16.1	14.6	14.0	14.8	18.0	20.7	21.5	23.2
寸滩水文站	25.9	23.2	21.9	18.1	17.8	13.8	13.4	14.1	17.4	20.9	22.5	24.4
巴东(三)水位站	26.5	25.7	23.1	20.6	17.7	15.5	13.8	13.5	15.3	19.7	22.7	24.0
黄陵庙(陡)水文站	26.4	26.3	23.3	20.7	18.0	15.6	13.6	13.3	14.6	18.7	22.4	23.8
宜昌水文站	26.5	26.3	23.5	20.7	17.9	15.1	13.6	13.4	14.6	18.8	22.2	24.1

表 3.6   干流各断面 2018 年度月平均水温变化统计

断面名称	2017 年 8—12 月平均水温/℃					2018 年 1—7 月平均水温/℃						
	8 月	9 月	10 月	11 月	12 月	1 月	2 月	3 月	4 月	5 月	6 月	7 月
三堆子(四)水文站	20.1	20.2	19.6	17.4	14.8	13.1	12.0	12.7	14.9	17.5	19.4	20.1
乌东德(二)水文站	20.6	20.7	20.0	18.0	15.3	13.9	13.1	13.8	15.8	18.7	20.2	20.9
白鹤滩水文站	21.9	21.7	20.4	18.6	15.8	14.1	13.8	15.2	17.4	20.1	21.2	22.1
美姑河汇口下游	24.1	22.9	21.9	20.1	17.9	15.4	13.7	15.4	17.8	20.7	21.5	22.9
溪洛渡大坝坝前	24.4	23.0	21.7	19.8	17.4	15.4	14.1	14.9	17.2	20.6	21.5	22.2
溪洛渡水文站	22.7	22.8	22.2	20.0	17.2	/	13.8	14.6	16.4	19.4	21.1	/
绥江县城	23.1	22.6	21.7	19.9	17.6	15.3	13.8	15.3	17.7	19.7	21.8	22.2
向家坝大坝坝前	23.1	22.8	21.9	20.4	18.2	15.4	15.7	18.4	20.7	21.9	22.5	
向家坝水文站	22.7	22.8	22.1	20.4	18.1	15.6	14.0	14.3	16.2	18.5	20.9	22.4
柏溪镇	/	/	/	/	/	/	13.6	14.2	16.1	18.4	20.7	22.4

续表

断面名称	2017 年 8—12 月平均水温/℃					2018 年 1—7 月平均水温/℃						
	8 月	9 月	10 月	11 月	12 月	1 月	2 月	3 月	4 月	5 月	6 月	7 月
李庄水文站	22.9	22.0	20.4	18.5	15.5	13.7	12.5	14.6	17.1	19.3	20.8	21.9
合江水位站	24.2	22.8	20.5	18.7	15.0	13.1	12.3	15.5	18.3	20.7	22.1	23.6
朱沱(三)水文站	24.1	22.8	20.8	18.8	15.4	13.4	12.4	15.5	18.2	20.6	21.8	22.8
江津区	24.2	22.8	20.7	18.8	15.2	13.3	12.5	15.7	18.5	20.9	22.1	23.2
寸滩水文站	25.5	23.8	20.8	18.6	15.0	12.8	11.9	15.4	18.8	21.8	23.1	24.0
巴东(三)水位站	26.7	25.0	22.3	20.0	18.1	15.0	12.7	12.7	16.2	20.6	23.0	24.5
黄陵庙(陡)水文站	26.6	25.1	22.0	20.1	17.8	15.5	13.0	12.7	14.9	19.8	22.8	24.5
宜昌水文站	26.8	25.2	22.2	20.2	18.0	15.4	12.7	12.5	15.1	19.7	22.5	24.3

表 3.7   干流各断面 2019 年度月平均水温变化统计

断面名称	2018 年 8—12 月平均水温/℃					2019 年 1—7 月平均水温/℃						
	8 月	9 月	10 月	11 月	12 月	1 月	2 月	3 月	4 月	5 月	6 月	7 月
三堆子(四)水文站	20.1	19.8	17.9	15.1	13.4	12.2	11.9	12.1	13.8	16.3	19.5	20.5
乌东德(二)水文站	20.7	20.5	18.5	16.1	14.4	12.9	13.1	13.1	15.5	17.8	20.0	21.2
白鹤滩水文站	21.9	21.4	19.1	16.7	14.9	13.8	13.9	14.4	16.8	19.2	22.1	22.7
美姑河汇口下游	22.9	22.6	20.2	18.8	16.9	15.6	14.7	15.0	18.2	20.2	22.5	23.6
溪洛渡大坝坝前	21.9	21.9	19.7	18.2	16.4	14.6	13.6	13.9	17.2	19.6	22.0	23.0
溪洛渡水文站	21.9	21.6	19.7	18.2	16.4	14.6	13.6	13.9	15.1	18.7	21.2	22.5
绥江县城	22.6	22.3	19.9	18.2	16.9	14.5	14.0	14.0	18.9	21.6	23.4
向家坝大坝坝前	22.7	22.5	20.3	18.6	16.9	14.9	13.9	14.0	18.2	19.4	22.2	23.3
向家坝水文站	22.4	22.3	20.1	18.6	16.7	14.5	13.6	15.3	18.0	20.7	22.7
柏溪镇	22.4	22.0	20.1	18.6	16.4	14.5	13.6	14.9	17.9	/	/
李庄水文站	22.6	22.1	19.3	16.8	14.6	13.0	12.6	13.4	16.3	18.8	20.7	22.7
合江水位站	24.5	22.7	19.3	16.8	14.2	12.4	12.6	14.0	17.7	19.6	21.9	23.1
朱沱(三)水文站	23.5	22.5	19.4	16.6	14.4	12.5	12.6	13.8	17.6	19.6	21.6	22.7
江津区	23.8	22.8	19.6	17.0	14.5	12.6	12.8	14.1	17.9	19.9	22.0	23.1
寸滩水文站	24.9	23.7	19.8	17.1	14.1	11.9	12.5	13.7	17.9	20.4	22.4	/
巴东(三)水位站	25.9	25.5	22.1	19.4	17.0	14.1	12.2	12.7	15.2	20.0	22.4	24.2
黄陵庙(陡)水文站	25.5	25.5	22.3	19.5	17.2	14.7	12.5	12.0	14.3	18.9	22.1	23.9
宜昌水文站	25.8	25.7	22.3	19.5	16.9	14.0	11.9	11.9	14.1	18.9	22.1	23.9

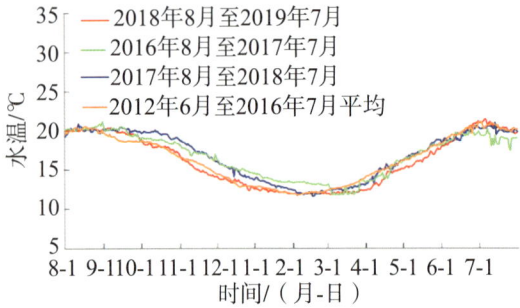

（a）三堆子(四)水文站

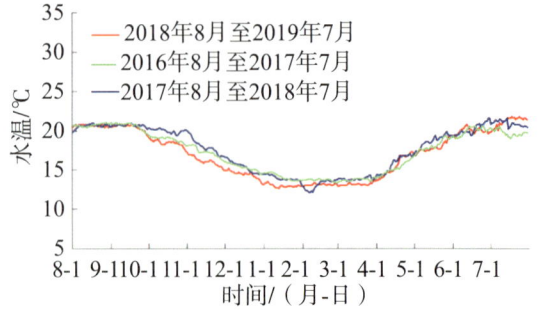

（b）乌东德(二)水文站

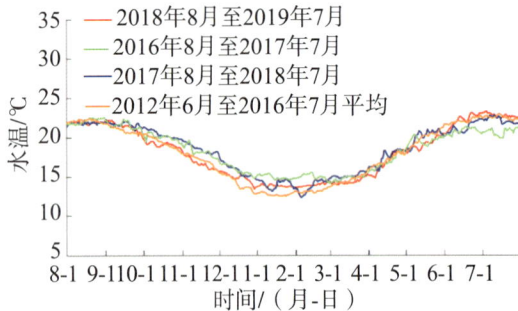

（c）白鹤滩水文站

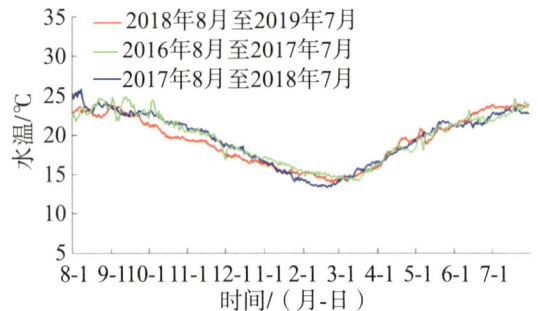

（d）美姑河汇口下游

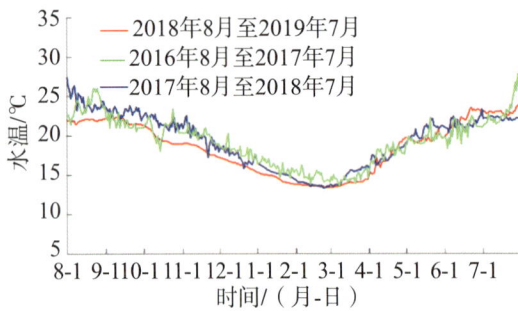

（e）溪洛渡大坝坝前

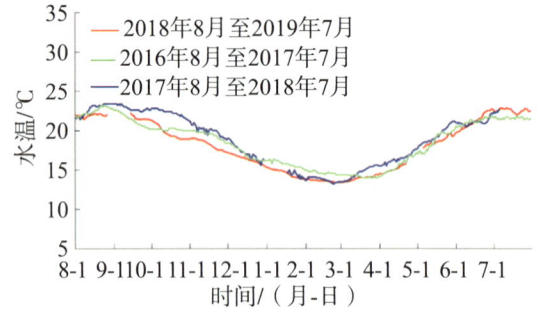

（f）溪洛渡水文站

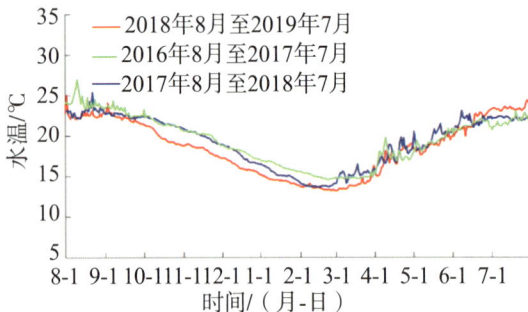

（g)绥江县城

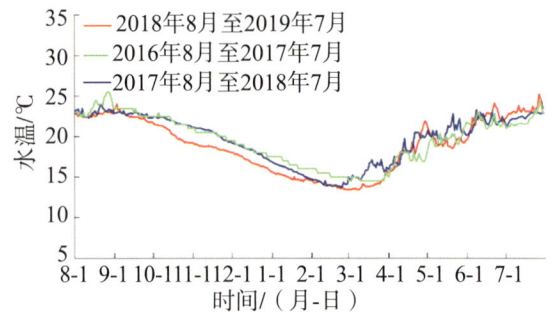

（h)向家坝大坝坝前

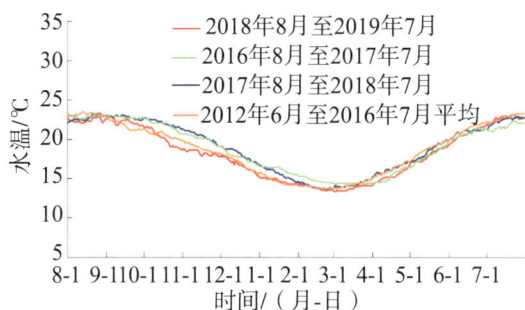

(i)向家坝水文站

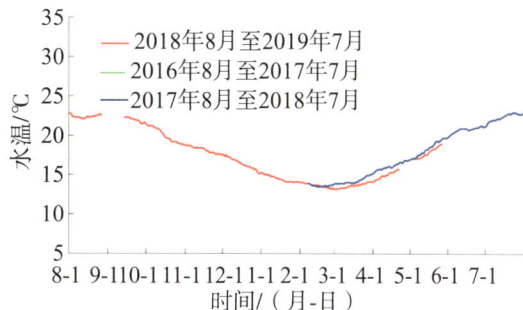

(j)柏溪镇

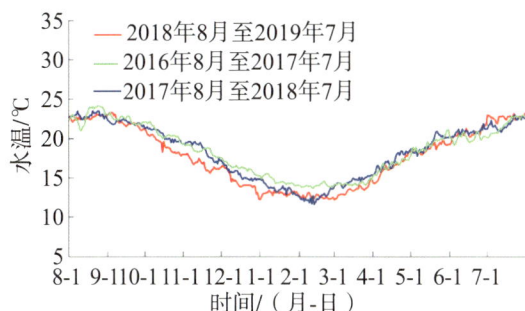

(k)李庄水文站

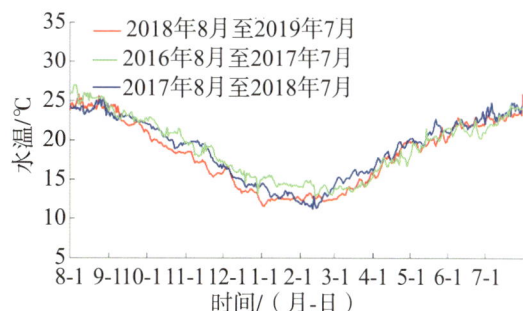

(l)合江水位站

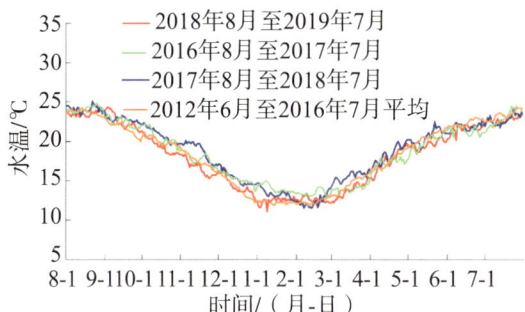

(m)朱沱(三)水文站

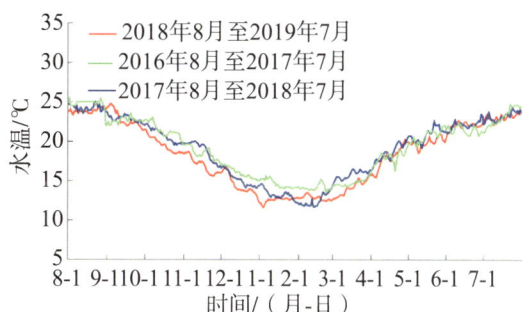

(n)江津区

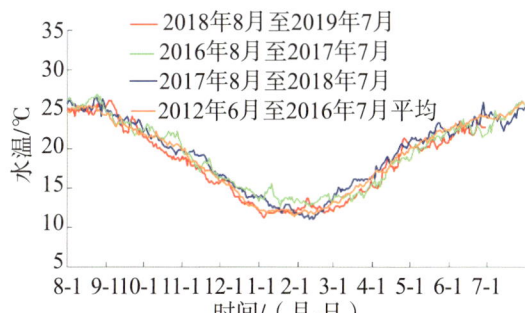

(o)寸滩水文站

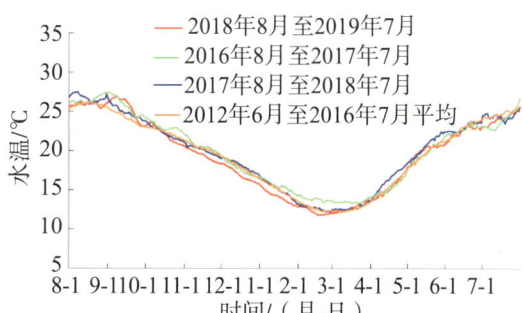

(p)巴东(三)水位站

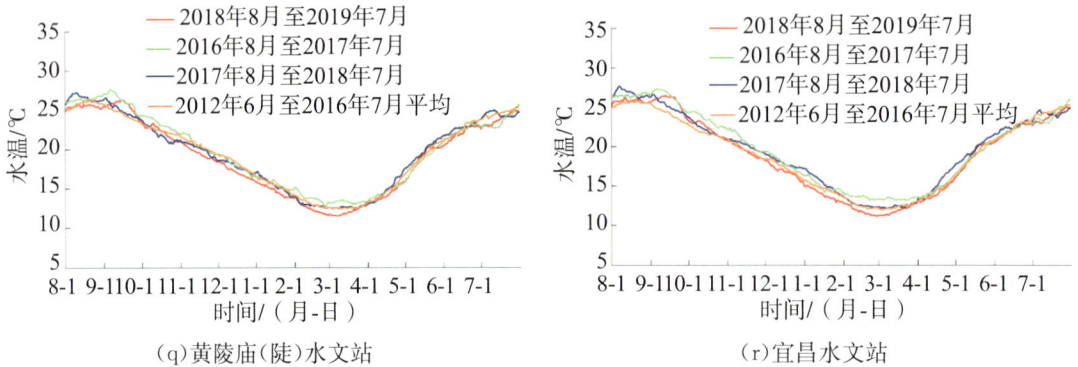

(q)黄陵庙(陡)水文站　　　　　　　　(r)宜昌水文站

图3.7　干流各监测断面水温逐日变化对比图

由表中数据可以看出,干流各断面月平均最低水温大多出现在2月,最高多出现在8月,从8月至次年2月,表层水温呈下降趋势,其中宜昌水文站的水温下降幅度最大,平均达13.6℃。自3月水温出现回暖趋势,同样是宜昌水文站上升幅度较大,平均约11.4℃。

由图3.7可以发现,3个年度干流各断面表层水温变化趋势较为一致。上游断面水温变化过程较下游更为平缓,水温年内变幅更小。各断面2019年度的水温变化过程普遍低于2017年度和2018年度,与其气温较低有关。对比结果进一步验证了3个年度水温监测数据的可靠性及一致性。

采用白鹤滩、向家坝、朱沱、寸滩和宜昌水文站等5个干流具有长系列历史资料的控制断面1956—2012年度月均水温数据制作箱线图,与2017—2019年度月均水温数据作对比分析(表3.8和图3.8),更清晰地表现溪洛渡—向家坝水库建设运行后水温与历史天然状态下的变化。可以看到,与历史时期均值相比,2017—2019年度秋季、冬季水温偏高,春季、夏季偏低,受水库影响的向家坝水文站尤为明显。

通过典型断面与历史长序列水温演变过程的对比(表3.8和图3.8)可以看出:

1)作为溪洛渡水库的入库控制站,白鹤滩水文站3—7月与历年水温基本相同,无明显变化,10月至次年2月较历史同期水温偏高,其中11月至次年1月较历史同期均值平均偏高3℃,较中位数平均偏高3.2℃,较最大值平均偏高1.4℃。

2)位于向家坝大坝坝下的向家坝水文站在溪洛渡—向家坝梯级电站运行后,受向家坝秋季、冬季下泄高温水,而春季下泄低温水影响,10月至次年1月水温较历史同期均值平均偏高3.2℃,较中位数平均偏高3.5℃,较最大值平均偏高1.5℃;4—5月水温较历史同期均值平均偏低3.7℃,较中位数平均偏低3.7℃,较最小值平均偏低2.4℃。

表3.8　控制断面历史水水温与2017—2019年度月均水温变化对比 （单位：℃）

站点	月份	1956—2012年度月均温箱线图特征值				2017年度与历史比较				2018年度与历史比较				2019年度与历史比较			
		均值	中位数	最大值	最小值	与均值	与中位数	与最大值	与最小值	与均值	与中位数	与最大值	与最小值	与均值	与中位数	与最大值	与最小值
白鹤滩水文站	8	21.6	21.5	23.4	19.5	0.5	0.6	−1.3	2.6	0.3	0.4	−1.5	2.4	0.3	0.4	−1.5	2.4
	9	20.2	20.0	22.5	18.6	1.4	1.6	−0.9	3.0	1.5	1.7	−0.8	3.1	1.2	1.4	−1.1	2.8
	10	18.3	18.3	20.1	16.8	1.7	1.7	−0.1	3.2	2.1	2.1	0.3	3.6	0.8	0.8	−1	2.3
	11	15.1	15.1	16.5	13.7	3.1	3.1	1.7	4.5	3.5	3.5	2.1	4.9	1.6	1.6	0.2	3.0
	12	12.1	11.9	14.3	10.4	3.8	4.0	1.6	5.5	3.7	3.9	1.5	5.4	2.8	3.0	0.6	4.5
	1	11.1	11.1	12.6	9.6	3.9	3.9	2.4	5.4	3.0	3.0	1.5	4.5	2.7	2.7	1.2	4.2
	2	12.5	12.6	14.9	11.3	2.5	2.4	0.1	3.7	1.3	1.2	−1.1	2.5	1.4	1.3	−1.0	2.6
	3	15.1	15.1	16.3	12.6	−0.2	−0.2	−1.4	2.3	0.1	0.1	−1.1	2.6	−0.7	−0.7	−1.9	1.8
	4	18.3	18.3	20.5	16.3	−1.3	−1.3	−3.5	0.7	−0.9	−0.9	−3.1	1.1	−1.5	−1.5	−3.7	0.5
	5	20.6	20.6	21.7	19.1	−1.0	−1.0	−2.1	0.5	−0.5	−0.5	−1.6	1.0	−1.4	−1.4	−2.5	0.1
	6	21.7	21.9	24.4	19.9	−0.9	−1.1	−3.6	0.9	−0.5	−0.7	−3.2	1.3	0.4	0.2	−2.3	2.2
	7	21.6	21.7	23.2	19.9	−0.9	−1.0	−2.5	0.8	0.5	0.4	−1.1	2.2	1.1	1.0	−0.5	2.8
向家坝水文站	8	23.0	23.1	24.8	20.9	−0.1	−0.2	−1.9	2.0	−0.3	−0.4	−2.1	1.8	−0.6	−0.7	−2.4	1.5
	9	21.5	21.4	24.1	19.8	1.3	1.4	−1.3	3.0	1.3	1.4	−1.3	3.0	0.8	0.9	−1.8	2.5
	10	19.4	19.5	20.9	18.0	2.5	2.4	1.0	3.9	2.7	2.6	1.2	4.1	0.7	0.6	−0.8	2.1
	11	16.3	16.3	18.1	14.9	3.8	3.8	2.0	5.2	4.1	4.1	2.3	5.5	2.0	2.0	0.2	3.4
	12	13.3	12.9	15.1	11.7	4.4	4.8	2.6	6.0	4.8	5.2	3.0	6.4	3.4	3.8	1.6	5.0
	1	12.0	11.8	13.7	10.5	4.1	4.3	2.4	5.6	3.6	3.8	1.9	5.1	2.7	2.9	1.0	4.2

续表

站点	月份	1956—2012年度月均温箱线图特征值				2017年度与历史比较				2018年度与历史比较				2019年度与历史比较			
		均值	中位数	最大值	最小值	与均值	与中位数	与最大值	与最小值	与均值	与中位数	与最大值	与最小值	与均值	与中位数	与最大值	与最小值
向家坝水文站	2	13.3	13.4	15.2	11.3	1.5	1.4	-0.4	3.5	0.7	0.6	-1.2	2.7	0.5	0.4	-1.4	2.5
	3	16.2	16.4	17.7	14.7	-1.8	-2.0	-3.3	-0.3	-1.9	-2.1	-3.4	-0.4	-2.4	-2.6	-3.9	-0.9
	4	19.4	19.4	20.4	18.2	-4.1	-4.1	-5.1	-2.9	-3.2	-3.2	-4.2	-2.0	-4.1	-4.1	-5.1	-2.9
	5	21.8	21.7	23.8	20.4	-3.8	-3.7	-5.8	-2.4	-3.3	-3.2	-5.3	-1.9	-3.8	-3.7	-5.8	-2.4
	6	22.9	22.9	24.8	20.7	-2.2	-2.2	-4.1	0.0	-2.0	-2.0	-3.9	0.2	-2.2	-2.2	-4.1	0.0
	7	22.9	23.0	24.8	21.1	-1.2	-1.3	-3.1	0.6	-0.5	-0.6	-2.4	1.3	-0.2	-0.3	-2.1	1.6
	8	23.9	23.8	26.4	22.2	0.2	0.3	-2.3	1.9	0.2	0.3	-2.3	1.9	-0.4	-0.3	-2.9	1.3
	9	21.7	21.5	23.4	20.5	0.7	0.9	-1.0	1.9	1.1	1.3	-0.6	2.3	0.8	1.0	-0.9	2.0
	10	19.0	19.0	21.1	17.8	1.5	1.5	-0.6	2.7	1.8	1.8	-0.3	3.0	0.4	0.4	-1.7	1.6
	11	15.8	15.8	19.6	14.8	2.0	2.0	-1.8	3.0	3.0	3.0	-0.8	4.0	0.8	0.8	-3.0	1.8
	12	11.8	11.8	14.4	10.8	3.5	3.5	0.9	4.5	3.6	3.6	1.0	4.6	2.6	2.6	0.0	3.6
朱沱(三)水文站	1	10.1	10.1	12.9	8.2	3.9	3.9	1.1	5.8	3.3	3.3	0.5	5.2	2.4	2.4	-0.4	4.3
	2	11.3	11.4	15.8	8.7	2.2	2.1	-2.3	4.8	1.1	1.0	-3.4	3.7	1.3	1.2	-3.2	3.9
	3	14.5	14.6	17.4	12.5	-0.5	-0.6	-3.4	1.5	1.0	0.9	-1.9	3.0	-0.7	-0.8	-3.6	1.3
	4	18.4	18.3	20.8	16.1	-1.2	-1.1	-3.6	1.1	-0.2	-0.1	-2.6	2.1	-0.8	-0.7	-3.2	1.5
	5	21.6	21.3	24.5	20.5	-1.7	-1.4	-4.6	-0.6	-1.0	-0.7	-3.9	0.1	-2.0	-1.7	-4.9	-0.9
	6	22.6	22.6	25.6	21.2	-1.3	-1.3	-4.3	0.1	-0.8	-0.8	-3.8	0.6	-1.0	-1.0	-4.0	0.4
	7	23.6	23.6	26.7	21.9	-0.6	-0.6	-3.7	1.1	-0.8	-0.8	-3.9	0.9	-0.9	-0.9	-4.0	0.8

续表

站点	月份	1956—2012年度月均温箱线图特征值				2017年度与历史比较				2018年度与历史比较				2019年度与历史比较			
		均值	中位数	最大值	最小值	与均值	与中位数	与最大值	与最小值	与均值	与中位数	与最大值	与最小值	与均值	与中位数	与最大值	与最小值
寸滩水文站	8	25.0	25.1	27.5	23.2	0.9	0.8	-1.6	2.7	0.5	0.4	-2.0	2.3	-0.1	-0.2	-2.6	1.7
	9	22.5	22.4	24.8	20.9	0.7	0.8	-1.6	2.3	1.3	1.4	-1.0	2.9	1.2	1.3	-1.1	2.8
	10	19.4	19.2	21.5	18.0	2.5	2.7	0.4	3.9	1.4	1.6	-0.7	2.8	0.4	0.6	-1.7	1.8
	11	16.2	16.2	18.5	14.7	1.9	1.9	-0.4	3.4	2.4	2.4	0.1	3.9	0.9	0.9	-1.4	2.4
	12	12.4	12.4	14.6	9.7	2.9	2.9	0.7	5.6	2.6	2.6	0.4	5.3	1.7	1.7	-0.5	4.4
	1	10.4	10.5	11.6	8.2	3.4	3.3	2.2	5.6	2.4	2.3	1.2	4.6	1.5	1.4	0.3	3.7
	2	11.3	11.4	13.6	8.9	2.1	2.0	-0.2	4.5	0.6	0.5	-1.7	3.0	1.2	1.1	-1.1	3.6
	3	14.7	14.7	16.7	12.2	-0.6	-0.6	-2.6	1.9	0.7	0.7	-1.3	3.2	-1.0	-1.0	-3.0	1.5
	4	18.9	18.8	21.2	16.8	-1.5	-1.4	-3.8	0.6	-0.1	0.0	-2.4	2.0	-1.0	-0.9	-3.3	1.1
	5	22.1	22.1	24.0	20.8	-1.3	-1.3	-3.2	0.0	-0.3	-0.3	-2.2	1.0	-1.7	-1.7	-3.6	-0.4
	6	23.4	23.5	24.8	21.7	-0.9	-1.0	-2.3	0.8	-0.3	-0.4	-1.7	1.4	-1.0	-1.1	-2.4	0.7
	7	24.6	24.6	26.2	23.0	-0.2	-0.2	-1.8	1.4	-0.6	-0.6	-2.2	1.0	/	/	/	/
宜昌水文站	8	25.7	25.8	28.7	23.9	0.8	0.7	-2.2	2.6	1.1	1.0	-1.9	2.9	0.1	0.0	-2.9	1.9
	9	23.3	23.0	26.7	21.5	3.0	3.3	-0.4	4.8	1.9	2.2	-1.5	3.7	2.4	2.7	-1.0	4.2
	10	20.1	19.9	23.0	18.4	3.4	3.6	0.5	5.1	2.1	2.3	-0.8	3.8	2.2	2.4	-0.7	3.9
	11	16.8	16.6	20.2	14.5	3.9	4.1	0.5	6.2	3.4	3.6	0.0	5.7	2.7	2.9	-0.7	5.0
	12	12.8	12.4	17.2	9.9	5.1	5.5	0.7	8.0	5.2	5.6	0.8	8.1	4.1	4.5	-0.3	7.0
	1	10.4	10.0	14.6	7.9	4.7	5.1	0.5	7.2	5.0	5.4	0.8	7.5	3.6	4.0	-0.6	6.1
	2	10.3	10.2	12.4	7.7	3.3	3.4	1.2	5.9	2.4	2.5	0.3	5.0	1.6	1.7	-0.5	4.2

站点	月份	1956—2012年度月均温箱线图特征值				2017年度与历史比较				2018年度与历史比较				2019年度与历史比较			
		均值	中位数	最大值	最小值	与均值	与中位数	与最大值	与最小值	与均值	与中位数	与最大值	与最小值	与均值	与中位数	与最大值	与最小值
宜昌水文站	3	12.8	12.9	15.3	10.6	0.6	0.5	−1.9	2.8	−0.3	−0.4	−2.8	1.9	−0.9	−1.0	−3.4	1.3
	4	16.9	17.1	18.8	12.9	−2.3	−2.5	−4.2	1.7	−1.8	−2.0	−3.7	2.2	−2.8	−3.0	−4.7	1.2
	5	21.0	21.3	22.7	17.2	−2.2	−2.5	−3.9	1.6	−1.3	−1.6	−3.0	2.5	−2.1	−2.4	−3.8	1.7
	6	23.3	23.4	24.5	21.5	−1.1	−1.2	−2.3	0.7	−0.8	−0.9	−2.0	1.0	−1.2	−1.3	−2.4	0.6
	7	24.8	24.7	26.4	23.4	−0.7	−0.6	−2.3	0.7	−0.5	−0.4	−2.1	0.9	−0.9	−0.8	−2.5	0.5

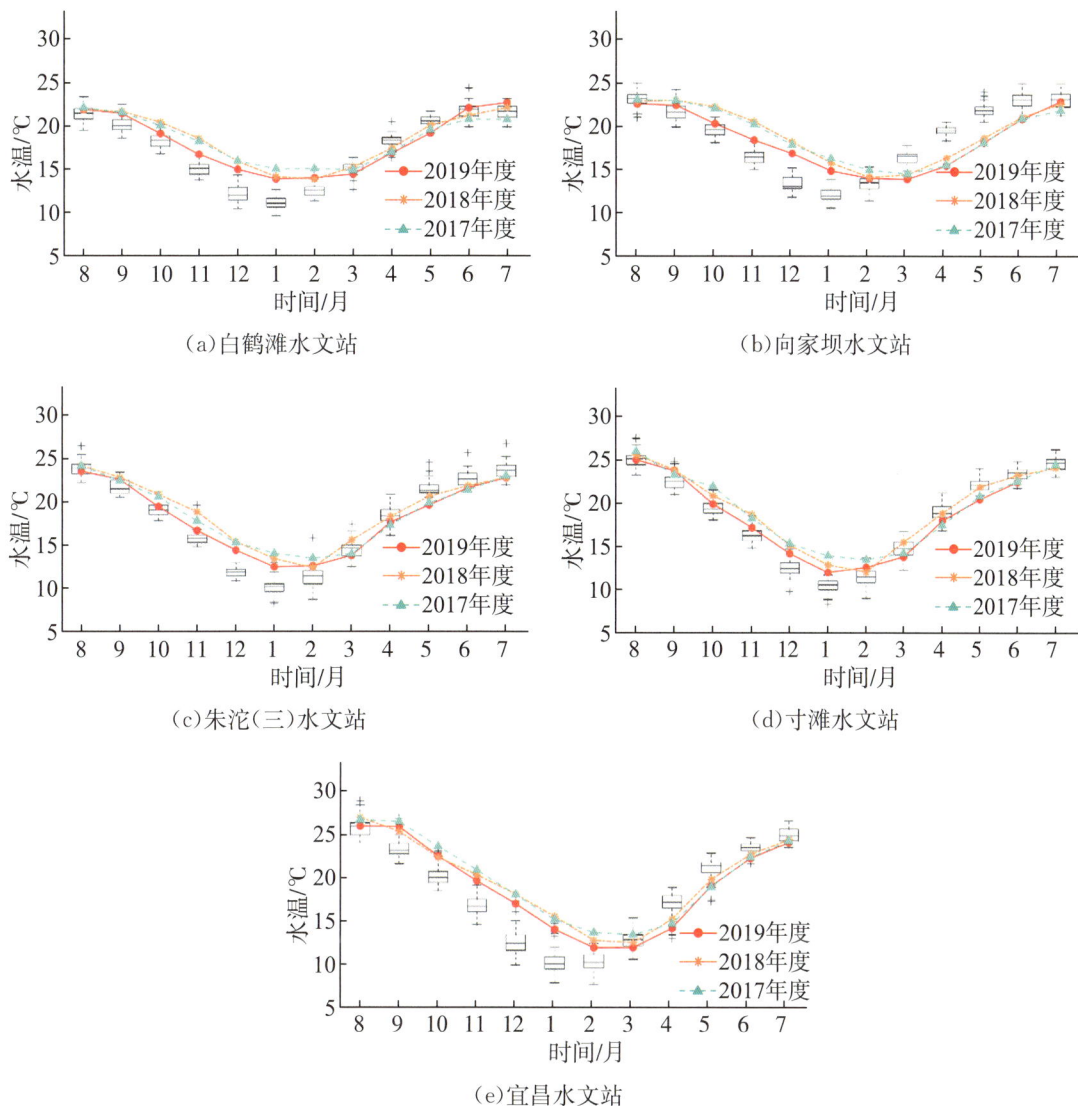

（a）白鹤滩水文站

（b）向家坝水文站

（c）朱沱（三）水文站

（d）寸滩水文站

（e）宜昌水文站

图 3.8　控制断面历史水温与 2017—2019 年度月均水温变化对比

3）位于长江上游珍稀特有鱼类国家级自然保护区的朱沱（三）水文站水温 3—7 月与历年水温相比无明显变化，但 11 月至次年 2 月受上游梯级水库高温水下泄的影响，温度较历史同期略微提升，可见保护区内的水温变化同时受到上游水库调度、支流入汇和沿程气温的综合影响。

4）寸滩水文站水温受梯级水库调度、支流入汇、气温和三峡水库蓄水等的综合影响，在 11 月至次年 2 月水温较历史同期均值偏高 2℃。

5）位于三峡大坝坝下的宜昌水文站，受三峡水库运行秋季、冬季下泄高温水，而春季下泄低温水影响，4—6 月水温较历史同期略微偏低，12 月至次年 2 月水温较历史同期均值平均偏高 3.9℃，较最大值平均偏高 0.4℃。

3.2.2.2 支流断面逐日变化特征

为分析沿程各支流监测断面水温年内变化情况,将各断面 2016 年 8 月至 2019 年 7 月月平均水温进行统计,数据见表 3.9 至表 3.11。各监测断面表层水温逐日变化过程以及控制断面与 2012 年 8 月至 2016 年 7 月平均过程线对比见图 3.9。

表 3.9 支流各断面 2017 年度月平均水温变化统计

河名	断面名称	2016 年 8—12 月平均水温/℃					2017 年 1—7 月平均水温/℃						
		8 月	9 月	10 月	11 月	12 月	1 月	2 月	3 月	4 月	5 月	6 月	7 月
牛栏江	牛栏江支库库中	23.6	22.0	20.8	18.0	16.2	15.0	14.7	15.5	19.0	21.4	23.1	22.8
金阳河	金阳河支库库中	23.4	22.5	20.7	18.5	16.6	14.6	14.8	15.7	18.3	20.2	24.5	24.6
横江	横江(二)水文站	22.6	19.7	19.0	15.3	13.2	11.7	12.5	13.1	17.2	19.9	21.1	22.3
岷江	高场水文站	24.0	21.4	19.0	15.7	13.4	11.8	11.9	13.2	17.5	20.1	19.9	22.3
沱江	富顺水文站	30.4	25.7	22.6	17.6	13.7	11.9	12.0	13.9	19.7	23.4	26.3	29.7
赤水河	仁怀镇	22.6	19.9	17.9	14.1	12.1	11.1	10.6	12.2	15.3	17.1	18.1	22.6
	赤水镇	27.0	23.2	21.9	16.5	13.5	12.4	12.5	14.0	18.9	21.5	22.9	24.9
	赤水河口	28.2	23.5	22.1	16.9	13.5	12.1	12.5	14.4	19.6	22.2	23.6	25.3
嘉陵江	北碚水文站	30.6	27.5	24.0	18.2	14.1	12.2	11.8	12.7	17.4	21.9	24.6	28.4
御临河	御临河支库库中	29.5	26.4	23.8	18.1	15.3	14.1	13.5	14.3	20.5	21.6	24.7	29.8
乌江	武隆水文站	23.9	24.1	23.2	19.0	16.7	14.9	13.6	13.3	15.2	17.5	19.5	21.5
澎溪河	澎溪河支库库中	30.1	26.5	23.6	20.4	17.3	14.9	13.8	14.3	18.5	22.0	24.8	26.9
大宁河	大宁河支库库中	28.4	26.5	24.4	21.1	17.9	15.5	14.0	14.5	17.3	21.1	23.8	25.7
香溪河	香溪河支库库中	26.8	26.3	23.4	20.7	17.9	15.5	13.7	13.6	16.5	20.7	23.0	26.5

表 3.10　　　　　　　　支流各断面 2018 年度月平均水温变化统计

河名	断面名称	2016 年 8—12 月平均水温/℃					2017 年 1—7 月平均水温/℃						
		8 月	9 月	10 月	11 月	12 月	1 月	2 月	3 月	4 月	5 月	6 月	7 月
牛栏江	牛栏江支库库中	22.9	22.3	20.7	18.3	15.5	13.7	13.6	15.2	17.9	21.2	21.5	22.0
金阳河	金阳河支库库中	25.7	25.1	23.7	21.1	17.1	14.2	13.7	15.4	17.6	20.8	21.7	23.3
横江	横江(二)水文站	23.0	20.6	18.2	15.8	12.3	10.9	10.1	15.7	18.6	21.5	22.0	23.2
岷江	高场水文站	23.4	21.3	18.8	16.3	12.9	10.7	10.7	15.5	18.4	20.4	20.9	21.6
沱江	富顺水文站	30.4	25.2	21.6	17.8	13.2	10.4	10.7	16.7	21.2	25.0	26.2	26.7
赤水河	仁怀镇	23.1	20.9	19.0	14.4	/	/	10.2	11.5	15.9	21.2	22.0	26.5
	赤水镇	28.5	24.1	20.6	16.9	12.1	10.4	10.3	16.2	19.2	22.5	23.1	26.9
	赤水河口	29.8	24.4	20.4	17.4	12.2	10.5	10.3	17.1	19.9	23.4	23.8	27.9
嘉陵江	北碚水文站	30.7	25.2	20.3	17.9	14.0	10.6	9.9	13.3	18.6	23.0	25.1	24.7
御临河	御临河支库库中	31.2	25.8	21.1	18.7	14.9	12.4	11.7	15.5	20.4	23.3	25.8	29.3
乌江	武隆水文站	23.0	22.9	20.3	19.2	17.3	14.8	12.5	12.6	15.4	17.6	19.9	22.6
澎溪河	澎溪河支库库中	29.8	25.5	22.1	19.4	17.0	14.1	12.5	14.1	19.0	23.1	25.1	28.4
大宁河	大宁河支库库中	27.6	25.0	22.1	19.7	17.7	14.7	12.6	13.8	17.3	21.5	24.5	25.0
香溪河	香溪河支库库中	27.8	25.4	22.2	19.8	17.5	15.1	12.7	13.9	18.1	21.4	24.6	27.2

表 3.11　　　　　　　　支流各断面 2019 年度月平均水温变化统计

河名	断面名称	2016 年 8—12 月平均水温/℃					2017 年 1—7 月平均水温/℃						
		8 月	9 月	10 月	11 月	12 月	1 月	2 月	3 月	4 月	5 月	6 月	7 月
牛栏江	牛栏江支库库中	21.2	21.0	18.6	16.4	14.5	13.5	13.7	14.4	16.9	19.3	21.5	22.8
金阳河	金阳河支库库中	22.8	22.0	19.4	17.1	15.1	13.6	13.8	14.4	17.1	19.7	22.3	22.8
横江	横江(二)水文站	21.5	20.5	16.8	14.4	12.0	10.3	11.4	13.6	18.6	19.9	21.7	21.4

河名	断面名称	2016 年 8—12 月平均水温/℃					2017 年 1—7 月平均水温/℃						
		8 月	9 月	10 月	11 月	12 月	1 月	2 月	3 月	4 月	5 月	6 月	7 月
岷江	高场水文站	22.8	21.6	17.7	14.8	12.2	10.2	10.7	12.8	18.1	19.8	20.5	21.2
沱江	富顺水文站	28.5	26.2	20.4	16.6	12.5	9.9	11.5	13.7	20.7	23.9	26.0	26.6
赤水河	仁怀镇	25.4	22.2	16.4	12.7	9.5	/	13.0	14.4	16.7	18.7	22.5	23.5
	赤水镇	25.7	23.4	18.1	15.2	12.0	10.1	11.4	14.1	20.0	20.2	22.3	23.2
	赤水河口	26.8	24.2	18.3	15.5	12.2	10.2	11.7	14.6	21.1	21.2	23.4	24.2
嘉陵江	北碚水文站	28.7	27.3	21.3	17.4	13.4	10.1	11.0	12.7	17.5	22.1	24.1	25.1
御临河	御临河支库库中	31.1	27.9	21.1	17.8	14.5	13.8	13.7	15.5	19.7	22.9	25.6	26.9
乌江	武隆水文站	24.1	23.9	20.0	18.1	15.9	13.2	12.0	12.5	14.7	16.8	19.2	21.3
澎溪河	澎溪河支库库中	29.5	26.7	22.5	19.4	16.5	13.8	12.4	/	19.3	22.9	25.6	25.0
大宁河	大宁河支库库中	27.4	25.4	21.9	19.1	16.6	13.9	12.1	13.1	16.9	20.5	23.8	25.7
香溪河	香溪河支库库中	27.7	26.0	22.0	19.3	16.7	13.5	11.9	12.5	16.4	20.4	24.2	26.1

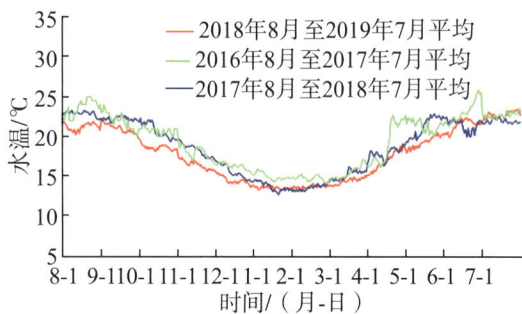

（a)牛栏江支库库中

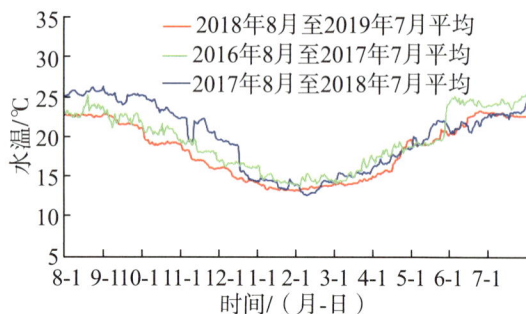

（b)金阳河支库库中

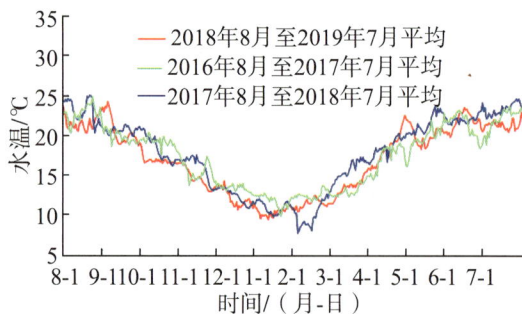

（c)横江(二)水文站

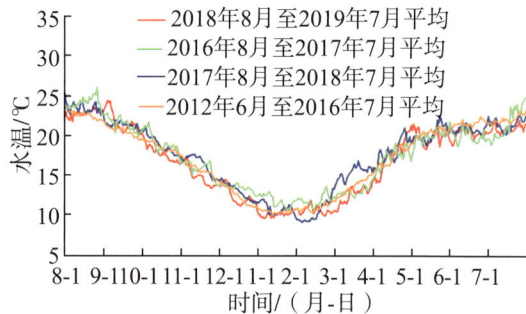

（d)高场水文站

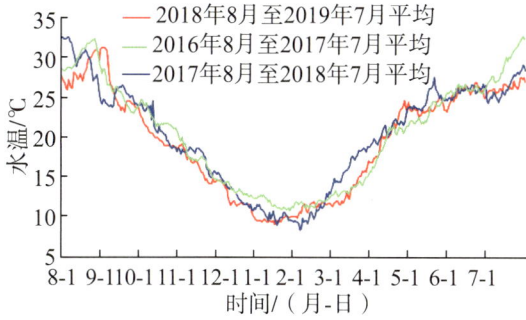

（e）富顺水文站

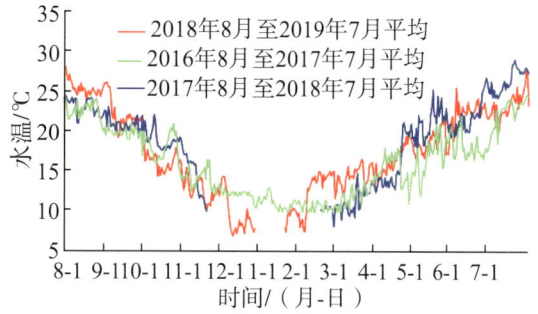

（f）仁怀镇

（g）赤水镇

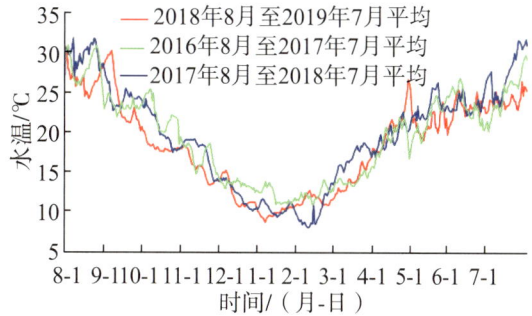

（h）赤水河口

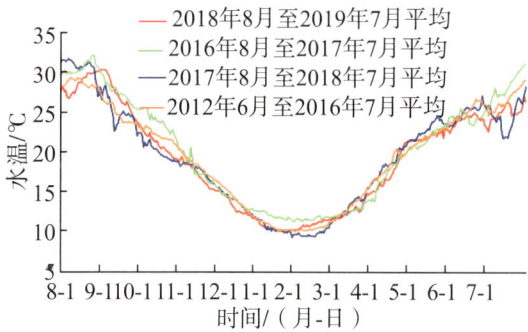

（i）北碚水文站

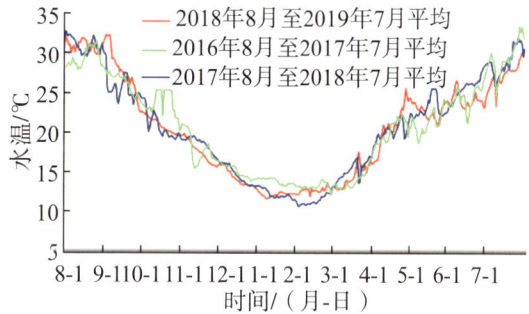

（j）御临河支库库中

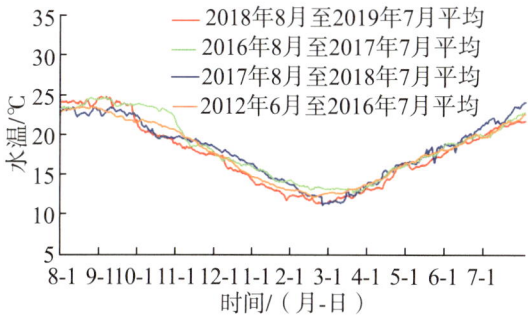

（k）武隆水文站

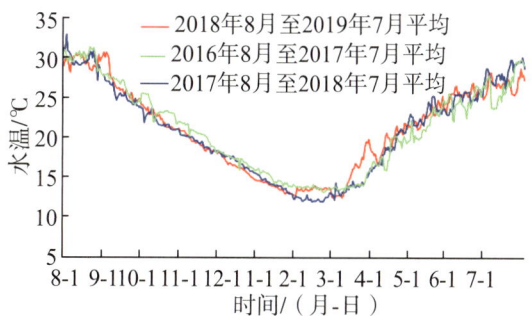

（l）澎溪河支库库中

(m)大宁河支库库中　　　　　　　　　　(n)香溪河支库库中

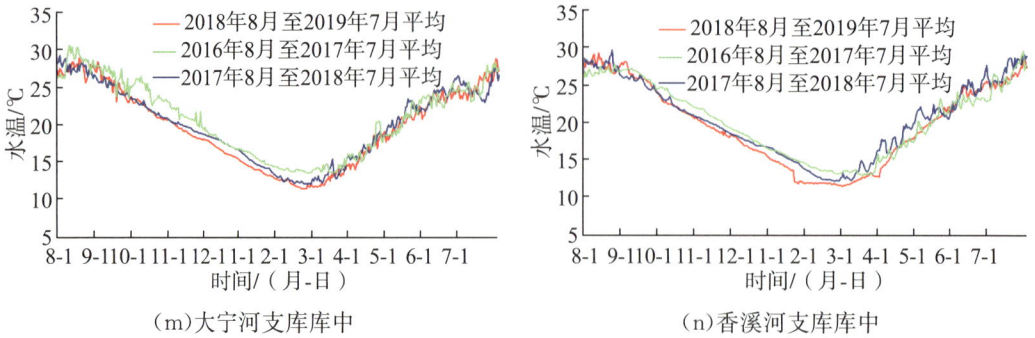

图 3.9　支流各监测断面表层水温逐日变化对比

由表中数据可以看出,支流各断面与干流的表层水温逐月变化趋势相同,月平均最低水温普遍出现在 2 月,从 8 月至次年 2 月,表层水温呈下降趋势,其中位于嘉陵江北碚水文站的水温下降幅度最大,平均下降约 19.1℃。3—7 月,表层水温回暖,呈上升趋势,其中位于沱江的富顺水文站水温上升幅度最大,平均上升 16.3℃。与干流断面的逐月水温数据对比可知,支流断面的最高水温较干流偏高,而最低水温较干流偏低,与支流流量小,水体与空气的热传导更彻底有关。

由支流各监测断面表层水温逐日变化过程及对比(图 3.9)可以发现,3 个年度支流各断面水温变化过程基本一致。位于上游河段的牛栏江、金阳河、美姑河、横江和岷江高场站的水温年内变幅较下游河段偏小,岷江下游河段除乌江武隆站受梯级水库影响年内变幅较小外,其余各支流断面水温年内变幅达 15℃ 以上。与干流断面表层水温变化过程对比可知,支流水温的日波动幅度较大,尤其是位于赤水河的仁怀镇、赤水镇和赤水河口 3 个断面的水温日波动幅度最大,其中仁怀镇 2017 年 11 月 21日至 2018 年 2 月 16 日和 2018 年 12 月 29 日至 2019 年 1 月 19 日水温低至 5℃ 以下,偏离正常值,因此舍去,可能与这期间仁怀镇断面处水位下降至水温探头以下,导致探头所测温度为气温,而非水温。

采用高场、北碚和武隆水文站等 3 个支流具有长系列历史资料的控制断面1956—2012 年月均水温数据制作箱线图,与 2017—2019 年度月均水温数据做对比分析(表 3.12 和图 3.10)。在表 3.12 中,正值为与历史特征值相比高,负值为与历史特征值相比低的情况,可以看到,与历史时期均值相比,2017—2019 年度秋季、冬季水温偏高,春季、夏季偏低,受水库影响的武隆水文站尤为明显。通过典型断面与历史长序列水温演变过程的对比可以看出,岷江高场站与嘉陵江北碚站水温在 10 月至次年 1 月与历史同期相比略有提高,其余月份无明显变化,乌江武隆站水温受乌江梯级电站调蓄作用的影响,10 月至次年 2 月水温较历史时期均值平均偏高 2.5℃,较最大值变化不大,表现为略微偏高,而 4—7 月水温较历史时期均值平均偏低 1.8℃,较最小值平均偏高 0.8℃,表现为略微偏低。

表3.12 控制断面历史水温与2017—2019年度月均水温变化对比

（单位：℃）

站点	月份	1956—2012年度月均温箱线图特征值				2017年度与历史比较				2018年度与历史比较				2019年度与历史比较			
		均值	中位数	最大值	最小值	与均值	与中位数	与最大值	与最小值	与均值	与中位数	与最大值	与最小值	与均值	与中位数	与最大值	与最小值
白鹤滩水文站	8	22.8	22.9	25.3	20.7	1.2	1.1	-1.3	3.3	0.6	0.5	-1.9	2.7	0.0	-0.1	-2.5	2.1
	9	20.2	20.1	22.1	18.8	1.2	1.3	-0.7	2.6	1.1	1.2	-0.8	2.5	1.4	1.5	-0.5	2.8
	10	17.1	17.1	18.6	15.9	1.9	1.9	0.4	3.1	1.7	1.7	0.2	2.9	0.6	0.6	-0.9	1.8
	11	14.0	13.9	16.5	12.1	1.7	1.8	-0.8	3.6	2.3	2.4	-0.2	4.2	0.8	0.9	-1.7	2.7
	12	10.4	10.4	12.6	8.3	3.0	3.0	0.8	5.1	2.5	2.5	0.3	4.6	1.8	1.8	-0.4	3.9
	1	8.9	8.9	10.4	6.7	2.9	2.9	1.4	5.1	1.8	1.8	0.3	4.0	1.3	1.3	-0.2	3.5
	2	10.2	10.2	12.4	7.8	1.7	1.7	-0.5	4.1	0.5	0.5	-1.7	2.9	0.5	0.5	-1.7	2.9
	3	13.7	13.9	16.9	11.0	-0.5	-0.7	-3.7	2.2	1.8	1.6	-1.4	4.5	-0.9	-1.1	-4.1	1.8
	4	17.6	17.6	20.8	15.1	-0.1	-0.1	-3.3	2.4	0.8	0.8	-2.4	3.3	0.5	0.5	-2.7	3.0
	5	20.0	20.1	22.6	18.3	0.1	0.0	-2.5	1.8	0.4	0.3	-2.2	2.1	-0.2	-0.3	-2.8	1.5
	6	20.7	20.7	22.6	19.0	-0.8	-0.8	-2.7	0.9	0.2	0.2	-1.7	1.9	-0.2	-0.2	-2.1	1.5
	7	22.2	22.2	25.0	20.2	0.1	0.1	-2.7	2.1	-0.6	-0.6	-3.4	1.4	-1.0	-1.0	-3.8	1.0
北碚水文站	8	27.9	27.8	32.8	24.8	2.7	2.8	-2.2	5.8	2.8	2.9	-2.1	5.9	0.8	0.9	-4.1	3.9
	9	24.0	24.1	28.2	21.6	3.5	3.4	-0.7	5.9	1.2	1.1	-3.0	3.6	3.3	3.2	-0.9	5.7
	10	19.9	19.9	23.1	16.7	4.1	4.1	0.9	7.3	0.4	0.4	-2.8	3.6	1.4	1.4	-1.8	4.6
	11	16.3	16.5	18.9	13.8	1.9	1.7	-0.7	4.4	1.6	1.4	-1.0	4.1	1.1	0.9	-1.5	3.6
	12	11.7	11.7	14.0	8.7	2.4	2.4	0.1	5.4	2.3	2.3	0.0	5.3	1.7	1.7	-0.6	4.7
	1	9.2	9.3	11.2	6.6	3.0	2.9	1.0	5.6	1.4	1.3	-0.6	4.0	1.4	1.3	-0.6	4.0

续表

站点	月份	1956—2012年度月均月温箱线图特征值				2017年度与历史比较				2018年度与历史比较				2019年度与历史比较			
		均值	中位数	最大值	最小值	与均值	与中位数	与最大值	与最小值	与均值	与中位数	与最大值	与最小值	与均值	与中位数	与最大值	与最小值
北碚水文站	2	10.0	10.2	11.8	7.8	1.8	1.6	0.0	4.0	-0.1	-0.3	-1.9	2.1	1.0	0.8	-0.8	3.2
	3	13.8	13.8	16.8	10.9	-1.1	-1.1	-4.1	1.8	-0.5	-0.5	-3.5	2.4	-1.1	-1.1	-4.1	1.8
	4	18.7	18.6	21.8	15.6	-1.3	-1.2	-4.4	1.8	-0.1	0.0	-3.2	3.0	-1.2	-1.1	-4.3	1.9
	5	22.8	22.9	25.6	20.7	-0.9	-1.0	-3.7	1.2	-0.2	0.1	-2.6	2.3	-0.7	-0.8	-3.5	1.4
	6	25.3	25.3	28.1	23.4	-0.7	-0.7	-3.5	1.2	-0.2	-0.2	-3.0	1.7	-1.2	-1.2	-4.0	0.7
	7	27.0	26.9	30.9	24.2	1.4	1.5	-2.5	4.2	-2.3	-2.2	-6.2	0.5	-1.9	-1.8	-5.8	0.9
	8	24.7	24.6	27.8	21.7	-0.8	-0.7	-3.9	2.2	-1.7	-1.6	-4.8	1.3	-0.6	-0.5	-3.7	2.4
	9	23.3	23.3	26.1	21.1	0.8	0.8	-2.0	3.0	-0.4	-0.4	-3.2	1.8	0.6	0.6	-2.2	2.8
	10	20.0	20.0	22.1	18.6	3.2	3.2	1.1	4.6	0.3	0.3	-1.8	1.7	0.0	0.0	-2.1	1.4
	11	16.7	16.6	19.4	15.0	2.3	2.4	-0.4	4.0	2.5	2.6	-0.2	4.2	1.4	1.5	-1.3	3.1
	12	13.1	13.2	16.6	10.6	3.6	3.5	0.1	6.1	4.2	4.1	0.7	6.7	2.8	2.7	-0.7	5.3
武隆水文站	1	10.8	10.7	13.3	7.5	4.1	4.2	1.6	7.4	4.0	4.1	1.5	7.3	2.4	2.5	-0.1	5.7
	2	10.6	10.9	13.1	7.8	3.0	2.7	0.5	5.8	1.9	1.6	-0.6	4.7	1.4	1.1	-1.1	4.2
	3	12.9	13.0	15.2	11.0	0.4	0.3	-1.9	2.3	-0.3	-0.4	-2.6	1.6	-0.4	-0.5	-2.7	1.5
	4	16.5	16.5	18.5	14.0	-1.3	-1.3	-3.3	1.2	-1.1	-1.1	-3.1	1.4	-1.8	-1.8	-3.8	0.7
	5	19.3	19.5	21.4	16.7	-1.8	-2.0	-3.9	0.8	-1.7	-1.9	-3.8	0.9	-2.5	-2.7	-4.6	0.1
	6	21.3	21.3	24.3	18.7	-1.8	-1.8	-4.8	0.8	-1.4	-1.4	-4.4	1.2	-2.1	-2.1	-5.1	0.5
	7	23.6	23.3	27.0	21.0	-2.1	-1.8	-5.5	0.5	-1.0	-0.7	-4.4	1.6	-2.3	-2.0	-5.7	0.3

（a）高场水文站

（b）北碚水文站

（c）武隆水文站

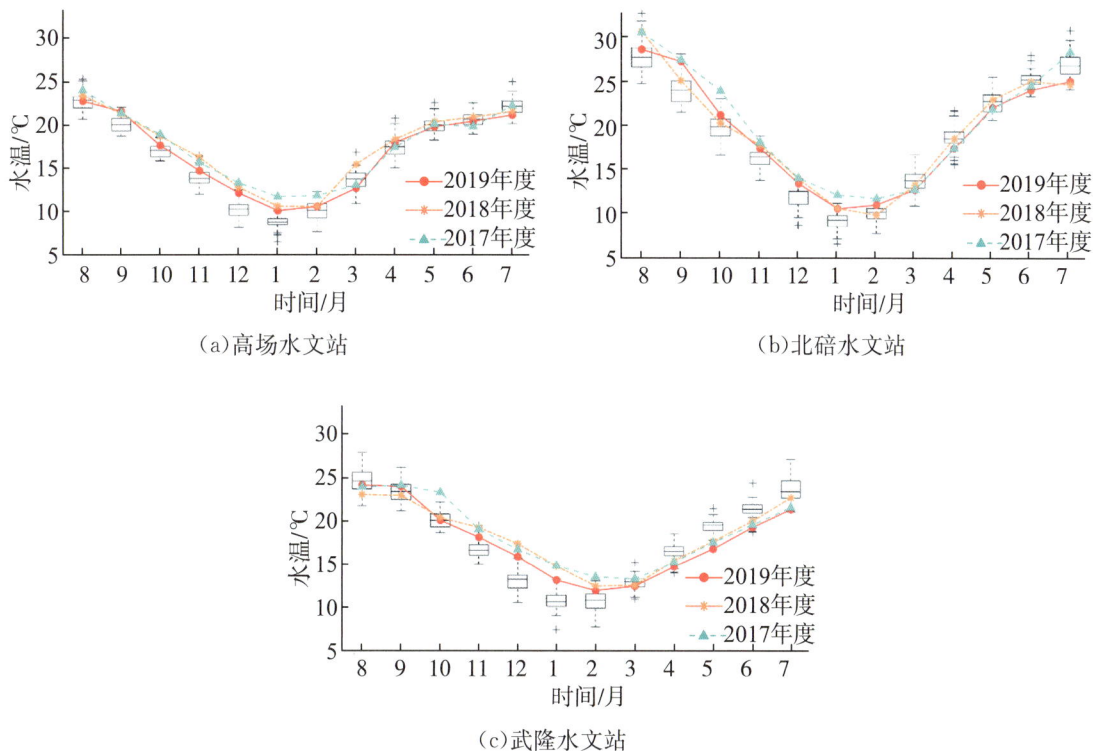

图 3.10 控制断面历史水温与 2017—2019 年度月均水温变化对比

3.3 攀枝花—宜昌江段表层水温干支流关系分析

3.3.1 干支流的水温关系

以下各图中蓝色带标记实线为支流入汇口上游的干流断面,红色带标记实线为支流入汇口下游的干流断面。

（1）横江和岷江水温与干流水温关系

由图 3.11 可以看出,在 3 个年度中,横江与岷江水温变化过程基本一致,3—5月,横江与岷江水温较汇口上游向家坝水文站偏高,9 月至次年 2 月,两支流水温一般较干流显著偏低。由于岷江入汇流量较大,对干流沿程水温影响明显,汇口下游李庄水文站水温在 3—5 月略偏高,而在 9 月至次年 2 月较向家坝水文站偏低 1~2℃。

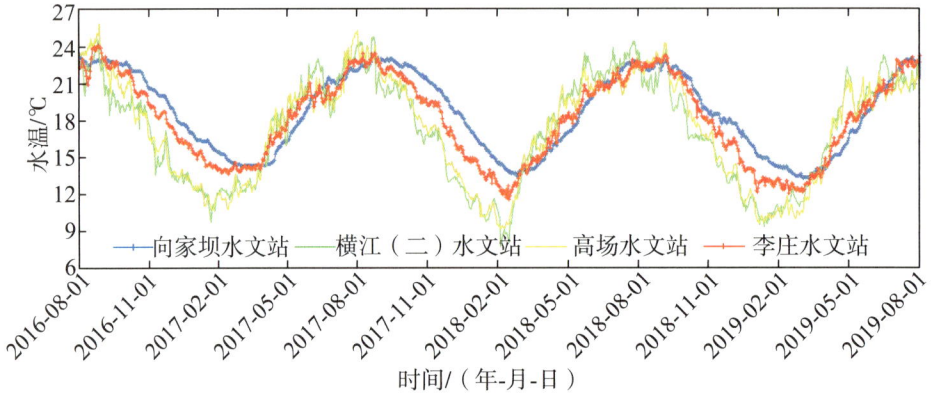

图 3.11 横江和岷江水温与干流水温关系

(2)沱江、赤水河和嘉陵江水温与干流水温关系

由图 3.12 可以看出,沱江与赤水河水温变化过程基本一致,3—10 月沱江与赤水河口水温显著高于干流水温,两支流的入汇及其沿程的太阳辐射作用使汇口下游合江水位站略高于上游的李庄水文站。11 月至次年 2 月沱江与赤水河口水温明显低于干流水温,两支流入汇使汇口下游合江水位站水温转而略低于李庄水文站水温,但影响较小。

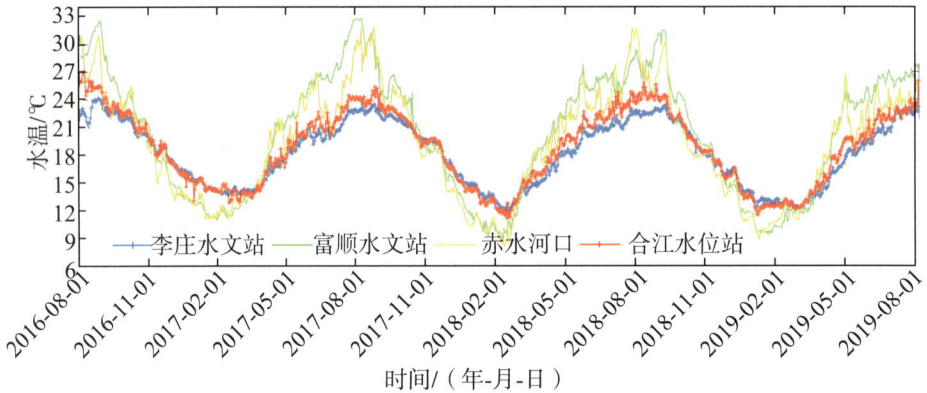

图 3.12 沱江和赤水河水温与干流水温关系

由图 3.13 可以看出,嘉陵江水温 5—9 月高于干流水温,10 月至次年 4 月略低于干流水温。入汇后对干流下游寸滩水文站水温有轻微影响,但影响并不明显。

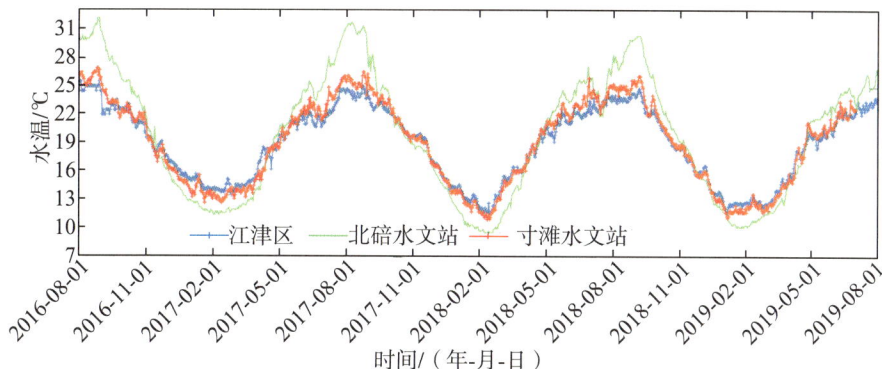

图 3.13 嘉陵江水温与干流水温关系

(3)御临河、乌江、澎溪河和大宁河水温与干流水温关系

由图 3.14 和图 3.15 可以看出,御临河、乌江、澎溪河和大宁河的入汇口均位于寸滩与巴东之间河段。御临河 4—9 月水温较干流偏高,10 月至次年 3 月水温与汇口上游干流寸滩水文站一致。乌江水温由于乌江梯级水电的开发呈现出春季、夏季(3—8 月)水温较干流偏低,而冬季(12 月至次年 2 月)水温偏高,与御临河水温和干流水温的关系正好相反。

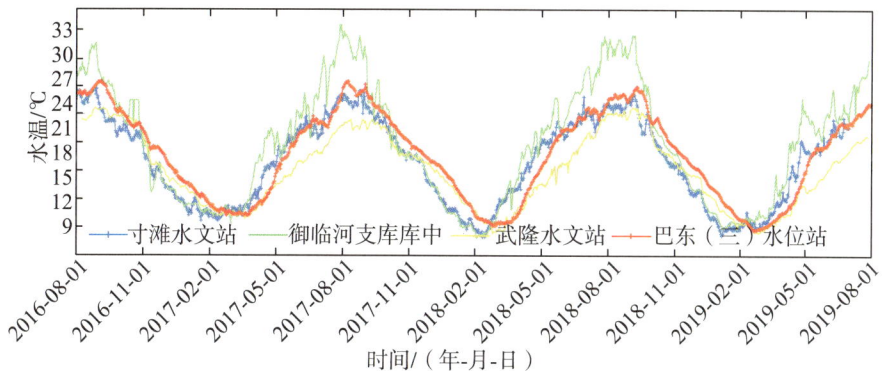

图 3.14 御临河和乌江水温与干流水温关系

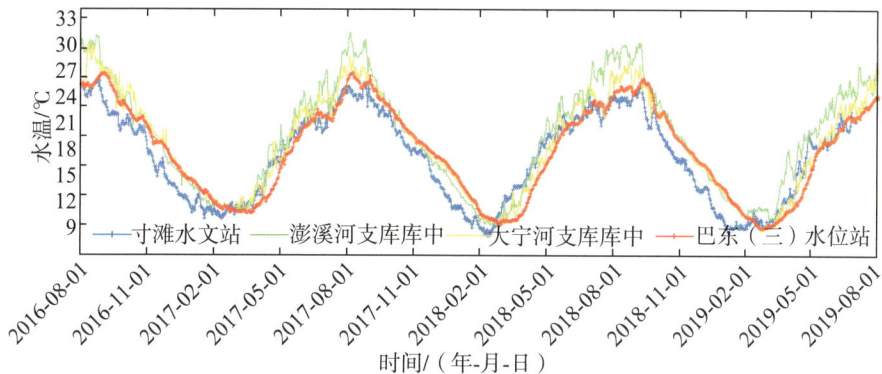

图 3.15 澎溪河和大宁河水温与干流水温关系

澎溪河和大宁河与汇口下游巴东(三)水位站距离较近,两支流水温在夏季(6—8月)较干流偏高,其余时段与干流巴东(三)水位站水温基本相同。

在4个支流汇入的共同作用下,汇口下游巴东(三)水位站水温较上游寸滩站3—5月沿程降温,8月至次年2月沿程升温。但由于巴东—寸滩距离较远,其间环境影响因素较复杂,因此沿程水温的变化应是包括支流入汇及沿程气温等诸多因素变化的综合结果。

(4)澎溪河、大宁河和香溪河水温与干流水温关系

由图3.16可以看出,香溪河水温在3—7月略高于干流水温,8月至次年2月与干流水温基本相同。但汇口下游的黄陵庙(陡)水文站水温4—6月较巴东(三)水位站略偏低,这主要是因为黄陵庙上游三峡水库调蓄作用的影响远远超过支流入汇的影响。

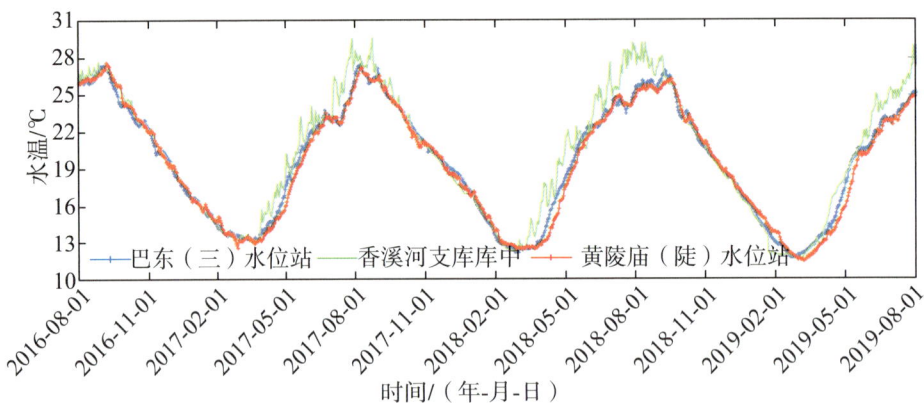

图3.16 香溪河水温与干流水温关系

3.3.2 干支流的流量对比

各支流入汇对干流沿程水温的影响不仅与支流水温相关,其影响程度同时与支流流量和干流流量的比值密不可分。横江、岷江、沱江、嘉陵江和乌江是江段水量较为丰富的5大支流,统计这5大支流站点在2016年8月至2018年12月各月流量与汇口上游干流断面流量汇合后的比值(图3.17)。其余各支流因流量较干流比值小,对干流水温几乎无影响,不足以改变干流水温的沿程分布,故不作具体分析。

由图3.17中可以看出,岷江高场站流量占沱江汇口下游流量30%以上,嘉陵江北碚站流量占汇口下游流量的20%~30%,乌江武隆站流量占汇口下游流量的10%~20%,横江、沱江各月流量与干流流量的比值多小于10%,对干流沿程水温影响微弱。

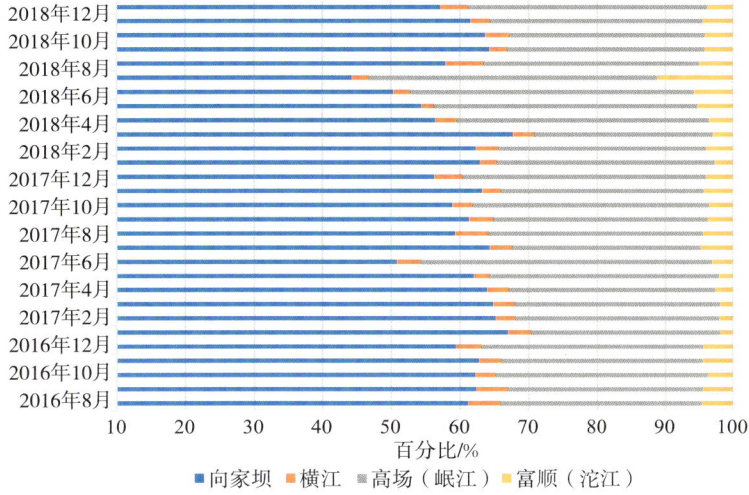

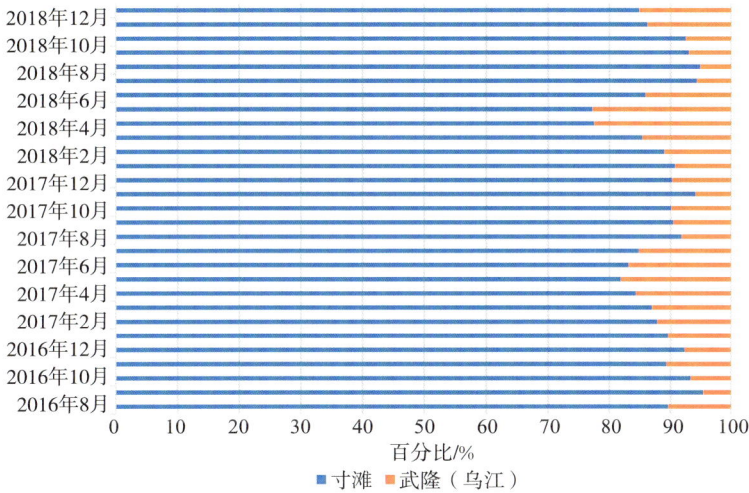

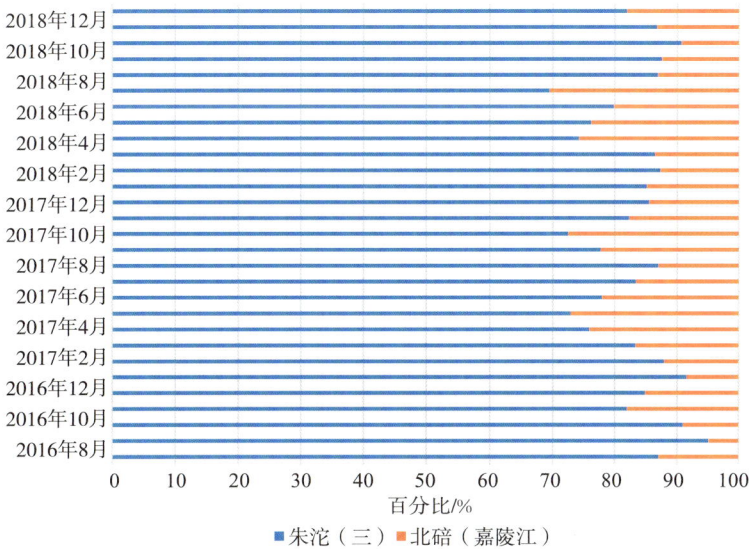

图 3.17　各支流流量与汇口上游干流断面流量汇合后的比值

分别统计岷江、嘉陵江和乌江水温与干流水温的差值,及其入汇对干流沿程水温的影响(表3.13至表3.15)。表中向家坝水文站、江津区水文站、寸滩水文站分别为支流岷江、嘉陵江、乌江入汇口上游干流断面水温,李庄水文站、寸滩水文站、巴东(三)水位站分别为入汇口下游干流断面水温。

表3.13　　　　　　　　　岷江入汇对干流沿程水温影响统计

时间	向家坝水文站	高场水文站	支流流量	干支流温差	李庄水文站	干流沿程温差
	水温/℃	水温/℃	占比/%	水温/℃	水温/℃	水温/℃
2016-8	22.9	24.0	29.6	1.1	23.0	0.1
2016-9	22.8	21.4	28.6	−1.4	22.4	−0.4
2016-10	21.9	19.0	31.2	−2.9	20.7	−1.2
2016-11	20.1	15.7	29.6	−4.4	18.5	−1.6
2016-12	17.7	13.4	32.5	−4.3	16.3	−1.4
2017-1	16.1	11.8	27.8	−4.3	14.7	−1.4
2017-2	14.8	11.9	30.0	−2.9	14.0	−0.8
2017-3	14.4	13.2	30.2	−1.2	14.3	−0.1
2017-4	15.3	17.5	30.3	2.2	16.6	1.3
2017-5	18.0	20.1	33.7	2.1	19.3	1.3
2017-6	20.7	19.9	42.6	−0.8	20.1	−0.6
2017-7	21.7	22.3	27.6	0.6	21.8	0.1
2017-8	22.7	23.4	31.5	0.7	22.9	0.2
2017-9	22.8	21.3	31.5	−1.5	22.0	−0.8
2017-10	22.1	18.8	34.7	−3.3	20.4	−1.7
2017-11	20.4	16.3	29.7	−4.1	18.5	−1.9
2017-12	18.1	12.9	35.7	−5.2	15.5	−2.6
2018-1	15.6	10.7	32.0	−4.9	13.7	−1.9
2018-2	14.0	10.7	30.5	−3.3	12.5	−1.5
2018-3	14.3	15.5	26.3	1.2	14.6	0.3
2018-4	16.2	18.4	36.9	2.2	17.1	0.9
2018-5	18.5	20.4	38.5	1.9	19.3	0.8
2018-6	20.9	20.9	41.4	0.0	20.8	−0.1
2018-7	22.4	21.6	42.1	−0.8	21.9	−0.5
2018-8	22.4	22.8	31.6	0.4	22.6	0.2

时间	向家坝水文站	高场水文站	支流流量	干支流温差	李庄水文站	干流沿程温差
	水温/℃	水温/℃	占比/%	水温/℃	水温/℃	水温/℃
2018-9	22.3	21.6	28.9	−0.7	22.1	−0.2
2018-10	20.1	17.7	28.7	−2.4	19.3	−0.8
2018-11	18.3	14.8	31.2	−3.5	16.8	−1.5
2018-12	16.7	12.2	35.1	−4.5	14.6	−2.1
2019-1	14.7	10.2	/	−4.5	13.0	−1.7
2019-2	13.8	10.7	/	−3.1	12.6	−1.2
2019-3	13.8	12.8	/	−1.0	13.4	−0.4
2019-4	15.3	18.1	/	2.8	16.3	1.0
2019-5	18.0	19.8	/	1.8	18.8	0.8
2019-6	20.7	20.5	/	−0.2	20.7	0.0
2019-7	22.7	21.2	/	−1.5	22.7	0.0

表 3.14　　嘉陵江入汇对干流沿程水温影响统计

时间	江津区	北碚水文站	支流流量	干支流温差	寸滩水文站	干流沿程温差
	水温/℃	水温/℃	占比/%	水温/℃	水温/℃	水温/℃
2016-8	24.8	30.6	12.9	5.8	25.9	1.1
2016-9	22.6	27.5	4.9	4.9	23.2	0.6
2016-10	21.4	24.0	9.0	2.6	21.9	0.5
2016-11	18.6	18.2	18.0	−0.4	18.1	−0.5
2016-12	16.1	14.1	15.1	−2.0	15.3	−0.8
2017-1	14.6	12.2	8.5	−2.4	13.8	−0.8
2017-2	14.1	11.8	12.0	−2.3	13.4	−0.7
2017-3	14.8	12.7	16.6	−2.1	14.1	−0.7
2017-4	18.0	17.4	24.1	−0.6	17.4	−0.6
2017-5	20.7	21.9	27.1	1.2	20.8	0.1
2017-6	21.5	24.6	22.0	3.1	22.5	1.0
2017-7	23.2	28.4	16.6	5.2	24.4	1.2
2017-8	24.2	30.7	12.9	6.5	25.5	1.3
2017-9	22.8	25.2	22.2	2.4	23.8	1.0
2017-10	20.7	20.3	27.5	−0.4	20.8	0.1

时间	江津区 水温/℃	北碚水文站 水温/℃	支流流量 占比/%	干支流温差 水温/℃	寸滩水文站 水温/℃	干流沿程温差 水温/℃
2017-11	18.8	17.9	17.6	−0.9	18.6	−0.2
2017-12	15.2	14.0	14.4	−1.2	15.0	−0.2
2018-1	13.3	10.6	14.8	−2.7	12.8	−0.5
2018-2	12.5	9.9	12.7	−2.6	11.9	−0.6
2018-3	15.7	13.3	13.5	−2.4	15.4	−0.3
2018-4	18.5	18.6	25.8	0.1	18.8	0.3
2018-5	20.9	23.0	23.8	2.1	21.8	0.9
2018-6	22.1	25.1	20.1	3.0	23.1	1.0
2018-7	23.2	24.7	30.5	1.5	24.0	0.8
2018-8	23.8	28.7	13.0	4.9	24.9	1.1
2018-9	22.8	27.3	12.4	4.5	23.7	0.9
2018-10	19.6	21.3	9.3	1.7	19.8	0.2
2018-11	17.0	17.4	13.2	0.4	17.1	0.1
2018-12	14.5	13.4	18.0	−1.1	14.1	−0.4
2019-1	12.6	10.6	/	−2.0	11.9	−0.7
2019-2	12.8	11.0	/	−1.8	12.5	−0.3
2019-3	14.1	12.7	/	−1.4	13.7	−0.4
2019-4	17.9	17.5	/	−0.4	17.9	0.0
2019-5	19.9	22.1	/	2.2	20.4	0.5
2019-6	22.0	24.1	/	2.1	22.4	0.4
2019-7	23.1	25.1	/	2.0	/	/

表 3.15　　　　　　　　乌江入汇对干流沿程水温影响统计

时间	寸滩水文站 水温/℃	武隆水文站 水温/℃	支流流量 占比/%	干支流温差 水温/℃	巴东(三)水位站 水温/℃	干流沿程温差 水温/℃
2016-8	25.9	23.9	10.3	−2.0	26.5	0.6
2016-9	23.2	24.1	4.5	0.9	25.7	2.5
2016-10	21.9	23.2	6.7	1.3	23.1	1.2
2016-11	18.1	19.0	10.6	0.9	20.6	2.5
2016-12	15.3	16.7	7.7	1.4	17.7	2.4
2017-1	13.8	14.9	10.4	1.1	15.5	1.7

续表

时间	寸滩水文站 水温/℃	武隆水文站 水温/℃	支流流量 占比/%	干支流温差 水温/℃	巴东(三)水位站 水温/℃	干流沿程温差 水温/℃
2017-2	13.4	13.6	12.1	0.2	13.8	0.4
2017-3	14.1	13.3	13.0	−0.8	13.5	−0.6
2017-4	17.4	15.2	15.6	−2.2	15.3	−2.1
2017-5	20.8	17.5	18.1	−3.3	19.7	−1.1
2017-6	22.5	19.5	16.8	−3.0	22.7	0.2
2017-7	24.4	21.5	15.1	−2.9	24.0	−0.4
2017-8	25.5	23.0	8.2	−2.5	26.7	1.2
2017-9	23.8	22.9	9.5	−0.9	25.0	1.2
2017-10	20.8	20.3	9.9	−0.5	22.3	1.5
2017-11	18.6	19.2	5.9	0.6	20.0	1.4
2017-12	15.0	17.3	9.7	2.3	18.1	3.1
2018-1	12.8	14.8	9.2	2.0	15.0	2.2
2018-2	11.9	12.5	11.0	0.6	12.7	0.8
2018-3	15.4	12.6	14.6	−2.8	12.7	−2.7
2018-4	18.8	15.4	22.5	−3.4	16.2	−2.6
2018-5	21.8	17.6	22.8	−4.2	20.6	−1.2
2018-6	23.1	19.9	14.0	−3.2	23.0	−0.1
2018-7	24.0	22.6	5.6	−1.4	24.5	0.5
2018-8	24.9	24.1	5.1	−0.8	25.9	1.0
2018-9	23.7	23.9	7.0	0.2	25.5	1.8
2018-10	19.8	20.0	7.5	0.2	22.1	2.3
2018-11	17.1	18.1	13.7	1.0	19.4	2.3
2018-12	14.1	15.9	15.0	1.8	17.0	2.9
2019-1	11.9	13.2	/	1.3	14.1	2.2
2019-2	12.5	12.0	/	−0.5	12.2	−0.3
2019-3	13.7	12.5	/	−1.2	12.7	−1.0
2019-4	17.9	14.7	/	−3.2	15.2	−2.7
2019-5	20.4	16.8	/	−3.6	20.0	−0.4
2019-6	22.4	19.2	/	−3.2	22.4	0.0
2019-7	/	21.3	/	/	24.2	/

由表 3.13 至表 3.15 中可以看出,岷江、嘉陵江和乌江入汇口上下游干流断面水温的沿程温差随着入汇支流与干流间的温差而变动,两者存在一定的相关关系,说明支流入汇对沿程水温分布有直接影响。三大支流的干支流温差和干流沿程温差的相关图见图 3.18 至图 3.20。

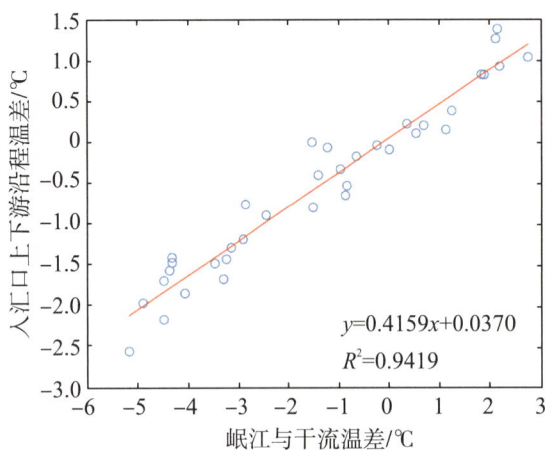

图 3.18　岷江入汇口上下游沿程温差与干支流温差相关图

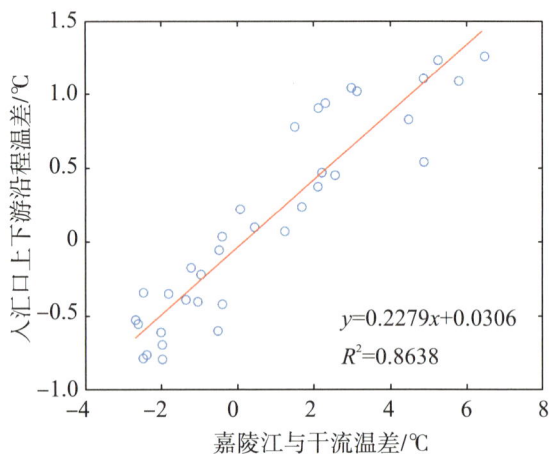

图 3.19　嘉陵江入汇口上下游沿程温差与干支流温差相关图

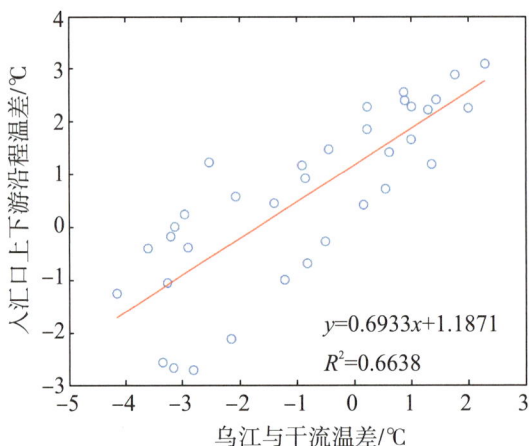

图 3.20　乌江入汇口上下游沿程温差与干支流温差相关图

由图 3.20 中可以看出,由于岷江流量与干流的比值最大,因此岷江入汇口上下游沿程温差与干支流温差的相关性最强且点据集中,相关系数达到 0.9419。因此,岷江的入汇对干流沿程水温的变化起到关键作用。另外,嘉陵江入汇口上下游沿程温差与干支流温差的相关性也较强,相关系数为 0.8638,可见嘉陵江入汇对干流水温有重要影响。而乌江入汇口上下游沿程温差与干支流温差的相关性较弱,相关系数仅为 0.6638,这与武隆入汇口距巴东(三)水位站距离远而使得气温、水库等因素的影响对寸滩—巴东江段沿程水温分布起主导作用有关。其余各支流因流量较干流比值在 10% 以下,不足以改变干流水温的沿程分布,这些支流的入汇对干流水温几乎无影响。

3.4　攀枝花—宜昌江段表层水温沿程变化特征

2017—2019 年度在长江攀枝花—宜昌江段共设有 35 个水温监测断面,其中干流断面有 20 个。各断面水温在气温、支流入汇、梯级水库调蓄等作用下随时间发生了变化,进而在空间上,沿程水温分布也将相应发生改变。为了直观反映各时期沿程水温分布情况,3 个年度各月水温沿程分布以及与 2012 年 8 月至 2016 年 7 月月均水温同期沿程分布对比见图 3.21。由图 3.21 可知,长江攀枝花—宜昌江段各月水温沿程分布特征如下:

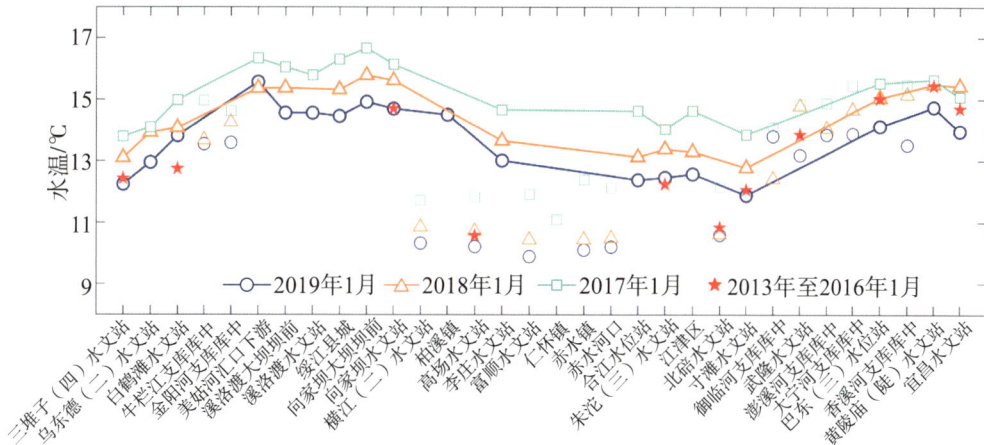

(a)1 月

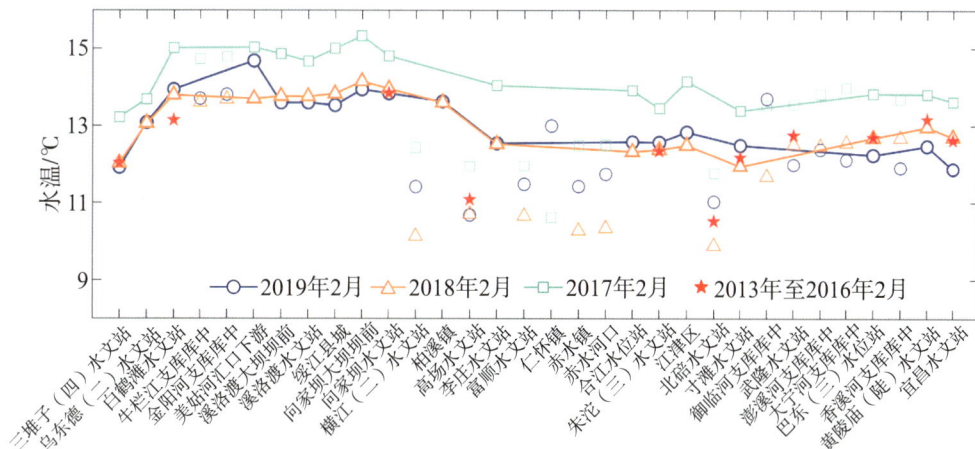

(b)2 月

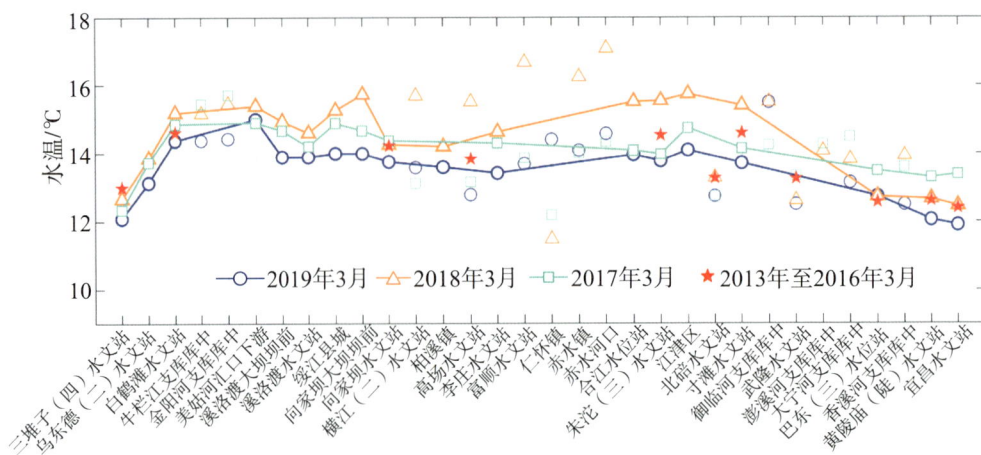

(c)3 月

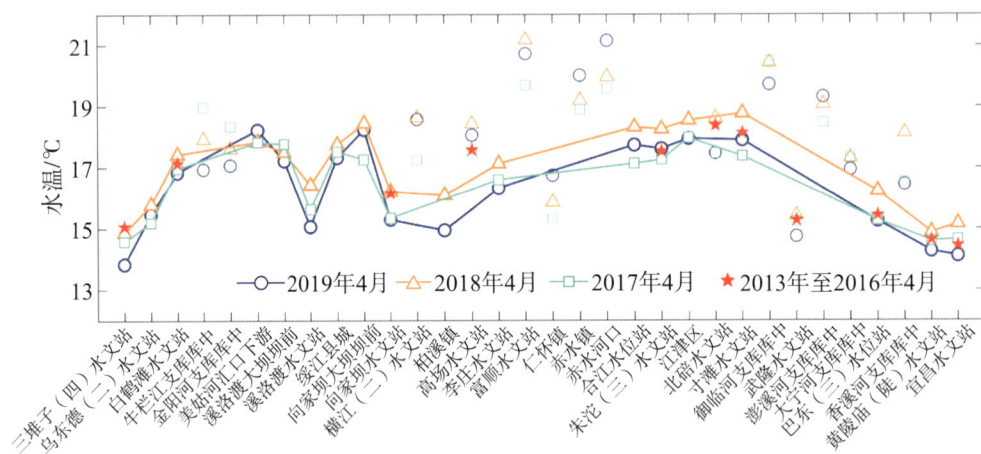

(d)4 月

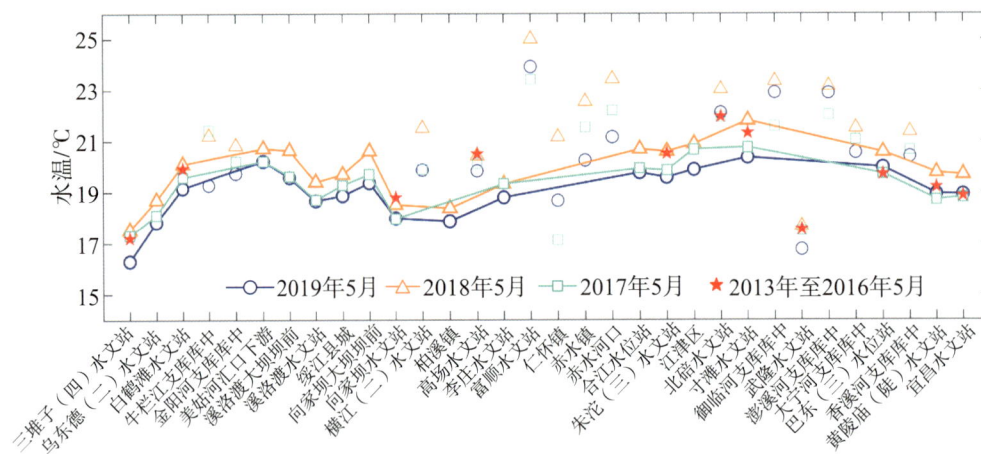

(e)5 月

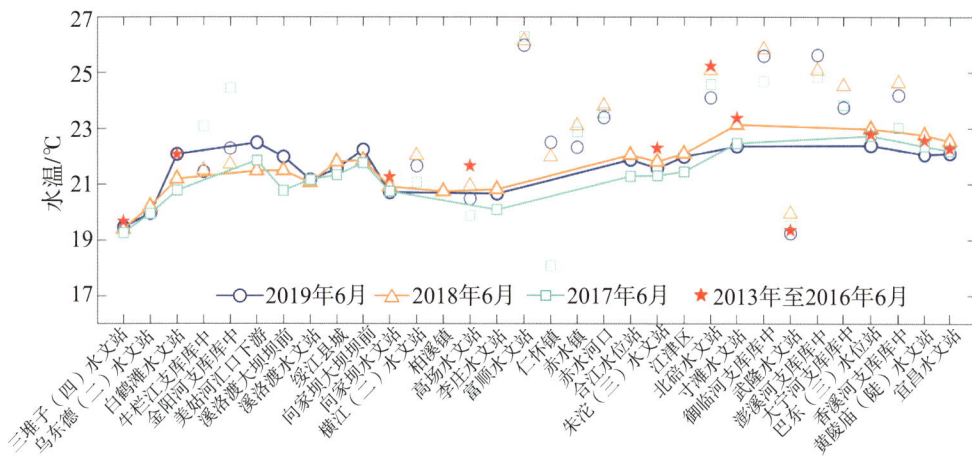

(f)6 月

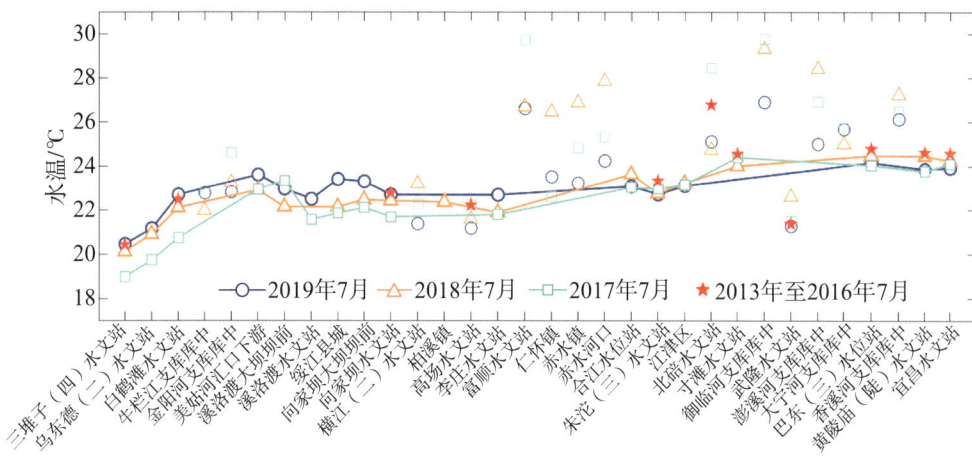

（g)7 月

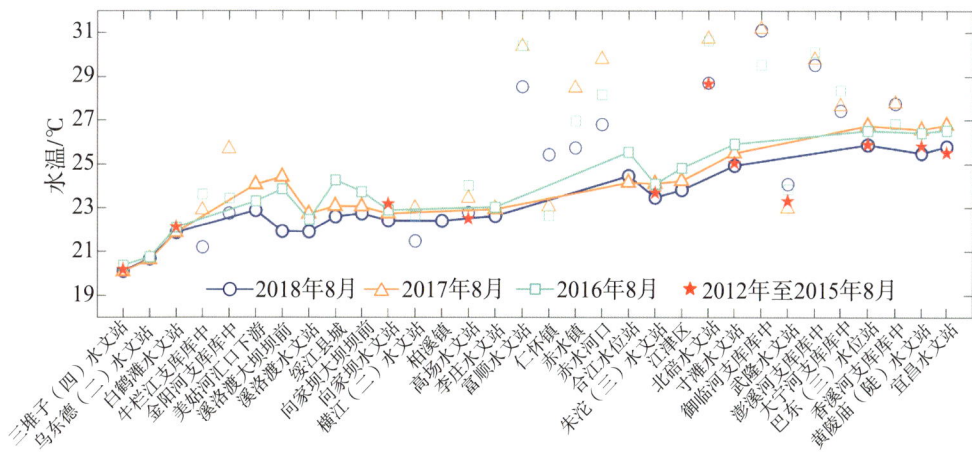

（h)8 月

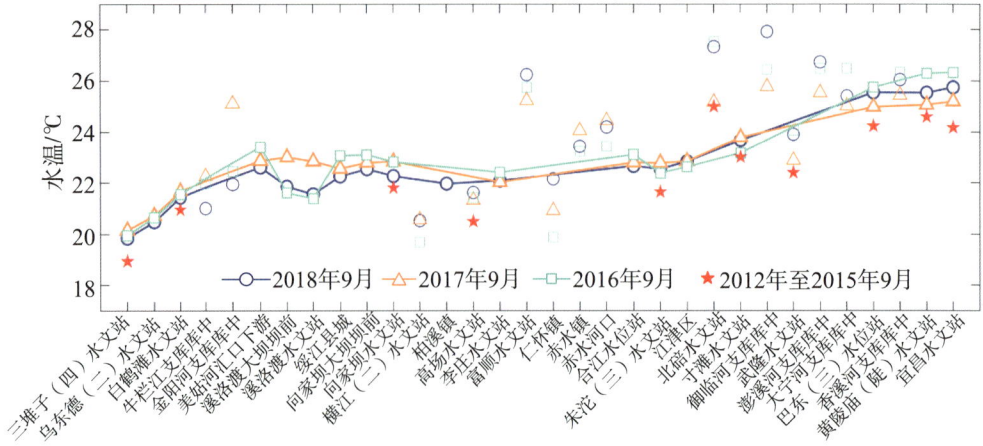

(i)9月

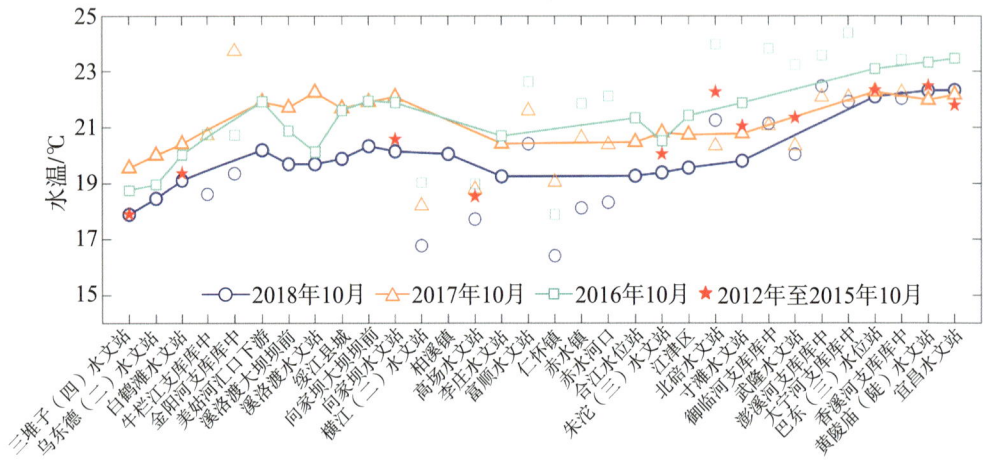

(j)10月

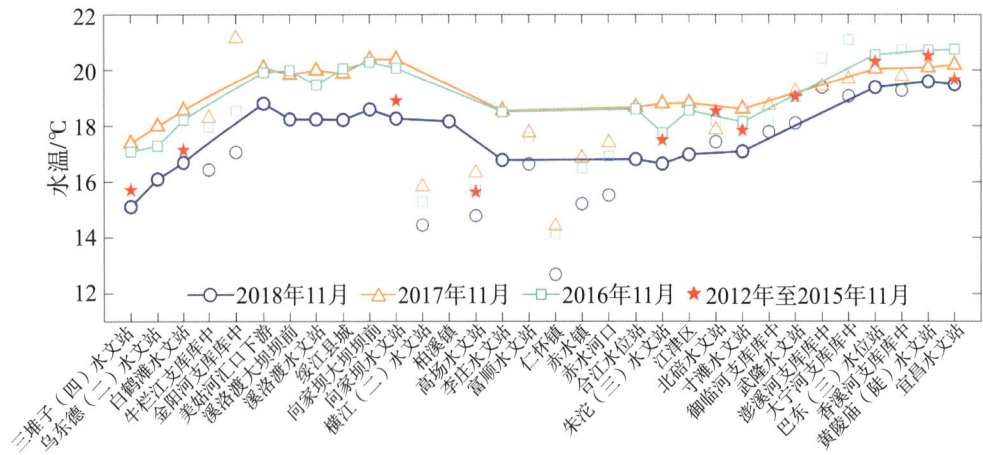

(k)11月

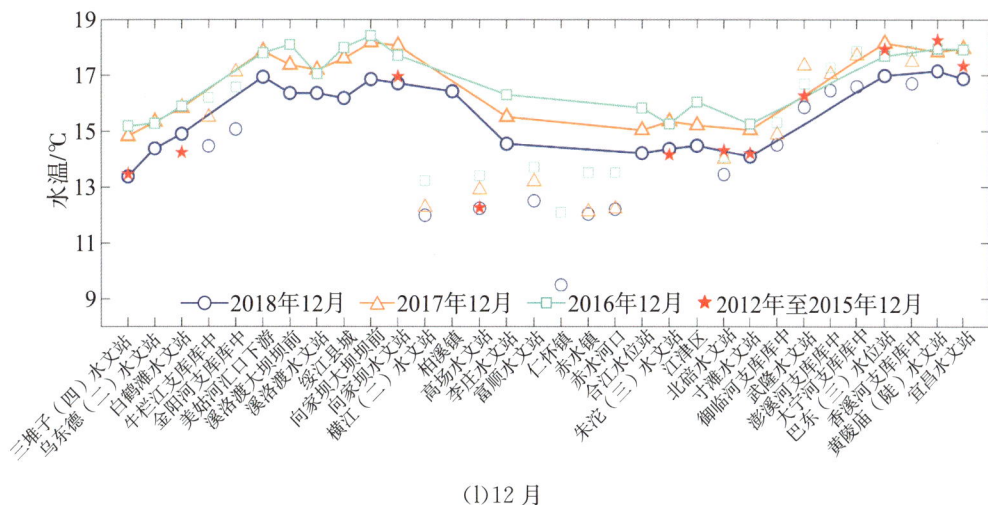

(l)12月

图 3.21　长江攀枝花—宜昌江段逐月水温沿程分布对比

(1)冬季(1—2月)

3个年度相较来看,2017年度水温最高,2018年度次之,应是气温影响所致,沿程变化趋势一致;三堆子至美姑河汇口下游沿程升温,1月水温平均上升约2.7℃,2月上升约2.1℃;受溪洛渡—向家坝库区调节作用影响,溪洛渡水文站和向家坝水文站均较坝前库区温度低;向家坝水文站至寸滩为受水库下泄、支流入汇和气温等综合影响的保护区河段,其中,向家坝水文站至李庄水文站温度下降幅度较大,1月平均下降约1.7℃,2月下降约1.2℃,李庄水文站至江津区水文站水温基本持平,江段支流横江、岷江、沱江和赤水均为低温水入汇;寸滩以下至宜昌为受三峡水库蓄泄影响的江段,1月水温沿程增温,寸滩至黄陵庙温度平均上升约2.4℃,宜昌较黄陵庙水温下降约0.4℃,2月水温基本持平,此江段支流嘉陵江为低温入汇,乌江1月水温较干流高,2月与干流基本持平。

(2)春季(3—5月)

3个年度沿程变化趋势一致,三堆子至美姑河汇口下游依旧保持升温趋势,3个月温度上升3℃左右;春季处于升温期,受水库下泄低温水影响,坝下温度降低幅度较大,溪洛渡水文站较坝前4—5月温度分别下降约1.8℃和1℃,向家坝水文站4—5月较坝前温度下降约2.4℃和1.7℃;向家坝水文站下游至寸滩的保护区江段缓慢增温,该江段支流从4月开始均转为高温水入汇;寸滩以下至宜昌水文站呈现沿程均温降低的趋势,应是受三峡水库"滞冷"影响,4月降幅最大,平均约3.4℃,该江段支流嘉陵江温度上升,为高温水入汇,乌江受梯级水库影响温度较干流低,为低温水入汇。

83

（3）夏季（6—8月）

受高温影响，除溪洛渡—向家坝库区外，攀枝花—宜昌江段恢复沿程增温特性，6月和7月上升趋势较为平缓，8月宜昌水文站较三堆子站温度增加较大，平均约高6.2℃。

（4）秋季（9—11月）

9月和10月攀枝花—宜昌江段依旧呈现缓慢增温趋势，11月受气温下降影响，美姑河汇口下游至向家坝水文站温度基本持平；受向家坝水库下泄影响，其下游至李庄水文站温度降低，李庄水文站至江津区水文站温度基本持平，寸滩以下至宜昌水文站温度沿程上升。2017年度和2018年10月和11月水温较2019年度高，应是受气温影响所致。

（5）冬季（12月）

2019年度水温整体较前两个年度低，本月3个年度沿程变化趋势一致，且与1月和2月特征一致。

另外，考虑到干支流有8个控制站白鹤滩、向家坝、高场、朱沱、北碚、寸滩、武隆和宜昌水文站1956—2012年历史月均水温数据，逐月绘制箱线图（图3-22），将2017—2019年度月均水温与之叠置，分析月均水温相较于历史河道水温的沿程变化情况，具体信息见表3.16，表中差值部分表示沿程水温变化情况，即下游（干流或支流）站点较上游（干流或支流）站点水温差值，可以清晰和量化历史沿程水温与2017—2019年度水温沿程变化情况。

图3.22中箱型为各站1956—2012年各月月均水温数据分布情况，散点为各年度月均水温数据，其中高场、北碚、武隆为支流站点数据。

表3.16 控制断面历史水温（箱型）与2017—2019年度水温特征值统计

（单位：℃）

月份	站点	1956—2012年月均温箱线图特征值					2017年度		2018年度		2019年度	
		均值	中位数	最大值	最小值	沿程均值变化	月均值	沿程变化	月均值	沿程变化	月均值	沿程变化
12	白鹤滩	12.1	11.9	14.3	10.4	/	15.9	/	15.8	/	14.9	/
	向家坝	13.3	12.9	15.1	11.7	1.2	17.7	1.8	18.1	2.3	16.7	1.8
	高场	10.4	10.4	12.6	8.3	−2.9	13.4	−4.3	12.9	−5.2	12.2	−4.5
	朱沱	11.8	11.8	14.4	10.8	1.4	15.3	1.9	15.4	2.5	14.4	2.2
	北碚	11.7	11.7	14.0	8.7	−0.1	14.1	−1.2	14.0	−1.4	13.4	−1.0
	寸滩	12.4	12.4	14.6	9.7	0.7	15.3	1.2	15.0	1.0	14.1	0.7
	武隆	13.1	13.2	16.6	10.6	0.7	16.7	1.4	17.3	2.3	15.9	1.8
	宜昌	12.8	12.4	17.2	9.9	−0.3	17.9	1.2	18.0	0.7	16.9	1.0
1	白鹤滩	11.1	11.1	12.6	9.6	/	15.0	/	14.1	/	13.8	/
	向家坝	12.0	11.8	13.7	10.5	0.9	16.1	1.1	15.6	1.5	14.7	0.9
	高场	8.9	8.9	10.4	6.7	−3.1	11.8	−4.3	10.7	−4.9	10.2	−4.5
	朱沱	10.1	10.1	12.9	8.2	1.2	14.0	2.2	13.4	2.7	12.5	2.3
	北碚	9.2	9.3	11.2	6.6	−0.9	12.2	−1.8	10.6	−2.8	10.6	−1.9
	寸滩	10.4	10.5	11.6	8.2	1.2	13.8	1.6	12.8	2.2	11.9	1.3
	武隆	10.8	10.7	13.3	7.5	0.4	14.9	1.1	14.8	2.0	13.2	1.3
	宜昌	10.4	10.0	14.6	7.9	−0.4	15.1	0.2	15.4	0.6	14.0	0.8

续表

月份	站点	1956—2012年月均温箱线图特征值					2017年度		2018年度		2019年度	
		均值	中位数	最大值	最小值	沿程均值变化	月均值	沿程变化	月均值	沿程变化	月均值	沿程变化
2	白鹤滩	12.5	12.6	14.9	11.3	/	15.0	/	13.8	/	13.9	/
	向家坝	13.3	13.4	15.2	11.3	0.8	14.8	-0.2	14.0	0.2	13.8	-0.1
	高场	10.2	10.2	12.4	7.8	-3.1	11.9	-2.9	10.7	-3.3	10.7	-3.1
	朱沱	11.3	11.4	15.8	8.7	1.1	13.5	1.6	12.4	1.7	12.6	1.9
	北碚	10.0	10.2	11.8	7.8	-1.3	11.8	-1.7	9.9	-2.5	11.0	-1.6
	寸滩	11.3	11.4	13.6	8.9	1.3	13.4	1.6	11.9	2.0	12.5	1.5
	武隆	10.6	10.9	13.1	7.8	-0.7	13.6	0.2	12.5	0.6	12.0	-0.5
	宜昌	10.3	10.2	12.4	7.7	-0.3	13.6	0.0	12.7	0.2	11.9	-0.1
3	白鹤滩	15.1	15.1	16.3	12.6	/	14.9	/	15.2	/	14.4	/
	向家坝	16.2	16.4	17.7	14.7	1.1	14.4	-0.5	14.3	-0.9	13.8	-0.6
	高场	13.7	13.9	16.9	11.0	-2.5	13.2	-1.2	15.5	1.2	12.8	-1.0
	朱沱	14.5	14.6	17.4	12.5	0.8	14.0	0.8	15.5	0.0	13.8	1.0
	北碚	13.8	13.8	16.8	10.9	-0.7	12.7	-1.3	13.3	-2.2	12.7	-1.1
	寸滩	14.7	14.7	16.7	12.2	0.9	14.1	1.4	15.4	2.1	13.7	1.0
	武隆	12.9	13.0	15.2	11.0	-1.8	13.3	-0.8	12.6	-2.8	12.5	-1.2
	宜昌	12.8	12.9	15.3	10.6	-0.1	13.4	0.1	12.5	-0.1	11.9	-0.6

续表

月份	站点	1956—2012年月均温箱线图特征值					2017年度		2018年度		2019年度	
		均值	中位数	最大值	最小值	沿程均值变化	月均值	沿程变化	月均值	沿程变化	月均值	沿程变化
4	白鹤滩	18.3	18.3	20.5	16.3	/	17.0	/	17.4	/	16.8	/
	向家坝	19.4	19.4	20.4	18.2	1.1	15.3	−1.7	16.2	−1.2	15.3	−1.5
	高场	17.6	17.6	20.8	15.1	−1.8	17.5	2.2	18.4	2.2	18.1	2.8
	朱沱	18.4	18.3	20.8	16.1	0.8	17.2	−0.3	18.2	−0.2	17.6	−0.5
	北碚	18.7	18.6	21.8	15.6	0.3	17.4	0.2	18.6	0.4	17.5	−0.1
	寸滩	18.9	18.8	21.2	16.8	0.2	17.4	0.0	18.8	0.2	17.9	0.4
	武隆	16.5	16.5	18.5	14.0	−2.4	15.2	−2.2	15.4	−3.4	14.7	−3.2
	宜昌	16.9	17.1	18.8	12.9	0.4	14.6	−0.6	15.1	−0.3	14.1	−0.6
5	白鹤滩	20.6	20.6	21.7	19.1	/	19.6	/	20.1	/	19.2	/
	向家坝	21.8	21.7	23.8	20.4	1.2	18.0	−1.6	18.5	−1.6	18.0	−1.2
	高场	20.0	20.1	22.6	18.3	−1.8	20.1	2.1	20.4	1.9	19.8	1.8
	朱沱	21.6	21.3	24.5	20.5	1.6	19.9	−0.2	20.6	0.2	19.6	−0.2
	北碚	22.8	22.9	25.6	20.7	1.2	21.9	2.0	23.0	2.4	22.1	2.5
	寸滩	22.1	22.1	24.0	20.8	−0.7	20.8	−1.1	21.8	−1.2	20.4	−1.7
	武隆	19.3	19.5	21.4	16.7	−2.8	17.5	−3.3	17.6	−4.2	16.8	−3.6
	宜昌	21.0	21.3	22.7	17.2	1.7	18.8	1.3	19.7	2.1	18.9	2.1

续表

月份	站点	1956—2012年月均温箱线图特征值					2017年度		2018年度		2019年度	
		均值	中位数	最大值	最小值	沿程均值变化	月均值	沿程变化	月均值	沿程变化	月均值	沿程变化
6	白鹤滩	21.7	21.9	24.4	19.9	/	20.8	/	21.2	/	22.1	/
	向家坝	22.9	22.9	24.8	20.7	1.2	20.7	−0.1	20.9	−0.3	20.7	−1.4
	高场	20.7	20.7	22.6	19.0	−2.2	19.9	−0.8	20.9	0.0	20.5	−0.2
	朱沱	22.6	22.6	25.6	21.2	1.9	21.3	1.4	21.8	0.9	21.6	1.1
	北碚	25.3	25.3	28.1	23.4	2.7	24.6	3.3	25.1	3.3	24.1	2.5
	寸滩	23.4	23.5	24.8	21.7	−1.9	22.5	−2.1	23.1	−2.0	22.4	−1.7
	武隆	21.3	21.3	24.3	18.7	−2.1	19.5	−3.0	19.9	−3.2	19.2	−3.2
	宜昌	23.3	23.4	24.5	21.5	2.0	22.2	2.7	22.5	2.6	22.1	2.9
7	白鹤滩	21.6	21.7	23.2	19.9	/	20.7	/	22.1	/	22.7	/
	向家坝	22.9	23.0	24.8	21.1	1.3	21.7	1.0	22.4	0.3	22.7	0.0
	高场	22.2	22.2	25.0	20.2	−0.7	22.3	0.6	21.6	−0.8	21.2	−1.5
	朱沱	23.6	23.6	26.7	21.9	1.4	23.0	0.7	22.8	1.2	22.7	1.5
	北碚	27.0	26.9	30.9	24.2	3.4	28.4	5.4	24.7	1.9	25.1	2.4
	寸滩	24.6	24.6	26.2	23.0	−2.4	24.4	−4.0	24.0	−0.7	/	/
	武隆	23.6	23.3	27.0	21.0	−1.0	21.5	−2.9	22.6	−1.4	21.3	/
	宜昌	24.8	24.7	26.4	23.4	1.2	24.1	2.6	24.3	1.7	23.9	2.6

续表

月份	站点	1956—2012年月均箱线图特征值					2017年度		2018年度		2019年度	
		均值	中位数	最大值	最小值	沿程均值变化	月均值	沿程变化	月均值	沿程变化	月均值	沿程变化
8	白鹤滩	21.6	21.5	23.4	19.5	/	22.1	/	21.9	/	21.9	/
	向家坝	23.0	23.1	24.8	20.9	1.4	22.9	0.8	22.7	0.8	22.4	0.5
	高场	22.8	22.9	25.3	20.7	-0.2	24.0	1.1	23.4	0.7	22.8	0.4
	朱沱	23.9	23.8	26.4	22.2	1.1	24.1	0.1	24.1	0.7	23.5	0.7
	北碚	27.9	27.8	32.8	24.8	4.0	30.6	6.5	30.7	6.6	28.7	5.2
	寸滩	25.0	25.1	27.5	23.2	-2.9	25.9	-4.7	25.5	-5.2	24.9	-3.8
	武隆	24.7	24.6	27.8	21.7	-0.3	23.9	-2.0	23.0	-2.5	24.1	-0.8
	宜昌	25.7	25.8	28.7	23.9	1.0	26.5	2.6	26.8	3.8	25.8	1.7
9	白鹤滩	20.2	20.0	22.5	18.6	/	21.6	/	21.7	/	21.4	/
	向家坝	21.5	21.4	24.1	19.8	1.3	22.8	1.2	22.8	1.1	22.3	0.9
	高场	20.2	20.1	22.1	18.8	-1.3	21.4	-1.4	21.3	-1.5	21.6	-0.7
	朱沱	21.7	21.5	23.4	20.5	1.5	22.4	1.0	22.8	1.5	22.5	0.9
	北碚	24.0	24.1	28.2	21.6	2.3	27.5	5.1	25.2	2.4	27.3	4.8
	寸滩	22.5	22.4	24.8	20.9	-1.5	23.2	-4.3	23.8	-1.4	23.7	-3.6
	武隆	23.3	23.3	26.1	21.1	0.8	24.1	0.9	22.9	-0.9	23.9	0.2
	宜昌	23.3	23.0	26.7	21.5	0.0	26.3	2.2	25.2	2.3	25.7	1.8

续表

月份	站点	1956—2012年月均温箱线图特征值					2017年度		2018年度		2019年度	
		均值	中位数	最大值	最小值	沿程均值变化	月均值	沿程变化	月均值	沿程变化	月均值	沿程变化
10	白鹤滩	18.3	18.3	20.1	16.8	/	20	/	20.4	/	19.1	/
	向家坝	19.4	19.5	20.9	18.0	1.1	21.9	1.9	22.1	1.7	20.1	1.0
	高场	17.1	17.1	18.6	15.9	-2.3	19.0	-2.9	18.8	-3.3	17.7	-2.4
	朱沱	19.0	19.0	21.1	17.8	1.9	20.5	1.5	20.8	2.0	19.4	1.7
	北碚	19.9	19.9	23.1	16.7	0.9	24.0	3.5	20.3	-0.5	21.3	1.9
	寸滩	19.4	19.2	21.5	18.0	-0.5	21.9	-2.1	20.8	0.5	19.8	-1.5
	武隆	20.0	20.0	22.1	18.6	0.6	23.2	1.3	20.3	-0.5	20.0	0.2
	宜昌	20.1	19.9	23.0	18.4	0.1	23.5	0.3	22.2	1.9	22.3	2.3
11	白鹤滩	15.1	15.1	16.5	13.7	/	18.2	/	18.6	/	16.7	/
	向家坝	16.3	16.3	18.1	14.9	1.2	20.1	1.9	20.4	1.8	18.3	1.6
	高场	14.0	13.9	16.5	12.1	-2.3	15.7	-4.4	16.3	-4.1	14.8	-3.5
	朱沱	15.8	15.8	19.6	14.8	1.8	17.8	2.1	18.8	2.5	16.6	1.8
	北碚	16.3	16.5	18.9	13.8	0.5	18.2	0.4	17.9	-0.9	17.4	0.8
	寸滩	16.2	16.2	18.5	14.7	-0.1	18.1	-0.1	18.6	0.7	17.1	-0.3
	武隆	16.7	16.6	19.4	15.0	0.5	19.0	0.9	19.2	0.6	18.1	1.0
	宜昌	16.8	16.6	20.2	14.5	0.1	20.7	1.7	20.2	1.0	19.5	1.4

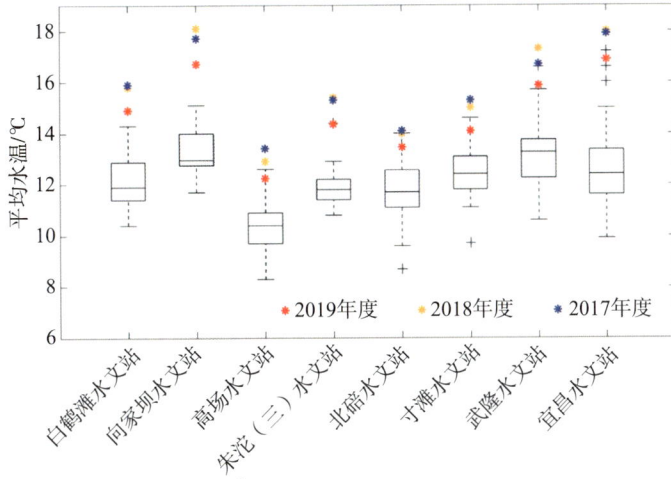

(a)12 月

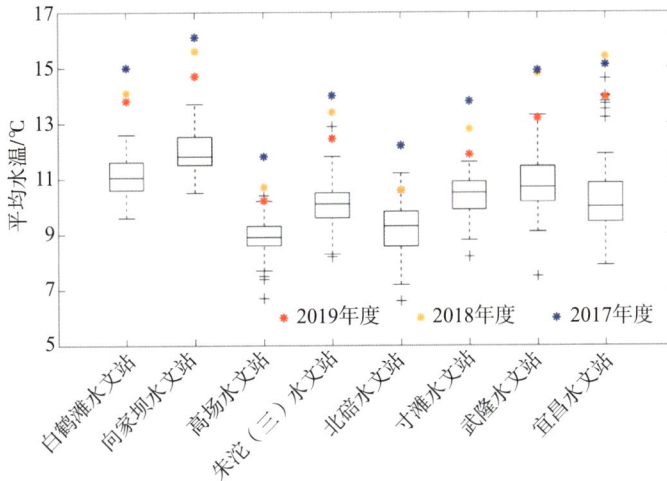

(b)1 月

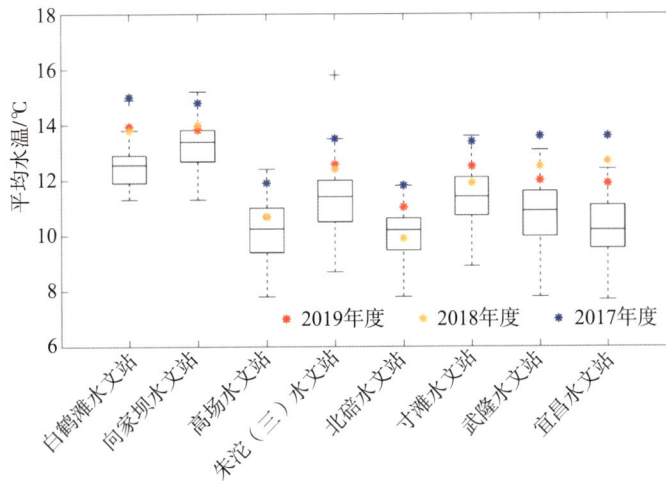

(c)2 月

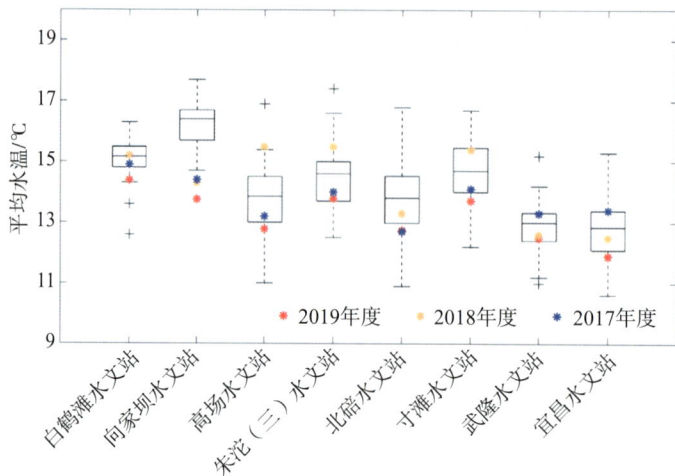

(d)3 月

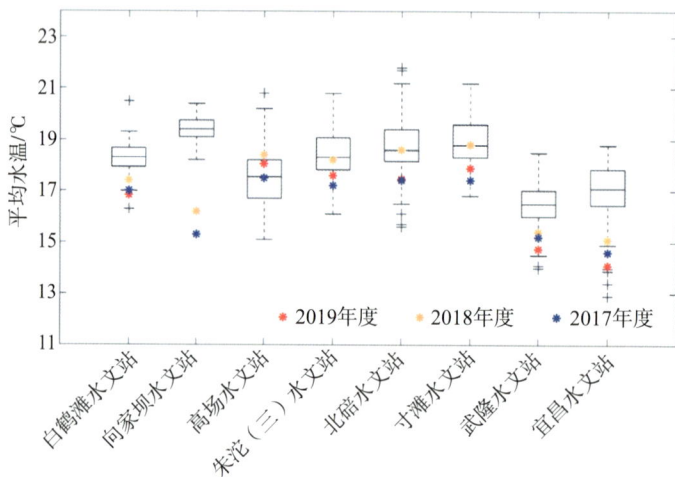

(e)4 月

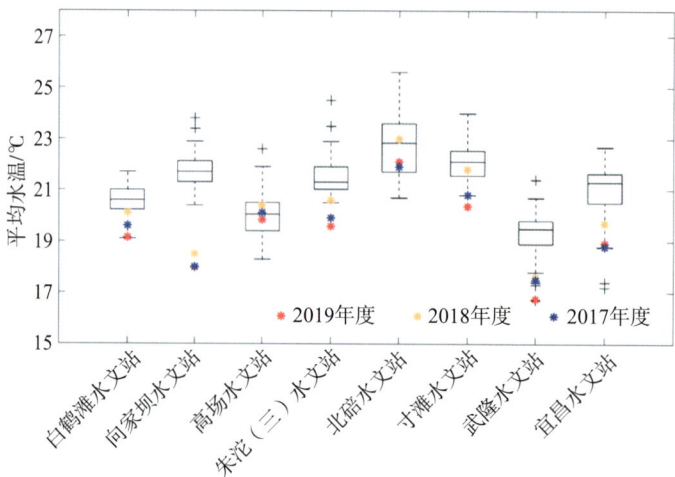

(f)5 月

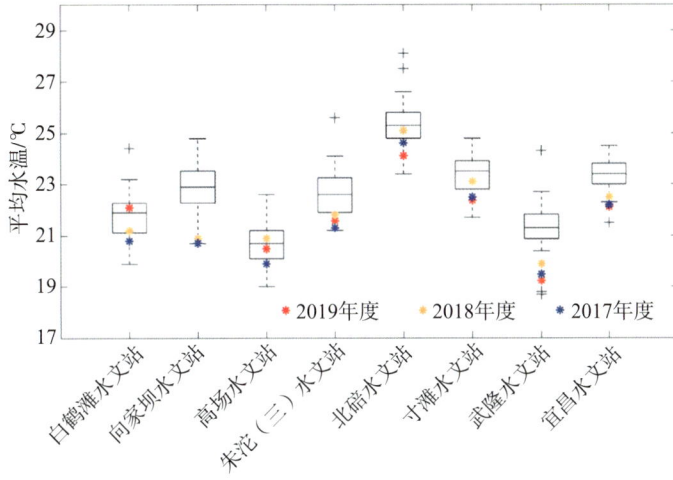

(g)6 月

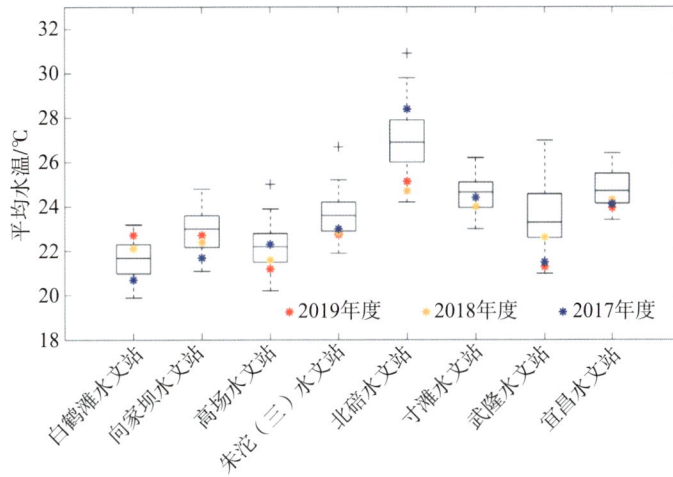

(h)7 月

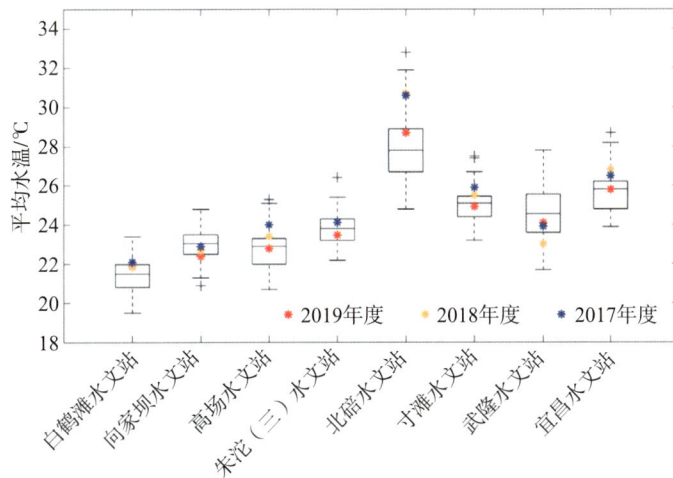

(i)8 月

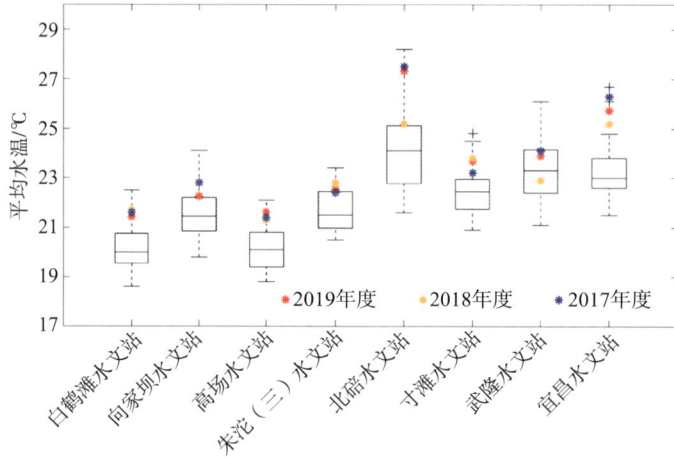

(j)9 月

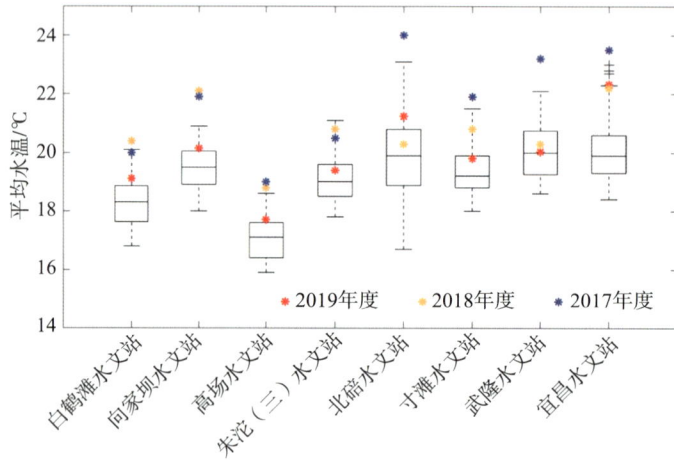

(k)10 月

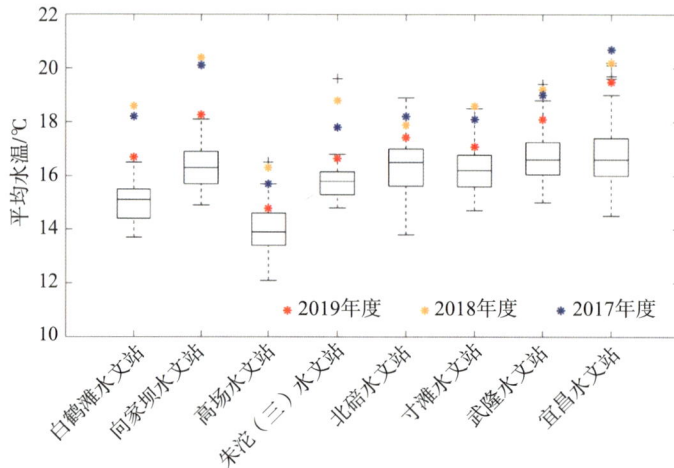

(l)11 月

图 3.22　控制断面各月历史水温(箱型)与 2017—2019 年度水温(红色散点)沿程分布

结合表 3.16 和图 3.22 可知：

1）冬季（12 月至次年 2 月），白鹤滩、向家坝 12 月和 1 月水温虽然偏离历史总体，但依旧保持增温趋势，历史时期均值沿程增温 1.1℃，2017—2019 年度沿程平均增温为 1.6℃，溪洛渡—向家坝库区的储热能力使得其沿程温度上升较高；支流岷江、嘉陵江低温水入汇，武隆温度 12 月、1 月较干流高，与干流寸滩站相比，历史时期均值比寸滩高 0.6℃，2017—2019 年度均值较寸滩高 1.7℃，乌江梯级水库的滞温效应加大了差距；寸滩—宜昌 12 月、1 月历史均温相差不大，宜昌站历史均温平均仅比寸滩高 0.2℃，沿程无明显趋势，但受三峡水库蓄水"滞温"影响，2017—2019 年 12 月、1 月呈现显著增温趋势，沿程均温增加 2.4℃，2 月宜昌历史均温转为低于寸滩，2017—2019 年度宜昌水温相较寸滩增温不大。

2）春季（3—5 月），白鹤滩—向家坝江段水温沿程历史上为增温趋势，沿程均温增加 1.1℃，但受向家坝水库低温水下泄影响，2017—2019 年度向家坝水温低于白鹤滩，沿程均温下降 1.2℃；支流岷江、乌江历史上是低温水入汇，岷江高场 2017—2019 年 4 月、5 月温度均比上游向家坝高，乌江较之干流寸滩站，历史均温相差 2.4℃；北碚温度 3 月较干流低，4 月、5 月转而较干流高；寸滩—宜昌历史月均温沿程下降，受三峡春季低温水下泄影响，降幅有所增大。

3）夏季（6—8 月），白鹤滩—向家坝江段水温沿程历史上为增温趋势，但 2017—2019 年 6—8 月向家坝水温由低于白鹤滩转而变高，7 月、8 月逐渐恢复增温；支流岷江、乌江低温水入汇，嘉陵江高温水入汇；寸滩—宜昌历史均温相差不大，2017—2019 年度与历史趋势一致。

4）秋季（9—11 月），白鹤滩—向家坝江段水温沿程历史上为增温趋势，2017—2019 年度与历史趋势一致；支流岷江低温水入汇，嘉陵江、乌江高温水入汇；寸滩—宜昌历史均温相差不大，沿程平均升温 0.7℃，但受三峡水库蓄水影响，2017—2019 年度宜昌水温显著高于寸滩 2℃，为增温趋势。

3.5　气温对表层水温的影响

由前述分析可以看到，2019 年度年均水温、最高水温均较前两个年度低，且 10 月至次年 1 月月均水温均较前两个年度低得多，因此有必要增加气温对水温影响的分析。

本书第 2 章对影响水温的主要气象因素进行了详细分析，采用 Pearson 相关分析法衡量水温与气温、相对湿度和风速三个气象因子间关系的密切程度，研究发现气温变化与水温变化相关性完好，呈正相关关系，对水温变化影响关键。2019 年度表层水温与前两个年度表现出不同的特征，为此从中国气象科学数据共享服务网下载气温数据辅助分析，以更好地探究表层水温的变化特征成因。

2016 年 8 月至 2019 年 7 月气象站点数据来自共享服务网中的中国地面国际交换气象站气候资料日值数据集(V3.0),研究区域攀枝花—宜昌江段沿程分布有站号56671、56492、57516 和 57461 共 4 个气象站点(图 3.23),4 个站点分别靠近三堆子、向家坝、北碚和宜昌水文站,空间上具有代表性,可为各江段水温变化特征分析提供支持,国际交换气象站点各年度气温特征值统计见表 3.17,2017—2019 年度各旬平均气温年内变化过程线见图 3.24 至图 3.27。

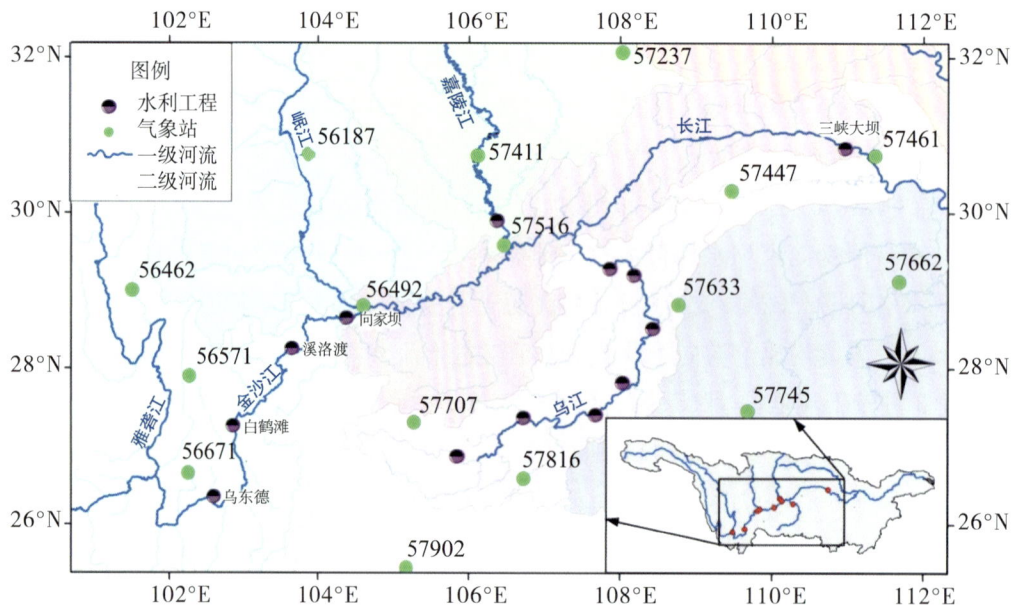

图 3.23 长江攀枝花—宜昌江段国际交换气象站点分布

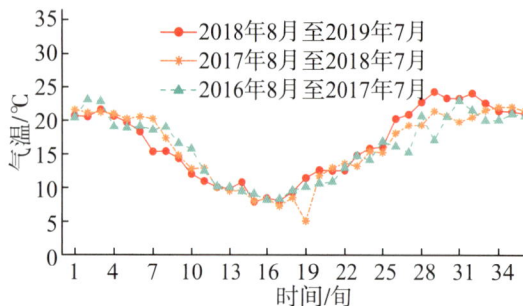

图 3.24 56671 气温站(近三堆子)2017—
2019 年度各旬平均气温年内变化过程线

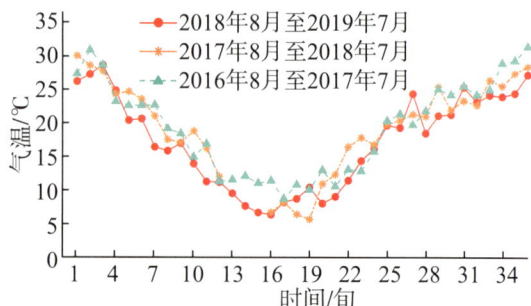

图 3.25 56492 气温站(近向家坝)2017—
2019 年度各旬平均气温年内变化过程线

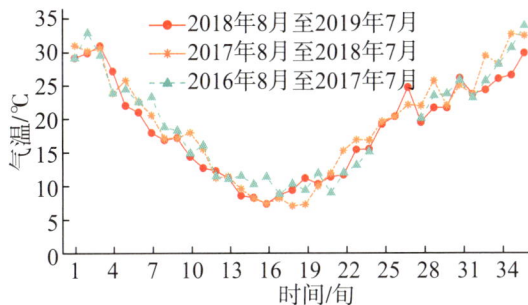

图 3.26　56516 气温站(近北碚)2017—
2019 年度各旬平均气温年内变化过程线

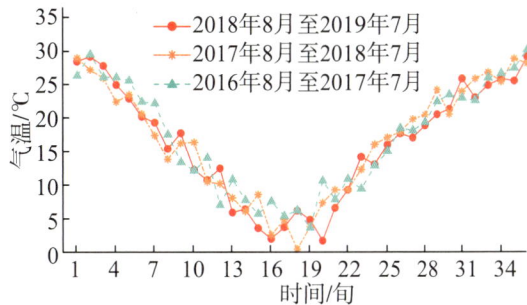

图 3.27　56461 气温站(近宜昌)2017—
2019 年度各旬平均气温年内变化过程线

由表 3.17、图 3.24 至图 3.27 可知,从上游三堆子水文站至下游宜昌水文站气温年内变幅逐渐增大,三年气温变幅沿程平均增加约 12℃,水温年内变幅与其规律一致;三堆子水文站处年均气温 2019 年较 2017 年和 2018 年略高,而向家坝、北碚和宜昌水文站处气温 2019 年比前两个年度低得多,这使得水温过程线呈现相同的特性,冬季尤为明显,宜昌水文站处冬季平均气温 2019 年比 2017 年和 2018 年分别低2.7℃、1.1℃;从沿程分布来看,总体呈现沿程增温趋势,三堆子—向家坝夏季沿程增温幅度大,秋季增幅变缓,冬季、春季变为降温,向家坝—北碚 2018 年、2019 年沿程全年均呈增温趋势,北碚—宜昌全年均呈降温趋势,冬季降幅明显。气温变化在一定程度上反映了表层水温总体变化特征,但细化至沿程分布上存在差异,一方面是由于收集的气温资料较少,另一方面也反映了水温受其他因素影响较大。

表 3.17　　　　　长江攀枝花—宜昌江段国际交换气象站点各年度气温特征值统计　　　　　(单位:℃)

时间		站号			
		56671 (近三堆子)	56492 (近向家坝)	56516 (近北碚)	56461 (近宜昌)
2017 年度	8 月	22.1	28.8	30.9	27.3
	9—11 月	16.7	18.9	19.6	17.8
	12 月至次年 2 月	9.6	10.8	10.6	7.3
	3—5 月	16.5	19.2	18.2	16.7
	6—7 月	21.1	27.2	28.2	26.0
	年极温差	19.5	27.2	30.3	32.2
	年均	16.0	19.2	19.5	17.1

时间		站号			
		56671 （近三堆子）	56492 （近向家坝）	56516 （近北碚）	56461 （近宜昌）
2018 年度	8 月	21.4	28.7	30.9	27.4
	9—11 月	16.7	19.3	19.4	16.8
	12 月至次年 2 月	9.0	8.1	9.2	5.7
	3—5 月	17.4	19.9	20.4	17.6
	6—7 月	21.3	25.5	28.9	26.5
	年极温差	24.9	30.6	31.8	35.5
	年均	16.1	19.4	19.6	16.7
2019 年度	8 月	21.0	27.2	30.4	28.5
	9—11 月	15.2	16.6	18.2	17.4
	12 月至次年 2 月	10.1	8.0	9.8	4.6
	3—5 月	19.0	18.3	19.2	16.5
	6—7 月	22.3	24.6	26.4	25.8
	年极温差	20.9	29.0	29.7	34.1
	年均	16.2	17.1	18.7	16.3

进一步分析气温对水温的影响程度,绘制 4 个站点处日气温和水温过程线以及月气温和水温过程线分别见图 3.28、图 3.29。从图 3.28、图 3.29 中可见,日过程和月过程中干流站点三堆子(四)、向家坝和宜昌水文站水温相对气温相位发生较大偏移,偏移量 1～2 个月,北碚水文站偏移量较小,说明水温不但受气温影响较大,还在干流梯级水库群"滞冷""滞温"影响下发生较大相位偏移。

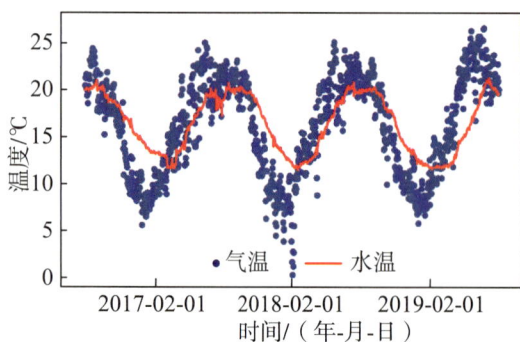

(a)三堆子(四)水文站

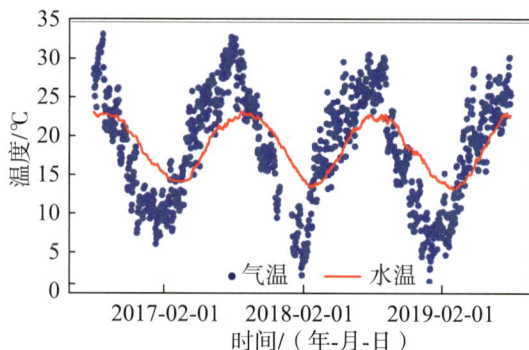

(b)向家坝水文站

（c）北碚水文站　　　　　　　　（d）宜昌水文站

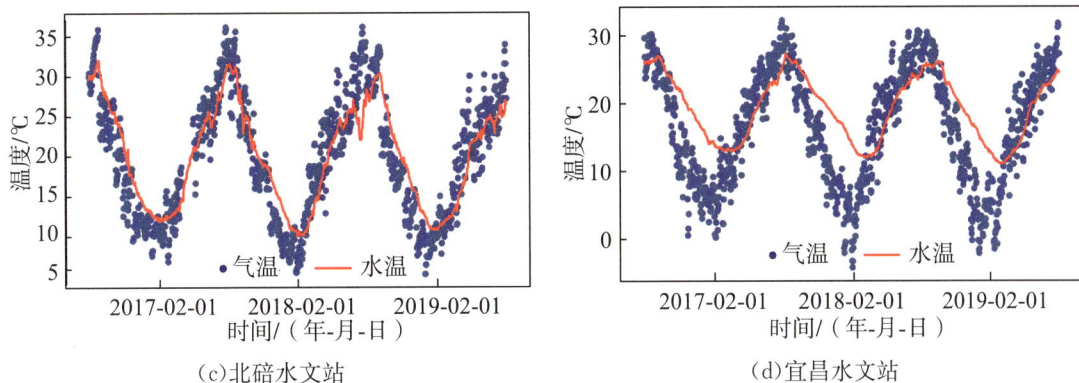

图 3.28　2017—2019 年度水文站日气温和水温过程

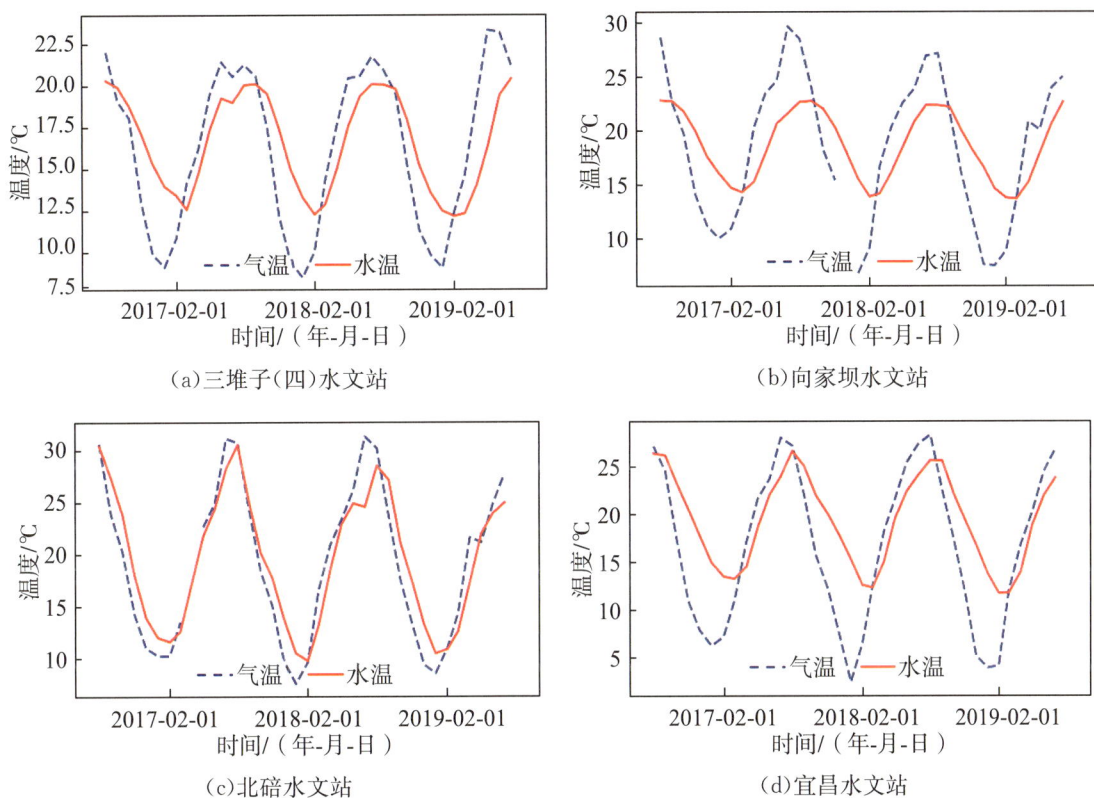

（a）三堆子(四)水文站　　　　　　（b）向家坝水文站

（c）北碚水文站　　　　　　　　（d）宜昌水文站

图 3.29　2017—2019 年度水文站月气温和水温过程

　　采用 Pearson 相关分析法衡量水温与气温之间关系的密切程度。当相关系数 r 越接近于 1，变量间的关系越密切。r 为正值时，表示正相关；r 为负值时，表示负相关。要判断样本的 r 是否有意义，还需要对 r 进行假设检验，判断相关关系的显著性。4 个站点水温和气温间的相关性分析结果见表 3.18。由表 3.18 中可见，水温和气温两者显著相关，干流站点受梯级水库影响相位偏移量大使得相关系数 r 较低。

表 3.18　　　　　　　　　2017—2019 年月气温和水温 Pearson 相关系数

水文站	日相关系数 r	月相关系数 r
三堆子(四)	0.72 * *	0.77 * *
向家坝	0.69 * *	0.74 * *
北碚	0.89 * *	0.94 * *
宜昌	0.75 * *	0.79 * *

注：＊，＊＊分别表示在 0.05 和 0.01 水平(双侧)上显著相关。

3.6　本章小结

本章主要对长江攀枝花—宜昌江段各监测断面表层水温过程、特征、与历史水温差异、沿程变化以及干支流关系进行了分析。简要总结如下：

（1）年均温特征

2017—2019 年，攀枝花—宜昌江段表层年均水温范围为 16.1～21.1℃，干流为 16.1～19.3℃，2017 年和 2018 年较 2019 年平均高约 0.6℃，且这两个年度均温相差不大；3 个年度沿程分布呈现一致性，总体上均呈现沿程升温特性，三堆子(四)—宜昌水文站升温约 3℃；受水库影响，溪洛渡坝后均温较坝前低 0.6℃，向家坝坝后较坝前低 0.6℃；江段沿程分布上可以分为 4 段分析，三堆子—美姑河汇口下游江段保持了良好的升温趋势，温度上升幅度较大，为 3℃左右，美姑河汇口下游—向家坝水文站江段受溪洛渡—向家坝水库调度影响，美姑河汇口下游—溪洛渡水文站温度平均下降 1℃，溪洛渡水文站—向家坝坝前温度平均上升 0.9℃，向家坝水文站—寸滩江段为受向家坝调度和支流入汇影响的保护区河段，江段水温沿程缓慢上升，寸滩—宜昌江段为受三峡水库调蓄、气温共同影响的江段，巴东—宜昌水温平均下降约 0.2℃；在干支流水温关系上，支流横江、岷江和乌江均温较干流低，沱江、赤水和嘉陵江均温较干流高。

（2）年极值特征

2017—2019 年度，攀枝花—宜昌江段最高水温普遍出现在 7 月和 8 月，最高水温在 21.1～33.6℃变动，最高水温沿程分布同样呈现增加特性，宜昌水文站比三堆子水文站最高水温平均高约 6℃，支流除乌江武隆站外，均比干流最高水温值大；2017 年度和 2018 年度气温高加上水库蓄水储热大，溪洛渡坝前与相邻断面最高水温相比较为突出，比上游美姑河汇口下游断面平均高约 2.7℃，3 年过程线变化一致。攀枝花—宜昌江段最低水温普遍出现在 1 月或 2 月，在 7～14.6℃变动，2017 年度最低水温较 2018 年度和 2019 年度相对较高，2018 年度和 2019 年度水温较近，上游的最低水温较下游偏高。攀枝花—宜昌江段年极温差范围为 7.8～24.2℃，沿程总体呈现增加趋势，受水库调蓄引起的下游断面水温年内过程坦化影响，2017 年度溪洛渡水库坝后较坝前极差低 5.4℃，向家坝坝后较坝前极差低 2.1℃。

（3）与历史河道水温相比

对干支流 8 个控制断面 2017—2019 年度月均水温过程与历史长序列（1956 年 8 月至 2012 年 7 月）水温演变过程进行对比，干流方面，向家坝水文站和宜昌水文站由于向家坝水库和三峡水库的调蓄作用，出现秋季、冬季水温较历史时期偏高，春季水温偏低的现象，其中，向家坝水文站 10 月至次年 1 月水温较历史同期均值偏高 3.2℃，较中位数平均偏高 3.5℃，较最大值平均偏高 1.5℃；4—5 月水温较历史同期均值平均偏低 3.7℃，较中位数平均偏低 3.7℃，较最小值平均偏低 2.4℃，宜昌水文站 12 月至次年 2 月水温较历史同期均值平均偏高 3.9℃，较最大值平均偏高 0.4℃，4—6 月略有降低，均偏离历史总体。溪洛渡入库控制站白鹤滩以及位于长江上游鱼类保护区的朱沱站，春季、夏季无明显变化，朱沱冬季水温较历史时期略有提升，白鹤滩 11 月至次年 1 月较历史同期均值平均偏高 3℃，较中位数平均偏高 3.2℃，较最大值平均偏高 1.4℃；寸滩站与历史序列相比变化不大，在 11 月至次年 2 月水温较历史同期均值偏高 2℃。支流方面，受乌江梯级水库调节影响的武隆站 10 月至次年 2 月水温较历史时期均值平均偏高 2.5℃，较最大值变化不大，表现为略微偏高，而 4—7 月水温较历史时期均值平均偏低 1.8℃，较最小值平均偏高 0.8℃，表现为略微偏低。岷江高场站与嘉陵江北碚站水温在 10 月至次年 1 月与历史同期相比略有提高，其余月份无明显变化。

（4）支流入汇影响

支流入汇对干流水温的影响程度与支流和干流间流量比值成正比，2016 年 8 月至 2018 年 12 月，岷江与干流流量比值在 30% 以上，嘉陵江在 20%～30%，乌江在 10%～20%。其中，岷江入汇对干流沿程水温变化起关键作用，入汇口上下游沿程温差与岷江—干流温差相关系数达 0.94。嘉陵江入汇对干流水温有重要影响，乌江入汇对干流水温影响较弱，其余各支流入汇对干流水温几乎无影响。

（5）沿程分布

2017—2019 年度，从月均水温沿程分布来看，三堆子—美姑河汇口下游江段全年沿程水温呈上升趋势，平均温升 2.9℃。美姑河汇口下游—向家坝水文站江段由于有溪洛渡—向家坝梯级电站的调蓄作用，坝下水温春季低于坝前，溪洛渡水文站—绥江县城—向家坝坝前江段沿程升温。向家坝水文站—李庄江段受横江和岷江入汇影响，春季沿程升温，秋季、冬季均沿程降温趋势，冬季降温幅度最大，平均约 1.6℃。李庄—寸滩江段受沿程气温及支流入汇的共同影响,春季、夏季、秋季沿程升温,夏季升温较大,平均约 2.4℃,冬季沿程平均降温 0.7℃。寸滩—宜昌江段受沿程气温和三峡水库调蓄作用影响,春季沿程降温约 2.4℃,夏季、秋季、冬季沿程升温,秋季升温较大,约 2.1℃。3 个年度与历史水温沿程变化相比,受水库调节影响的向家坝、宜昌水文站,与上游水温构成的沿程分布相较历史已有了一定差距,春季较为明显,白鹤滩—向家坝江段已由春季沿程升温转为沿程降温,寸滩—宜昌江段沿程温降幅度有所增大。

(6)气温影响

沿程气温总体呈现增温趋势,且从上游至下游年内变幅增大,表层水温总体趋势与其基本一致。

通过本章的分析和对水温分布规律的总结,有助于更好地掌握攀枝花—宜昌江段水温情势,为更深入的研究奠定了基础。

第 4 章　溪洛渡—向家坝梯级水库库区垂向水温结构变化

4.1　垂向水温监测方案

4.1.1　监测断面布设

2016 年 8 月至 2019 年 7 月,水利部长江水利委员会水文局在溪洛渡—向家坝梯级水库库区共布设了 12 个垂向水温监测断面,向家坝、溪洛渡水电站坝前断面布设水温垂向自动监测设备,每小时监测 1 次(同时记录测点的水深);其他 10 个干流库中、支库库中断面,每月中旬监测 1 次(同时记录测点的水深)。

根据《地表水和污水监测技术规范》(HJ/T 91—2002)、《水环境监测规范》(SL 219—2013)、《水质采样技术指导》(HJ 494—2009)中的相关要求,进行各监测断面采样垂线和采样点的布设。垂向水温监测时,在监测垂线上按照 0.5m、1m、2m、3m、4m、5m 水深布置测点,5m 水深以下按 2m 间隔布置测点至库底。各监测断面具体布置情况及相关要求见第 3 章表 3.1 和图 3.3,断面布置结构见图 3.4,各断面节点间相对距离见表 3.2。垂向水温监测断面分别为金阳河汇口下游、美姑河汇口下游、溪洛渡大坝坝前、绥江县城、向家坝大坝坝前、牛栏江支库库中、金阳河支库库中、美姑河支库库中、御临河支库库中、澎溪河支库库中、大宁河支库库中和香溪河支库库中等 12 个断面,其中干流 5 个,支流 7 个。

4.1.2　监测仪器配置

(1)垂向水温人工监测

对 12 个垂向水温监测断面,人工采用巡测的方式,于当地租用船只到达预定断面后,采用 HY1200B 型声速剖面仪,HY1200B 是一种测量声波在水中传播速度的精密测量仪器。它采用环鸣法直接测量声信号在固定已知距离内的传播时间进而得到声速，同时测出传感器处的深度和温度，以小于1m/s的速度均匀下放和回收，取同深度两次测量值的平均数为监测值。该设备主要技术指标见表4.1。

表 4.1　　　　　　　　　　HY1200B 型声速剖面仪主要技术指标

项目	测量范围	分辨率	测量精度
深度/m	200	0.1	±0.2%
温度/℃	0～40	0.1	±0.1

（2）坝前垂向水温（含水深）自动监测

针对坝前水温自动监测，溪洛渡、向家坝水电站坝前断面布设水温垂向自动监测设备，每日进行24段24次观测（同时记录测点的水深）；自动监测系统分别选用1台LIOS Technology公司型号为PRE. VENT的光纤测温主机，主要用于测量向家坝水电站大坝坝前和溪洛渡水电站大坝坝前断面温度。测量主机负责完成断面垂向分层水温数据的自动定时采集，并通过RS232接口与控制终端设备RTU（YAC9900）连接。RTU将定时读取的测量主机中自动采集的各层水温数据，通过GPRS/GSM通信方式按规定的时段要求定时发送到中心站（重庆、武汉）。溪洛渡、向家坝水电站坝前光纤测量温度的原理简述如下。

光纤测温系统由激光二极管发出的连续波照射光纤内的玻璃芯。当光波沿着光纤玻璃芯下移时，会产生多种类型的辐射散射，如瑞利（Rayleigh）散射、布里渊（Brillouin）散射和拉曼（Raman）散射等。其中，拉曼散射是对温度最为敏感的一种。光纤中光传输的每一点都会产生拉曼散射，并且产生的拉曼散射光是均匀分布在整个空间角内的。拉曼散射是由于光纤分子的热振动和光子相互作用发生能量交换而产生的。具体地说，如果一部分光能转换成为热振动，那么将发出一个比光源波长更长的光，称为斯托克斯光（Stokes光），如果一部分热振动转换成为光能，那么将发出一个比光源波长更短的光，称为反斯托克斯光（Anti-Stokes光）。其中，Stokes光的强度受温度的影响很小，可忽略不计，而 Anti-Stokes 光的强度随温度的变化而变化。Anti-Stokes 光与 Stokes 光的强度之比提供了一个关于温度的函数关系式。光在光纤中传输时一部分拉曼散射光（背向拉曼散射光）沿光纤原路返回，被光纤探测单元接收。DTS通过测量背向拉曼散射光中 Anti-Stokes 光与 Stokes 光的强度比值的变化实现对外部温度变化的监测。在频域中，利用OFDR技术，根据光在光纤中的传输速率和入射光与后向拉曼散射光之间的强度差，可以对不同的温度点进行定位，这样就可以得到整根光纤沿线上的温度并精确定位。

另外，机器测量数据不可避免地存在噪声干扰，为减少随机误差对光纤测温数据的影响,采用低通滤波算法来削弱测量序列中的高频信号以达到数据平滑的目的,这里采用三阶平滑低通滤波算法对水温数据进行处理,具体表达如下:

设滤波窗口大小为 m,若 m 为奇数,则取 $3m$ 个数据$\left[x_1, x_2, \cdots, x_{3m-1}, x_{3m}\right]$作 3 次平滑。设第一次平滑结果为 Z_k,则有:

$$Z_k = \frac{1}{m+1} \sum_{n=0}^{m} X_{n+K} \quad (K = 1, 2, \cdots, 2m) \tag{4.1}$$

设 Y_L 为对 $m+1$ 个 Z_k 值进行平滑的结果,可将它表示为:

$$Y_L = \frac{1}{m+1} \sum_{K=0}^{m} Z_{K+L} \quad (L = 1, 2, \cdots, m) \tag{4.2}$$

最后对 Y_L 作类似平滑,可得三阶平滑低通滤波的结果:

$$X_0 = \frac{1}{m} \sum_{L=1}^{m} Y_L \tag{4.3}$$

同理,当取样个数为偶数时,完成该滤波需要 $3m-1$ 个数据,具体计算方法与奇数时类似。

4.2　垂向水温评价指标统计分析

垂向水温监测断面共 12 个,其中干流断面 5 个,支流断面 7 个。整理统计 12 个垂向水温监测断面 2016 年 8 月至 2019 年 7 月 3 个年度每月中旬的垂向水温数据,结果见表 4.2。

由表 4.2 中统计数据可以看出,干流监测断面水深大多高于支流监测断面水深,其中溪洛渡大坝坝前的水深最大,最深处达 230m。其次为美姑河汇口下游,因位于溪洛渡库区水深较人,最深达 185m,向家坝人坝坝前水深较溪洛渡偏小,最深达 120m。支流各断面除美姑河支库库中水深较大最深达 155m 外,其余各断面水深均小于 120m。

从各断面的垂向温差可以看出,在冬季(12 月至次年 2 月)各断面的垂向温差均较小,未出现明显的水温分层现象,而在 3—11 月,尤其是春季、夏季(3—8 月)各断面垂向温差均较大。其中,美姑河汇口下游、溪洛渡大坝坝前、向家坝大坝坝前和美姑河支库库中的垂向温差最大,5—7 月的垂向温差一般能达到 6℃ 以上。绥江县城、澎溪河支库库中、大宁河支库库中和香溪河支库库中水温在 4—7 月有分层现象,垂向温差 3～6℃。而金阳河汇口下游、牛栏江支库库中、金阳河支库库中和御临河支库库中 4 个断面垂向温差一般均小于 2℃ 以下。

表4.2　各断面垂向水温变化特征值统计

时间	统计指标	干流断面					支流断面						
	分层情况	金阳河汇口下游	美姑河汇口下游	溪洛渡大坝坝前	绥江县城	向家坝大坝坝前	牛栏江支库库中	金阳河支库库中	美姑河支库库中	倒临河支库库中	彭溪河支库库中	大宁河支库库中	香溪河支库库中
		不分层	分层	分层	分层	分层	分层	分层	分层	分层	分层	分层	分层
2016年8月	测量水深/m	70	140	215	40	110	25	40	80	4	40	50	75
	表层水温/℃	22.4	22.6	25.2	22.6	26.4	24.3	22.2	23.6	33.6	32.4	26.4	27.1
	底层水温/℃	22.3	17.4	14.8	22.4	22.4	22.6	22.1	22.0	33.1	25.0	24.5	21.8
	垂向温差/℃	0.1	5.2	10.4	0.2	4.0	1.7	0.1	1.6	0.5	7.4	1.9	5.3
2016年9月	测量水深/m	95	185	190	80	110	50	65	155	5	40	60	35
	表层水温/℃	22.1	22.2	22.2	21.7	23.3	21.5	21.9	22.7	27.4	27.0	25.7	26.6
	底层水温/℃	22.0	20.9	15.6	21.7	22.3	22.1	22.0	20.5	27.4	23.9	24.2	26.0
	垂向温差/℃	0.1	1.3	6.6	0.0	1.0	−0.6	−0.1	2.2	0.0	3.1	1.5	0.6
2016年10月	测量水深/m	105	120	195	80	110	50	65	155	20	60	75	55
	表层水温/℃	20.0	21.0	21.0	20.8	21.2	19.9	20.1	21.1	21.8	22.9	22.9	23.2
	底层水温/℃	19.9	20.6	15.6	20.8	21.2	19.3	19.9	20.0	20.8	22.8	22.6	22.5
	垂向温差/℃	0.1	0.4	5.4	0.0	0.0	0.6	0.2	1.1	1.0	0.1	0.3	0.7
2016年11月	测量水深/m	75	140	210	85	105	45	55	150	25	65	55	65
	表层水温/℃	18.0	20.0	19.9	19.8	19.8	17.7	17.8	20.0	17.6	20.7	20.5	20.5
	底层水温/℃	17.7	19.1	15.6	19.2	19.8	16.9	17.4	18.3	16.4	19.8	20.5	20.5
	垂向温差/℃	0.3	0.9	4.3	0.6	0.0	0.8	0.4	1.7	1.2	0.9	0.0	0.0

时间	统计指标	干流断面					支流断面						
		金阳河汇口下游	美姑河汇口下游	溪洛渡大坝坝前	绥江县城	向家坝大坝坝前	牛栏江支库库中	金阳河支库库中	美姑河支库库中	御临河支库库中	澎溪河支库库中	大宁河支库库中	香溪河支库库中
2016年12月	测量水深/m	95	180	195	100	110	45	55	150	20	65	65	65
	表层水温/℃	16.4	17.9	17.9	17.9	18.0	16.3	16.4	17.9	15.1	17.3	18.2	18.3
	底层水温/℃	16.3	16.8	17.2	17.9	18.0	15.3	16.3	16.8	13.7	17.2	17.0	17.5
	垂向温差/℃	0.1	1.1	0.7	0.0	0.0	1.0	0.1	1.1	1.4	0.1	1.2	0.8
2017年1月	测量水深/m	90	175	200	100	110	45	60	145	25	60	135	60
	表层水温/℃	14.4	15.7	15.8	15.8	16.0	14.5	14.7	15.7	13.7	14.8	15.0	15.4
	底层水温/℃	14.4	15.2	15.5	15.7	16.0	13.8	14.3	15.0	12.3	14.5	15.0	15.0
	垂向温差/℃	0.0	0.5	0.3	0.1	0.0	0.7	0.4	0.7	1.4	0.3	0.0	0.4
2017年2月	测量水深/m	85	120	215	100	120	40	35	145	20	50	40	60
	表层水温/℃	13.9	14.9	15.2	14.6	15.7	14.1	14.0	15.0	13.0	13.9	13.7	13.8
	底层水温/℃	13.8	14.6	14.5	14.6	14.9	13.8	13.8	14.2	11.7	13.5	13.5	13.2
	垂向温差/℃	0.1	0.3	0.7	0.0	0.8	0.3	0.2	0.8	1.3	0.4	0.2	0.6
2017年3月	测量水深/m	80	170	130	50	105	35	50	140	15	60	100	55
	表层水温/℃	15.1	14.3	14.5	14.4	14.4	15.0	15.1	14.3	15.0	13.8	13.2	13.5
	底层水温/℃	14.8	14.1	14.3	14.4	14.4	14.6	14.8	14.1	12.9	12.8	13.2	13.3
	垂向温差/℃	0.3	0.2	0.2	0.0	0.0	0.4	0.3	0.2	2.1	1.0	0.0	0.2

续表

时间	统计指标	干流断面					支流断面						
		金阳河汇口下游	美姑河汇口下游	溪洛渡大坝坝前	绥江县城	向家坝大坝坝前	牛栏江支库库中	金阳河支库库中	美姑河支库库中	御临河支库库中	澎溪河支库库中	大宁河支库库中	香溪河支库库中
2017年4月	测量水深/m	85	170	135	95	110	35	50	140	15	55	70	55
	表层水温/℃	18.8	17.9	17.4	18.5	18.0	18.9	18.9	19.0	19.9	19.2	16.9	17.9
	底层水温/℃	17.1	14.2	14.2	15.3	14.4	17.0	17.1	14.2	19.6	14.6	14.1	13.3
	垂向温差/℃	1.7	3.7	3.2	3.2	3.6	1.9	1.8	4.8	0.3	4.6	2.8	4.6
2017年5月	测量水深/m	60	155	155	100	110	15	30	115	10	50	85	35
	表层水温/℃	19.6	20.1	20.1	18.6	18.8	20.6	19.5	20.1	21.3	21.1	19.2	20.6
	底层水温/℃	19.4	14.2	14.2	15.2	14.6	19.4	19.0	14.4	21.3	18.8	18.9	18.6
	垂向温差/℃	0.2	5.9	5.9	3.4	4.2	1.2	0.5	5.7	0.0	2.3	0.3	2.0
2017年6月	测量水深/m	40	100	150	80	110	15	10	75	5	40	65	35
	表层水温/℃	22.4	21.9	21.4	21.2	21.7	22.6	22.4	21.6	24.2	23.2	22.5	23.3
	底层水温/℃	22.4	14.6	14.3	19.1	14.8	22.5	21.8	15.0	24.2	22.3	22.3	19.8
	垂向温差/℃	0.0	7.3	7.1	2.1	6.9	0.1	0.6	6.6	0.0	0.9	0.2	3.5
2017年7月	测量水深/m	30	155	100	75	110	30	45	130	10	50	80	35
	表层水温/℃	22.3	22.9	22.3	22.2	22.0	22.3	20.8	22.3	29.1	25.6	24.5	25.6
	底层水温/℃	21.8	17.6	20.7	21.9	15.4	21.8	20.6	20.3	29.1	22.4	24.2	22.1
	垂向温差/℃	0.5	5.3	1.6	0.3	6.6	0.5	0.2	2.0	0.0	3.2	0.3	3.5

续表

时间	统计指标	干流断面					支流断面						
		金阳河汇口下游	美姑河汇口下游	溪洛渡大坝坝前	绥江县城	向家坝大坝坝前	牛栏江支库库中	金阳河支库库中	美姑河支库库中	御临河支库库中	澎溪河支库库中	大宁河支库库中	香溪河支库库中
2017年8月	测量水深/m	75	170	155	80	110	35	30	140	10	40	70	35
	表层水温/℃	22.4	22.9	23.0	22.6	22.9	22.8	22.3	25.6	30.4	28.6	26.1	27.3
	底层水温/℃	22.3	17.2	18.4	22.6	22.2	22.4	22.2	21.7	30.0	25.5	26.0	25.1
	垂向温差/℃	0.1	5.7	4.6	0.0	0.7	0.4	0.1	3.9	0.4	3.1	0.1	2.2
2017年9月	测量水深/m	90	135	190	35	110	50	60	145	20	60	65	45
	表层水温/℃	22.2	22.4	24.6	22.7	23.2	22.6	22.0	22.5	26.4	25.0	24.6	26.2
	底层水温/℃	22.1	21.9	17.9	22.5	22.8	22.3	21.6	21.5	26.4	23.2	24.4	23.8
	垂向温差/℃	0.1	0.5	6.7	0.2	0.4	0.3	0.4	1.0	0.0	1.8	0.2	2.4
2017年10月	测量水深/m	95	185	200	80	115	55	70	155	25	70	55	65
	表层水温/℃	20.8	21.7	21.9	21.7	22.0	21.0	20.9	21.7	20.0	22.1	22.0	22.2
	底层水温/℃	20.8	20.8	17.2	21.7	22.0	20.7	20.2	20.6	19.9	20.1	21.9	18.5
	垂向温差/℃	0.0	0.9	4.7	0.0	0.0	0.3	0.7	1.1	0.1	2.0	0.1	3.7
2017年11月	测量水深/m	95	185	220	80	115	50	65	150	25	70	85	50
	表层水温/℃	19.2	20.2	20.2	20.1	20.6	19.1	19.3	20.2	19.3	19.9	19.9	20.0
	底层水温/℃	19.2	19.7	16.6	20.1	20.5	18.3	18.8	19.4	19.1	19.0	18.2	19.8
	垂向温差/℃	0.0	0.5	3.6	0.0	0.1	0.8	0.5	0.8	0.2	0.9	1.7	0.2

续表

时间	统计指标	干流断面					支流断面						
		金阳河汇口下游	美姑河汇口下游	溪洛渡大坝坝前	绥江县城	向家坝大坝坝前	牛栏江支库库中	金阳河支库库中	美姑河支库库中	鳛临河支库库中	澎溪河支库库中	大宁河支库库中	香溪河支库库中
2017年12月	测量水深/m	90	160	205	90	110	50	35	150	25	65	65	40
	表层水温/℃	15.8	17.7	17.6	17.7	18.3	15.8	15.8	17.7	15.7	17.6	17.3	17.9
	底层水温/℃	15.8	17.1	17.3	17.7	18.3	14.8	15.8	16.9	14.2	17.6	16.0	17.8
	垂向温差/℃	0.0	0.6	0.3	0.0	0.0	1.0	0.0	0.8	1.5	0.0	1.3	0.1
2018年1月	测量水深/m	80	140	210	80	115	35	55	140	25	65	85	60
	表层水温/℃	13.5	15.2	15.4	15.3	15.8	13.6	13.7	15.2	12.1	14.4	14.8	15.6
	底层水温/℃	13.5	14.8	15.2	15.3	15.8	12.4	13.3	14.9	10.6	13.7	14.0	14.0
	垂向温差/℃	0.0	0.4	0.2	0.0	0.0	1.2	0.4	0.3	1.5	0.7	0.8	1.6
2018年2月	测量水深/m	65	125	185	80	115	20	35	130	20	60	75	60
	表层水温/℃	12.2	13.5	13.8	13.9	14.0	12.1	12.2	13.5	11.3	12.5	12.6	12.8
	底层水温/℃	12.2	13.4	13.8	13.9	14.0	11.4	12.0	13.1	10.2	12.2	12.3	12.0
	垂向温差/℃	0.0	0.1	0.0	0.0	0.0	0.7	0.2	0.4	1.1	0.3	0.3	0.8
2018年3月	测量水深/m	70	120	180	75	115	30	40	125	15	55	75	55
	表层水温/℃	15.4	16.0	15.5	14.9	15.3	16.1	15.3	16.3	15.3	14.3	13.1	13.7
	底层水温/℃	15.2	12.5	12.4	13.7	13.6	15.1	15.1	12.5	14.2	11.7	12.1	11.6
	垂向温差/℃	0.2	3.5	3.1	1.2	1.7	1.0	0.2	3.8	1.1	2.6	1.0	2.1

续表

时间	统计指标	干流断面					支流断面						
		金阳河汇口下游	美姑河汇口下游	溪洛渡大坝坝前	绥江县城	向家坝大坝坝前	牛栏江支库库中	金阳河支库库中	美姑河支库库中	御临河支库库中	澎溪河支库库中	大宁河支库库中	香溪河支库库中
2018年4月	测量水深/m	75	130	180	95	110	30	40	135	15	55	75	55
	表层水温/℃	18.0	18.1	17.3	17.2	18.1	18.7	18.0	18.5	20.3	18.7	16.9	18.2
	底层水温/℃	17.3	12.6	12.5	14.0	13.8	18.2	17.5	12.6	19.6	15.5	14.1	14.8
	垂向温差/℃	0.7	5.5	4.8	3.2	4.3	0.5	0.5	5.9	0.7	3.2	2.8	3.4
2018年5月	测量水深/m	60	80	155	100	110	20	35	120	10	40	65	50
	表层水温/℃	21.0	20.9	20.0	19.7	23.1	21.6	20.9	21.0	23.8	26.5	21.4	21.9
	底层水温/℃	20.9	13.0	12.6	14.4	14.1	20.4	20.6	12.7	21.8	20.2	17.6	17.9
	垂向温差/℃	0.1	7.9	7.4	5.3	9.0	1.2	0.3	8.3	2.0	6.3	3.8	4.0
2018年6月	测量水深/m	50	110	160	75	115	10	20	110	10	30	60	30
	表层水温/℃	20.4	21.4	21.3	22.2	21.8	20.5	20.3	22.5	26.0	25.8	24.9	25.0
	底层水温/℃	20.4	12.9	12.7	20.5	14.3	20.5	18.1	12.9	26.0	22.1	20.6	22.2
	垂向温差/℃	0.0	8.5	8.6	1.7	7.5	0.0	2.2	9.6	0.0	3.7	4.3	2.8
2018年7月	测量水深/m	65	165	210	95	110	25	40	130	20	45	70	45
	表层水温/℃	21.2	22.8	23.0	22.9	23.8	22.9	22.2	24.0	28.2	28.9	24.9	26.6
	底层水温/℃	21.1	14.3	12.9	22.9	14.7	21.5	21.1	18.5	23.8	23.2	23.2	23.3
	垂向温差/℃	0.1	8.5	10.1	0.0	9.1	1.4	1.1	5.5	4.4	5.7	1.7	3.3

续表

时间	统计指标	干流断面					支流断面						
		金阳河汇口下游	美姑河汇口下游	溪洛渡大坝坝前	绥江县城	向家坝大坝坝前	牛栏江支库库中	金阳河支库库中	美姑河支库库中	御临河支库库中	澎溪河支库库中	大宁河支库库中	香溪河支库库中
2018年8月	测量水深/m	75	145	210	80	110	30	30	135	10	40	65	40
	表层水温/℃	22.1	22.7	24.1	22.4	22.9	23.8	21.9	26.8	31.9	30.6	27.1	28.8
	底层水温/℃	22.0	21.5	13.2	22.3	22.3	22.5	21.8	21.7	27.9	25.2	23.7	25.3
	垂向温差/℃	0.1	1.2	10.9	0.1	0.6	1.3	0.1	5.1	4.0	5.4	3.4	3.5
2018年9月	测量水深/m	90	165	195	75	110	45	50	150	10	45	60	45
	表层水温/℃	21.3	21.7	22.4	22.4	22.4	21.5	21.5	22.1	28.4	26.2	26.1	26.2
	底层水温/℃	21.3	21.3	13.7	22.4	22.4	21.3	20.9	21.4	24.7	25.2	25.1	25.4
	垂向温差/℃	0.0	0.4	8.7	0.0	0.0	0.2	0.6	0.7	3.7	1.0	1.0	0.8
2018年10月	测量水深/m	70	155	220	105	120	40	65	155	25	65	85	65
	表层水温/℃	18.7	19.4	20.5	19.6	20.6	18.5	18.7	19.7	21.1	22.8	21.9	22.6
	底层水温/℃	18.7	19.2	14.2	19.6	20.2	18.2	17.9	18.6	20.3	20.0	20.8	21.9
	垂向温差/℃	0.0	0.2	6.3	0.0	0.4	0.3	0.8	1.1	0.8	2.8	1.1	0.7
2018年11月	测量水深/m	55	185	230	75	110	40	50	120	25	65	85	65
	表层水温/℃	16.7	18.5	18.6	18.6	18.6	16.6	16.7	18.5	17.6	19.3	19.2	19.6
	底层水温/℃	16.7	17.6	14.1	18.6	18.6	16.4	16.6	17.6	17.5	18.7	19.0	18.7
	垂向温差/℃	0.0	0.9	4.5	0.0	0.0	0.2	0.1	0.9	0.1	0.6	0.2	0.9

续表

时间	统计指标	干流断面					支流断面						
		金阳河汇口下游	美姑河汇口下游	溪洛渡大坝坝前	绥江县城	向家坝大坝坝前	牛栏江支库库中	金阳河支库库中	美姑河支库库中	卿临河支库库中	澎溪河支库库中	大宁河支库库中	香溪河支库库中
2018年12月	测量水深/m	95	150	200	95	160	50	60	120	20	65	55	65
	表层水温/℃	14.5	16.4	16.3	16.2	16.8	14.4	14.5	16.3	14.2	16.5	16.6	16.8
	底层水温/℃	14.5	15.8	16.2	16.2	16.8	14.1	14.2	15.7	13.8	16.2	16.6	16.5
	垂向温差/℃	0.0	0.6	0.1	0.0	0.0	0.3	0.3	0.6	0.4	0.3	0.0	0.3
2019年1月	测量水深/m	85	165	210	75	115	45	60	150	20	65	85	50
	表层水温/℃	13.7	14.5	14.7	14.6	14.7	13.8	13.9	14.5	12.0	13.9	14.1	14.5
	底层水温/℃	13.7	13.7	14.4	14.6	14.7	13.2	13.4	13.8	11.0	13.1	13.9	14.2
	垂向温差/℃	0.0	0.8	0.3	0.0	0.0	0.6	0.5	0.7	1.0	0.8	0.2	0.3
2019年2月	测量水深/m	85	150	210	85	120	45	55	150	20	65	80	60
	表层水温/℃	14.2	13.5	13.6	13.6	13.7	14	14.3	13.5	12.6	11.9	11.7	12
	底层水温/℃	14.2	13.4	13.5	13.5	13.7	14	14	13.5	11.8	11.9	11.6	11.8
	垂向温差/℃	0.0	0.1	0.1	0.1	0.0	0.0	0.3	0.0	0.8	0.0	0.1	0.2
2019年3月	测量水深/m	75	170	200	75	110	35	45	140	15	65	65	60
	表层水温/℃	14.1	14.3	14.2	14.1	14	14.9	14.7	14.3	14.1	13.3	13.2	12.5
	底层水温/℃	14.1	13.4	13.8	13.7	13.4	14.2	14.1	14.1	13.2	12.0	12.0	11.4
	垂向温差/℃	0.0	0.9	0.4	0.4	0.6	0.7	0.6	0.2	0.9	1.3	1.2	1.1

续表

时间	统计指标	干流断面					支流断面						
		金阳河汇口下游	美姑河汇口下游	溪洛渡大坝坝前	绥江县城	向家坝大坝坝前	牛栏江支库库中	金阳河支库库中	美姑河支库库中	御临河支库库中	澎溪河支库库中	大宁河支库库中	香溪河支库库中
2019年4月	测量水深/m	75	95	160	80	110	35	45	100	10	55	65	40
	表层水温/℃	16.9	18.5	17.0	17.4	18.3	18.3	17.6	19.0	19.2	19.1	16.3	16.9
	底层水温/℃	16.7	14.1	13.4	15.0	13.6	17.0	16.7	14.0	18.9	13.7	15.0	14.0
	垂向温差/℃	0.2	4.4	3.6	2.4	4.7	1.3	0.9	5.0	0.3	5.4	1.3	2.9
2019年5月	测量水深/m	60	150	175	90	115	25	40	120	10	50	65	40
	表层水温/℃	18.9	19.6	20.4	19.5	19.8	20.7	19.5	20.2	22.2	22.8	20.5	20.6
	底层水温/℃	18.7	13.6	13.5	14.6	13.6	18.8	18.5	13.6	22.1	18.8	18.3	18.6
	垂向温差/℃	0.2	6.0	6.9	4.9	6.2	1.9	1.0	6.6	0.1	4.0	2.2	2.0
2019年6月	测量水深/m	40	110	135	70	105	10	15	100	10	40	60	45
	表层水温/℃	23.3	22.9	22.1	22.9	22.7	23.2	23.1	22.7	23.0	26.4	23.8	23.4
	底层水温/℃	23.1	13.9	13.6	20.7	13.8	23.2	23.0	14.5	23.0	21.4	21.2	21.5
	垂向温差/℃	0.2	9.0	8.5	2.2	8.9	0.0	0.1	8.2	0.0	5.0	2.6	1.9
2019年7月	测量水深/m	40	105	155	85	115	10	25	115	10	40	60	50
	表层水温/℃	22.0	23.0	23.0	24.2	25.0	21.9	22.0	23.7	22.7	26.8	25.5	25.3
	底层水温/℃	22.0	14.6	13.7	22.9	13.9	21.9	20.9	14.6	22.7	22.6	22.4	23.2
	垂向温差/℃	0.0	8.4	9.3	1.3	11.1	0.0	1.1	9.1	0.0	4.2	3.1	2.1

4.3　坝前垂向水温结构及演变特征

4.3.1　溪洛渡坝前

溪洛渡坝前垂向水温监测数据为 2016 年 8 月至 2019 年 7 月每月中旬进行的人工监测结果,共计 36 次人工测量数据。2017—2019 年溪洛渡大坝坝前垂向水温变化对比见图 4.1,温跃层情况统计见表 4.3。

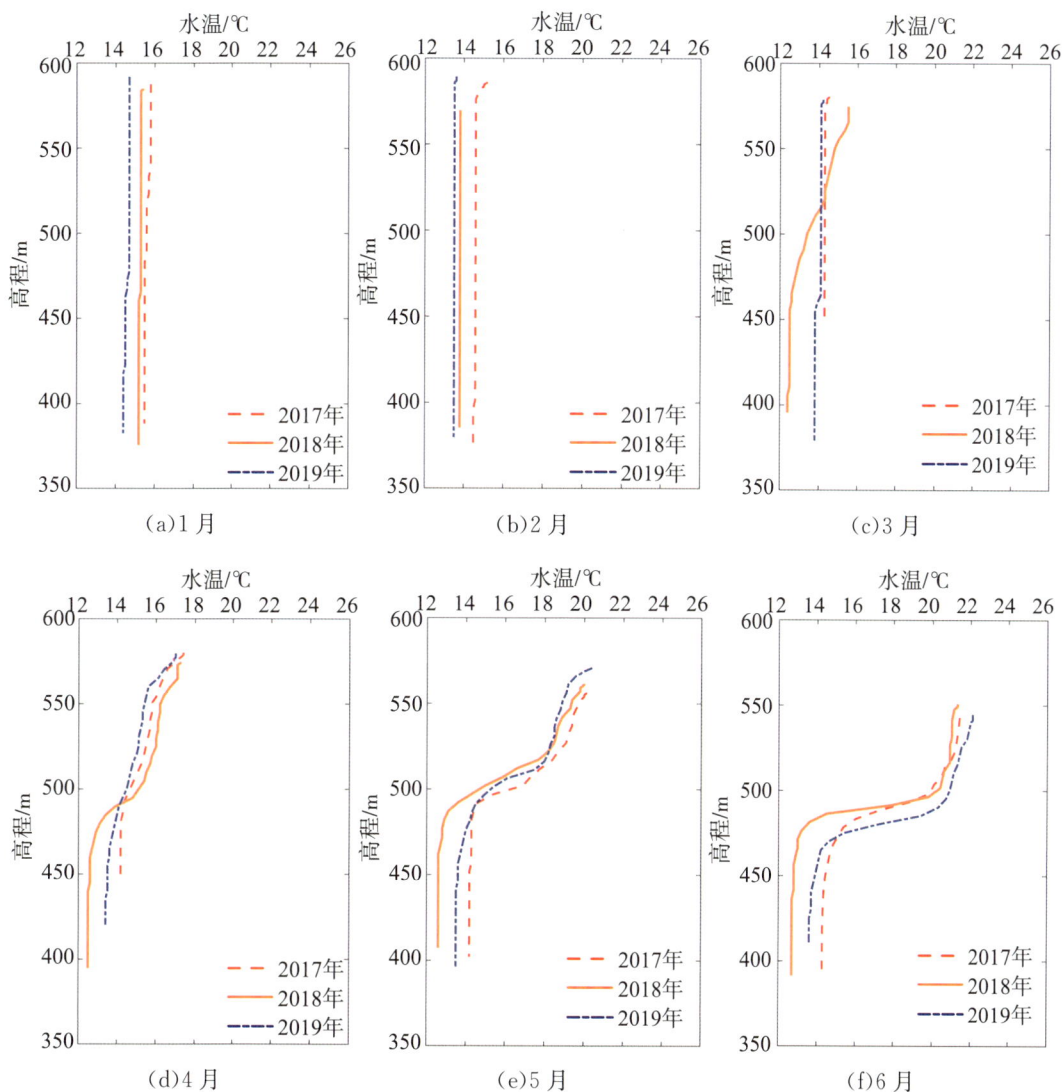

（a）1 月　　　　　　　　（b）2 月　　　　　　　　（c）3 月

（d）4 月　　　　　　　　（e）5 月　　　　　　　　（f）6 月

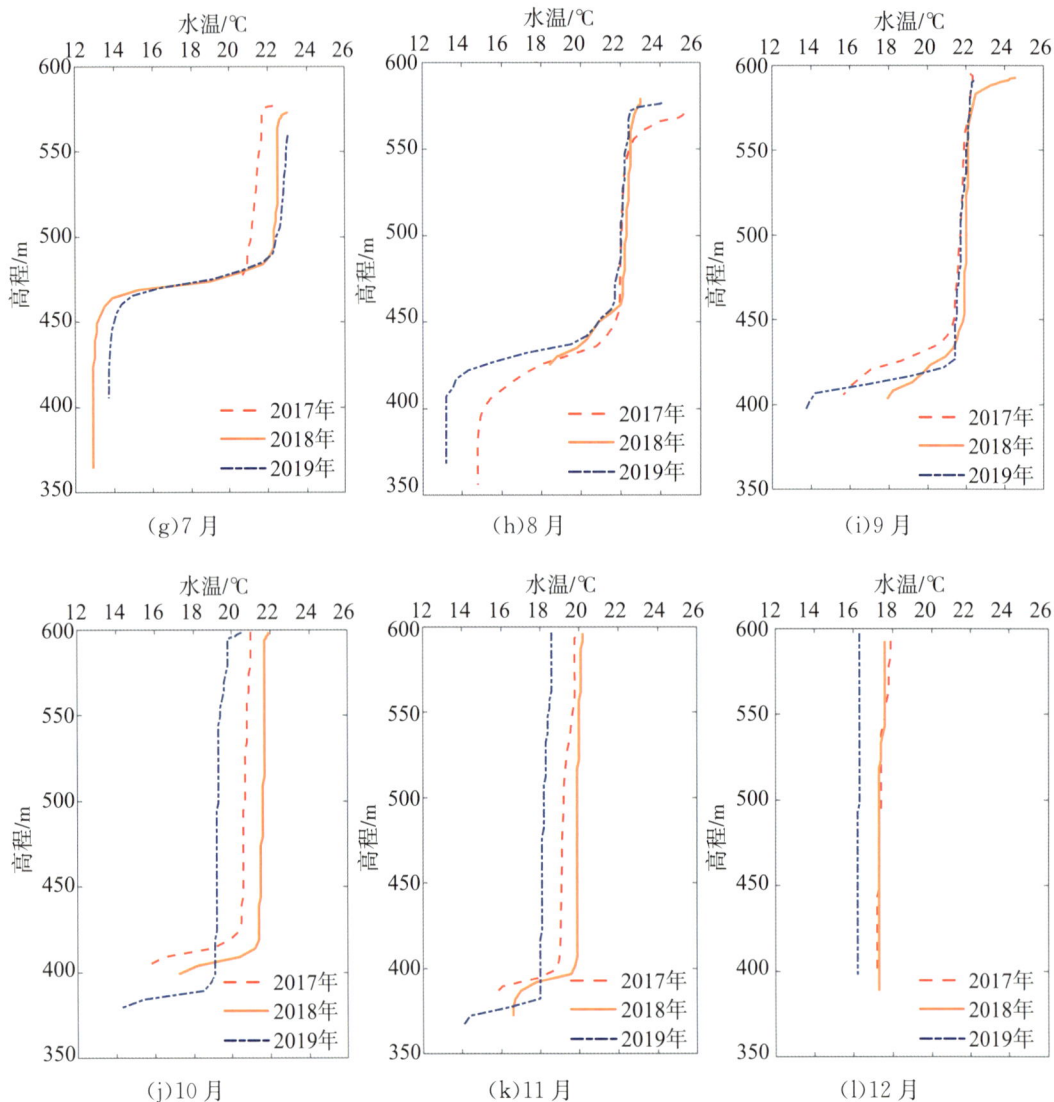

图 4.1　2017—2019 年度溪洛渡大坝坝前垂向水温变化对比

表 4.3　　　　　　　　　　溪洛渡大坝坝前垂向水温温跃层情况统计

年度	出现时间	高程/m	变动范围/℃	变动幅度/℃
2017	2016-8	550～570	22.5～25.2	2.7
		400～440	15.1～21.2	6.1
	2016-9	405～440	15.6～21.0	5.4
	2016-10	405～430	15.6～20.5	4.9
	2016-11	380～400	15.6～18.8	3.2
	2017-5	490～510	14.4～17.8	3.4
	2017-6	480～500	14.8～18.9	4.1

年度	出现时间	高程/m	变动范围/℃	变动幅度/℃
2018	2017-8	430～450	18.8～20.9	2.1
	2017-9	580～590	22.5～24.6	2.1
		410～430	18.2～21.3	3.1
	2017-10	400～420	17.2～21.4	4.2
	2017-11	390～400	17.8～19.8	2.0
	2018-4	480～495	13.1～14.8	1.7
	2018-5	490～530	13.1～18.5	5.4
	2018-6	480～500	13.6～20.4	6.8
	2018-7	460～485	13.5～21.7	8.2
2019	2018-8	570～575	22.4～24.1	1.7
		420～440	14.0～20.3	5.7
	2018-9	405～420	14.2～20.8	6.6
	2018-10	380～390	14.2～18.5	4.3
	2018-11	370～380	14.4～18.0	3.6
	2019-5	500～510	15.4～17.5	2.1
	2019-6	470～490	14.6～20.3	5.7
	2019-7	460～480	14.6～20.7	6.1

由3个年度的溪洛渡坝前垂向水温变化过程可以看出,这3个年度垂向水温结构基本一致,均在1—3月垂向水温分布均匀,无分层现象出现,4月春季气温回升,水体上层温度上升快,下层上升慢,温跃层出现,5—11月是温跃现象发展期,5月温跃层大约在高程500m处,温差6℃左右,6月向下发展至480m处,温跃层厚度增大至约9℃,7月发展至470m处,温跃层厚度增大至10℃,8月温跃层发展至440m处,由于水流垂向混合运动温跃层厚度减小至7℃,9月温跃层发展至410m处,温跃层厚度基本与8月持平,10月由于气温降低和底层温度升高,温跃层厚度减小至5℃左右,11月温跃层发展至库底,12月垂向水温分布基本均匀,形成了一年的周期变化。

为更直接地反映溪洛渡坝前垂向水温年间变化情况,将其表层水温、接近库底的高程450m、叠梁门底板取水口高程518m、运行一层叠梁门高程530m处水温年间变化图、不同高程处水温温差年间变化图共同绘于图4.2,特征高程处各月水温统计见表4.4。

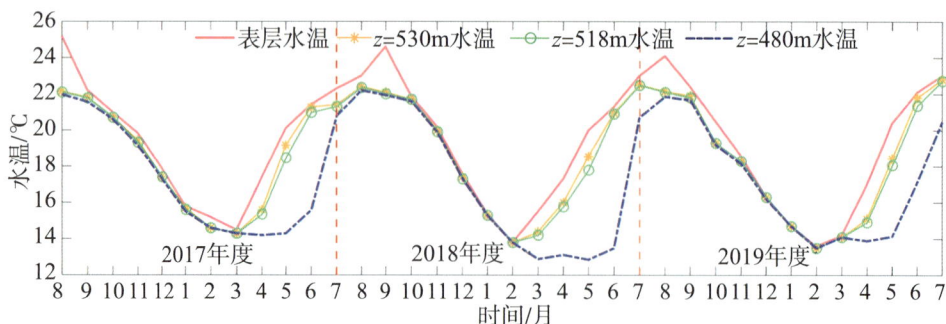

(a)2017—2019 年度溪洛渡大坝坝前表层及不同高程处水温年间变化

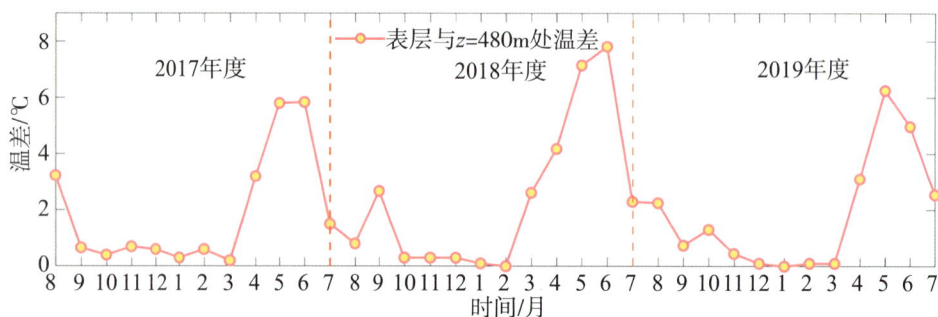

(b)2017—2019 年度溪洛渡大坝坝前表层与 480m 高程处水温温差年间变化

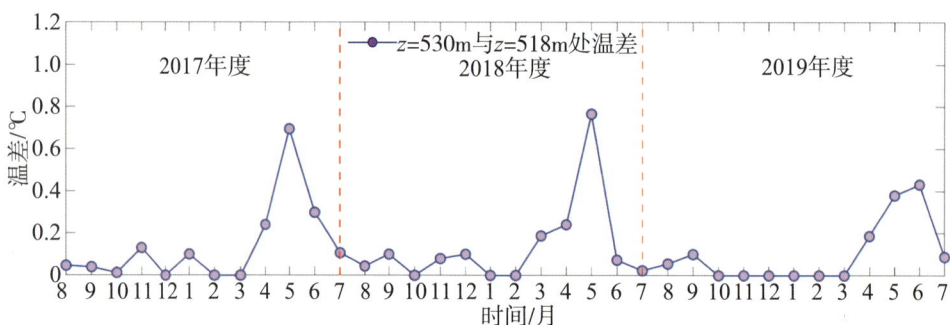

(c)2017—2019 年度溪洛渡大坝坝前不同取水口高程处水温温差年间变化

图 4.2　2017—2019 年度溪洛渡大坝坝前不同高程处水温及温差年际变化特征

表 4.4　　　　　　　　2017—2019 年度溪洛渡大坝坝前垂向特征高程处各月水温统计　　　　　　　　（单位：℃）

年度	特征高程	8 月	9 月	10 月	11 月	12 月	1 月	2 月	3 月	4 月	5 月	6 月	7 月
2017	表层	25.2	22.2	21.0	19.9	17.9	15.8	15.2	14.5	17.4	20.1	21.4	22.3
	530m	22.1	21.8	20.7	19.4	17.4	15.7	14.6	14.3	15.6	19.2	21.3	21.4
	518m	22.1	21.8	20.7	19.3	17.4	15.6	14.6	14.3	15.3	18.5	21.0	21.3
	480m	22.0	21.6	20.6	19.2	17.3	15.5	14.6	14.3	14.2	14.3	15.6	20.8

年度	特征高程	8月	9月	10月	11月	12月	1月	2月	3月	4月	5月	6月	7月
2018	表层	23.0	24.6	21.9	20.2	17.6	15.4	13.8	15.5	17.3	20.0	21.3	23.0
	530m	22.4	22.1	21.7	20.0	17.4	15.3	13.8	14.4	16.0	18.6	21.0	22.5
	518m	22.4	22.0	21.7	19.9	17.3	15.3	13.8	14.2	15.8	17.8	20.9	22.5
	480m	22.2	21.9	21.6	19.9	17.3	15.3	13.8	12.9	13.1	12.9	13.5	20.7
2019	表层	24.1	22.4	20.5	18.6	16.3	14.7	13.6	14.2	17.0	20.4	22.1	23.0
	530m	22.2	21.9	19.3	18.3	16.3	14.7	13.5	14.1	15.1	18.4	21.8	22.8
	518m	22.1	21.8	19.3	18.3	16.3	14.7	13.5	14.1	14.9	18.1	21.4	22.7
	480m	21.9	21.7	19.2	18.2	16.2	14.7	13.5	14.1	13.9	14.1	17.1	20.5

由图4.2和表4.4可见,溪洛渡垂向水温分层呈现以年为周期的规律性,其表层水温各年最高水温和各年最低水温基本一致,年变幅在10℃左右,最高水温出现在8月(2017年度和2019年度)或9月(2018年度)的25℃左右,最低水温出现在2月(2018年度和2019年度)或3月(2017年度)的15℃左右;接近库底的高程480m处水温年内变幅约8℃,8—11月温跃层在480m以下,与表层水温温差不大,在3℃以下,12月至次年3月480m以上基本为等温层,无明显分层现象,8月至次年3月为降温期,温度由约22℃下降至14℃左右,3—5月保持低温,温度在14℃左右,5月之后温度逐步上升至7月的21℃左右,6—7月上升幅度最大,2018年度升幅为7℃,3—6月由于表层升温与其温差逐渐加大,6月最高为2018年度的7.8℃,之后温跃层向下发展至480m以下,至7月与表层水温温差已降低至2℃左右;高程518m和530m处水温年内变化基本一致,与表层水温相比,8—11月温度较表层低,最大温差在8月,约为2℃,12月至次年3月温度与表层一致,4—7月与表层出现温差,5月温差达到最大,约为2℃,从两者温差过程线来看,4—7月530m水温较518m平均高约0.3℃,2017年度和2018年度由于温跃层处于500~530m范围内,530m处水温较518m处水温最高达0.8℃。

溪洛渡坝前叠梁门共4层,通过运行叠梁门可实现5个不同高程处取水,即底板高程518m、运行一层叠梁门530m、两层542m、三层554m、四层566m,生态调度期一般在1—5月进行,绘制2017—2019年温度链监测的坝前水温相应高程处水温过程见图4.3,同时绘制4层叠梁门高程处水温与底板高程处水温温差过程见图4.4。2017—2019年缺失部分数据,从过程线来看,2017年1—3月各取水口高程处温差相差不大,5月差距逐渐拉大,中旬最高约1.2℃,530m高程处与底板518m处温差最高约0.8℃。2018年从3月中旬开始温差逐渐增大,中旬时最高约1.5℃,530m高程处与底板518m处温差最高约0.8℃，至5月温差进一步增大，最高达2.2℃。2019年4月之后各高程间温差增大，4月底最高可达3℃，530m高程处与底板518m处温差最高约0.5℃。从总体来看，530m处比518m处水温高最大不超过1℃。

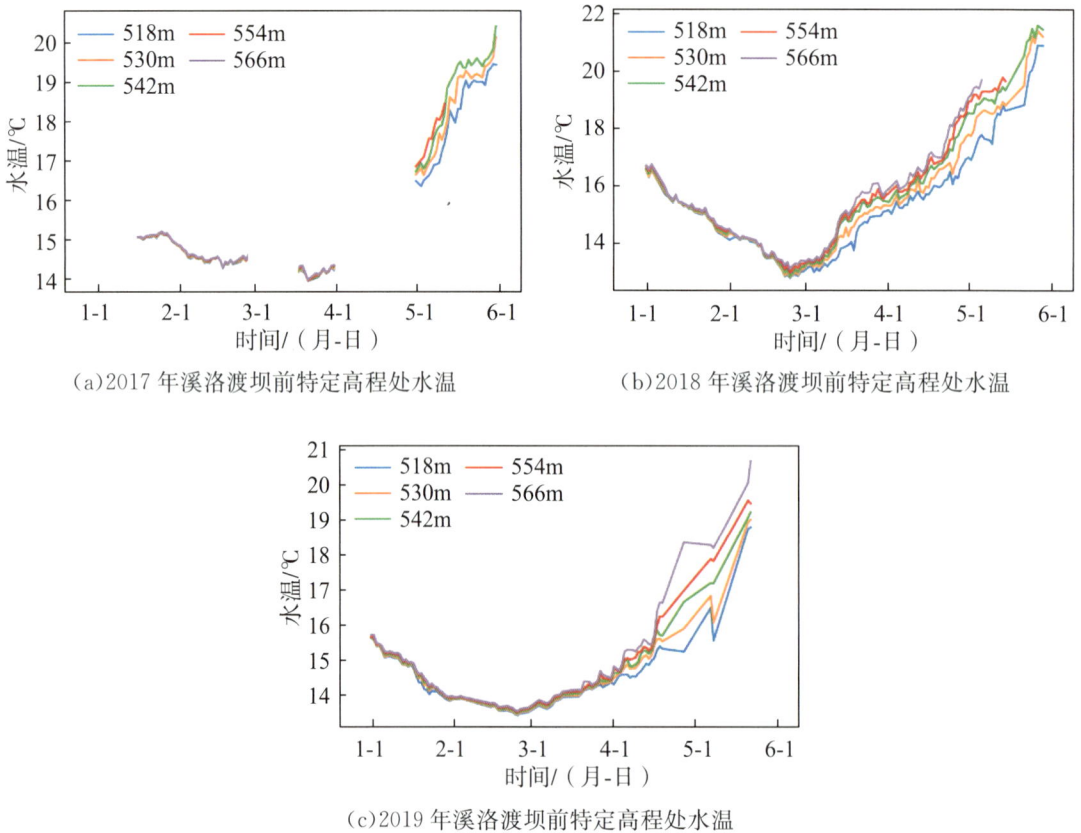

(a)2017年溪洛渡坝前特定高程处水温

(b)2018年溪洛渡坝前特定高程处水温

(c)2019年溪洛渡坝前特定高程处水温

图4.3　2017—2019年溪洛渡大坝坝前不同取水口高程处生态调度期水温过程

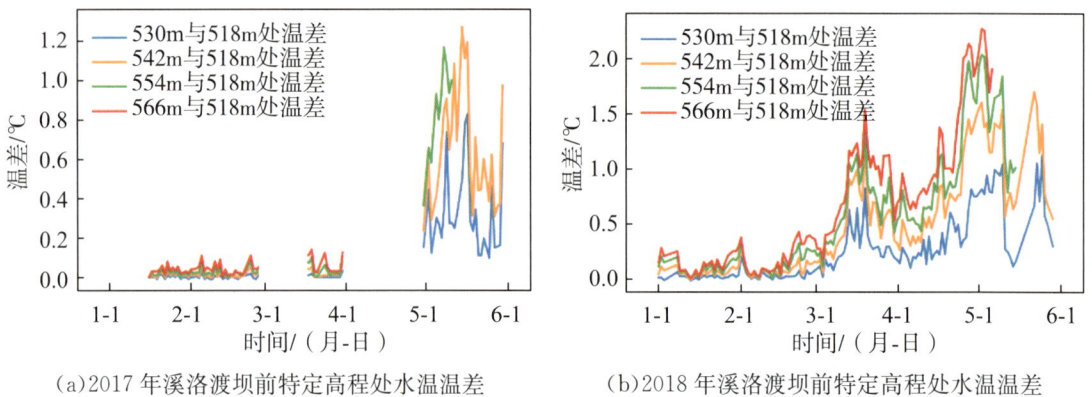

(a)2017年溪洛渡坝前特定高程处水温温差

(b)2018年溪洛渡坝前特定高程处水温温差

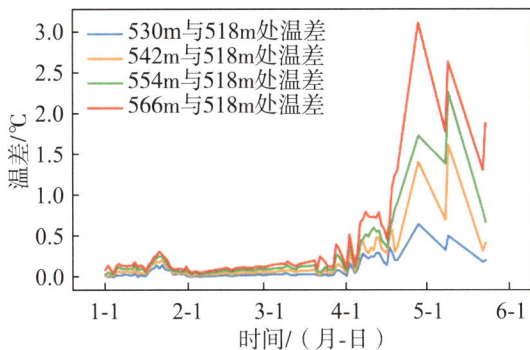

(c)2019 年溪洛渡坝前特定高程处水温温差

图 4.4　2017—2019 年溪洛渡大坝坝前不同取水口高程处与底板高程处温差过程

4.3.2　向家坝坝前

向家坝坝前垂向水温监测数据为 2016 年 8 月至 2019 年 7 月每月中旬进行的人工监测结果,共计 36 次人工测量数据。2017—2019 年度向家坝大坝坝前垂向水温变化对比见图 4.5,温跃层情况统计见表 4.5。为更直接地反映向家坝坝前垂向水温年间变化情况,将其表层水温、接近库底的高程 280m、右岸取水口高程 321.5m、左岸取水口高程 342m 处水温年间变化图、不同高程间水温温差年间变化图共同绘于图 4.6,特征高程处各月水温统计见表 4.6。

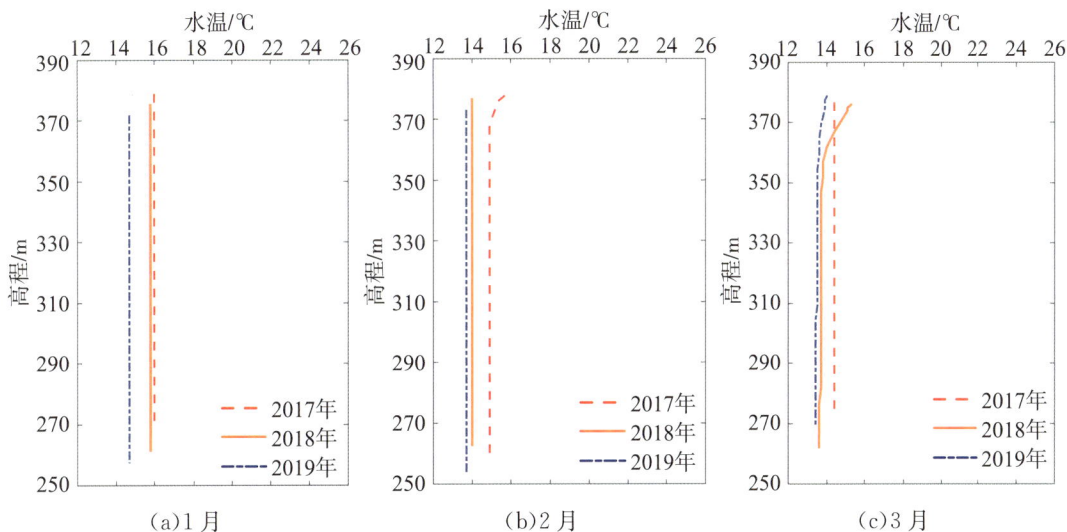

(a)1 月　　　　　　　　　(b)2 月　　　　　　　　　(c)3 月

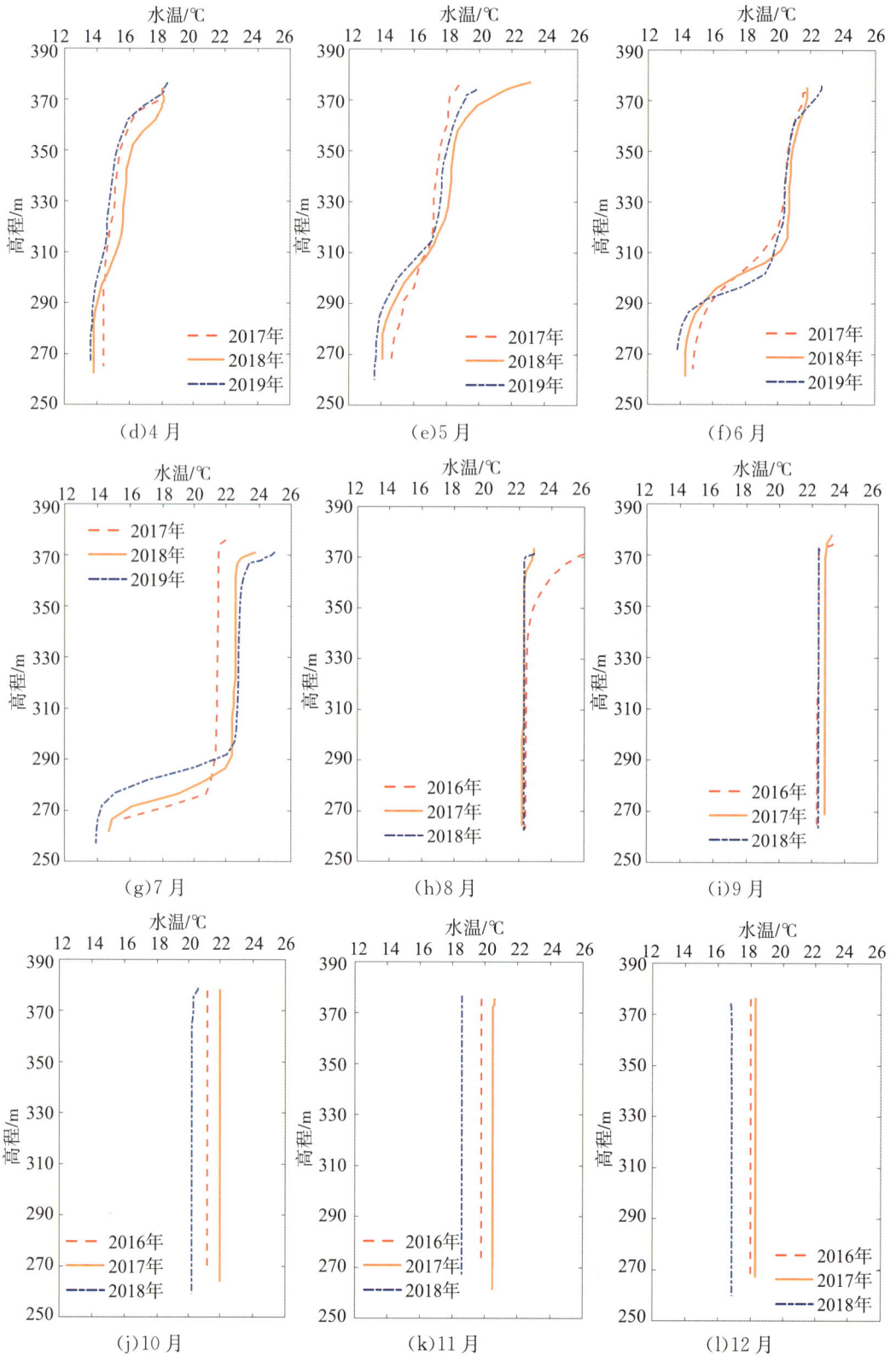

图 4.5 2017—2019 年度向家坝大坝坝前垂向水温变化对比

表 4.5   向家坝坝前垂向水温温跃层出现情况统计

年度	出现时间	高程/m	变动范围/℃	水温/℃
2017	2017-7	265～275	15.4～20.8	5.4
2018	2018-5	360～377	19.0～23.1	4.1
	2018-6	290～310	15.5～20.0	4.5
	2018-7	365～370	22.7～23.6	0.9
		270～290	16.1～22.4	6.3
2019	2019-6	290～300	15.6～19.2	3.6
	2019-7	365～370	23.4～25.0	1.5
		280～290	17.0～22.0	5.0

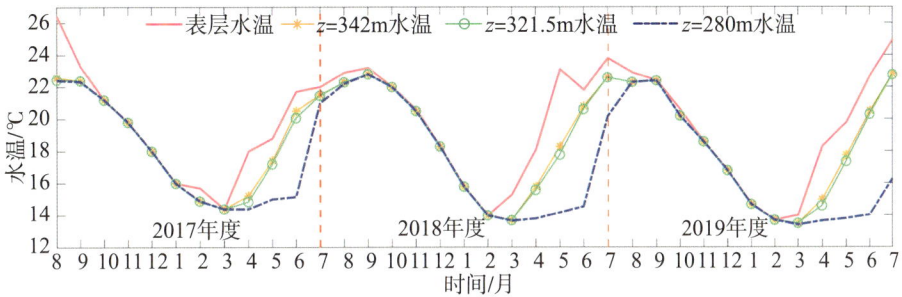

(a)2017—2019 年度向家坝大坝坝前表层及不同高程处水温年间变化

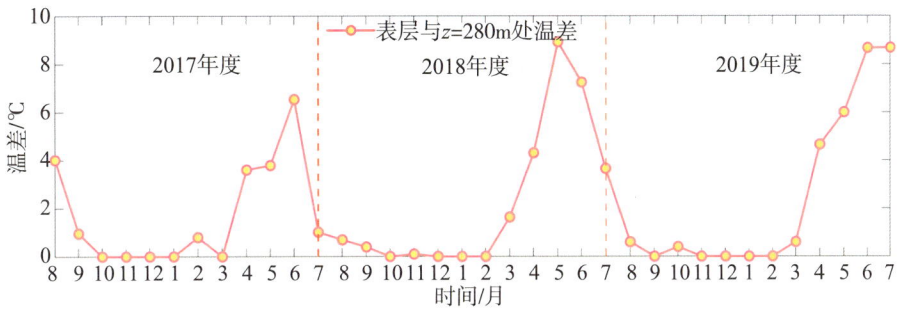

(b)2017—2019 年度向家坝大坝坝前表层与 280m 高程处水温温差年间变化

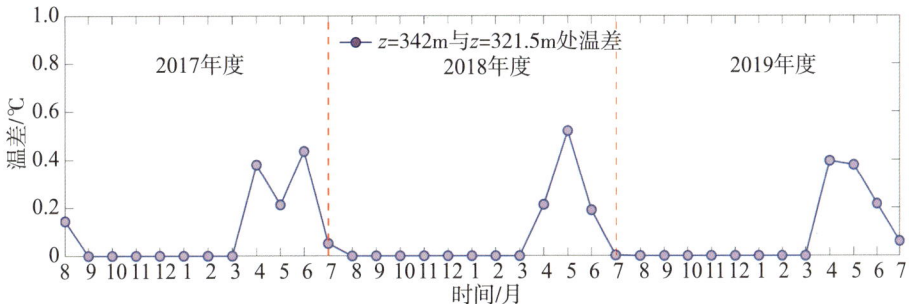

(c)2017—2019 年度向家坝大坝坝前不同取水口高程处水温温差年间变化

图 4.6   2017—2019 年度向家坝大坝坝前不同高程处水温年际变化特征

表 4.6　　　　　　　2017—2019 年度向家坝大坝坝前垂向特征高程处各月水温统计　　　（单位：℃）

年度	特征高程	8月	9月	10月	11月	12月	1月	2月	3月	4月	5月	6月	7月
2017	表层	26.4	23.3	21.2	19.8	18.0	16.0	15.7	14.4	18.0	18.8	21.7	22.0
	342m	22.6	22.4	21.2	19.8	18.0	16.0	14.9	14.4	15.2	17.4	20.5	21.5
	321.5m	22.5	22.4	21.2	19.8	18.0	16.0	14.9	14.4	14.9	17.2	20.1	21.5
	280m	22.4	22.3	21.2	19.8	18.0	16.0	14.9	14.4	14.4	15.0	15.2	21.0
2018	表层	22.9	23.2	22.0	20.6	18.3	15.8	14.0	15.3	18.1	23.1	21.8	23.8
	342m	22.3	22.8	22.0	20.6	18.3	15.8	14.0	13.7	15.8	18.3	20.8	22.6
	321.5m	22.3	22.8	22.0	20.6	18.3	15.8	14.0	13.7	15.6	17.8	20.6	22.6
	280m	22.2	22.8	22.0	20.6	18.3	15.8	14.0	13.7	13.8	14.2	14.6	20.2
2019	表层	22.9	22.4	20.6	16.8	14.7	13.7	14.0	18.3	19.8	22.7	25.0	
	342m	22.3	22.4	20.2	16.8	14.7	13.7	13.5	15.0	17.7	20.5	22.8	
	321.5m	22.3	22.4	20.2	16.8	14.7	13.7	13.5	14.6	17.4	20.3	22.8	
	280m	22.3	22.4	20.2	16.8	14.7	13.7	13.4	13.7	13.8	14.0	16.3	

　　由图 4.5 和表 4.5 可以看出，这三个年度垂向水温结构基本一致，1 月无分层现象，2—3 月表层出现微弱分层，4 月春季气温回升，水体上层温度上升快，下层上升慢，温跃层出现，5—7 月温跃层进一步发展，6 月温跃层大约在高程 300m 处，温差 7℃左右，7 月向下发展至 280m 处，温跃层厚度增大至约 8℃，温跃层发展已接近库底，除 2016 年 8 月外，8—12 月垂向水温分布均匀，无分层现象出现，形成了一年的周期变化。

　　由图 4.6 和表 4.6 可以看出，向家坝垂向水温分层呈现以年为周期的规律性，其表层水温各年最高水温和各年最低水温基本一致，年变幅在 10℃左右，最高水温出现在 8 月，24℃左右，最低水温出现在 3 月（2017 年度）或 2 月（2018 年度和 2019 年度）的 14℃左右；接近库底的高程 280m 处水温全年变幅约 8℃，9 月至次年 3 月与表层水温过程基本一致，温度由约 22℃下降至约 14℃，4—6 月保持低温不变，与表层水温温差逐渐加大，至 6 月达到最高，2018 年度温差达 9℃，6—7 月受温跃层发展至 280m 以下影响，水温上升，除 2019 年度外，温差降至 3℃左右；高程 321.5m 和 342m 水温变化基本一致，与表层水温相比，3—7 月差距较大，最大温差出现在 4 月，约 3℃，4—6 月，高程 340m 处水温较 321.5m 处水温略高，温差最大达 0.5℃。

4.4　库区干支流断面垂向水温结构及演变特征

4.4.1　干流断面

2017—2019 年度垂向水温的干流监测断面从金阳河汇口下游至向家坝大坝坝前共有 5 个。其中,溪洛渡大坝坝前和向家坝大坝坝前的垂向水温结构及演变特征已做详细分析,本节对金阳河汇口下游、美姑河汇口下游和绥江县城 3 个断面的垂向水温结构及演变特征进行分析。

(1)金阳河汇口下游

图 4.7 为金阳河汇口下游各月垂向表底层水温及温差变化特征。从图 4.7 中可以看出,金阳河汇口下游除 2017 年 4 月温差较大接近 2℃之外,其余月份均未出现明显分层现象,说明金阳河汇口下游受溪洛渡水库蓄水影响程度较低。其 8 月至次年 2 月垂向水温整体呈下降趋势,由约 23℃降至约 13℃,2—7 月垂向水温整体转而呈上升趋势,由约 13℃升至约 22℃。

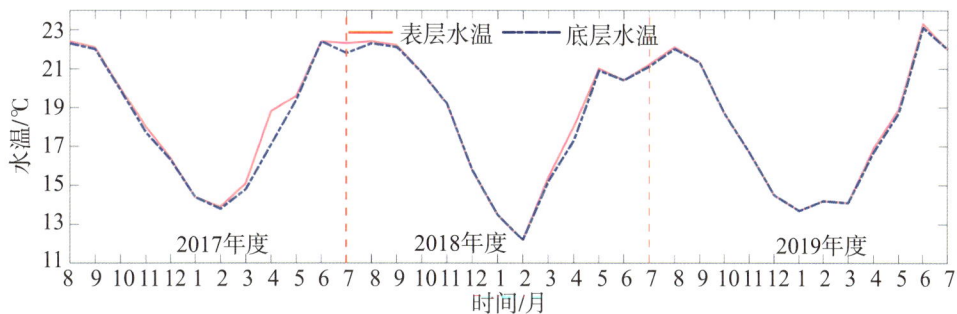

(a)2017—2019 年度金阳河汇口下游垂向水温年间变化

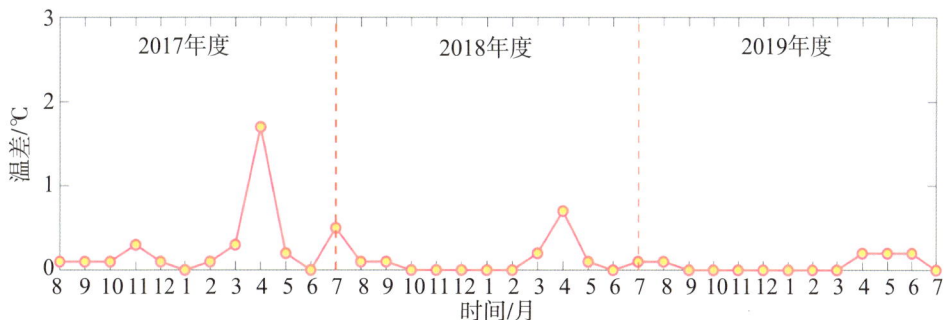

(b)2017—2019 年度金阳河汇口下游垂向水温表底温差年间变化

图 4.7　2017—2019 年度金阳河汇口下游各月垂向表底层水温及温差年际变化特征

（2）美姑河汇口下游

2017—2019 年度美姑河汇口下游垂向特征水深处各月水温统计见表 4.7，2017—2019 年度美姑河汇口下游表底层水温及温差年际变化特征见图 4.8。从表 4.7、图 4.8 中可以看出，美姑河汇口下游垂向水温分层呈现以年为周期的规律性，其表层水温各年最高水温和各年最低水温基本一致，年变幅在 9℃左右，最高水温出现在 8 月的 23℃左右，最低水温出现在 2 月（2018 年度和 2019 年度）或 3 月（2017 年度）的 14℃左右；库底水温在 2017 年度温度相对较高，通常在每年的升温期 3—8 月持续保持低温，与表层水温温差加大形成分层现象，温度范围在 12.5～22℃，年变幅在 9.5℃左右；水深 30m 处水温和 60m 处水温的变化过程反映了温跃层的位置范围及由上至下的发展过程；3 年的温差过程线表明，美姑河汇口下游每年表底层最大温差均保持在 7℃以上，每年均有 6～8 个月的时间垂向水温混合均匀，无分层现象，每年的降温期 8 月至次年 3 月，温差增大或减小的速率每年基本相近，呈现升温期分层现象缓慢发展和降温期分层现象迅速消失的特征，尤其是 2019 年 7—8 月，底层水温迅速回温，表底层温差由 8℃迅速降至 1℃。

表 4.7　　　　2017—2019 年度美姑河汇口下游垂向特征水深处各月水温统计　　（单位：℃）

年度	特征水深	8月	9月	10月	11月	12月	1月	2月	3月	4月	5月	6月	7月
2017	表层	22.6	22.2	21.0	20.0	17.9	15.7	14.9	14.3	17.9	20.1	21.9	22.9
	30m	22.1	22.1	21.0	19.8	17.9	15.7	14.6	14.2	16.5	19.3	21.3	21.3
	60m	22.1	22.0	20.8	19.6	17.6	15.7	14.6	14.2	15.7	16.7	18.9	21.1
	底层	22.3	22.0	19.9	17.7	16.3	14.4	13.8	14.8	17.1	19.4	22.4	21.8
2018	表层	22.9	22.4	21.7	20.2	17.7	15.2	13.5	16.0	18.1	20.9	21.4	22.8
	30m	22.3	22.1	21.7	20.2	17.7	15.2	13.5	15.0	16.6	18.8	21.2	22.6
	60m	22.2	22.0	21.5	20.0	17.7	15.2	13.5	14.4	15.9	16.0	19.9	22.5
	底层	22.3	22.1	20.8	19.2	15.8	13.5	12.2	15.2	17.3	20.9	20.4	21.1
2019	表层	22.7	21.7	19.4	18.5	16.4	14.5	14.3	14.3	19.1	19.6	22.9	23.0
	30m	22.2	21.5	19.3	18.5	16.2	14.5	13.5	14.2	15.8	18.9	21.7	22.7
	60m	22.2	21.4	19.3	17.9	16.2	14.5	13.5	14.0	15.2	18.3	19.3	22.5
	底层	22.0	21.3	18.7	16.7	14.5	13.7	14.2	14.1	16.7	18.7	23.1	22.0

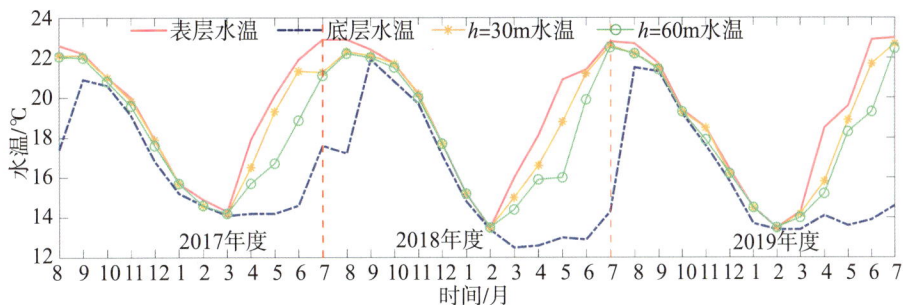

(a)2017—2019 年度美姑河汇口下游垂向水温年间变化

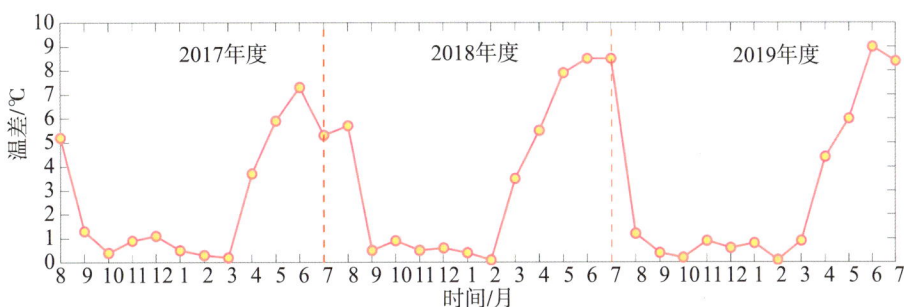

(b)2017—2019 年度美姑河汇口下游垂向水温表底温差年间变化

图 4.8　2017—2019 年度美姑河汇口下游表底层水温及温差年际变化特征

（3）绥江县城

2017—2019 年度绥江县城垂向特征水深处各月水温统计见表 4.8，2017—2019 年度绥江县城表底层水温及温差年际变化特征见图 4.9。从表 4.8 和图 4.9 中可以看出，绥江县城垂向水温分层呈现以年为周期的规律性，其年内分层现象主要集中在升温期的 4—6 月，表底层温差在 2℃ 以上，至 5 月垂向水温表底层温差在 5℃ 左右；表层水温和底层水温年内变幅基本一致，均为 9℃ 左右；表层最高水温出现在 8 月的 23℃ 左右，最低水温出现在 2 月（2018 年度和 2019 年度）或 3 月（2017 年度）的 14℃ 左右；库底水温每年 8 月至次年 3 月与表层水温变化一致，从 4 月之后持续保持低温，直至 6 月，此期间温度范围为 14～15.5℃。

表 4.8　　　　　　　　2017—2019 年度绥江县城垂向特征水深处各月水温统计　　　　　　　（单位：℃）

年度	特征水深	8 月	9 月	10 月	11 月	12 月	1 月	2 月	3 月	4 月	5 月	6 月	7 月
2017	表层	22.6	21.7	20.8	19.8	17.9	15.8	14.6	14.4	18.5	18.6	21.2	22.2
	20m	22.4	21.7	20.8	19.8	17.9	15.8	14.6	14.4	15.6	18.0	20.8	21.9
	40m	22.4	21.7	20.8	19.8	17.9	15.8	14.6	14.4	15.4	17.8	20.7	21.9
	底层	22.4	21.7	20.8	19.2	17.9	15.7	14.6	14.4	15.3	15.2	19.1	21.9

年度	特征水深	8月	9月	10月	11月	12月	1月	2月	3月	4月	5月	6月	7月
2018	表层	22.6	22.7	21.7	20.1	17.7	15.3	13.9	14.9	17.2	19.7	22.2	22.9
	20m	22.6	22.5	21.7	20.1	17.7	15.3	13.9	14	16.2	18.6	20.8	22.9
	40m	22.6	\	21.7	20.1	17.7	15.3	13.9	13.9	16.0	18.4	20.7	22.9
	底层	22.6	22.5	21.7	20.1	17.7	15.3	13.9	13.7	14.0	14.4	20.5	22.9
2019	表层	22.4	22.4	19.6	18.6	16.2	14.6	13.6	14.1	17.4	19.5	22.9	24.2
	20m	22.3	22.4	19.6	18.6	16.2	14.6	13.5	13.7	15.4	18.5	21.1	22.9
	40m	22.3	22.4	19.6	18.6	16.2	14.6	13.5	13.7	15.3	18.3	20.7	22.9
	底层	22.3	22.4	19.6	18.6	16.2	14.6	13.5	13.7	15.0	14.6	20.7	22.9

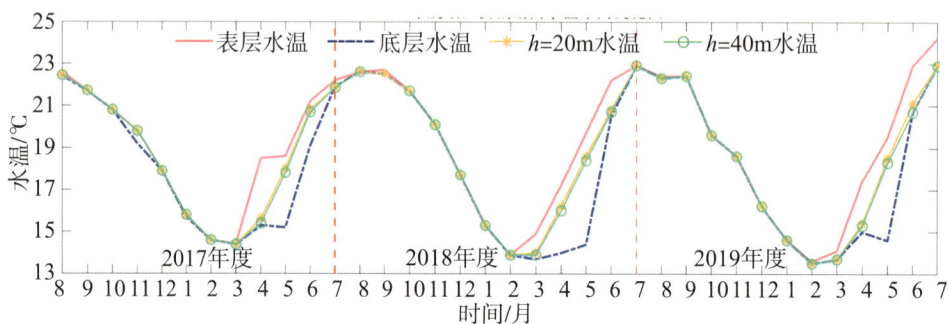

(a)2017—2019 年度绥江县城垂向水温年间变化

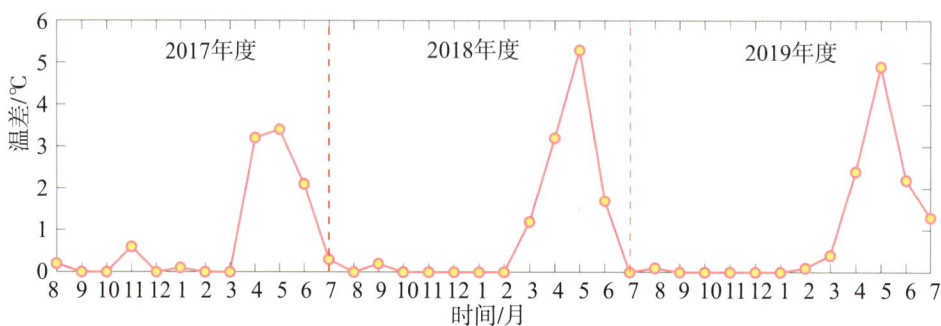

(b)2017—2019 年度绥江县城垂向水温表底层温差年间变化

图 4.9　2017—2019 年度绥江县城表底层水温及温差年际变化特征

4.4.2　支流断面

2017—2019 年度垂向水温的支流监测断面从牛栏江支库库中至香溪河支库库中共有 7 个,本节对各支流断面的垂向水温结构及演变特征分析如下。

2017—2019 年度牛栏江支库库中表底层水温及温差年际变化特征见图 4.10,

2017—2019 年度金阳河支库库中表底层水温及温差年际变化特征见图 4.11。从图 4.10、图 4.11 中可以看出,牛栏江支库库中和金阳河支库库中全年水温基本上沿垂向均匀分布,除牛栏江 2017 年 4 月、2019 年 5 月和金阳河 2017 年 4 月、2018 年 6 月温差在 2℃ 左右外,其余月份未监测到明显分层现象。8 月至次年 2 月垂向水温整体呈下降趋势,3—7 月垂向水温整体转而呈上升趋势。

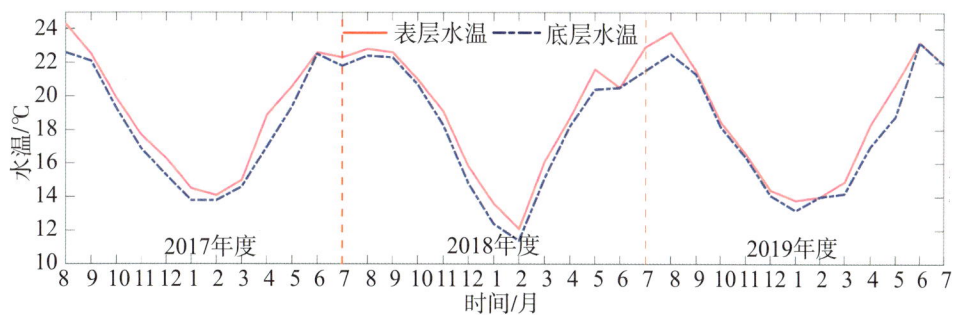

(a)2017—2019 年度牛栏江支库库中垂向水温年间变化

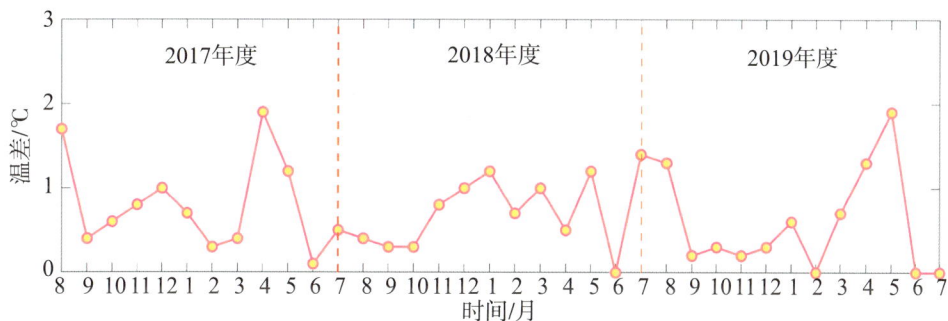

(b)2017—2019 年度牛栏江支库库中垂向水温表底温差年间变化

图 4.10　2017—2019 年度牛栏江支库库中表底层水温及温差年际变化特征

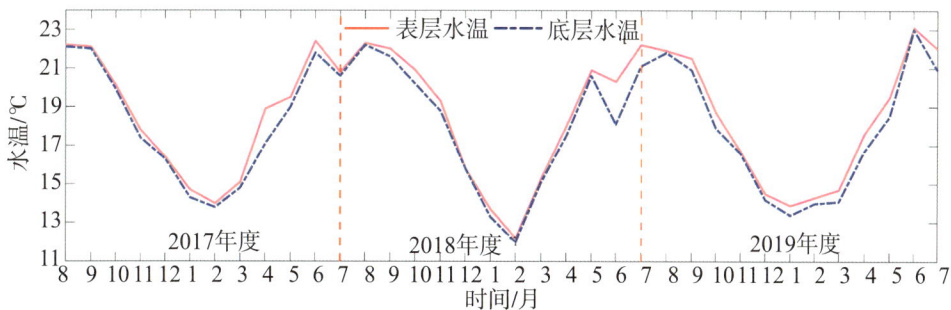

(a)2017—2019 年度金阳河支库库中垂向水温年间变化

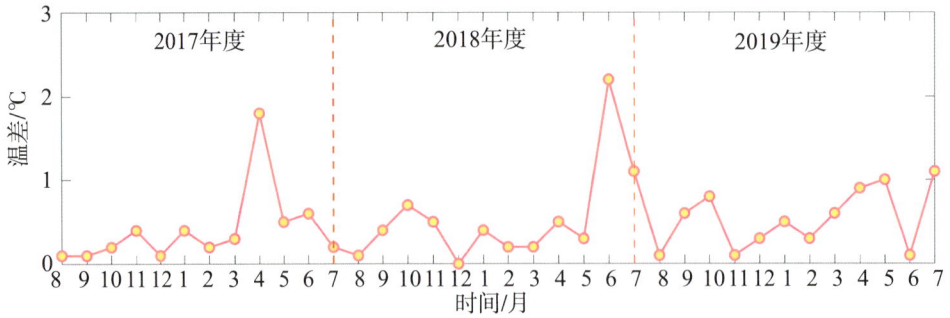

(b)2017—2019 年度金阳河支库库中垂向水温表底温差年间变化

图 4.11　2017—2019 年度金阳河支库库中表底层水温及温差年际变化特征

2017—2019 年度美姑河支库库中表底层水温及温差年际变化特征见图 4.12。由图 4.12 可见,美姑河支库库中垂向水温年间变化大致呈现以年为周期的变化规律,通常 9 月至次年 3 月表底层温差在 1℃以下,无明显分层,3—6 月由于气温回暖,表底层温差逐步增大,底层水温保持约 14℃的低温,2017 年度和 2018 年度最大温差均于 6 月出现,分别为 6.5℃和 9.5℃,2019 年度最大温差于 7 月出现,达 9℃,7—8 月温跃层达到库底,温差降低。

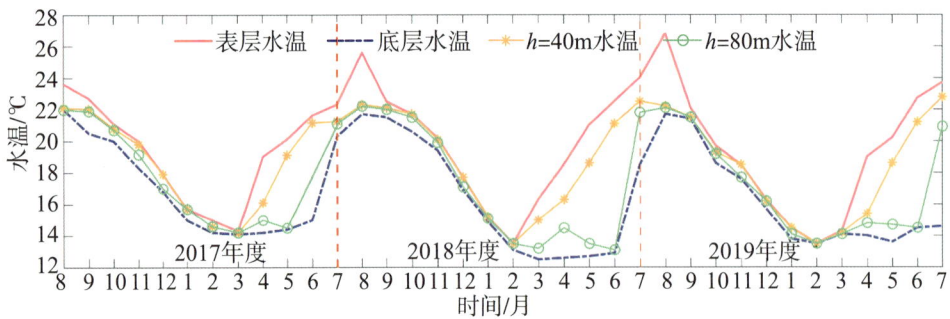

(a)2017—2019 年度美姑河支库库中垂向水温年间变化

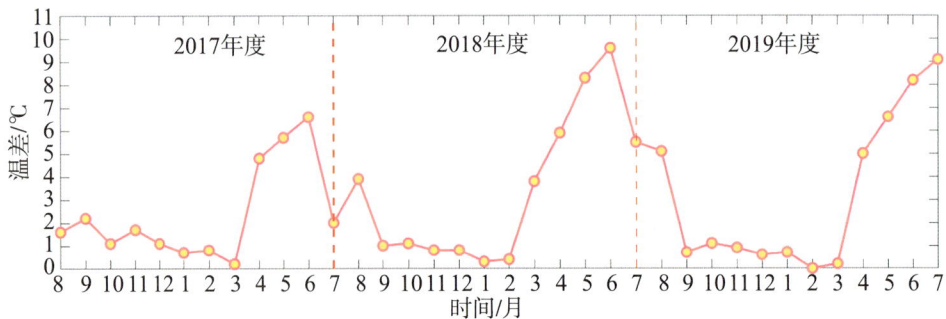

(b)2017—2019 年度美姑河支库库中垂向水温表底温差年间变化

图 4.12　2017—2019 年度美姑河支库库中表底层水温及温差年际变化特征

2017—2019 年度御临河支库库中、澎溪河支库库中、大宁河支库库中和香溪河支库库中表底层水温及温差年际变化特征分别见图 4.13、图 4.14、图 4.15、图 4.16。由图 4.13 至图 4.16 可见,御临河支库库中 2019 年 7—9 月有分层现象,表底层温差最大达 4.5℃,其余月份分层现象不明显。澎溪河支库库中水深 40~60m,3—9 月均有分层现象出现,表底层温差最大可达 7.5℃(2017 年 8 月),其余月份分层现象不明显。大宁河支库库中 4—8 月有弱分层现象,表底层温差最大可达 4.3℃(2018 年 6 月),其余月份分层现象不明显。香溪河支库库中 4—8 月有分层现象出现,表底层温差最大可达 5.3℃(2016 年 8 月),其余月份分层现象不明显。

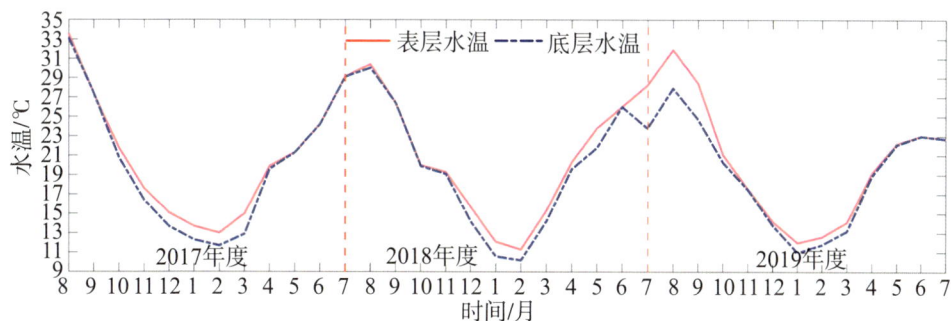

(a)2017—2019 年度御临河支库库中垂向水温年间变化

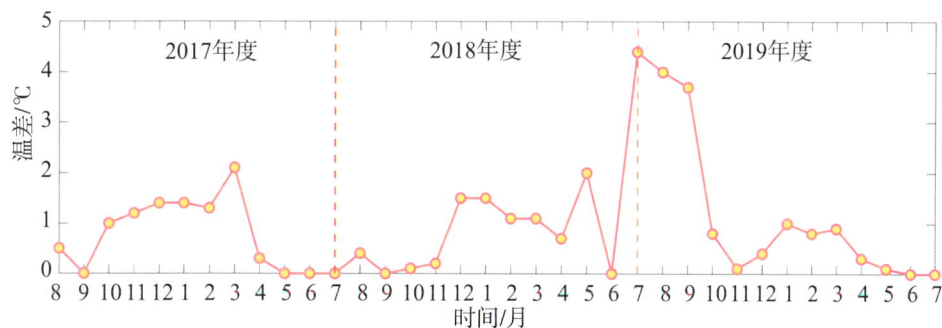

(b)2017—2019 年度御临河支库库中垂向水温表底温差年间变化

图 4.13　2017—2019 年度御临河支库库中表底层水温及温差年际变化特征

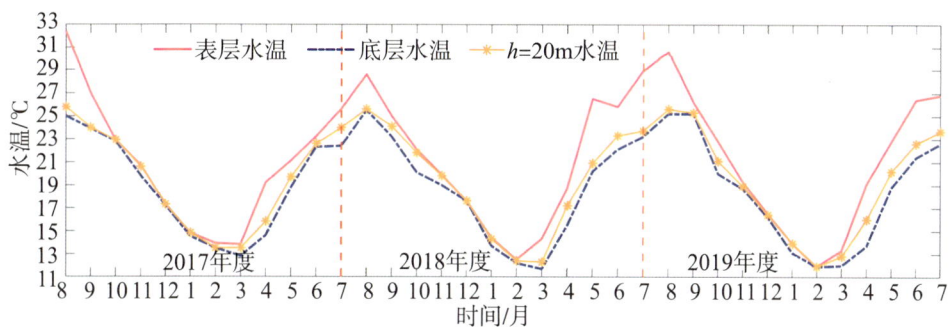

(a)2017—2019 年度澎溪河支库库中垂向水温年间变化

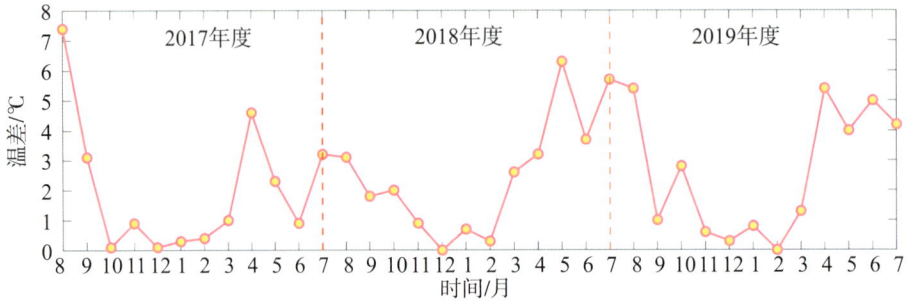

(b)2017—2019年度澎溪河支库库中垂向水温表底温差年间变化

图 4.14　2017—2019 年度澎溪河支库库中表底层水温及温差年际变化特征

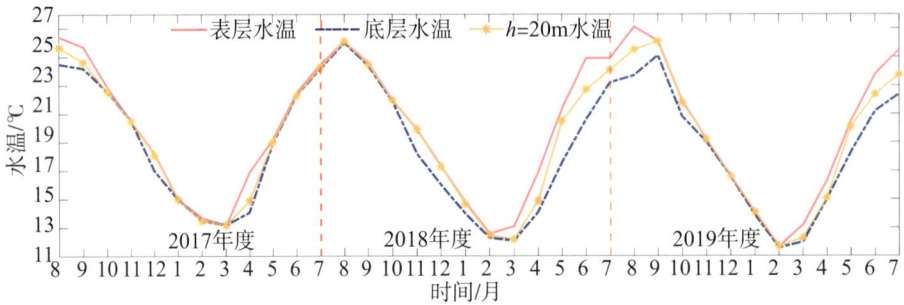

(a)2017—2019 年度大宁河支库库中垂向水温年间变化

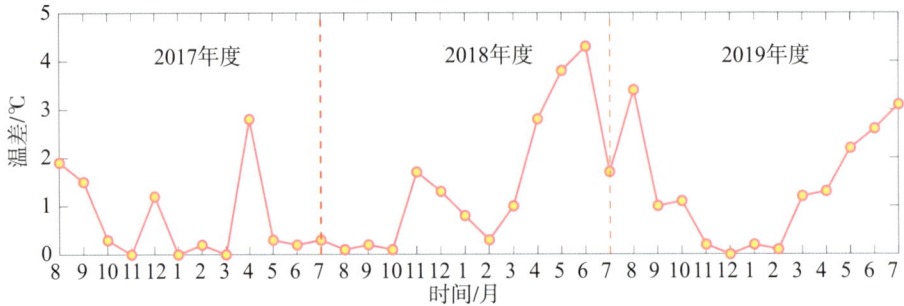

(b)2017—2019 年度大宁河支库库中垂向水温表底温差年间变化

图 4.15　2017—2019 年度大宁河支库库中表底层水温及温差年际变化特征

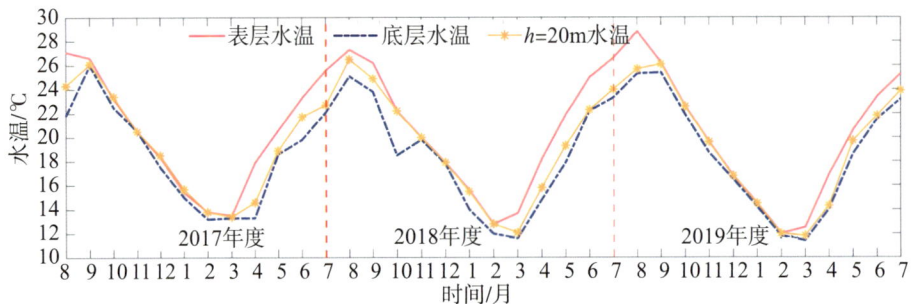

(a)2017—2019 年度香溪河支库库中垂向水温年间变化

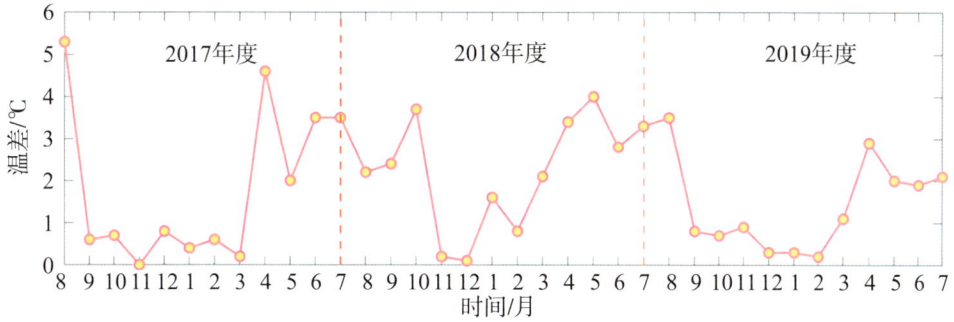

(b)2017—2019 年度香溪河支库库中垂向水温表底温差年间变化

图 4.16　2017—2019 年度香溪河支库库中表底层水温及温差年际变化特征

4.5　库区垂向水温沿程变化

4.5.1　溪洛渡库区

溪洛渡库区共设 3 个垂向水温监测断面:金阳河汇口下游(距坝 123.6km)、美姑河汇口下游(距坝 35.3km)及溪洛渡大坝坝前(距坝 5.1km),这三个断面 2017—2019 年度垂向水温沿程变化分布见图 4.17,同时将月中入库控制站白鹤滩水文站和下泄水温控制站溪洛渡水文站表层水温绘入图中,辅助分析。

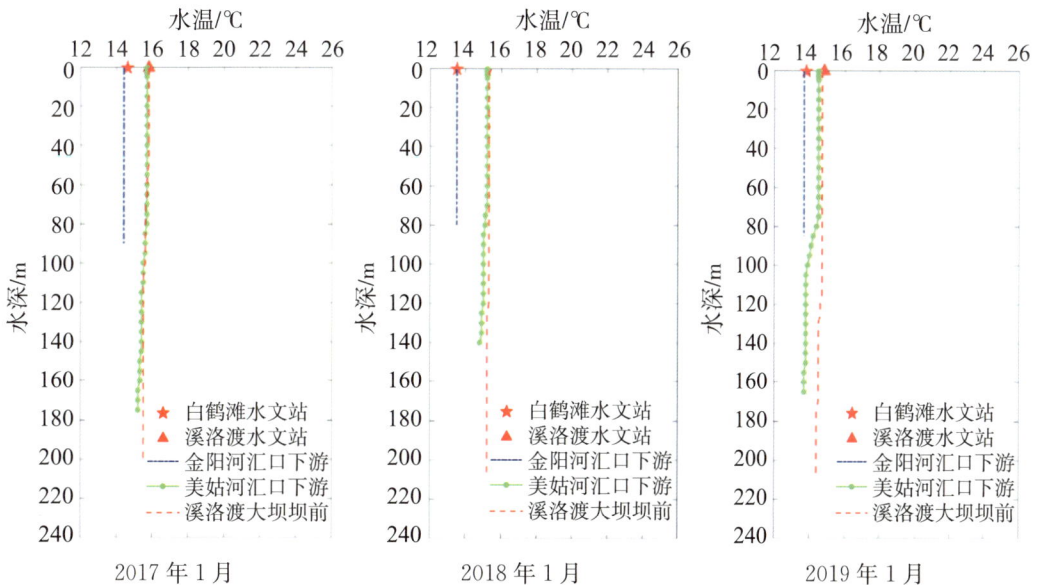

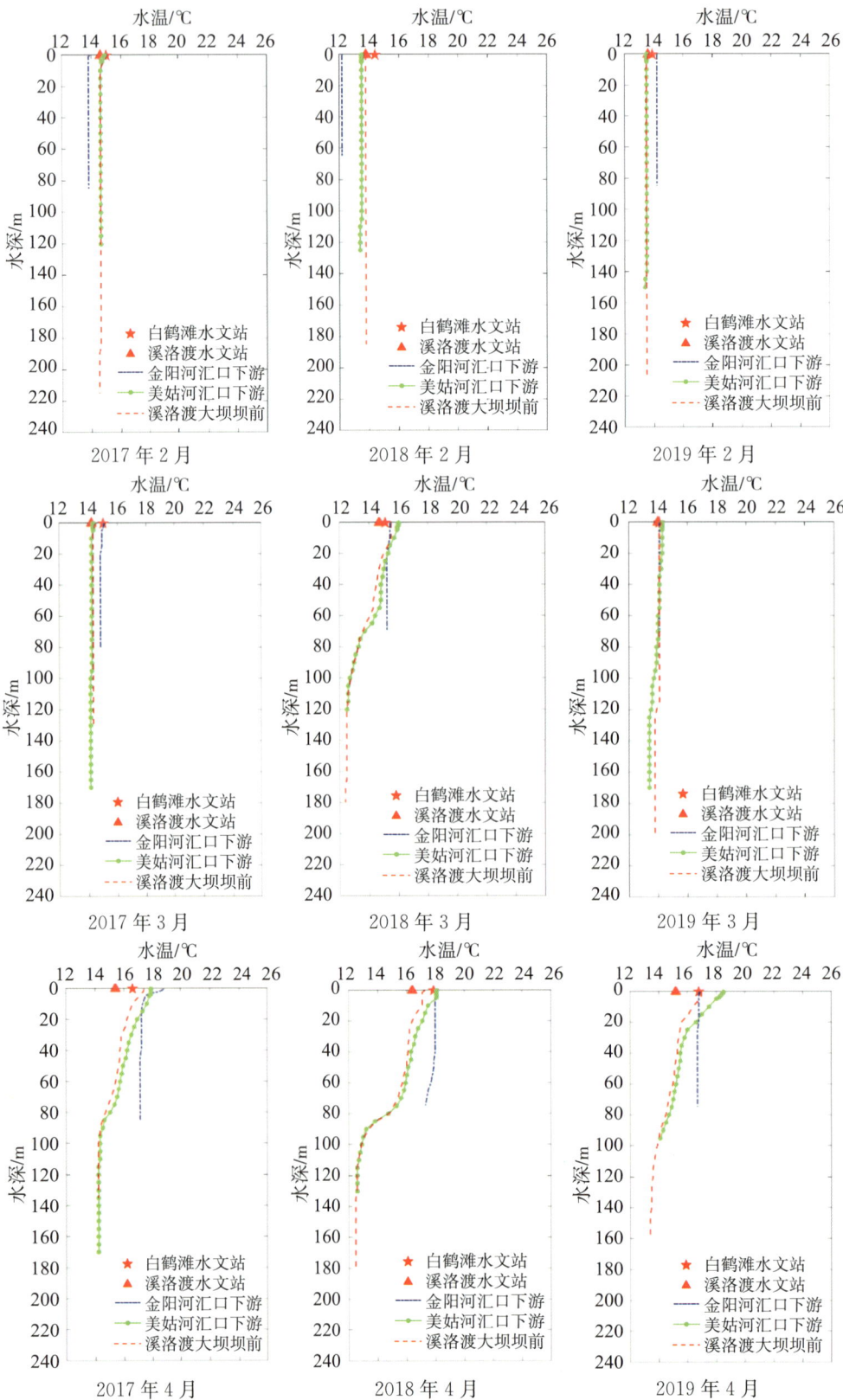

2017 年 2 月   2018 年 2 月   2019 年 2 月

2017 年 3 月   2018 年 3 月   2019 年 3 月

2017 年 4 月   2018 年 4 月   2019 年 4 月

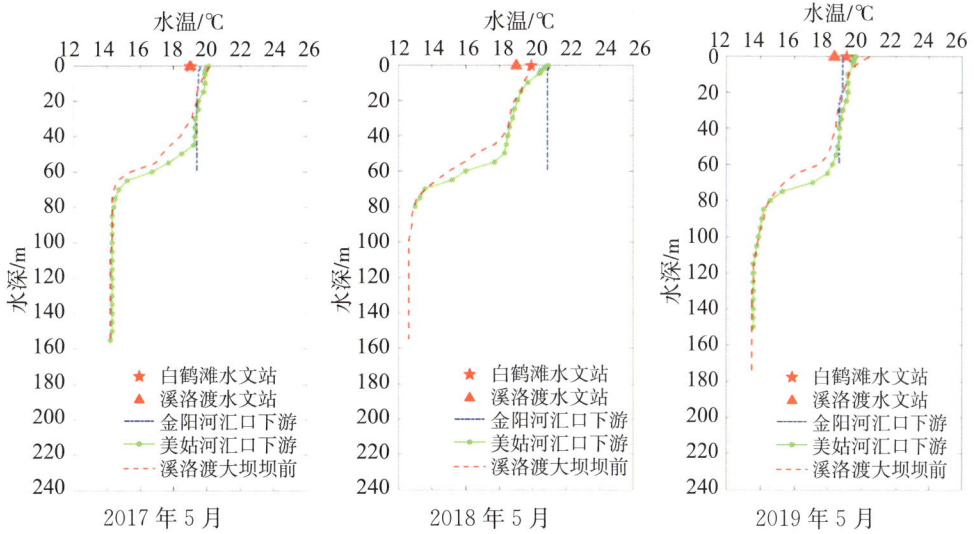

2017 年 5 月　　2018 年 5 月　　2019 年 5 月

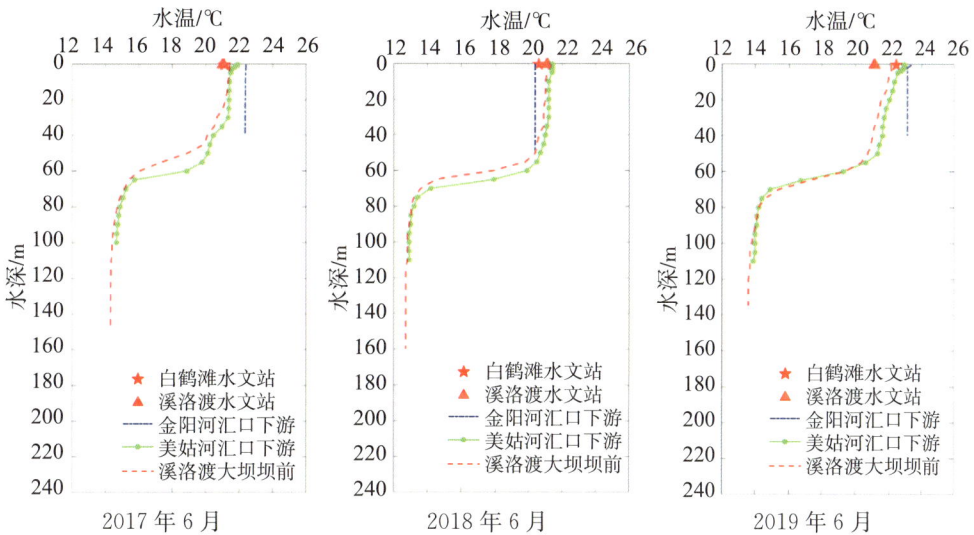

2017 年 6 月　　2018 年 6 月　　2019 年 6 月

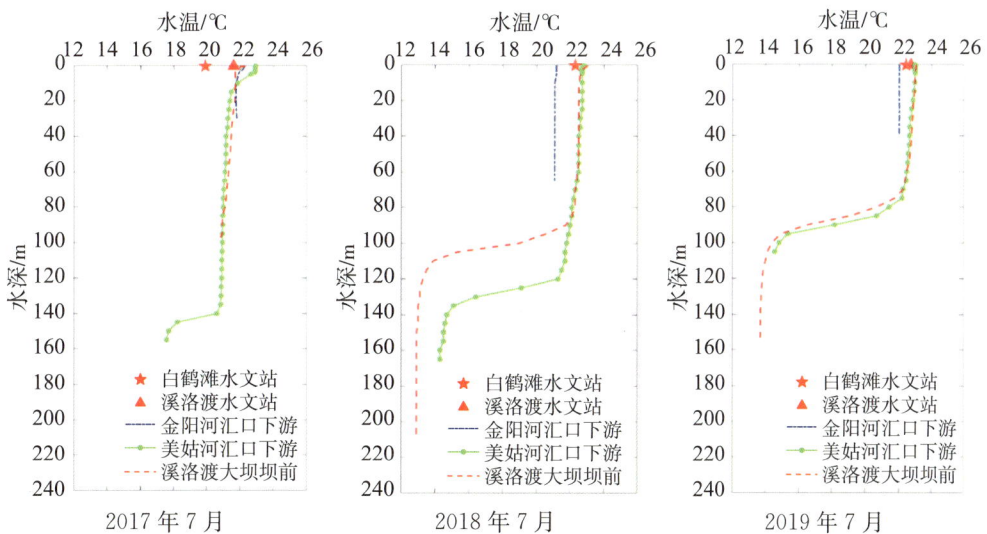

2017 年 7 月　　2018 年 7 月　　2019 年 7 月

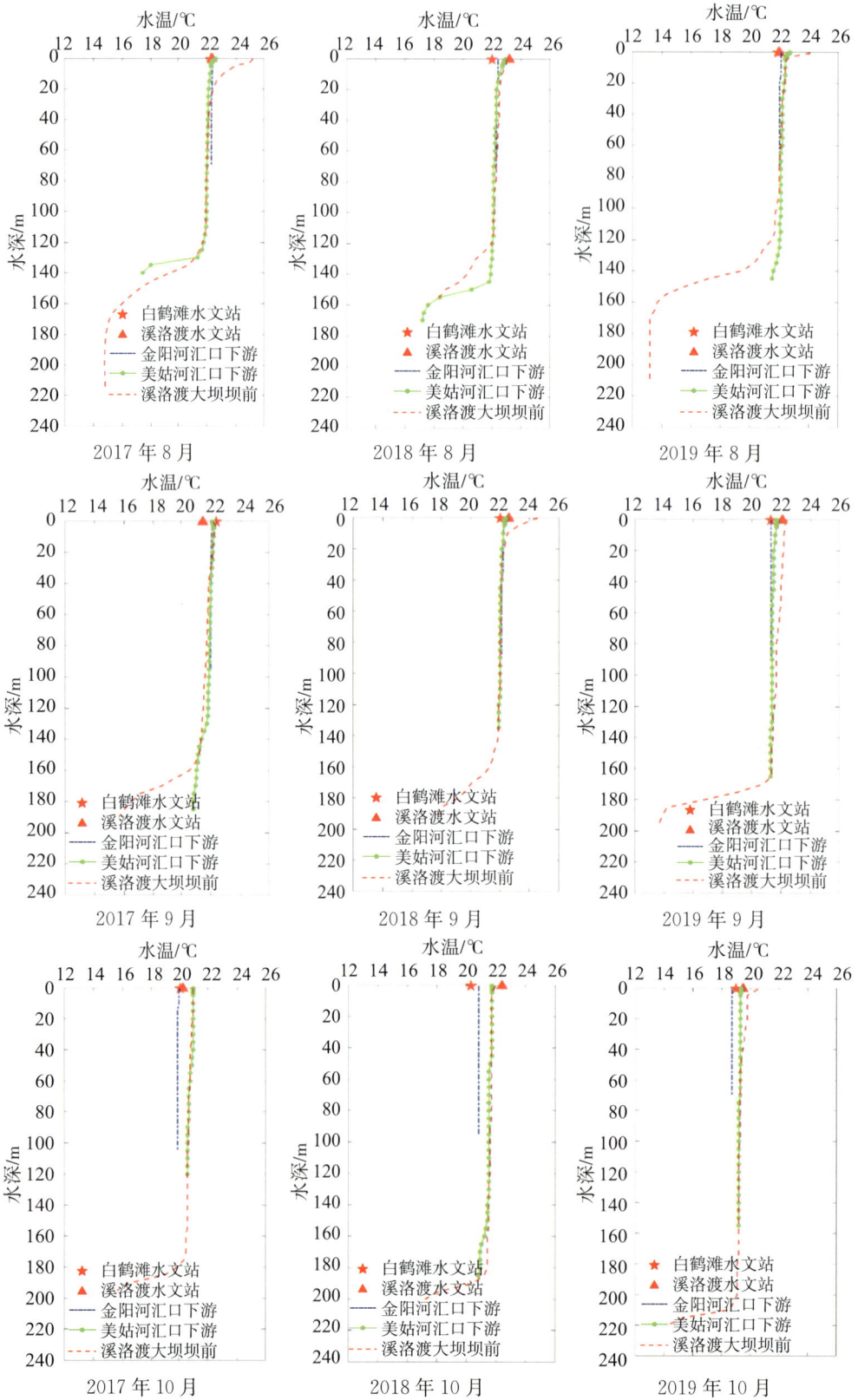

2017 年 8 月　　　　2018 年 8 月　　　　2019 年 8 月

2017 年 9 月　　　　2018 年 9 月　　　　2019 年 9 月

2017 年 10 月　　　　2018 年 10 月　　　　2019 年 10 月

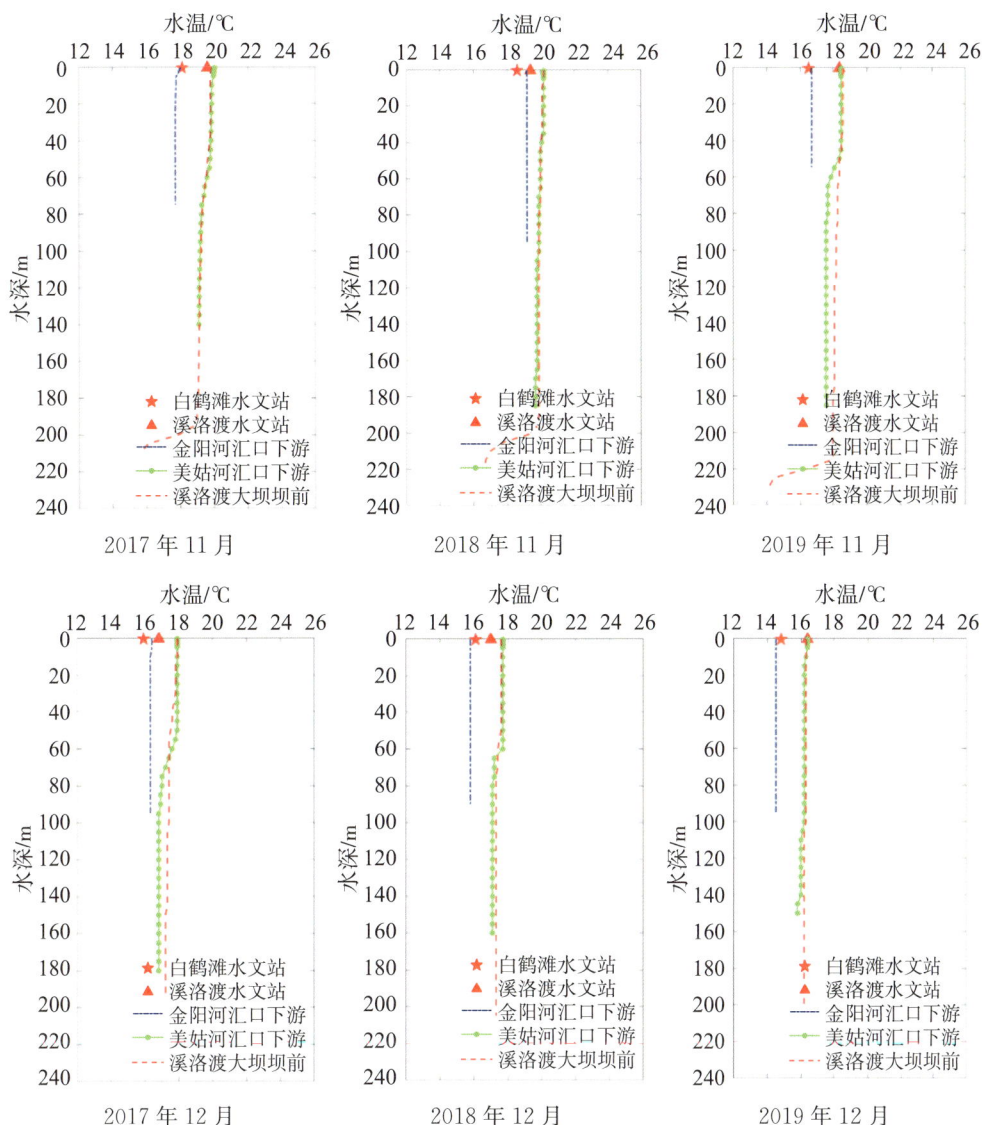

图 4.17　2017—2019 年度溪洛渡库区水温沿程变化分布

由图 4.17 可见,金阳河汇口下游垂向水温结构基本不受溪洛渡库区水温结构影响,但美姑河汇口下游垂向水温结构与溪洛渡大坝坝前一致度较高,水温变化过程基本一致,仅在温跃层发展过程中有所差距;从各月水温沿程分布来看,溪洛渡库区形成的巨大水体吸收储存的热量效应已改变了河道水温沿程升温的基本特征,升温期4—6 月,金阳河汇口下游升温响应迅速,温度相较下游的美姑河汇口下游和溪洛渡坝前断面为高;从年内水温变化过程来看,溪洛渡坝前断面表层水温在 8 月和 9 月高温时期温度上升迅速,不但在下层存在温跃层,在上层同样形成了温跃层,表层与水深 20m 处水温温差在 3℃ 左右,出现双温跃层的现象,与水库水体流速慢,表层吸收大量太阳辐射升温快有关。同时可以看到,3—6 月升温期间,水库温跃层处于上层,

137

位于取水口附近,导致下泄水温较坝前表层水温低得多。

4.5.2 向家坝库区

向家坝库区共设两个垂向水温监测断面:绥江县城(距坝 50.4km)、向家坝大坝坝前(距坝 1.4km),这两个断面 2017—2019 年度垂向水温沿程变化分布见图 4.18,同时将月中入库控制站溪洛渡水文站和下泄水温控制站向家坝水文站表层水温绘入图中,辅助分析。

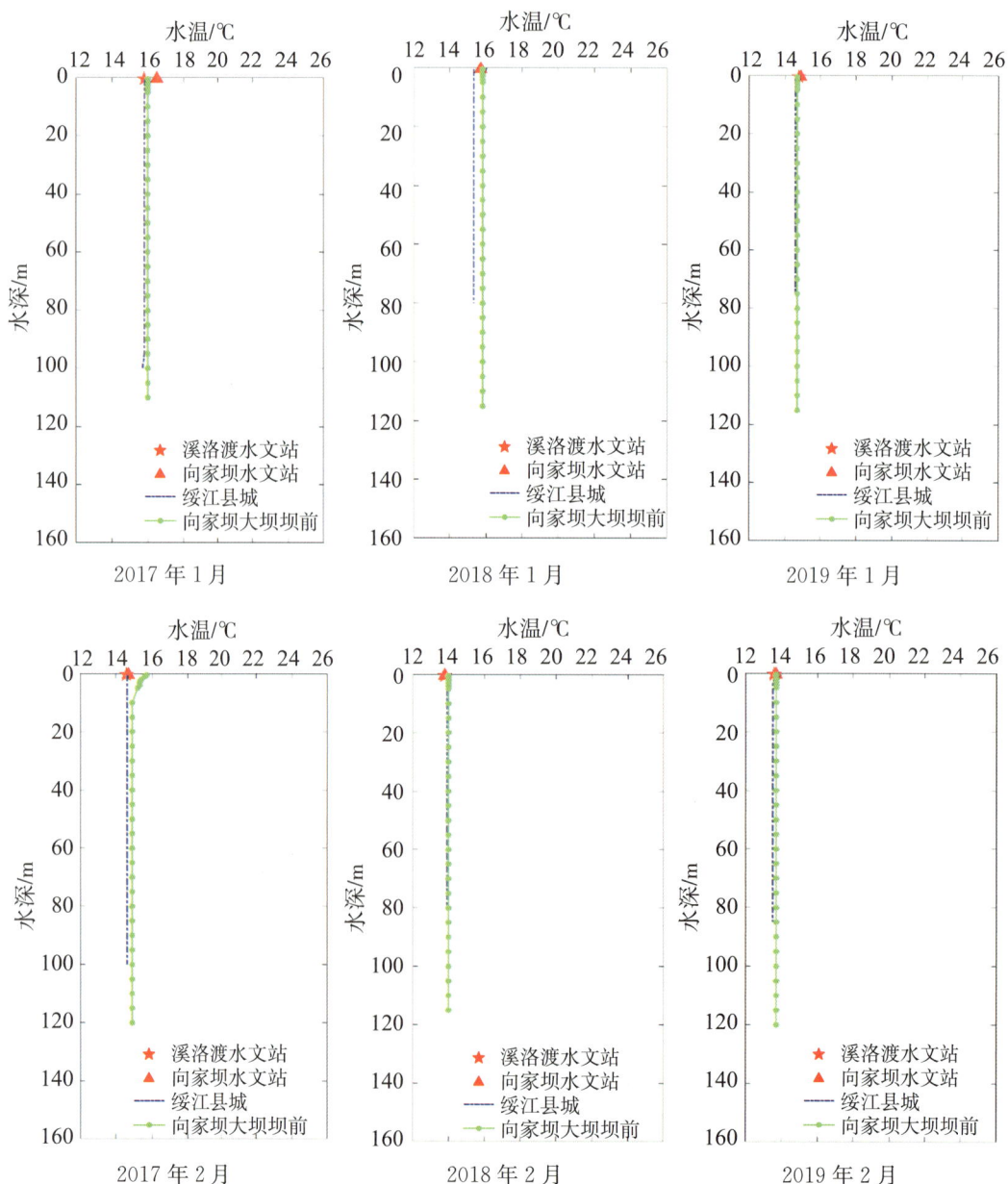

2017 年 1 月

2018 年 1 月

2019 年 1 月

2017 年 2 月

2018 年 2 月

2019 年 2 月

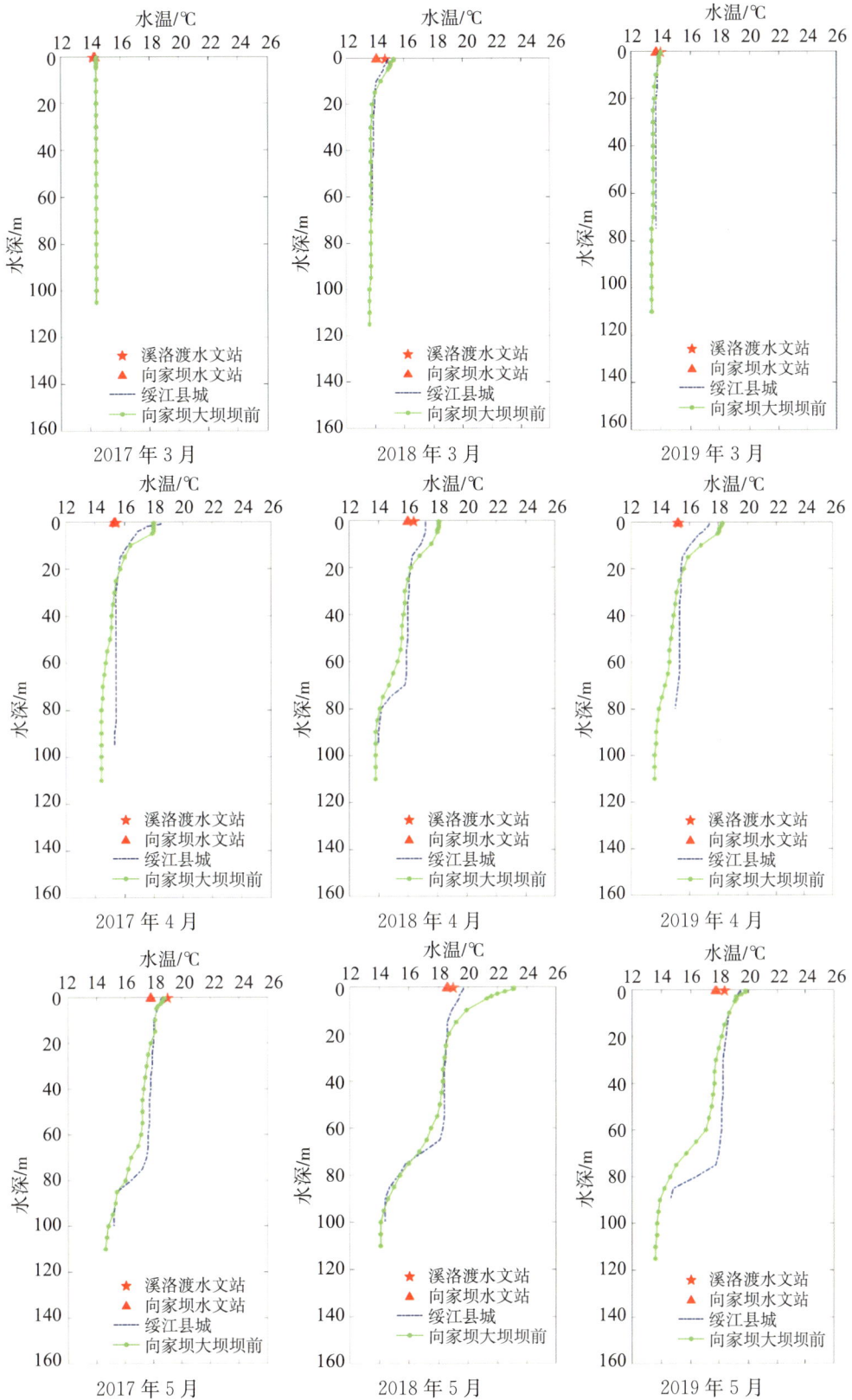

2017 年 3 月　　2018 年 3 月　　2019 年 3 月

2017 年 4 月　　2018 年 4 月　　2019 年 4 月

2017 年 5 月　　2018 年 5 月　　2019 年 5 月

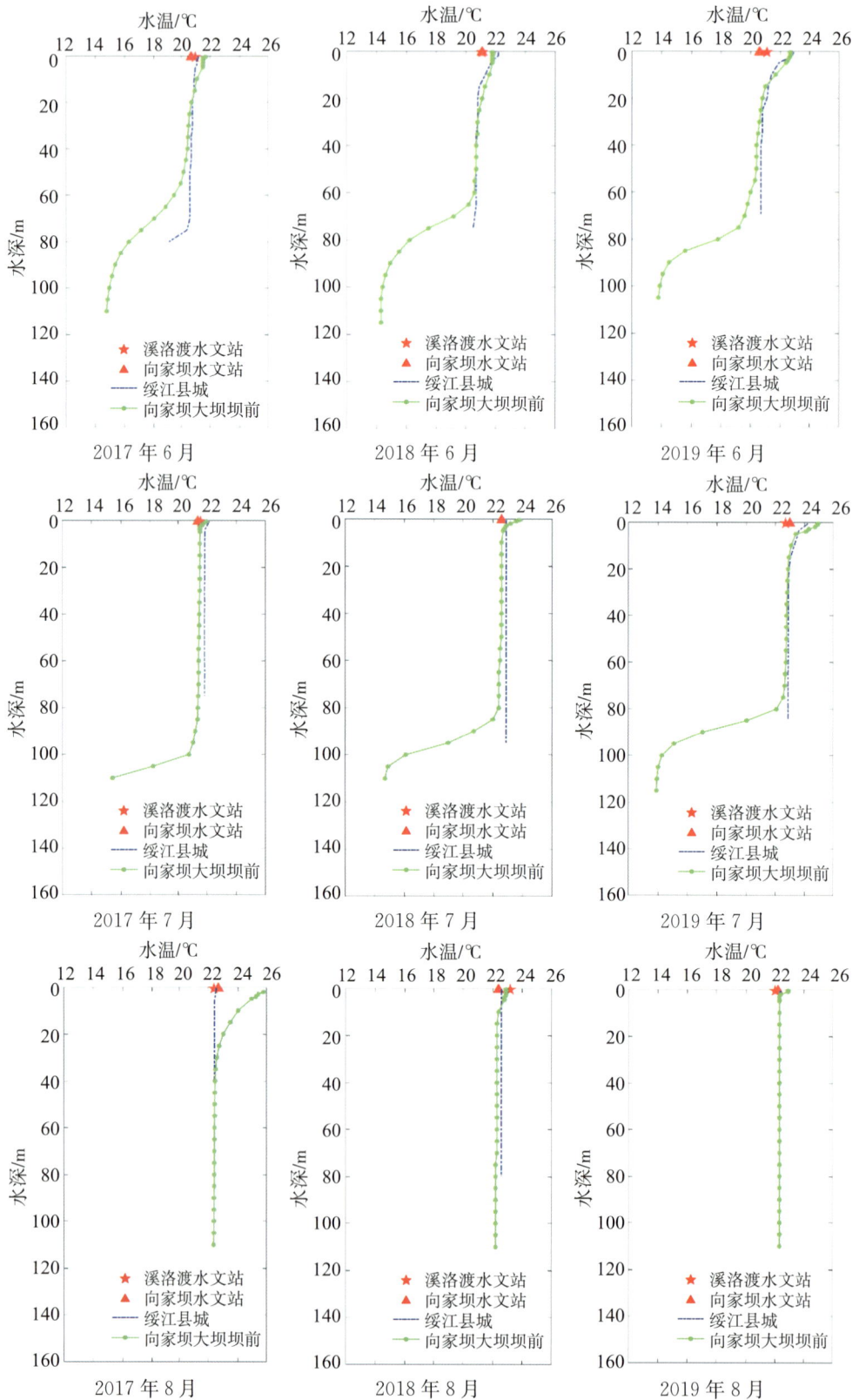

2017 年 6 月　　　　　　2018 年 6 月　　　　　　2019 年 6 月

2017 年 7 月　　　　　　2018 年 7 月　　　　　　2019 年 7 月

2017 年 8 月　　　　　　2018 年 8 月　　　　　　2019 年 8 月

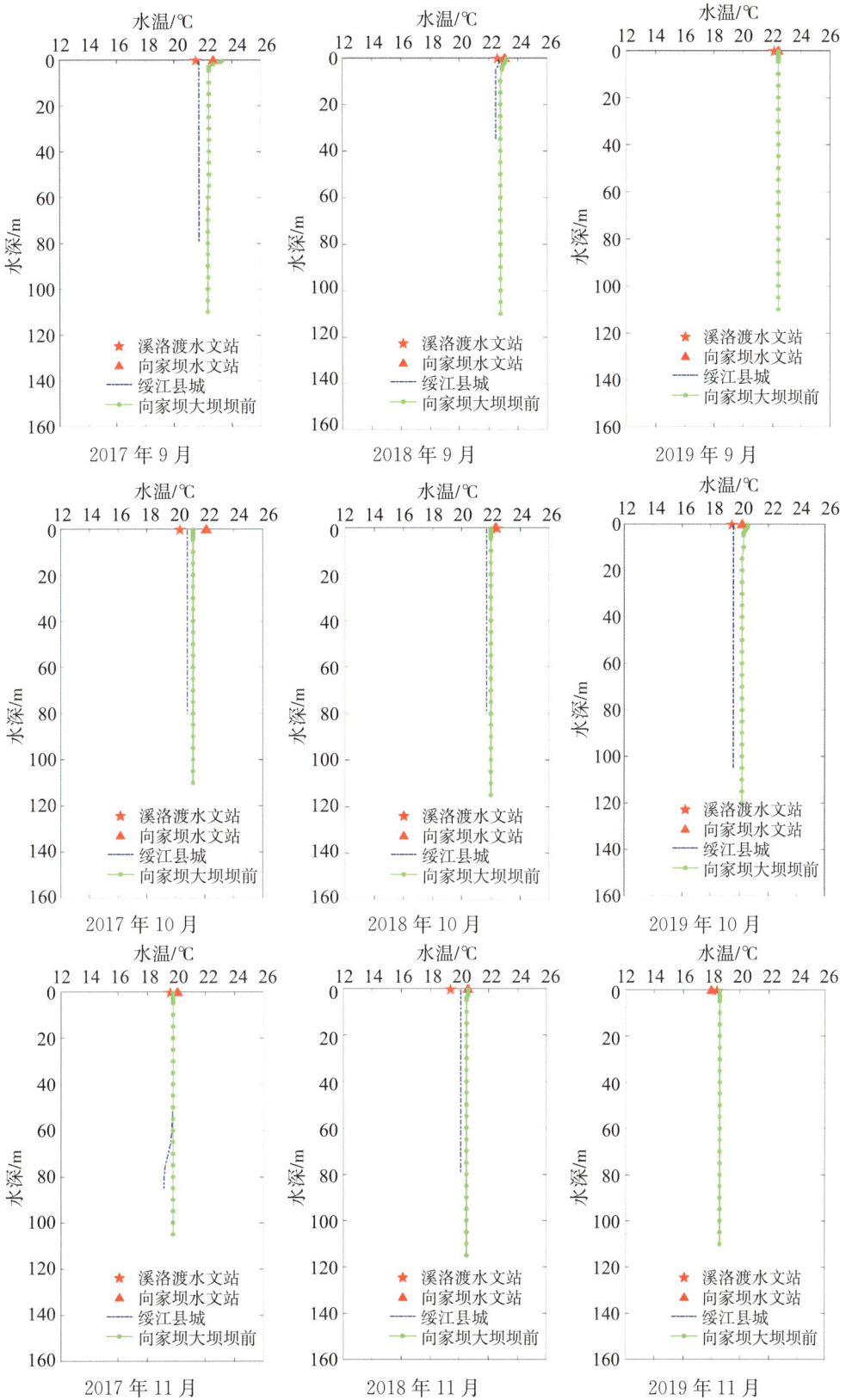

2017 年 9 月　　　　2018 年 9 月　　　　2019 年 9 月

2017 年 10 月　　　　2018 年 10 月　　　　2019 年 10 月

2017 年 11 月　　　　2018 年 11 月　　　　2019 年 11 月

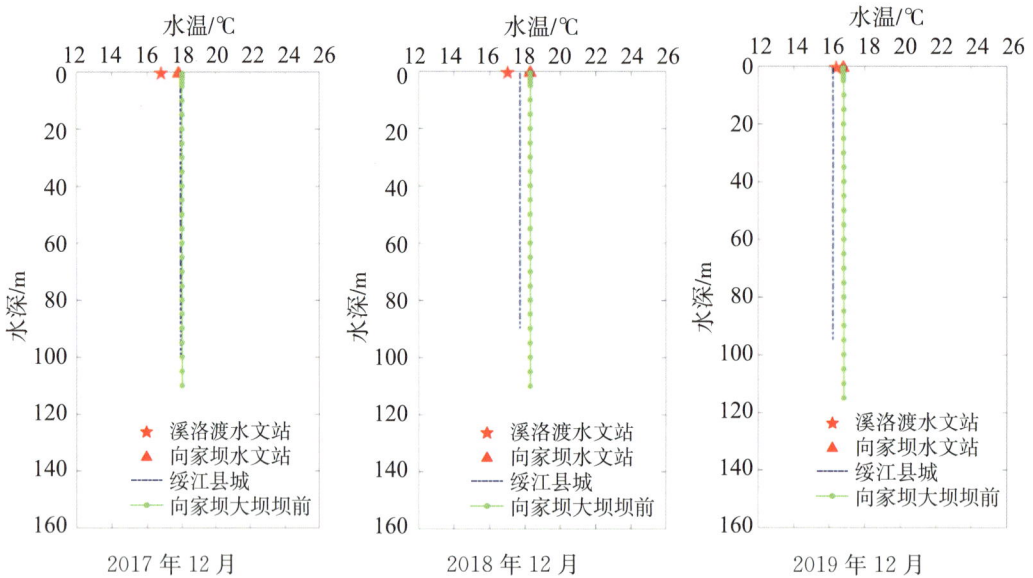

图 4.18   2017—2019 年度向家坝库区沿程变化分布

由图 4.18 可见,绥江县城垂向水温结构与向家坝坝前一致度较高,水温变化过程基本一致,仅在温跃层发展过程中有所差距,且个别月份还存在水温一致重合的情况,如 2018 年 8 月和 9 月;从各月水温沿程分布来看,向家坝库区形成的巨大水体吸收储存的热量效应已改变了河道水温沿程升温的基本特征,升温期 4—6 月,受溪洛渡下泄水和向家坝水库蓄水影响,绥江县城表层升温响应迅速,底层继续保持低温,与向家坝坝前水温结构呈现不同的形态,表层升温较向家坝坝前滞后,下层水温较坝前高得多;降温期 9—11 月,绥江县城降温响应迅速,较坝前降温幅度大。同时可以看到,4—6 月升温期间,垂向水温分层现象导致下泄水温较坝前表层水温低得多。

4.6   垂向水温干支流关系

受水库蓄水影响,支库库中断面垂向上大多出现分层现象,本节对各支库库中与干流汇口下游断面的垂向水温异同情况进行分析,以探究干流垂向水温变化对支流的影响。

在 12 个垂向水温监测断面中,支流的金阳河支库库中断面、美姑河支库库中断面分别与干流的金阳河汇口下游断面、美姑河汇口下游断面相距较近,故对支流金阳河和美姑河与干流垂向水温的关系进行分析。

2018 年 8 月至 2019 年 7 月金阳河汇口下游与金阳河支库库中、美姑河汇口下游与美姑河支库库中垂向水温变化对比分别见图 4.19、图 4.20。从图 4.19、图 4.20 中可见,在各个时期,支流断面最大水深低于干流;无论是无明显分层的金阳河支库库中和金阳河汇口下游断面,还是分层现象较为显著的美姑河支库库中和美姑河汇口下游断面,各月水温结构基本一致,表明支流虽然受上游来水、水库蓄水的双重水文要素影响,但是水库蓄水的影响相对较大。

结合 4.5.1 节可知,金阳河支库库中垂向水温结构基本不受溪洛渡库区水温结构影响,但美姑河支库库中垂向水温结构与溪洛渡大坝坝前一致度较高,水温变化过程基本一致,仅在温跃层发展过程中有所差距。

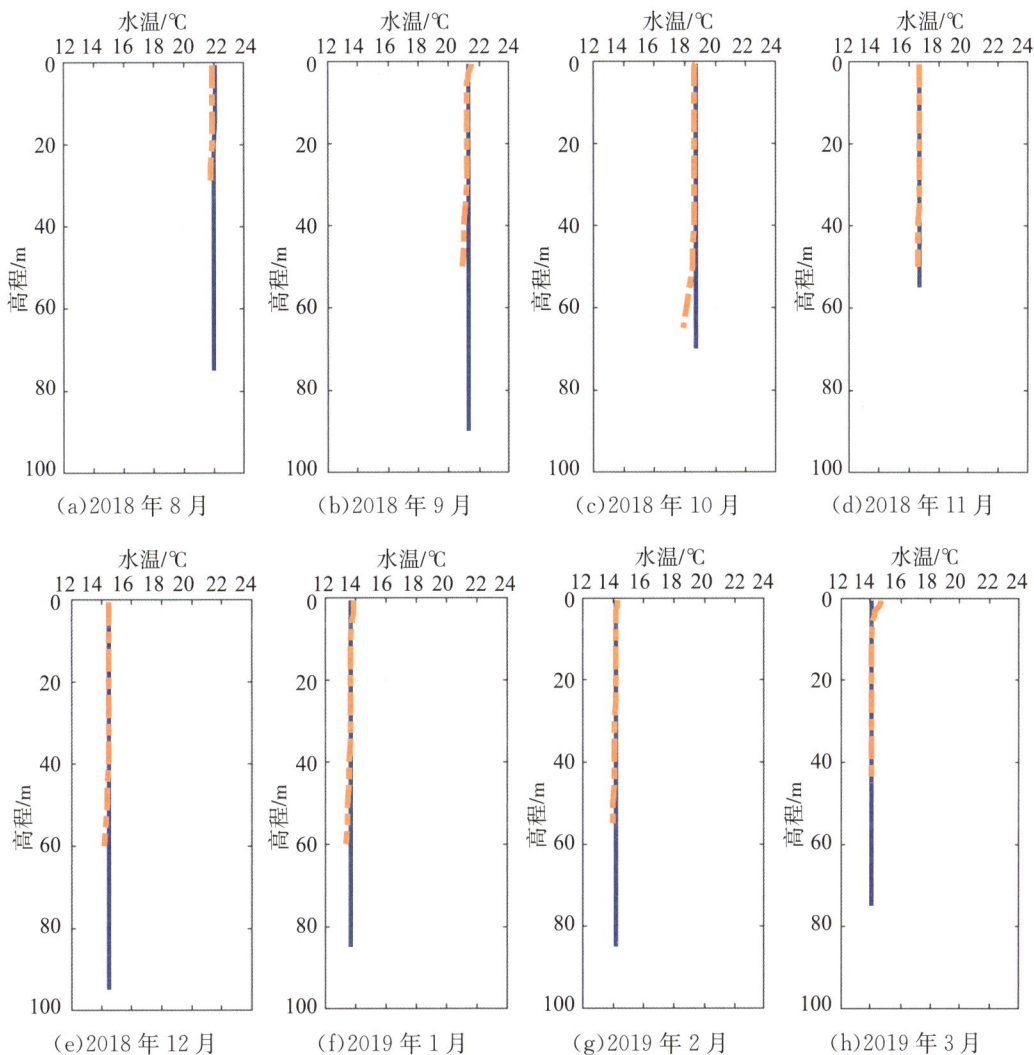

(a)2018 年 8 月   (b)2018 年 9 月   (c)2018 年 10 月   (d)2018 年 11 月

(e)2018 年 12 月   (f)2019 年 1 月   (g)2019 年 2 月   (h)2019 年 3 月

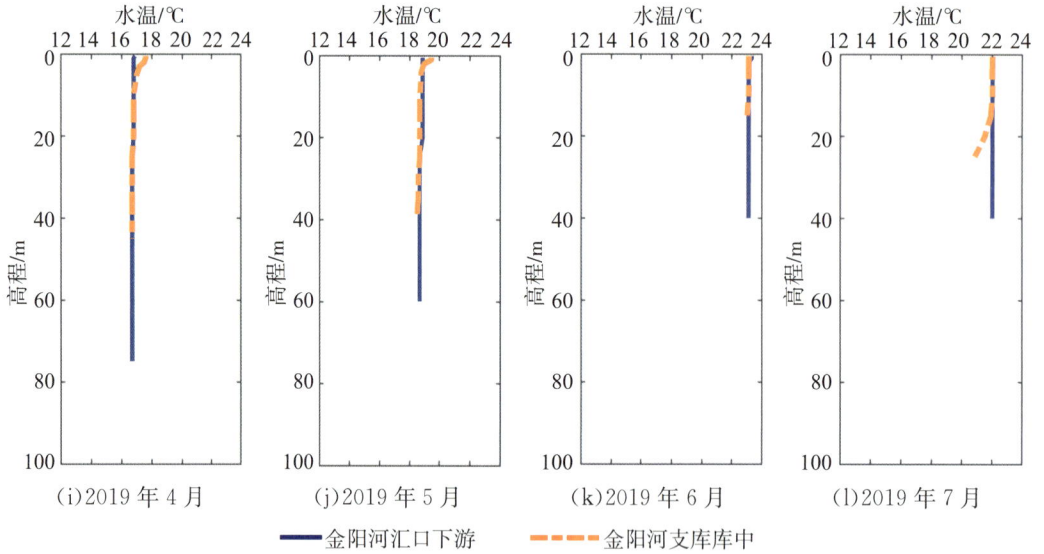

(i)2019 年 4 月　　(j)2019 年 5 月　　(k)2019 年 6 月　　(l)2019 年 7 月

—— 金阳河汇口下游　　- - - 金阳河支库库中

图 4.19　2019 年度金阳河汇口下游与金阳河支库库中垂向水温变化对比

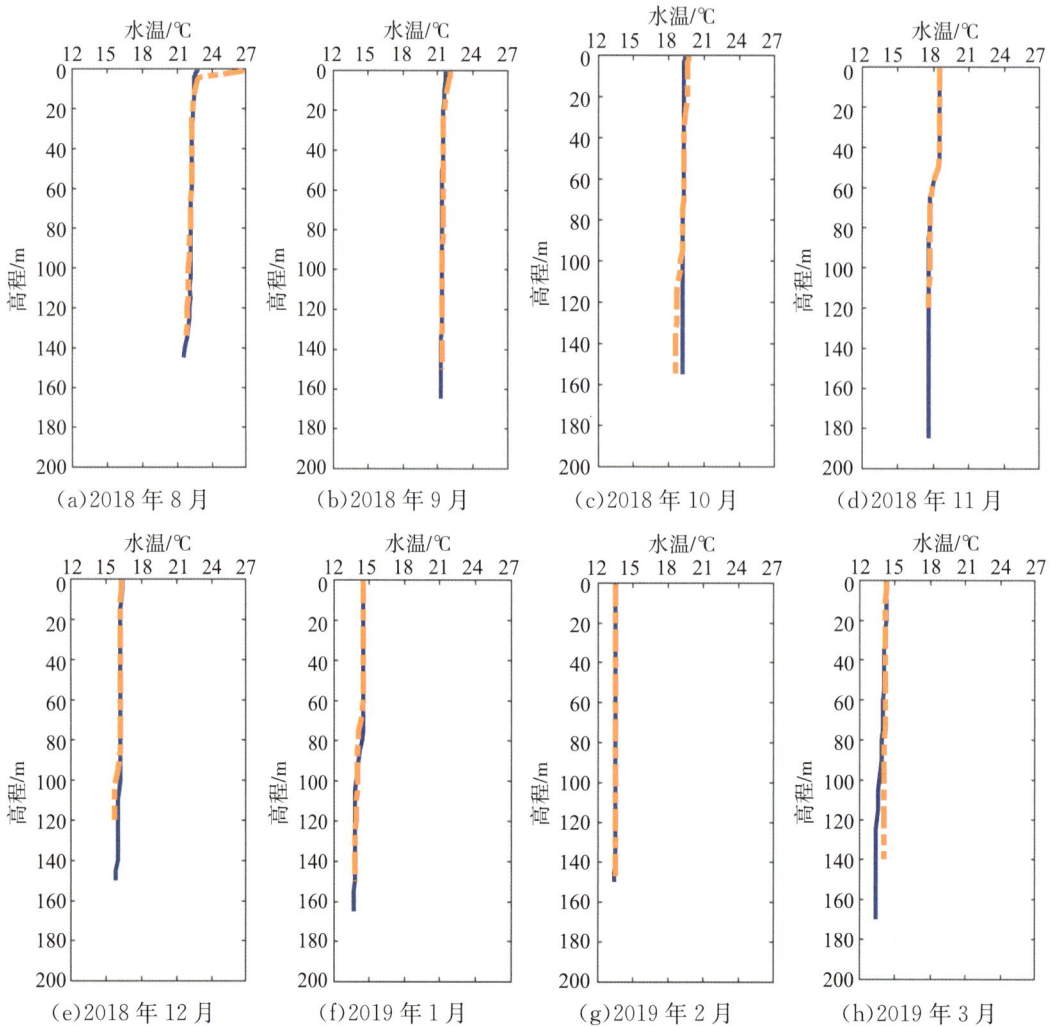

(a)2018 年 8 月　　(b)2018 年 9 月　　(c)2018 年 10 月　　(d)2018 年 11 月

(e)2018 年 12 月　　(f)2019 年 1 月　　(g)2019 年 2 月　　(h)2019 年 3 月

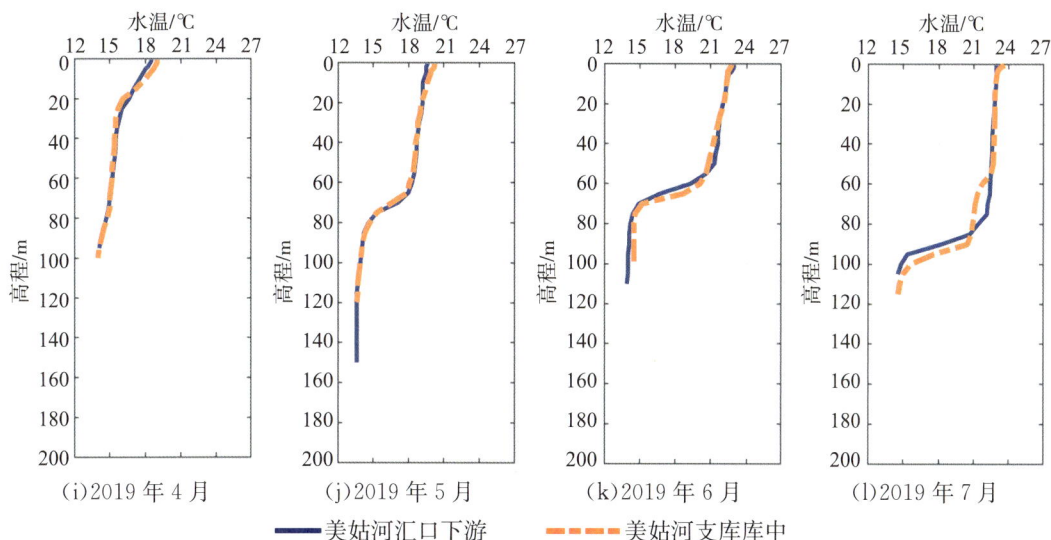

图 4.20　2019 年度美姑河汇口下游与美姑河支库库中垂向水温变化对比

4.7　本章小结

本章主要对 12 个干支流垂向水温监测断面水温结构、演变特征进行了分析。简要总结如下：

（1）溪洛渡大坝坝前

2017—2019 年度，溪洛渡大坝坝前垂向水温结构基本一致，均在 1—3 月垂向水温分布均匀，4 月出现温跃层，5—11 月是温跃现象发展期，7 月温跃层温度可达 10℃，11 月温跃层发展至库底，12 月垂向水温分布基本均匀，形成一年的周期变化。溪洛渡大坝坝前表层水温年变幅在 10℃左右，接近库底的高程 480m 处水温年内变幅约 8℃，2—5 月升温期间其水温基本保持低温，与表层温差增大；叠梁门底板取水口高程 518m 和运行一层叠梁门后高程 530m 处水温年内变化基本一致，与表层水温相比较低，在 8 月最大温差约为 2℃，从两者温差过程线来看，4—7 月高程 530m 较高程 518m 水温平均高约 0.3℃，2017 年度和 2018 年度由于温跃层高程处于 500～530m 范围内，高程 530m 较 518m 处水温温差最高达 0.8℃。

（2）向家坝大坝坝前

2017—2019 年度，向家坝大坝坝前 2—3 月表层出现微弱分层，在 4—7 月垂向水温出现明显分层现象，7 月温跃层温度可达约 8℃，此时温跃层发展已接近库底，除 2016 年 8 月外，其余月份垂向水温分布均匀。向家坝大坝坝前表层水温年变幅在 10℃左右，接近库底的高程 280m 处水温年变幅约 8℃，4—6 月其基本保持低温，与表层水温温差增大；电站取水口高程 321.5m 和 342m 水温变化基本一致，与表层水温

145

相比较低,3—7月差距大,最大温差出现在4月,约3℃,4—6月,高程340m处水温较321.5m处水温略高,温差最大达0.5℃。

（3）溪洛渡—向家坝库区干流断面

溪洛渡库区金阳河汇口下游除2017年4月温差较大接近2℃之外,其余月份均基本无分层现象;美姑河汇口下游4—7月存在垂向分层,每年表底层最大温差均保持在7℃以上,2019年6月高达9℃,温差变化呈现升温期分层现象缓慢发展和降温期分层现象迅速消失的特征,尤其是2019年7—8月,底层水温迅速回温,表底层温差由8℃迅速降至1℃。向家坝库区绥江县城分层现象主要集中在升温期的4—6月,表底层温差在2℃以上,至5月可达5℃左右。

（4）各支流断面

2017—2019年度,各支流监测断面中,美姑河支库库中一般在3—6月出现分层,2017年度和2018年度最大温差均于6月出现,分别为6.5℃和9.5℃,2019年度最大温差于7月出现,达9℃;澎溪河支库库中、大宁河支库库中和香溪河支库库中水温在4—8月有分层现象,垂向温差最大一般在5℃以内;御临河支库库中除2019年7—9月表底层最大温差约5℃,其余年度最大在2℃附近;牛栏江支库库中和金阳河支库库中2个断面仅个别月份监测到表底层温差达2℃。

（5）干支流关系

金阳河支库库中和金阳河汇口下游、美姑河支库库中和美姑河汇口下游垂向水温年内发展过程一致,说明水库蓄水是支流垂向水温分布结构形成和发展的主要影响因子。

通过本章对垂向水温分布结构、演变特征的分析,有助于更好地掌握库区垂向水温分层时间和特征,为开展生态调度工作奠定了基础。

第5章　以三峡工程建设为核心的三峡库区及长江中下游河道水温变化分析

5.1　流域概况

5.1.1　自然地理

三峡水库是开发治理长江的大型水利骨干工程,位于长江干流上游下段。三峡大坝于1994年正式动工,2003年6月水库实现初期蓄水至135m高程,2003年11月蓄水至139m高程,2006年10月蓄水至156m高程,2009年蓄水至175m。大坝正常蓄水位175m,水库回水长度约600km,总库容393亿m³,其中调节库容165亿m³,约占坝址年径流量的3.7%,库水交换十分频繁,为季调节型水库。该工程具有巨大的防洪、发电、航运等综合利用效益。

受三峡大坝回水影响的河道即为三峡库区,全长约600km,水面平均宽度约1100m,较天然河道宽度增加约100%。水库库面面积1084km²,淹没的陆地面积632km²,增加的水面面积不到100%。

5.1.2　水文气象

长江中下游地区属典型的季风气候,冬寒夏热,四季分明,年内变化与季风进退密切相关,东南部地区夏季还常受台风影响。年平均气温受纬度的影响明显,由南部的19℃逐步向北递减至15℃。

长江中下游平原的流量较小,汛期主要在夏季。由于长江流域属亚热带季风气候区,西南季风和东南季风均可进入,为形成暴雨提供有利条件。中下游的雨季早于上游,江南早于江北,导致中下游的汛期也早于上游。

长江中下游干流洪水峰高量大、持续时间长。长江干流主要控制站宜昌、螺山、汉口、大通多年平均年最大洪峰流量均在50000m³/s以上。宜昌站实测最大洪峰流量为 1896 年的 71100m³/s,历史调查洪峰流量为 1870 年的 105000m³/s;汉口站实测最大流量为 1954 年的 76100m³/s;大通站实测流量也以 1954 年的 92600m³/s 为最大。上游暴雨产生的洪水先后汇集到宜昌,宜昌洪水峰高量大,一次洪水过程短则 7～10 天,长则可达 1 月以上。长江中下游一次洪水过程往往要持续 30～60 天,甚至更长。

长江中下游平原的含沙量小,没有结冰期。这主要是由于该地区降雨量丰富,河流流量大,但含沙量相对较小,且气候温暖,没有结冰现象。河口潮位受台风、天文大潮影响显著。长江口地区濒江临海,年最高潮位通常在台风、天文大潮和大洪水三者或其中两者遭遇之时出现,尤以台风的影响大,常出现风暴潮,使长江口段发生大幅增水。

5.1.3 河流水系

长江中下游河流水系主要包括洞庭湖水系、汉江水系、鄱阳湖水系、安徽长江水系和太湖水系。这些水系在长江中下游地区形成了复杂的河流水文网络,对当地的生态环境和经济发展具有重要意义。

(1)洞庭湖水系

洞庭湖是长江中下游的重要湖泊之一,位于湖南省岳阳市。洞庭湖面积 2579km²,是长江流域第二大淡水湖。洞庭湖水系包括湘江、资水、沅江、澧水和汨罗江等五大支流。洞庭湖在历史上曾是"八百里洞庭",但由于自然和人为因素,其面积逐渐缩小,现为东洞庭湖、南洞庭湖、西洞庭湖和大通湖四大湖区。

(2)汉江水系

汉江是长江最大的支流之一,流经湖北省,最终汇入长江。汉江水系包括湖北省的多个湖泊和水系,对当地的水资源和生态环境有重要影响。

(3)鄱阳湖水系

鄱阳湖是长江流域最大的淡水湖,位于江西省。鄱阳湖水系以江西省赣江为主,对调节长江水量和生态环境具有重要作用。

(4)安徽长江水系

这一水系横跨长江南北,对安徽省的防洪和灌溉有重要作用。

(5)太湖水系

太湖水系位于江苏省和浙江省交界处,对江浙沪地区的供水和水资源管理具有重要意义。

5.1.4 水利工程

本河段主要的水利工程有三峡水利枢纽工程和葛洲坝水利枢纽工程。

（1）三峡水利枢纽工程

三峡水利枢纽工程是我国乃至世界上最大的水利枢纽工程之一，位于湖北省宜昌市夷陵区三斗坪，地处长江三峡之一的西陵峡中段。这一地理位置的选择，是基于对长江水流特性、地质条件、工程效益等多方面因素的综合考虑。三峡水库的蓄水淹没陆地面积约 632km²，涉及湖北省和重庆市的多个区（县），包括湖北省夷陵区、秭归县、兴山县、巴东县和重庆市主城区及所辖的多个区（县）。

三峡水电站是世界上最大的水电站，总装机容量达到了 2250 万 kW（含地下电站的 2 台 5 万 kW 机组）。它共安装了 32 台单机容量为 70 万 kW 的水轮发电机组，年最大发电能力约为 1000 亿 kW·h。三峡水电站的发电能力不仅为华东、华中和华南地区的经济发展提供了强大的电力支持，还对减少环境污染、促进清洁能源的发展起到了重要作用。

三峡水利枢纽工程的建设分为三个阶段，总工期长达 17 年。1993—1997 年，一期工程主要进行一期围堰填筑、导流明渠开挖等前期工作。1997—2003 年，二期工程主要任务是修筑二期围堰、左岸大坝的电站设施建设及机组安装等。2003—2009 年，三期工程主要进行右岸大坝和电站的施工，并继续完成全部机组安装。整个三峡工程的建设过程中，克服了无数技术难题和自然灾害的挑战，最终在 2009 年全部完工。工程的总投资巨大，动态总投资合计达到了 2485.37 亿元。

三峡水利枢纽工程的主要建筑物包括大坝、水电站、通航建筑物等。大坝为混凝土重力坝，坝轴线全长 2309.47m，坝顶高程 185m，最大坝高 181m。大坝的设计充分考虑了长江水流的特性和地质条件，采用了多层孔口布置、水力优化措施等先进技术，确保了工程的安全性和稳定性。水电站采用坝后式布置方案，共设有左、右两组厂房，安装了 32 台水轮发电机组。通航建筑物包括永久船闸和升船机，其中永久船闸为双线五级连续梯级船闸，升船机为单线一级垂直提升式。这些建筑物的设计不仅满足了工程的功能需求，还充分考虑了美观性和环保性。

三峡水利枢纽工程的首要任务是防洪。通过三峡水库的调蓄作用，可以有效地控制长江上游的洪水，提高长江中下游地区的防洪标准。此外，三峡工程还兼具发电、航运、补水、灌溉、养殖等综合效益。在发电方面，三峡电站多年平均年发电量达到了 846.8 亿 kW·h，为我国的电力供应提供了有力保障。在航运方面，三峡水库的蓄水改善了长江航道条件，使得万吨级船队可以直达重庆港，大大提高了航道的通过能力和运输效率。在补水方面，三峡水库在枯水季节可以向下游补水，缓解下游地区的用水紧张状况。

（2）葛洲坝水利枢纽

葛洲坝水利枢纽工程位于湖北省宜昌市境内三峡出口南津关下游约 3km 处，是三峡水利枢纽工程的重要组成部分，也是我国在长江上建设的第一个大型水利工程。葛洲坝水利枢纽工程横跨大江、葛洲坝、二江、西坝和三江，将长江分为大江、二江和三江三个主要河道。这一地理位置的优势，使得葛洲坝水利枢纽工程在防洪、发电、航运等多个方面都能发挥重要作用。

葛洲坝水利枢纽工程的总装机容量达到了 271.5 万 kW，其中包括二江水电站和大江水电站两部分。二江水电站安装了 2 台 17 万 kW 和 5 台 12.5 万 kW 机组，总装机容量为 96.5 万 kW；大江水电站安装了 14 台 12.5 万 kW 机组，总装机容量为 175 万 kW。

葛洲坝水利枢纽工程的建设工期长达 18 年，从 1970 年 12 月 30 日破土动工，到 1988 年底全部建成。整个工程分为两期进行，第一期工程于 1981 年完工，实现了大江截流、蓄水、通航和二江电站第一台机组发电；第二期工程从 1982 年开始，到 1988 年底全部建成。葛洲坝水利枢纽工程的总投资约为 48 亿元，在当时是我国最大规模的水利工程之一。

葛洲坝水利枢纽工程的主要建筑物包括大坝、电站厂房、船闸、泄水闸、冲沙闸等。大坝为混凝土重力坝，全长 2595m，最大坝高 47m，总库容 15.8 亿 m³。电站厂房分设在二江和大江两岸，共安装了 21 台水轮发电机组。船闸为单级船闸，1、2 号两座船闸闸室有效长度为 280m，净宽 34m，一次可通过载重为 1.2 万～1.6 万 t 的船队；3 号船闸闸室有效长度为 120m，净宽 18m，可通过 3000t 以下的客货轮。泄水闸和冲沙闸的设计则充分考虑了长江水流的特性和防洪需求，能够有效地控制水流和泥沙的排放。

葛洲坝水利枢纽工程的主要开发任务包括发电、航运、防洪、灌溉等。在发电方面，葛洲坝水利枢纽工程通过其高效的发电能力，为华中、华东地区提供了强大的电力支持；在航运方面，葛洲坝水利枢纽工程通过改善长江航道条件，提高了航道的通过能力和运输效率；在防洪方面，葛洲坝水利枢纽工程通过其调蓄作用，有效地控制了长江上游的洪水，提高了长江中下游地区的防洪标准；在灌溉方面，葛洲坝水利枢纽工程通过其蓄水功能，为周边地区的农业生产提供了充足的水源。

5.1.5 水生生态

"四大家鱼"广泛分布于长江流域，是我国重要的经济鱼类，根据易伯鲁等的调查，三峡大坝建坝前，长江干流广泛存在共计 30 处"四大家鱼"产卵场，而宜昌以上江段就有 11 处产卵场（重庆、木洞、长寿、涪陵、高家镇、忠县、万县、云阳、巫山、秭归、三斗坪），产卵规模占总体的 29.6%。但水域生态系统因其本身的脆弱性,易受各种人类活动干扰的影响,随着 2003 年三峡水库蓄水使用,原本的自然河流被坝体阻隔,致使鱼类的洄游通道被阻断,这很大程度地阻碍了鱼类繁殖活动,"四大家鱼"的产卵量锐减。

三峡大坝库区内除了"四大家鱼"外,还有多种其他鱼类。据资料记载,长江中的鱼类有 300 多种,其中在三峡库区生活的鱼类有 140 多种,珍稀特有鱼类有 40 多种,具有经济开发价值的有 30 多种。除了常见的"四大家鱼"之外,三峡库区还有铜鱼、鲤鱼、黄颡鱼、南方大口鲇、圆口铜鱼等重要的经济品种。

三峡大坝自 2003 年开始蓄水至今,坝前最高水位逐步从 135m 升高至 175m,在实现防洪、发电、航运等目标的同时,生态问题也日益凸显。随着三峡大坝的正常使用,坝前蓄水位也随之逐步抬升,建坝河流的水流条件与自然河流产生了巨大的差异。水沙过程的巨大改变,不仅会破坏沿岸植物引发水土流失等严重后果,也会影响水生生物、半水生生物和陆地生物之间的连通性。其中,对水生生物的影响最为直接且严重,大坝的修建直接阻隔了鱼类等水生生物的洄游,并且在调度过程中也会影响到河流的流速、水位、水温等一系列水情要素,进而对水生生物的产卵、生存造成影响。对这些影响效应进行研究不仅有利于整个河流生态系统的保护,也有利于宏观上指导生态调度,进一步平衡开发与保护之间的关系。

5.1.6　水工程的联合调度

三峡—葛洲坝水利枢纽梯级是长江流域水工程联合调度运用计划的水库。根据《三峡(正常运行期)—葛洲坝水利枢纽梯级调度规程(2019 年修订版)》(水三峡〔2020〕135 号),三峡水利枢纽的调度原则为兴利调度服从防洪调度,发电调度与航运调度相互协调并服从水资源调度,协调兴利调度与水环境、水生态保护、水库长期利用的关系,提高三峡水利枢纽的综合效益。

三峡水利枢纽按照初步设计确定的特征水位运行,即正常蓄水位 175.0m,防洪限制水位 145.0m,枯期消落低水位 155.0m。葛洲坝水利枢纽正常运行水位 66.0m,最低运行水位暂定为 63.0m。为充分发挥水库发电、航运、供水、生态等综合效益,三峡—葛洲坝水利枢纽梯级水库在防洪、发电、航运、水资源等调度上已制定了完善的方案,其中防洪调度方式简述如下。

(1)调度任务与原则

1)防洪调度的主要任务是在保证三峡水利枢纽大坝安全和葛洲坝水利枢纽度汛安全的前提下,对长江上游洪水进行调控,使荆江河段防洪标准达到 100 年一遇,遇 100 年一遇以上至 1000 年一遇洪水,包括 1870 年同大洪水时,控制枝城站流量不大于 80000m³/s,配合蓄滞洪区运用,保证荆江河段行洪安全,避免两岸干堤溃决。

2)根据城陵矶地区防洪要求,考虑长江上游来水情况和水文气象预报,适度调控洪水,减少城陵矶地区分蓄洪量。

3)当发生危及大坝安全事件时,按保枢纽大坝安全进行调度。

(2)防洪调度方式

1)对荆江河段进行防洪补偿的调度方式。

对荆江河段进行防洪补偿调度主要适用于长江上游发生大洪水的情况。

汛期在实施防洪调度时,如三峡水库水位低于171.0m,依据水情预报及分析,在洪水调度的控制面临时段内,当坝址上游来水与坝址—沙市区间来水叠加后:①沙市站水位低于44.5m时,则在该时段内:如水库水位为防洪限制水位,则按泄量等于来量的方式控制水库下泄流量,原则上保持水库水位为防洪限制水位,如水库水位高于防洪限制水位,则按沙市站水位不高于44.5m控制水库下泄流量,及时降低水库水位以提高调洪能力。②沙市站水位达到或超过44.5m时,则控制水库下泄流量,与坝址—沙市区间来水叠加后,使沙市站水位不高于44.5m。

当三峡水库水位在171.0~175.0m时,控制补偿枝城站流量不超过80000m³/s,在配合采取分蓄洪措施条件下控制沙市站水位不高于45.0m。

按上述方式调度时,如相应的枢纽总泄流能力(含电站过流能力,下同)小于确定的控制泄量,则按枢纽总泄流能力泄流。

2)兼顾对城陵矶河段进行防洪补偿的调度方式。

①兼顾对城陵矶河段进行防洪补偿调度主要适用于长江上游洪水不大,三峡水库尚不需要为荆江河段防洪大量蓄水,而城陵矶(莲花塘)站水位将超过长江干流堤防设计水位,需要三峡水库拦蓄洪水以减轻该地区分蓄洪压力的情况。

②汛期需要三峡水库为城陵矶地区拦蓄洪水,且水库水位不高于155.0m时,按控制城陵矶(莲花塘)站水位34.4m进行补偿调节,水库当日下泄量为当日荆江河段防洪补偿的允许水库泄量和第三日城陵矶河段防洪补偿的允许水库泄量二者中的较小值。

③当三峡水库水位高于155.0m之后,一般情况下不再对城陵矶河段进行防洪补偿调度,转为对荆江河段进行防洪补偿调度;如城陵矶附近地区防汛形势依然严峻,视实时雨情、水情、工情和来水预报情况,可在保证荆江地区和库区防洪安全的前提下,加强溪洛渡、向家坝等上游水库群与三峡水库联合调度,进一步减轻城陵矶附近地区防洪压力,为城陵矶防洪补偿调度水位原则上不超过158.0m。

3)减轻中游防汛压力的中小洪水调度方式。

①当预报未来3天荆江河段沙市站将超过42.5m时,三峡水库可以相机拦洪削峰,控制沙市站不超过43.0m,减轻荆江河段防洪压力,调洪最高水位一般按不超过148.0m控制;当上游及洞庭湖水系处于退水过程,且预报未来5天无中等强度以上

降雨过程时,可进一步提高至 150.0m。

②当预报未来 5 天城陵矶(莲花塘)站水位将超过 32.5m 且预报未来 5 天三峡水库入库流量不超过 55000m³/s 时,三峡水库可以相机拦洪削峰,减轻城陵矶附近地区防洪压力,调洪最高水位一般按不超过 148.0m 控制。

③实施减轻中游防汛压力的中小洪水调度期间,若不满足以上两个条件或预报未来 5 天三峡水库入库流量将达到 55000m³/s 时,应适时加大三峡水库出库流量,尽快将水库水位降至防洪限制水位,做好按对荆江河段或兼顾对城陵矶河段进行防洪补偿的调度方式进行调度的准备。

4)当三峡水库已拦洪至 175.0m 水位后,实施保枢纽安全的防洪调度方式。原则上按枢纽全部泄流能力泄洪,但泄量不得超过上游来水流量。

5)三峡水库调洪蓄水后,在洪水退水过程中,应按相应防洪补偿调度及库岸稳定的控制条件,使水库水位尽快消落至允许的控制运行水位范围,以利于防御下次洪水。

5.2　水文(水温)监测站网及分析方法

5.2.1　水文(水温)监测站网

三峡库区及长江中下游有水温监测数据的水文(水位)站点共有 6 个,分别为三峡库区的朱沱(三)水文站、寸滩水文站、巴东(三)水位站和长江中下游干流的宜昌水文站、汉口(武汉关)水文站、大通水文站,其中巴东(三)水位站仅有 2008—2019 年的水温监测数据,汉口(武汉关)水文站缺 1990 年的水温监测数据,其他各测站水温数据资料系列为 1990—2019 年,数据分辨率为旬均值,各测站位置分布情况见图 5.1。

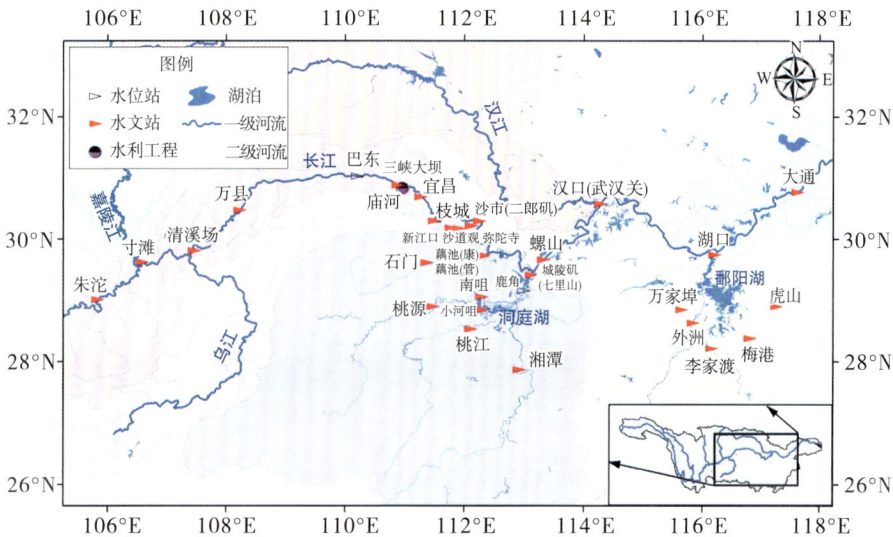

图 5.1　三峡库区及中下游干流水文(位)站点分布

5.2.2　分析方法

针对水文数据分析部分,采用基本统计方法和 MK 趋势性、突变性检测手段分析研究区域内各水文(水位)站点水位、流量、水温、悬移质含沙量和输沙率等五项指标旬数据系列 1990—2019 年演变特征,依据三峡水库蓄水时间,进一步分析 1990—2002 年水库蓄水前、2003—2008 年水库蓄水初期、2009—2019 年水库实施汛末提前蓄水和中小洪水调度三个阶段各指标的阶段性特征,以及三峡水库年内消落期(1—5月)、汛期(6—9月)、蓄水前(10月)和高水运行期(11—12月)4 个运行时期内各指标的年内年际变化特征,分析总结各研究区域水文演变规律。

水文分析采用的统计方法有均值、最大值、最小值、不均匀系数、集中度和集中期。其中,不均匀系数越小,表明系列分布越均匀,其值为系列标准差与系列均值的比值;集中度和集中期的计算方法是将 1 年内每旬的数据值作为向量看待,数据值的大小作为向量长度,所在的旬为向量的方向,即将 1～36 旬折算为 0°～360°圆周角,作为向量的方位角,则旬数据向量矢量合成的向量方位角对应的旬为集中期,合成的向量的模与系列和的比值为集中度,集中度越小,表明系列分布越均匀,集中期从一定程度上反映了系列最大值出现的时间。

5.3　三峡库区河流水温变化

5.3.1　特征指标统计分析

三峡库区有水温数据的水文站共 3 个:朱沱、寸滩和巴东,3 个站点旬水温变化过程见图 5.2,其旬水温年内年际统计特征值见表 5.1。

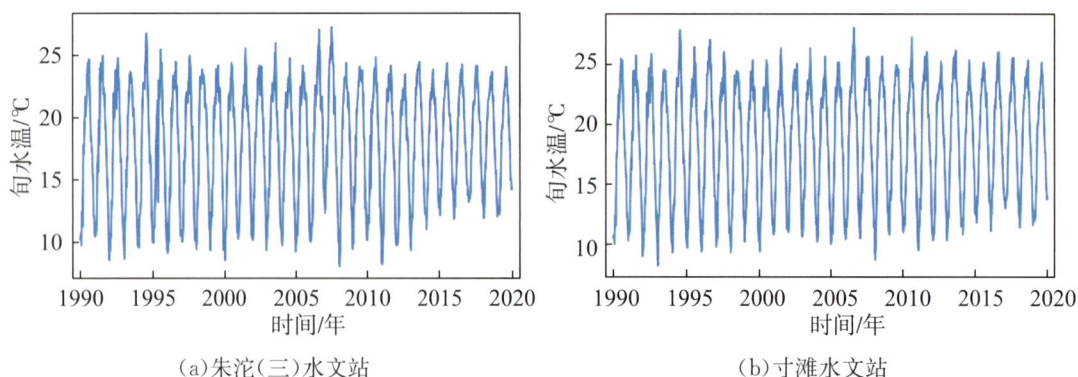

(a)朱沱(三)水文站　　　　　　　　　　(b)寸滩水文站

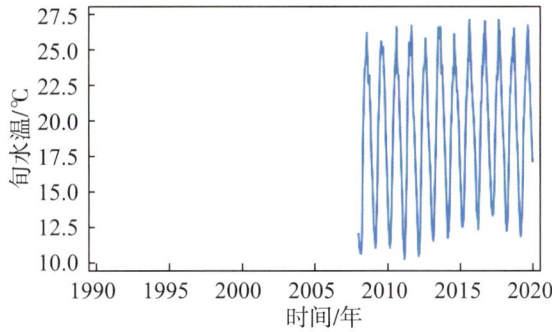

(c)巴东(三)水位站

图 5.2　三峡库区水文(位)站旬水温变化过程

表 5.1　　　　　　　　　　　　三峡库区水文(位)站点各阶段水温特征统计

时间	特征值	朱沱(三)水文站	寸滩水文站	巴东水位站	特征值	朱沱(三)水文站	寸滩水文站	巴东水位站
1990—2019	年均值/℃	18.0	18.7	19.2	不均匀系数 C_i	0.26	0.26	0.25
1990—2002		17.8	18.5	/		0.28	0.27	/
2003—2008		18.4	18.8	18.6		0.27	0.27	0.29
2009—2019		18.2	18.9	19.3		0.24	0.25	0.25
1990—2019	年最大值/℃	24.8	26.0	26.6	集中度 C_d	0.18	0.18	0.18
1990—2002		24.9	26.0	/		0.19	0.19	/
2003—2008		25.7	26.0	26.3		0.18	0.19	0.2
2009—2019		24.3	25.8	26.6		0.16	0.17	0.17
1990—2019	年最小值/℃	10.1	10.4	11.6	集中期(旬)	20.8	20.9	23.5
1990—2002		9.5	9.8	/		20.5	20.7	/
2003—2008		9.7	10.2	10.7		20.4	20.5	22.6
2009—2019		10.9	11.2	11.7		21.3	21.4	23.6
1990—2019	年极温差/℃	14.8	15.6	15.0				
1990—2002		15.4	16.1	/				
2003—2008		16.0	16.1	15.6				
2009—2019		13.4	14.7	14.9				

　　由表 5.1 可见,年均值方面,库区寸滩和巴东均温随着时间有所上升,朱沱作为入库站,2003 年后水温较之前高;沿程来看,朱沱—巴东水温上升,2009—2019 年三峡实施汛末提前蓄水后,沿程均温上升幅度增大,寸滩较朱沱升温 0.7℃,巴东较寸滩升温 0.4℃。年最大值方面,同样呈现沿程增温特性,相比 2008 年之前,三峡水库正常蓄水运行后,朱沱—寸滩多增温 1℃,寸滩—巴东多增温 0.7℃。年最小值方面,水

温随时间有所增加,2009—2019 年较 1990—2002 年平均增温 1.4℃,较 2003—2008 年平均增温 1.1℃。年极温差方面,2009—2019 年年内温差减小,较 1990—2002 年平均减小 1.7℃,较 2003—2008 年平均减小 1.6℃,水温过程呈均化特征,这从不均匀系数 C_i 和集中度 C_d 上可以看出,C_i 和 C_d 随时间减小。从集中期来看,2009 年后,朱沱和寸滩水温峰值延迟至 7 月下旬,巴东延迟至 8 月中旬,较 2008 年之前推迟 1 旬。

5.3.2 阶段性水温过程变化

为进一步分析三峡库区站点水温的阶段性特征,绘制 1990—2002 年、2003—2008 年和 2009—2019 年旬均水温过程线进行对比(图 5.3),2009 年 1—2 月、11—12 月水温有所上升,5—7 月水温有所下降,峰值延迟,过程线呈现均化特征。

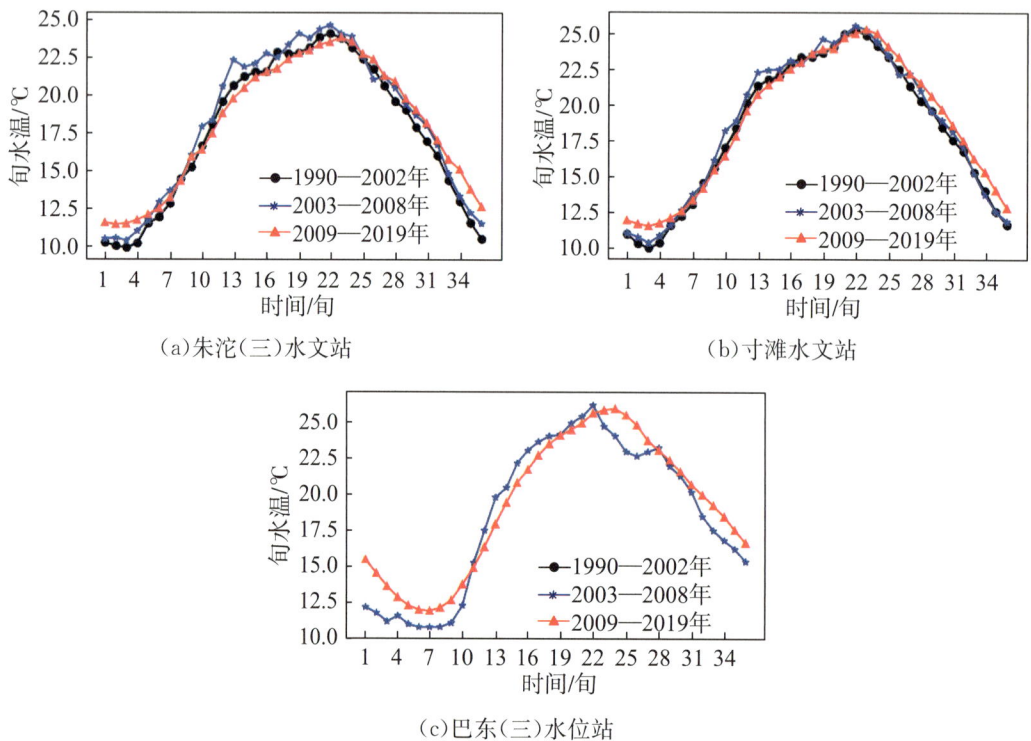

（a）朱沱（三）水文站　　　　　　　　　（b）寸滩水文站

（c）巴东（三）水位站

图 5.3　三峡库区水文(位)站各阶段旬均水温过程

针对三峡水库 4 个年内运行时期:消落期(1—5 月)、汛期(6—9 月)、蓄水期(10 月)、高水运行期(11—12 月),绘制库区 3 个站点各时期水温均值柱状图(图 5.4),以比较水温在不同阶段的不同运行时期的变化特征。巴东(三)水位站水温序列为 2008—2019 年,柱状图不具代表性,不做分析。从图 5.4 中可见,2009 年后,消落期和汛期水温较 2003—2008 年降低,蓄水期和高水运行期较 2008 年之前升高。

(a)朱沱(三)水文站

(b)寸滩水文站

(c)巴东(三)水位站

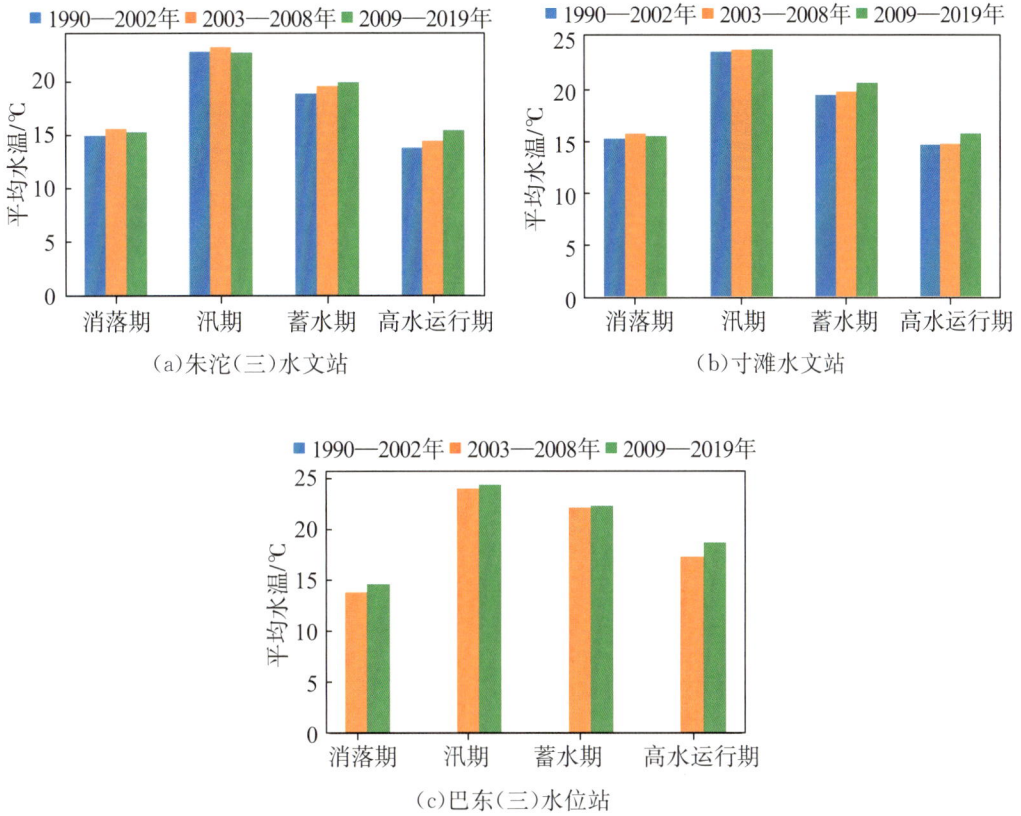

图 5.4 三峡库区水文(位)站各阶段各时期水温均值

5.3.3 水温序列趋势检验

采用 MK 法对三峡库区各站点水温特征值和各旬水温系列进行趋势性检验,MK 统计值见表 5.2,Z 值大于 1.96 为通过 $\alpha=0.05$ 显著性上升趋势检验,Z 值小于 -1.96 为通过 $\alpha=0.05$ 显著性下降趋势检验。从统计表中可见,除巴东年均值外,各站点年均值和年最小值有显著增加趋势,朱沱和寸滩年最大值有下降趋势,其中朱沱有显著下降趋势,年极温差方面各站点均有显著下降趋势。

表 5.2 三峡库区水文(位)站水温系列 MK 值统计成果

特征值系列	朱沱(三)水文站	寸滩水文站	巴东水位站	特征值系列	朱沱(三)水文站	寸滩水文站	巴东水位站
年均值	2.68	2.84	1.85	年最小值	2.95	4.13	2.47
年最大值	−2.06	−0.90	1.66	年极温差	−3.23	−3.33	−2.00

特征值系列		朱沱(三)水文站	寸滩水文站	巴东水位站	特征值系列		朱沱(三)水文站	寸滩水文站	巴东水位站
上旬	1月(消落期)	1.73	2.73	2.75	7月(汛期)		−0.39	0.13	−0.90
中旬		2.34	3.66	2.61			−0.55	−0.22	−1.79
下旬		2.89	3.73	2.47			0.07	0.00	−0.49
上旬	2月(消落期)	3.23	3.45	2.69	8月(汛期)		−0.63	−0.14	0.62
中旬		1.18	1.32	2.61			−0.07	0.18	1.37
下旬		1.30	0.73	2.95			0.86	1.25	1.65
上旬	3月(消落期)	1.34	1.02	2.61	9月(汛期)		0.91	1.18	1.85
中旬		0.09	0.00	3.02			1.31	1.81	1.99
下旬		0.88	0.16	2.55			2.70	2.54	1.31
上旬	4月(消落期)	−0.14	−0.84	2.27	10月(蓄水期)		3.83	3.54	−0.27
中旬		−0.48	−0.29	1.31			3.31	2.86	0.35
下旬		−1.47	−0.95	0.96			3.67	3.29	0.21
上旬	5月(消落期)	−1.93	−1.73	1.65	11月(高水运行期)		3.70	3.25	0.41
中旬		−2.40	−1.31	1.31			2.39	2.57	1.30
下旬		−0.57	0.00	0.82			2.45	2.31	1.31
上旬	6月(汛期)	−1.81	−2.15	−0.07	12月(高水运行期)		4.09	3.34	1.65
中旬		−2.27	−1.54	−0.07			3.61	3.75	2.21
下旬		−0.77	0.16	−0.83			3.20	3.72	2.89

从各旬水温系列变化趋势来看,消落期1月、蓄水期10月和高水运行期11—12月旬水温呈现显著上升趋势,汛期旬水温多呈现下降趋势,表明库区受水库滞热影响水温过程呈均化特征。

5.3.4 水温特征值突变检验

同样,采用MK法对水温特征值进行突变检验(图5.5至图5.7)。突变年份前后水温变化情况见表5.3。

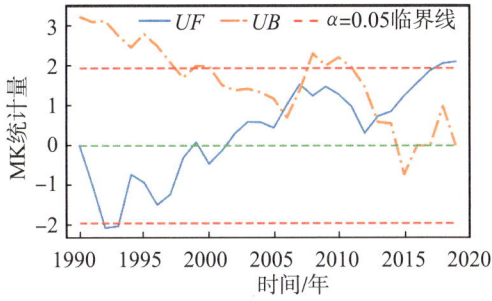

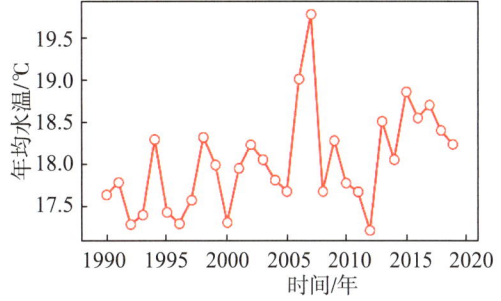

（a）朱沱（三）水文站

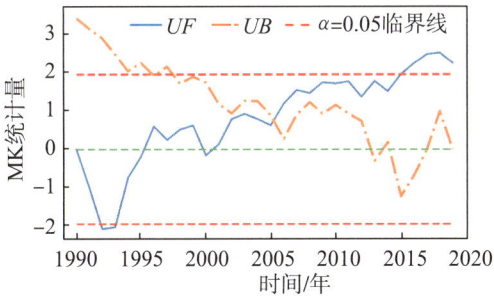

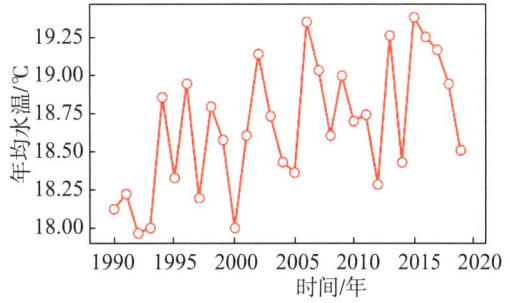

（b）寸滩水文站

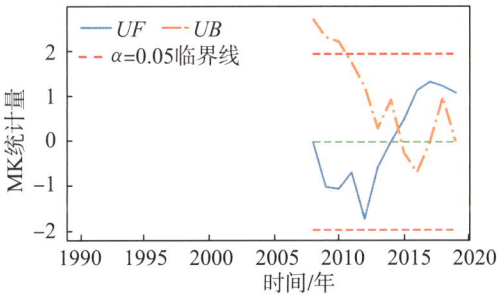

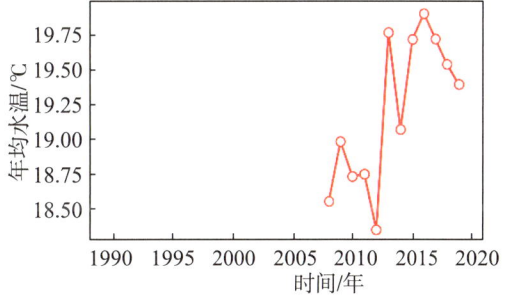

（c）巴东（三）水位站

图 5.5　三峡库区水文（位）站年均水温系列 MK 突变检验和过程图

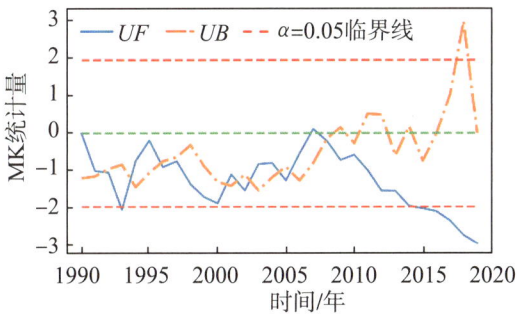

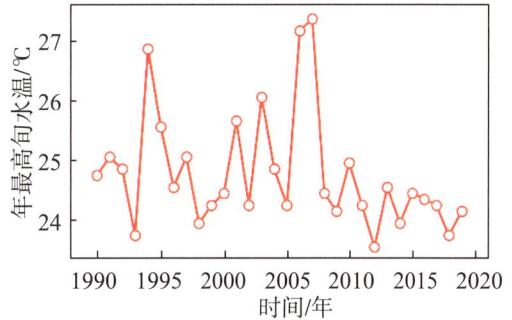

（a）朱沱（三）水文站

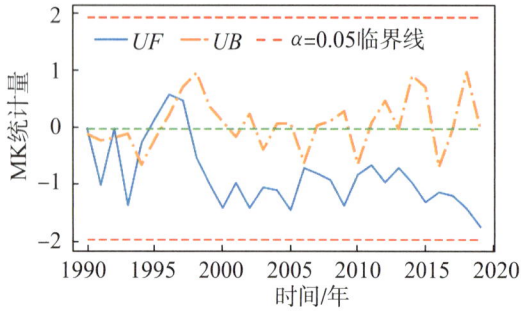

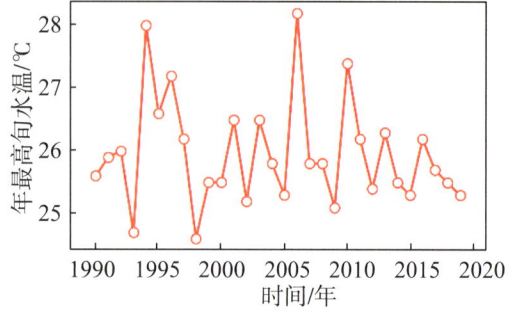

（b）寸滩水文站

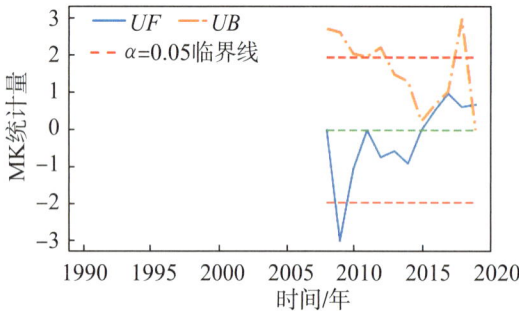

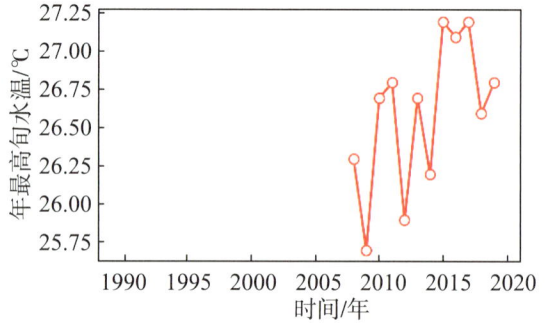

（c）巴东（三）水位站

图 5.6　三峡库区水文（位）站年最高旬水温系列 MK 突变检验和过程

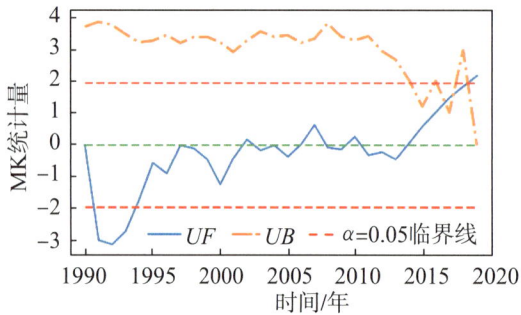

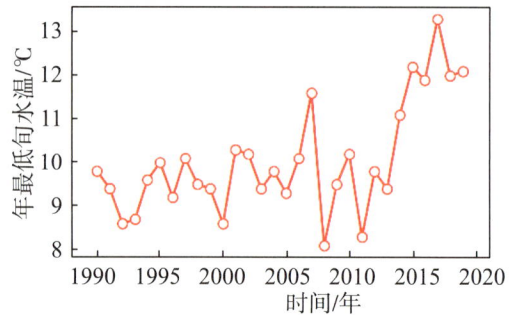

（a）朱沱（三）水文站

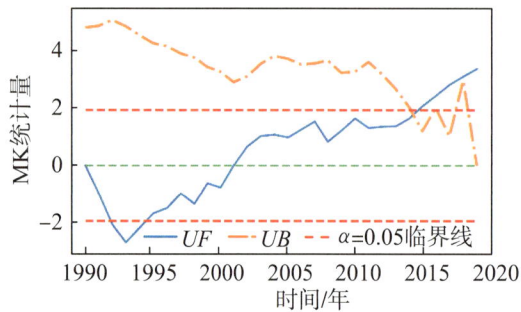

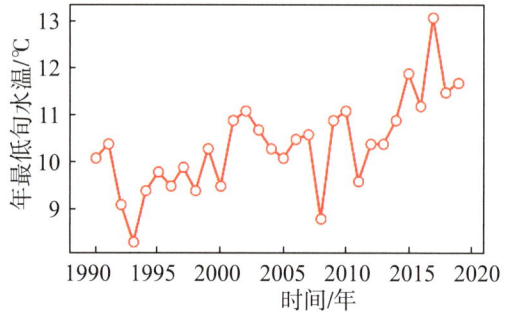

（b）寸滩水文站

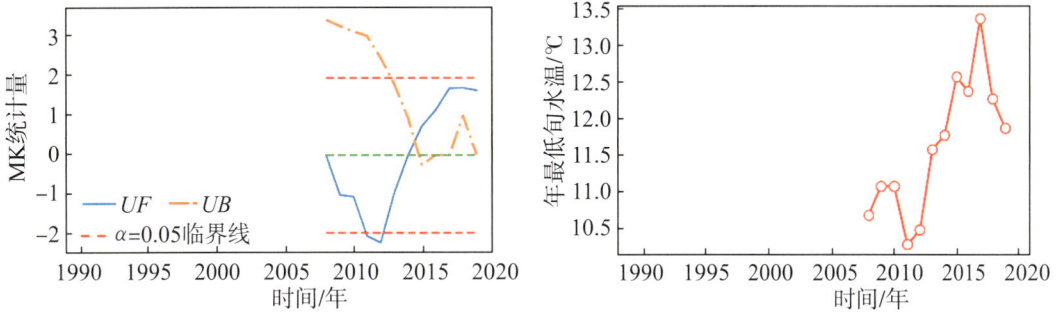

(c)巴东(三)水位站

图 5.7 三峡库区水文(位)站年最低旬水温系列 MK 突变检验和过程

表 5.3 三峡库区水文(位)站特征值突变年份前后均值变化 (单位:℃)

特征值	站点	突变年份	突变前均值	突变后均值	差值
年均值	朱沱(三)水文站	2006	17.8	18.4	0.6
	寸滩水文站	2006	18.5	18.9	0.4
	巴东(三)水位站	2015	18.9	19.7	0.8
年旬最大值	朱沱(三)水文站	2008	25.2	24.3	−0.9
年旬最小值	寸滩水文站	2015	10.1	11.9	1.8

图 5.5 年均值水温系列中,从 MK 突变检验图来看,朱沱和寸滩在 2006 年水温情势发生突变,年均温由低转而变高,朱沱 2006 年后较之前温度平均升高 0.6℃,寸滩升高 0.4℃,巴东在 2015 年发生突变,突变后均温升高 0.8℃,水温的上升与气候变暖和三峡水库蓄水至 156m 水库滞热有关。

图 5.6 年最高旬水温系列中,从 MK 突变检验图来看,朱沱和寸滩在研究时期内呈下降趋势,巴东 2014 年之后年最高旬水温呈上升趋势。结合滑动秩和检验突变点的显著性,朱沱站的突变点为 2008 年,突变后最高水温降低,较 2008 年之前平均降低约 0.9℃。

图 5.7 年最低旬水温系列中,从 MK 突变检验图来看,朱沱和寸滩在 2000 年后系列呈上升趋势,巴东 2015 年之后呈上升趋势。结合滑动秩和检验突变点的显著性,寸滩站的突变点为 2015 年,突变后最低水温升高,较 2015 年之前平均升高约 1.8℃。

5.4 长江中下游河流水温变化

5.4.1 特征指标统计分析

长江中下游干流有水温数据的水文站共 3 个:宜昌、汉口(武汉关)、大通,3 个水文站点旬水温变化过程见图 5.8,其旬水温年内年际统计特征值见表 5.4。

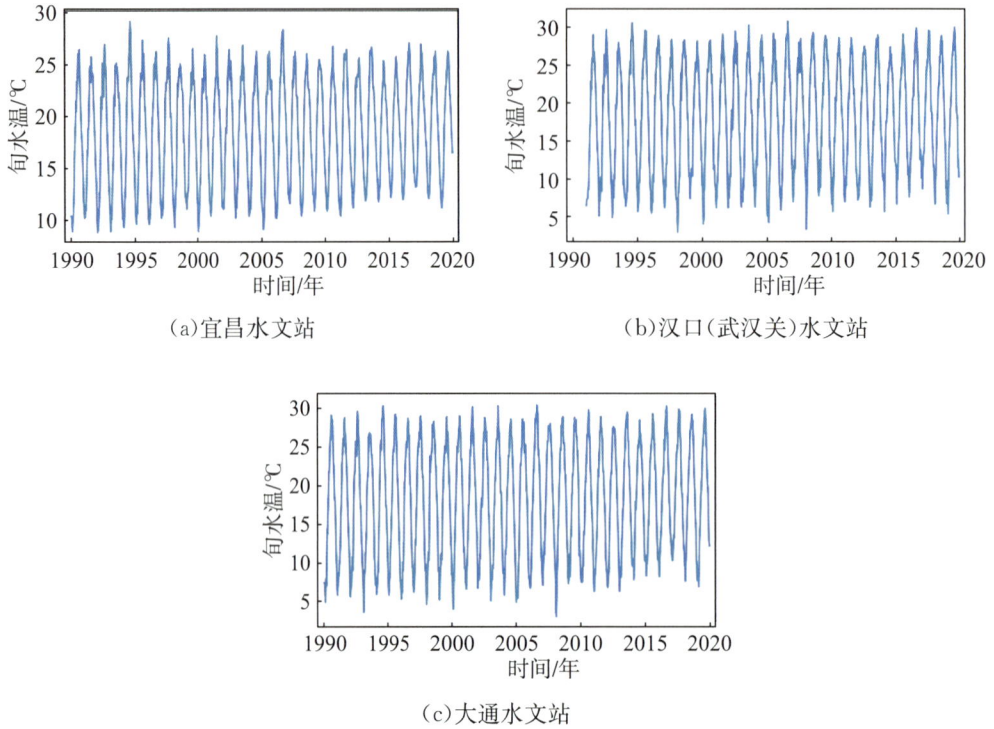

（a）宜昌水文站

（b）汉口（武汉关）水文站

（c）大通水文站

图 5.8　长江中下游干流水文站旬水温变化过程

表 5.4　　　　　　　　　　长江中下游干流水文站点各阶段水温特征统计

阶段	特征值	宜昌水文站	汉口（武汉关）水文站	大通水文站	特征值	宜昌水文站	汉口（武汉关）水文站	大通水文站
1990—2019	年均值 /℃	18.7	18.4	18.5	不均匀系数 C_i	0.28	0.40	0.40
1990—2002		18.4	17.9	18.0		0.30	0.42	0.42
2003—2008		18.8	18.7	18.7		0.28	0.40	0.41
2009—2019		19.1	18.8	18.9		0.26	0.37	0.38
1990—2019	年最大值 /℃	26.6	29.2	29.3	集中度 C_d	0.19	0.28	0.29
1990—2002		26.8	29.2	29.2		0.21	0.29	0.29
2003—2008		26.8	29.7	29.3		0.20	0.28	0.32
2009—2019		26.4	29.1	29.5		0.18	0.26	0.26
1990—2019	年最小值 /℃	10.6	6.1	6.3	集中期 （旬）	22.40	21.30	21.40
1990—2002		9.8	5.7	5.5		21.30	21.10	21.30
2003—2008		10.4	5.6	5.5		22.40	21.20	20.80
2009—2019		11.7	6.9	7.7		23.80	21.60	21.80

阶段	特征值	宜昌 水文站	汉口 （武汉关） 水文站	大通 水文站	特征值	宜昌 水文站	汉口 （武汉关） 水文站	大通 水文站
1990—2019	年极温差 /℃	16.0	23.1	23.0				
1990—2002		17.0	23.4	23.6				
2003—2008		16.4	24.1	23.8				
2009—2019		14.7	22.2	21.8				

由表 5.4 可见，年均值方面，宜昌、汉口和大通水温随时间逐步上升，2009—2019年较 1990—2002 年平均上升 0.8℃，较 2003—2008 年上升 0.2℃。年最大值方面，受三峡水库下泄水温影响最大的宜昌站 2009—2019 年水温较 2008 之前有所降低，年最小值方面，宜昌、汉口和大通站较 2008 年之前则有较大提升，使得 2009 年之后年极差进一步减小。从不均匀系数 C_i 和集中度 C_d 上来看，C_i 和 C_d 随时间减小，表明水温过程呈现均化特征。从集中期来看，宜昌 1990—2002 年峰值相位处于 7 月下旬，2003—2008 年处于 8 月上旬，2009—2019 年处于 8 月中旬，随着三峡水库的建成蓄水下游河道水温峰值有所推迟。

5.4.2　阶段性水温过程变化

为进一步分析长江中下游干流站点水温的阶段性特征，绘制 1990—2002 年、2003—2008 年和 2009—2019 年旬均水温过程线图进行对比（图 5.9），受三峡水库蓄水下泄影响，宜昌站 2003 年后水温过程较 1990—2002 年有较大相位偏移和数值变化，1 月和 8—12 月水温较 2002 年之前有较大上升，2—7 月水温有较大下降，即呈现低温上升、高温下降的均化特征，汉口和大通站呈现同样特征，但变化幅度较小。

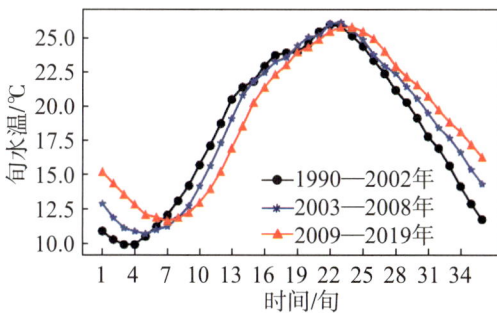

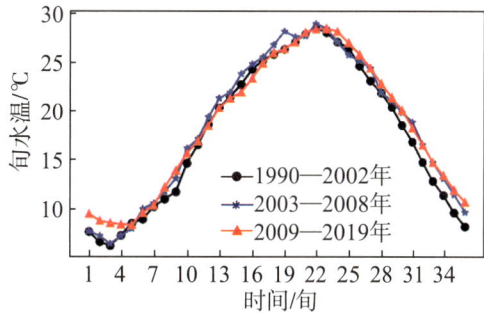

(a)宜昌水文站　　　　　　　　　(b)汉口（武汉关）水文站

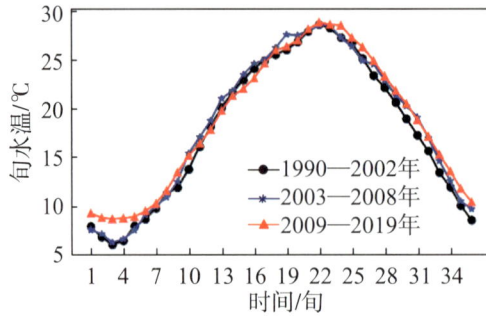

(c)大通水文站

图5.9 长江中下游干流水文站各阶段旬均水温过程

针对三峡水库4个年内运行时期：消落期（1—5月）、汛期（6—9月）、蓄水期（10月）、高水运行期（11—12月），绘制长江中下游干流3个站点各时期水温均值柱状图（图5.10），以比较水温在不同阶段的不同运行时期的变化特征。从图5.10中可见，宜昌站在三峡消落期水温略有下降，蓄水期和高水运行期水温随时间阶段上升幅度较大，汉口和大通消落期、蓄水期和高水运行期水温均随时间逐步上升。

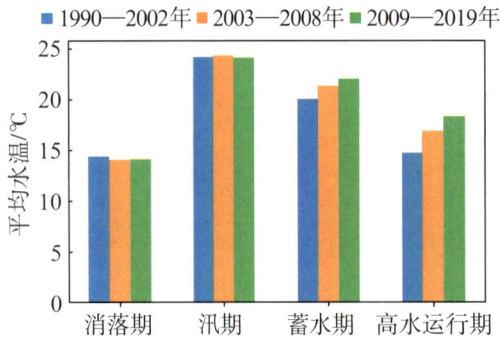

(a)宜昌水文站

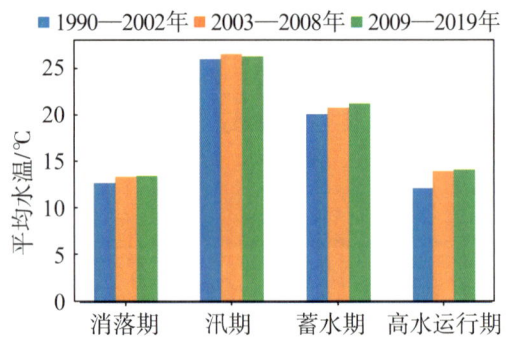

(b)汉口（武汉关）水文站

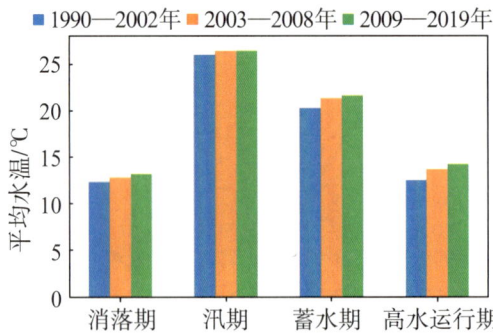

(c)大通水文站

图5.10 长江中下游干流水文站各阶段各时期水温均值

5.4.3　水温序列趋势检验

采用 MK 法对长江中下游干流各站点水温特征值和各旬水温系列进行趋势性检验，MK 统计值见表 5.5，Z 值大于 1.96 为通过 $\alpha=0.05$ 显著性上升趋势检验，Z 值小于 -1.96 为通过 $\alpha=0.05$ 显著性下降趋势检验的情况。从统计表中可见，各站点年均值有显著上升趋势，宜昌和大通年最小值有显著上升趋势，年极温差有显著下降趋势，说明水温过程出现坦化特征。

表 5.5　　　　　　　　　　长江中下游干流水文站水温系列 MK 值统计成果

特征值系列		宜昌水文站	汉口（武汉关）水文站	大通水文站	特征值系列	宜昌水文站	汉口（武汉关）水文站	大通水文站
年均值		3.96	3.77	4.14	年最小值	5.12	1.88	3.86
年最大值		−0.65	0.24	0.79	年极温差	−4.04	−1.82	−2.93
1 月（消落期）	上旬	6.13	2.89	3.06	7 月（汛期）	−0.50	0.32	0.98
	中旬	6.00	3.79	3.59		−0.57	−0.26	0.18
	下旬	5.63	2.76	4.11		−0.91	0.19	0.48
2 月（消落期）	上旬	5.54	1.33	3.50	8 月（汛期）	−0.59	0.43	1.07
	中旬	4.59	0.08	1.66		−0.25	0.64	0.73
	下旬	2.61	1.56	1.54		0.95	1.94	1.79
3 月（消落期）	上旬	−0.02	1.26	1.16	9 月（汛期）	1.57	0.83	1.39
	中旬	−2.02	3.27	1.48		2.54	2.76	3.45
	下旬	−3.05	3.29	2.98		4.07	3.53	3.90
4 月（消落期）	上旬	−3.59	2.89	2.86	10 月（蓄水期）	4.49	1.64	3.87
	中旬	−3.39	1.20	2.23		4.66	1.80	3.25
	下旬	−4.38	0.55	0.45		4.79	2.44	3.45
5 月（消落期）	上旬	−4.43	−0.64	−0.57	11 月（高水运行期）	5.47	2.42	3.74
	中旬	−3.93	−0.08	−0.73		5.66	2.40	3.14
	下旬	−2.05	−0.51	−0.34		5.61	2.70	3.78
6 月（汛期）	上旬	−3.36	−1.30	−1.34	12 月（高水运行期）	5.57	2.76	3.64
	中旬	−3.40	−0.39	0.14		5.57	2.91	3.19
	下旬	−2.34	−0.17	0.45		5.79	3.19	4.04

从各旬水温系列变化趋势来看，宜昌站消落期 1 月、2 月、汛期 9 月中下旬、蓄水期 10 月和高水运行期 11—12 月旬水温呈现显著上升趋势，消落期 3—5 月、汛期 6 月旬水温多呈现显著下降趋势，表明河道水温受三峡秋冬季下泄高温水、春季下泄低温

水影响较大。汉口和大通受三峡、区间来水、气候等多要素影响在秋冬季水温同样呈现显著上升趋势。

5.4.4 水温特征值突变检验

同样,采用MK法对水温特征值进行突变检验(图5.11至图5.13)。突变年份前后水温变化情况见表5.6。

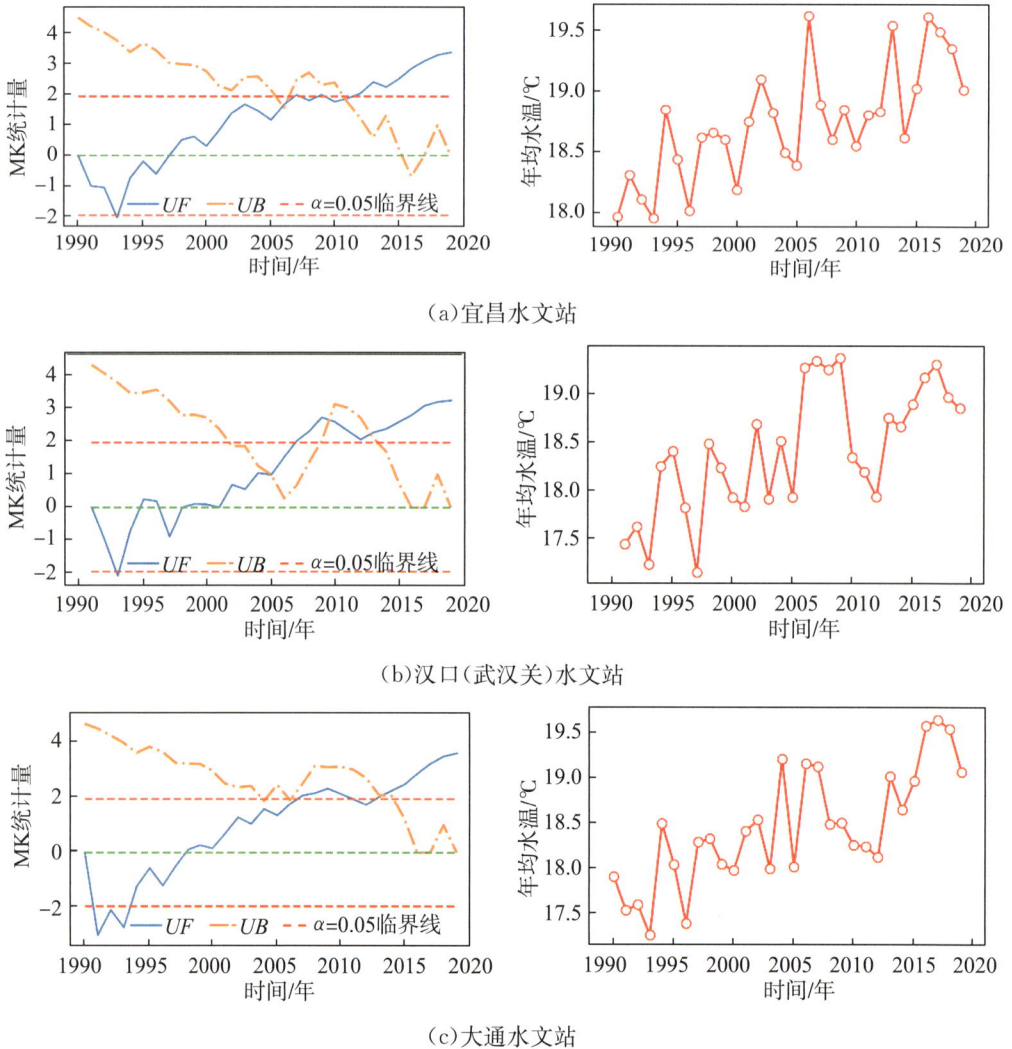

（a）宜昌水文站

（b）汉口(武汉关)水文站

（c）大通水文站

图5.11 长江中下游干流水文站年均水温系列MK突变检验和过程

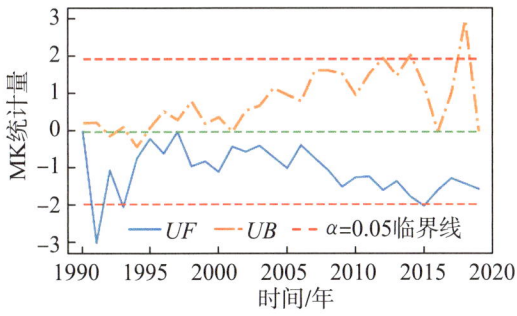

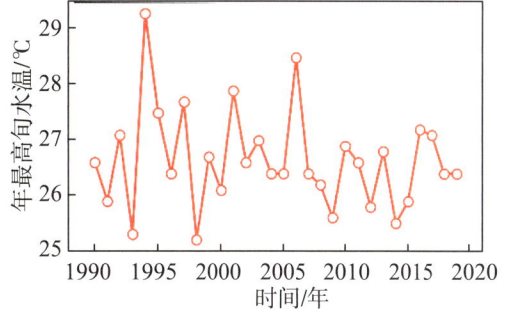

(a)宜昌水文站

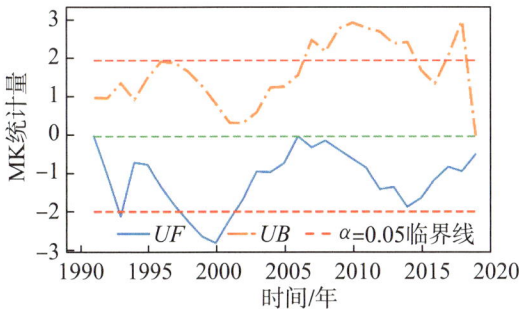

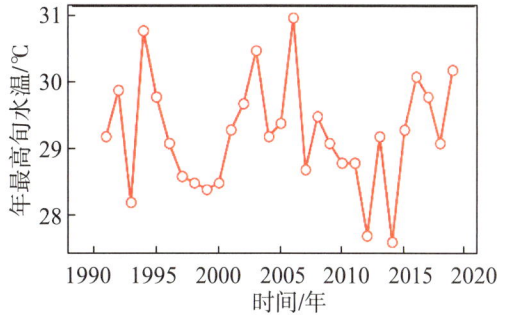

(b)汉口(武汉关)水文站

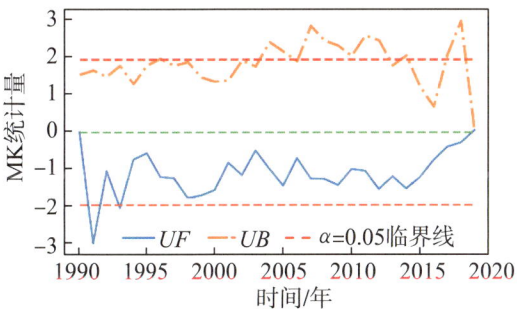

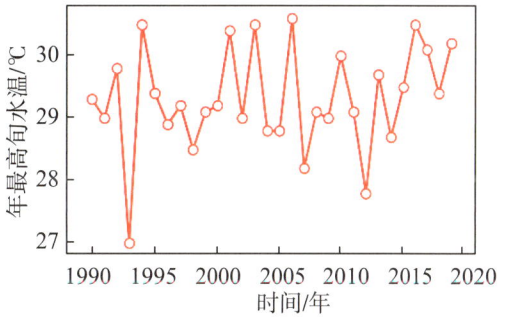

(c)大通水文站

图 5.12　长江中下游干流水文站年最高旬水温系列 MK 突变检验和过程

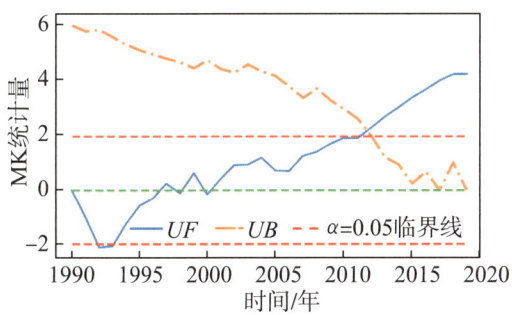

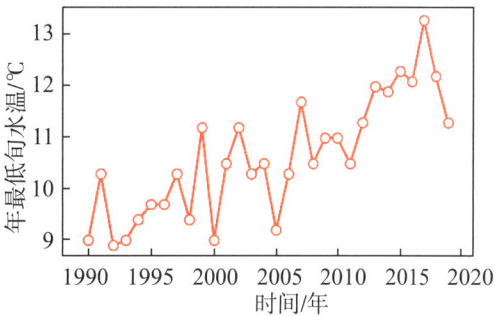

(a)宜昌水文站

(b)汉口(武汉关)水文站

(c)大通水文站

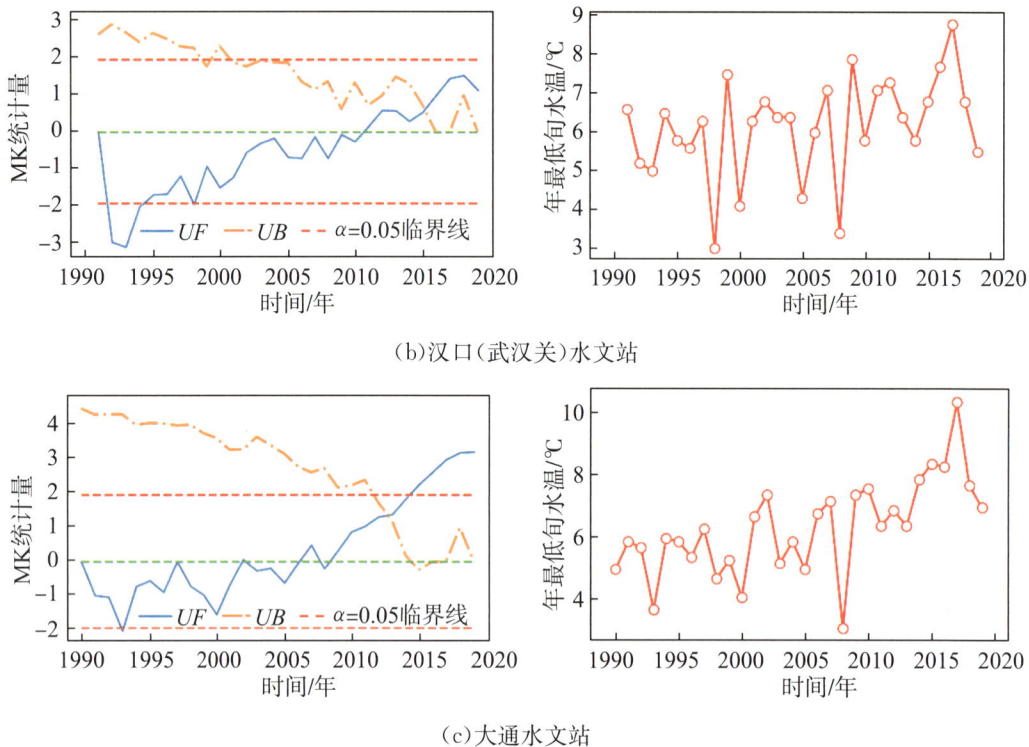

图 5.13 长江中下游干流水文站年最低旬水温系列 MK 突变检验和过程

表 5.6　　　　　　　长江中下游干流水文站特征值突变年份前后均值变化　　　　　(单位:℃)

特征值	站点	突变年份	突变前均值	突变后均值	差值
年均值	宜昌	2006	18.5	19.1	0.6
	汉口	2007	18.1	18.9	0.8
	大通	2007	18.1	18.9	0.8
年旬最小值	宜昌	2012	10.1	12.1	2.0
	大通	2013	5.8	8.0	2.2

图 5.11 年均值水温系列中,从 MK 突变检验图来看,宜昌站年均温在 2006 年发生突变,突变后水温稳步上升,2006 年后均温较之前提升约 0.6℃;汉口和大通的突变时间均为 2007 年,突变后水温较之前均提升约 0.8℃,2006 年是三峡蓄水至 156m 时间节点,水温的上升与气候变暖和三峡水库春季下泄高温水有关。

图 5.12 年最高旬水温系列中,从 MK 突变检验图来看,宜昌、汉口和大通在研究时段内均呈下降趋势,未检测到明显突变点,从过程线来看,2006 年之后水温离散程度较之前低。

图 5.13 年最低旬水温系列中,从 MK 突变检验图来看,宜昌站突变点为 2012 年,突变后水温较之前上升约 2℃;汉口站 UF 和 UB 交点为 2015 年,结合滑动秩和

检验发现突变不显著;大通站突变点为 2013 年,突变后水温较之前上升约 2.2℃。

5.5　水温特征沿程变化分析

本节对三峡库区及长江中下游干流水温 3 个时期(1990—2002 年三峡水库蓄水前、2003—2008 年水库蓄水初期、2009—2019 年水库实施汛末提前蓄水和中小洪水调度期)多年平均值、最大值、最小值、温差进行了沿程变化分析,见表 5.7 和图 5.14。

表 5.7　　　　　　　三峡库区及长江中下游干流水温特征值各时期统计

特征值	阶段	朱沱	寸滩	巴东	宜昌	汉口(武汉关)	大通
距入海口距离/km		2645	2497	1964	1848	1136	624
多年平均水温/℃	1990—2019	18.0	18.7	19.2	18.7	18.4	18.5
	1990—2002	17.8	18.5	/	18.4	17.9	18.0
	2003—2008	18.4	18.8	18.6	18.8	18.7	18.7
	2009—2019	18.2	18.9	19.3	19.1	18.8	18.9
多年平均最高水温/℃	1990—2019	24.8	26.0	26.6	26.6	29.2	29.3
	1990—2002	24.9	26.0	/	26.8	29.2	29.2
	2003—2008	25.7	26.2	26.3	26.8	29.7	29.3
	2009—2019	24.3	25.8	26.6	26.4	29.1	29.5
多年平均最低水温/℃	1990—2019	10.1	10.4	11.6	10.6	6.1	6.3
	1990—2002	9.5	9.8	/	9.8	5.7	5.5
	2003—2008	9.7	10.2	10.7	10.4	5.6	5.5
	2009—2019	10.9	11.2	11.7	11.7	6.9	7.7
多年平均年温差/℃	1990—2019	14.8	15.6	15.0	16.0	23.1	23.0
	1990—2002	15.4	16.1	/	17.0	23.4	23.6
	2003—2008	16.0	16.1	15.6	16.4	24.1	23.8
	2009—2019	13.4	14.7	14.9	14.7	22.2	21.8

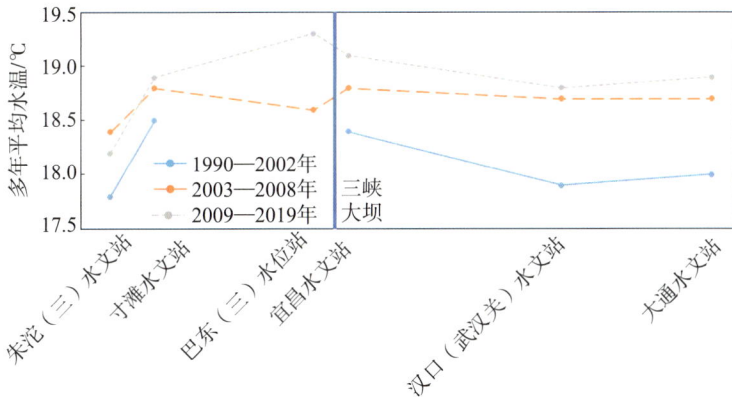

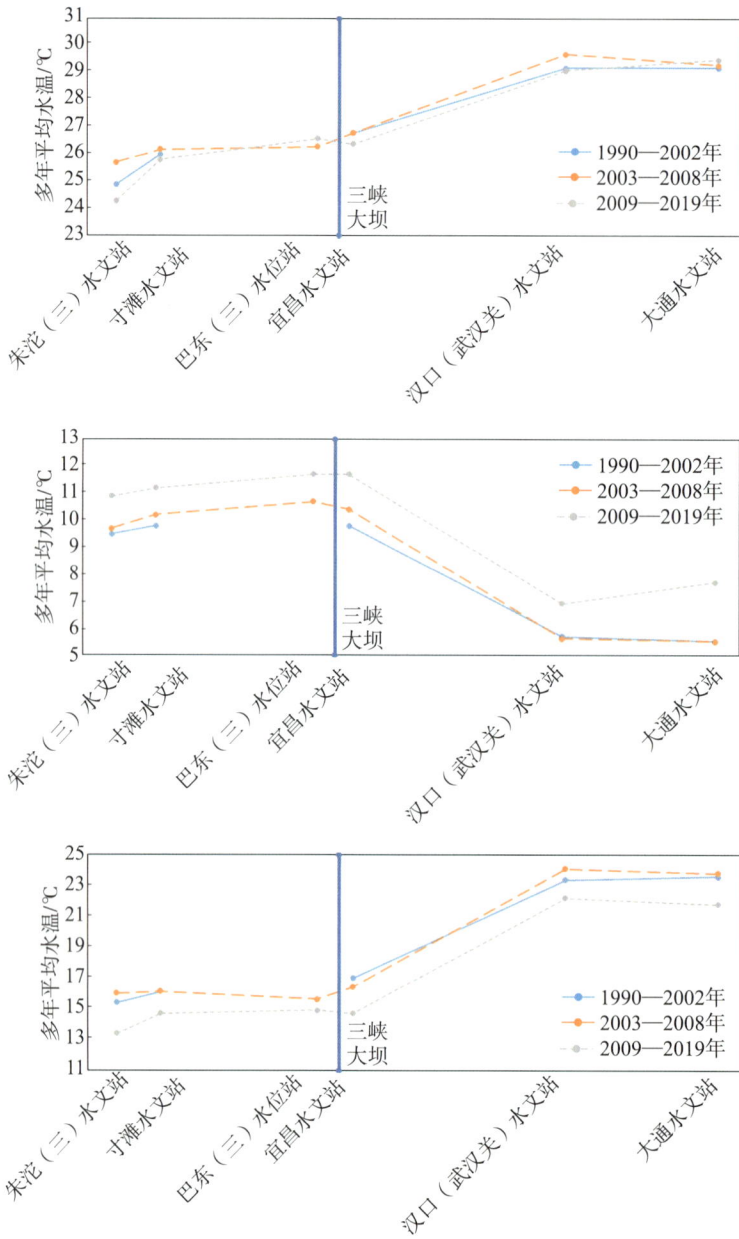

图 5.14　三峡库区及长江中下游干流水文站水温特征值各时期沿程变化

从多年平均水温沿程变化来看,朱沱(三)水文站至寸滩水文站基本保持温升趋势,温度升幅较大,约为 0.5℃/100km,在三峡水库蓄水滞热的影响下,寸滩水文站至巴东(三)水位站由 2003—2008 年时期的沿程温降趋势(−0.04℃/100km)转变为 2009—2019 年时期的沿程温升趋势(0.08℃/100km),巴东(三)水位站至宜昌水文站由 2003—2008 年时期的沿程温升趋势(0.17℃/100km)转变为 2009—2019 年时期的沿程温降趋势(−0.17℃/100km),宜昌水文站至大通水文站各时期沿程特征基本一致,先沿程降温再缓慢沿程升温,但宜昌水文站至汉口水文站的温降幅度由 1990—2002 年时期的 $-0.07℃/100km$ 减缓为 $-0.04℃/100km$。2009—2019 年时期各站点平均水温较历史时期已有一定幅度的上升,升幅为 $0.4\sim0.9℃$。

从多年平均最高、最低水温沿程变化来看,3 个时期水温沿程变化趋势基本一致,最高水温从上游至下游均呈上升趋势,其中寸滩水文站至巴东(三)水位站、汉口水文站至大通水文站区间最高水温变化不大。最低水温从朱沱(三)水文站至巴东(三)水位站呈沿程上升趋势,巴东(三)水位站至宜昌水文站由温降转变为温升趋势,宜昌水文站至汉口水文站在沿程气温、支流汇入的影响下呈温降趋势,温度降幅较大,约为 $-0.67℃/100km$,2009—2019 年时期汉口水文站至大通水文站最低水温为沿程上升趋势。2009—2019 年时期各站点平均最低水温相较历史时期已有较大幅度的上升,升幅为 $1.4\sim2.2℃$;平均最高水温变化不大,略有下降,降幅为 $-0.1\sim-0.6℃$。

多年平均年温差沿程变化与多年平均最高水温沿程变化基本一致,从上游至下游均呈上升趋势,其中宜昌水文站至汉口水文站区界温差升幅较大,约为 $1.05℃/100km$,2009—2019 年各站点平均温差较前两个时期较小,减少幅度为 $1.2\sim2.3℃$。

总体来看,水温特征值沿程变化上在三峡大坝工程上下游附近有明显改变,其他各区间温度变化趋势基本未发生改变,同时现阶段各站点水温特征值较历史时期已有较大变化,平均水温较历史时期升幅为 $0.4\sim0.9℃$,平均最高水温降幅为 $-0.1\sim-0.6℃$,平均最低水温升幅为 $1.4\sim2.2℃$,平均温差减少幅度为 $1.2\sim2.3℃$,应是流域水利工程建设和气候变化影响的综合反映。

5.6　本章小结

本章以三峡工程建设为核心,系统分析了 1990—2019 年三峡库区及长江中下游河道水温的时空演变特征。基于 6 个水文(位)站(库区朱沱(三)水文站、寸滩水文站和巴东(三)水位站 3 个,中下游宜昌水文站、汉口(武汉关)水文站和大通水文站 3 个)的旬均水温数据,采用统计分析与 MK 趋势及突变检验方法,结合三峡水库蓄水阶段与运行周期,得出的主要结论如下。

(1)三峡库区水温变化特征

一是均化趋势显著,年均水温整体上升,年极温差减小,不均匀系数与集中度持续下降,表明水温年内分布趋于均匀。二是呈现阶段性差异,2003 年蓄水后年内 10 月蓄水期与 11—12 月高水运行期水温升高;集中期上 2009 年后峰值推迟,朱沱和寸滩水温峰值延迟至 7 月下旬,巴东延迟至 8 月中旬,较 2008 年之前推迟 1 旬。三是在趋势与突变检验方面，年均值与年最小值系列呈显著上升趋势（$Z>1.96$），年温差系列呈显著下降趋势，MK 检验显示朱沱、寸滩年均值在 2006 年突变（升温 $0.4\sim$ $0.6\,℃$），巴东在 2015 年突变（升温 $0.8\,℃$），与水库蓄水及气候变暖相关。

（2）长江中下游干流水温变化特征

一是受水库调控影响明显，宜昌站年均水温显著上升，2009 年后较 1990—2002 年增加 $0.7\,℃$，年极差减小，2009 年后较 1990—2002 年减低 $2.3\,℃$，呈现"低温升、高温降"的均化特征，汉口、大通站变化趋势类似但幅度较小。二是在相位偏移与季节响应方面，宜昌站集中期指标在蓄水后表现为水温峰值推迟特征，由 1990—2002 年 7 月下旬延至 2009—2019 年 8 月中旬，秋、冬季（11—12 月）水温显著上升（$Z>5.0$），春季（3—5 月）水温下降（$Z<-2$），反映水库下泄水温的季节性调控效应。三是在突变特征检验方面，年均值在 2006 年、2007 年突变，宜昌、汉口、大通水文站升温 $0.6\sim$ $0.8\,℃$，宜昌、大通水文站年最低水温分别在 2012 年、2013 年突变，温度升幅 $2\,℃$、$2.2\,℃$，与三峡水库蓄水的滞热效应密切相关。

（3）沿程变化上

水温特征值在三峡大坝工程上下游附近沿程分布趋势有明显改变，其他各区间温度变化趋势基本未发生改变，同时现阶段各站点水温特征值较历史时期已有较大变化，平均水温较历史时期升幅为 $0.4\sim0.9\,℃$，平均最高水温降幅为 $-0.1\sim-$ $0.6\,℃$，平均最低水温升幅为 $1.4\sim2.2\,℃$，平均温差减少幅度为 $1.2\sim2.3\,℃$，是流域水利工程建设和气候变化影响的综合反映。

三峡工程通过蓄水调度显著改变了长江天然水文节律，导致水温过程均化、峰值延迟、生态连通性下降等，这种变化可能影响水生生物物候与栖息环境，需进一步研究生态响应机制。未来应加强多目标协同调度，平衡防洪、发电与生态保护，为长江经济带可持续发展提供支撑。

第 6 章　丹江口水库建设对汉江中下游河道水温的长期累积性影响研究

6.1　流域概况

6.1.1　自然地理

汉江流域位于东经 $106°15'\sim114°20'$、北纬 $30°10'\sim34°20'$，流域面积约 15.9 万 km^2，是长江最大的支流。汉江发源于秦岭南麓宁强县，向东南穿越秦巴山地的陕西省汉中、安康等市，进入鄂西北后过十堰流入丹江口水库，出水库后继续向东南流，过襄阳、荆门等市，在武汉市汇入长江，干流全长 1577km。汉江干流流经陕西、湖北两省，支流延展于甘肃、四川、河南、重庆 4 省（直辖市）。

汉江流域北部以秦岭、外方山与黄河流域分界，东北以伏牛山、桐柏山构成与淮河流域的分水岭，西南以大巴山、荆山与嘉陵江、沮漳河为界，东南为江汉平原。流域地势西高东低，由西部的中低山区向东逐渐降至丘陵平原区。

6.1.2　水文气象

6.1.2.1　水文特征

汉江流域年径流的地区分布与降水分布大体一致，流域内径流深为 $300\sim900mm$。径流年内分配极为不均匀，据皇庄水文站资料统计，丹江口建库前汛期（5—10 月）径流量占年径流量的 78%，丹江口初期规模建库后汛期径流量占年径流量的 70%。汉江多年平均连续最大 4 个月径流占全年径流的 $60\%\sim65\%$，白河以上为 60%，白河以下为 $60\%\sim65\%$。出现时间由东向西推迟，襄阳以下在 4—7 月和 5—8 月，襄阳以上为 7—10 月，汛期径流占年径流的 $72\%\sim77\%$。

汉江径流年际变化也很大，以皇庄水文站为例，其最丰年（1964 年）径流量达

1060 亿 m^3,最枯年(1999 年)径流量只有 182 亿 m^3,极值比为 5.82。汉江流域年径流变差系数 C_v 值为 0.3~0.6,其分布趋势由西向东递增。

6.1.2.2 气象特征

(1)气温

流域内多年平均气温 12~16℃,汉中以北为一低值区,由上游向下游递增。月平均最高气温发生在 7 月,其变幅为 24~29℃;月平均最低气温发生于 1 月,其变幅为 0~3℃。极端最高气温除佛坪站为 36.4℃ 以外,其余均在 40℃ 以上,其中 1966 年 7 月 19 日十堰市郧阳区 42.7℃ 为最高;极端最低气温为 -17~-10℃,以房县的 -17.6℃ 为最低,出现于 1977 年 1 月 30 日。各地区最低气温低于 0℃ 的日数为 42~70 天,以房县 70.2 天最长。

(2)降水

汉江流域属东亚副热带季风气候区,冬季受欧亚大陆冷高压影响,夏季受西太平洋副热带高压影响,气候具有明显的季节性,冬有严寒,夏有酷热。流域多年平均年降水量为 700~1100mm,由上游向下游增大,上游地区由南向北减少。降水年内分配不均匀,5—10 月降水占全年的 70%~80%,其中 7 月、8 月、9 占年降水量的 40%~60%。

(3)蒸发

汉江流域内水面蒸发变化在 700~1100mm。其分布趋势大致由西南向东北递增。秦巴山地为水面蒸发小于 800mm 的低值带。丹江上游、南襄盆地为水面蒸发 1000mm 的高值带。1100mm 的高值区位于南襄盆地内乡、镇平、邓州之间和湖北枣阳以南、豫、鄂交界处的局部地区。其余大部分地区的水面蒸发变化为 900~1000mm。

水面蒸发的年内分配以 1 月或 12 月最小,如安康多年平均 12 月水面蒸发仅 14.6mm;以 6 月、7 月最大,如中游吕堰驿 6 月水面蒸发高达 256.8mm。

6.1.3 河流水系

汉江流域水系发育,呈叶脉状,支流一般短小,左、右岸支流不平衡,流域面积大于 1000km² 的一级支流共有 23 条,其中集水面积在 1 万 km² 以上的有唐白河、堵河与丹江;集水面积在 0.5 万~1 万 km² 的有旬河、夹河和南河;集水面积在 0.1 万~0.5 万 km² 的有褒河、湑水河、酉水河、子午河、池河、天河、月河、玉带河、任河、岚河、牧马河、北河及蛮河等。

丹江口以上为上游,河长约 925km,控制流域面积 9.52 万 km²,以中低山为主,河谷深切、两岸坡陡,水深,水流湍急且多河滩;勉县—丹江口河段平均比降约 0.6‰,

河床坡降大,水能资源丰富。入汇的主要支流左岸有襄河、旬河、夹河、丹江;右岸有任河、堵河。

丹江口—钟祥为中游,河长 270km,控制流域面积 4.68 万 km²,河段流经丘陵河谷盆地,中游以平原为主,河床不稳定,时冲时淤,沙滩甚多,入汇的主要支流左岸有唐白河,右岸有南河和蛮河。

钟祥以下为下游,全长 382km,集水面积 1.7 万 km²,河道弯曲,洲滩较多,两岸筑有堤防,河道逐渐缩窄,洪水期在潜江处有东荆河自然分流汇入长江,入汇的主要支流为左岸的汉北河。

6.1.4　水利工程

6.1.4.1　水库工程

根据《汉江流域综合规划》(2022 年),汉江干流梯级开发方案为:黄金峡、石泉、喜河、安康、旬阳、蜀河、白河、孤山、丹江口、王甫洲、新集、崔家营、雅口、碾盘山、兴隆等共 15 级。总装机容量 3856.5MW,多年平均年发电量 133 亿 kW·h。

汉江干流梯级开发代表方案主要技术经济指标见表 6.1。其中,丹江口水库是南水北调中线工程的唯一水源,丹江口大坝加高是南水北调中线工程水源工程的主要控制性工程之一,2013 年 5 月完成了加高工程,2014 年 12 月向北供水。丹江口水库初期规模的正常蓄水位 157m,大坝加高后正常蓄水位 170m,若遇 1935 年同大洪水(相当 100 年一遇),经水库调节及杜家台分洪工程配合运用,新城以上个别民垸分蓄洪(约 4.52 亿 m³)配合,可保证遥堤及汉江干堤安全。下游最小通航流量 200m³/s,最大通航流量 6200m³/s,大坝加高后不变。

丹江口水库以下的中下游干流河段共 6 个梯级电站,均为平原型河床式水库。各梯级详情如下。

表 6.1　汉江干流梯级开发代表方案主要技术经济指标

项目	建设地点	距河口距离/km	坝址集水面积/km²	多年平均流量/(m³/s)	正常蓄水位/m	死水位/m	总库容/亿 m³	调节库容/亿 m³	调节性能	防洪库容/亿 m³	工程任务	装机容量/MW	多年平均年发电量/(亿 kW·h)
黄金峡	洋县	1256	17070	239	451.7	441.70	2.210	0.98	日		供水、发电、航运	135.0	3.870
石泉	石泉	1202	23400	330	410.0	400.00	3.860	1.67	季	0.976	发电、航运	225.0	8.000
喜河	石泉	1162	25200	352	362.0	360.00	2.100	0.20	日		发电、航运	180.0	5.300
安康	安康	1029	35700	526	330.0	300.00	31.000	16.70	季	3.600	发电、防洪	852.5	28.600
旬阳	旬阳	965	42400	635	241.0	239.00	3.250	0.46	日		发电、航运	320.0	8.590
蜀河	旬阳	920	49400	720	217.3	215.00	3.250	0.26	日		发电、航运	270.0	8.900
白河	白河郧西	865	53346	723	195.5	193.50	2.670	0.21	日		发电、航运	180.0	6.000
孤山	郧阳郧西	834	60440	783	179.0	176.77	2.120	0.24	日		航运、发电	180.0	5.900
丹江口	丹江口	652	95200	1230	170.0	150.00~145.00	339.500	161.20~187.00	多年调节	110.000~80.500	防洪、供水、发电、航运	900.0	33.780
王甫洲	老河口市	621	95886	819	88.0	87.25	3.095	0.28	日		发电、航运	109.0	4.250
新集	襄阳	562	103165	893	78.0	77.70	4.220	0.21	日		发电、航运	120.0	5.030
崔家营	襄阳	515	130624	1080	64.5	64.00	2.500	0.40	日		航运、发电	90.0	3.898
雅口	宜城	446	133087	1100	57.0	56.50	3.540	0.40	日		航运、发电	75.0	2.520
碾盘山	钟祥	390	140340	1590	52.5	52.00	9.020	0.83	日		发电、航运、灌溉、供水	180.0	6.160
兴隆	天门潜江	274	144200	1060	38.0		4.850		日		灌溉、航运	40.0	2.250

注：表中高程为吴淞高程系统。

（1）王甫洲

王甫洲水利枢纽是一个以发电为主,结合航运,兼有灌溉、养殖、旅游等综合效益的大(2)型水利工程,主体工程于 1995 年 2 月开工,2000 年 11 月首台机组发电,2001 年 12 月最后一台机组发电。其位于老河口市汉江干流上,上距丹江口水利枢纽 31km,老河口市市区下游约 3km 处,控制流域面积 9.59 万 km^2。

水库正常蓄水位 88m,总库容 3.095 亿 m^3,调节库容 0.28 亿 m^3,无调节洪水能力。工程设计洪水标准为 50 年一遇,校核洪水标准为 150 年一遇(丹江口大坝初期规模);相当于后期(丹江口大坝后期规模)洪水标准提高为 100 年一遇洪水设计,500 年一遇洪水校核。

电站为低水头径流式电站,装有 4 台贯流式机组,总装机 109MW,多年平均年发电量 4.25 亿 kW·h,主要供电襄阳地区。水库可为 2 万亩灌区提供自流引水条件。船闸近期可通过 300 吨级船队,远景可通过 500 吨级船队。该工程后期对丹江口电站起反调节作用,它为推动汉江中下游的治理开发创造了条件,也有利于南水北调中线工程的实施。

（2）新集

新集水电站位于襄阳市襄城区白马洞,上距王甫洲水利枢纽 59km,下距崔家营航电枢纽 47km,控制流域面积 10.32 万 km^2。工程主要开发任务为发电、航运。水库正常蓄水位 78m,死水位 77.7m,总库容 4.22 亿 m^3,调节库容 0.21 亿 m^3,具有日调节能力。工程设计洪水标准为 100 年一遇,校核洪水标准为 1000 年一遇(丹江口大坝后期规模)。电站装机容量为 120MW(4×30MW),发电保证率为 90%,保证出力 44.7MW,多年平均年发电量 5.03 亿 kW·h,船闸通航吨位为 1000 吨级,通航保证率为 95%。

（3）崔家营

崔家营航电枢纽工程位于襄阳市襄城区钱营村河段,上距丹江口水利枢纽 137km,控制流域面积 13.06 万 km^2。工程于 2005 年 11 月开工建设,2009 年 10 月首台机组一次并网成功,2010 年 8 月全部机组实现发电并网。工程采用坝式开发方式,开发任务以航运为主,结合发电,兼顾灌溉、旅游等综合效益。水库正常蓄水位 64.5m,死水位 64m,总库容 2.5 亿 m^3,调节库容 0.4 亿 m^3,具有日调节性能。枢纽主要建筑物采用 100 年一遇洪水设计,500 年一遇洪水校核(丹江口大坝后期规模)。本工程所在汉江段通航标准为Ⅲ等,船闸通航吨位为 1000 吨级,通航保证率为 97%。本工程电站总装机容量 90MW(6×15MW),发电设计保证率为 90%,设计保证出力 33MW。

（4）雅口

雅口航运枢纽工程位于宜城市雅口镇境内河段,采用坝式开发方式,开发任务以航运为主,结合发电,兼顾灌溉、旅游等综合利用效益。工程上距崔家营航电枢纽 69km,下距碾盘山水利枢纽 56km,坝址控制流域面积 13.31 万 km²,2022 年 1 月首台机组通过验收并启动发电。水库总库容 3.54 亿 m³,正常蓄水位 57m,死水位 56.5m,调节库容 0.4 亿 m³,具有日调节性能。枢纽主要建筑物按 50 年一遇洪水设计,300 年一遇洪水校核(丹江口大坝后期规模)。工程通航建筑物按Ⅲ(2)级航道标准设计,通航保证率为 98%;电站装机容量 75MW,发电保证率为 95%。本工程建成后,库区水位抬升,可改善襄阳、宜城两市 38.1 万亩农田的灌溉条件。

（5）碾盘山

碾盘山水利水电枢纽工程坝址位于钟祥市境内蛮河河口下游,控制流域面积 14.03 万 km²。开发任务以发电、航运为庄,兼顾灌溉供水。水库总库容 9.02 亿 m³,正常蓄水位 52.5m,死水位 52m,调节库容 0.83 亿 m³,具有日调节能力。工程洪水标准采用 100 年一遇,校核洪水标准为 500 年一遇(丹江口大坝后期规模)。工程采用河床式开发方式,电站装机容量 180MW(6×30MW),设计发电保证率为 90%,保证出力 47.6MW。工程通航建筑物按Ⅲ级航道标准、船闸过船能力 1000 吨级设计,设计通航保证率为 95%。本工程灌区范围均在钟祥市境内,设计灌溉面积约 46.29 万亩,其中新增灌溉面积约 5.49 万亩,改善灌溉面积约 40.8 万亩,设计灌溉保证率为 85%;工程供水对象为钟祥市城区,供水保证率为 95%。

（6）兴隆

兴隆水利水电枢纽工程坝址位于引江济汉工程出口上游约 2.7km 处,上距丹江口水利枢纽 378km,下距河口 274km,2013 年 11 月首台机组试运行。工程采用坝式开发方式,开发任务以灌溉、航运为主,兼顾发电。水库正常蓄水位 36.20m,总库容 4.85 亿 m³,总库容 4.85 亿 m³,水库无调节性能。枢纽建成后,可壅高水位改善库区 327.6 万亩农田的灌溉条件,使灌区灌溉保证率提高到 85%;库区航道等级提升为Ⅲ级,船闸通航吨位 1000 吨级,通航保证率为 95%;电站装机容量为 40MW(4×10MW),发电设计保证率为 95%,保证出力 8.7MW。

6.1.4.2　调引水工程

汉江流域已建和在建的较大规模的调引水工程共 4 处:南水北调中线工程、引汉济渭工程、引江济汉工程和引江补汉工程。汉江流域跨流域调水工程位置见图 6.1。数据分析截至 2021 年,在整个分析期内,运行的主要引调水工程分别为南水北调中线一期工程(2014 年 12 月)和引江济汉工程(2014 年 9 月)。

图 6.1　汉江流域跨流域调水工程位置

（1）南水北调中线工程

南水北调中线工程是缓解我国北方城市水资源严重短缺、实现水资源整体优化配置的重大战略性基础设施工程。该工程从汉江中上游的丹江口水库陶岔渠首闸引水，经长江流域与淮河流域的分水岭方城垭口，沿唐白河流域和黄淮海平原西部边缘开挖渠道，在河南省郑州市附近通过隧道穿过黄河，沿京广铁路西侧北上，自流到北京市团城湖。输水干渠全长 1277km，向天津输水干渠长 154km。

根据国务院对《南水北调工程总体规划》的批复意见，南水北调中线工程一期调水规模 95 亿 m³，已于 2014 年 12 月正式通水；二期调水规模 130 亿 m³，相应渠首引水规模为 350～420m³/s。

（2）引汉济渭工程

陕西省引汉济渭工程主要从汉江干流黄金峡引水并配合支流子午河建库引水，主要解决陕西省关中地区城市生产生活用水，兼顾渭河河道生态用水。供水范围为西安、咸阳、渭南的大中城市。根据相关研究成果，以汉江上游黄金峡和支流子午河为调水水源点，2020 年水平年调水 10 亿 m³。远景 2030 年可结合南水北调中线后期从长江引水或其他措施，扩大引水量至 15 亿 m³。

陕西省引汉济渭工程是连接长江和黄河两大流域、补充国家南水北调工程、完善国家水网布局、破解陕西省水资源短缺和时空分布不平衡问题的重大国家水资源战略工程。引汉济渭秦岭输水隧洞是连通汉江渭河的纽带，全长 98.3km，设计流量

70m³/s,纵向坡比为 1/2500,最大埋深 2012m。

该工程由汉江干支流上的黄金峡水利枢纽、三河口水利枢纽共同蓄水,每年有 15 亿 m³ 优质汉江水,穿越 98.3km 秦岭输水隧洞进入关中平原输配水管网,最终输水至各受水区。工程建成后,可解决渭河沿线西安、咸阳、杨凌、渭南 4 个大中城市及 22 个受水单元工业及城镇用水问题,受益人口达 1400 余万人,增加地区生产总值超 1.1 万亿元。

工程还可退还关中地区被大量挤占的农业用水和生态用水。通过水权置换,增加陕北地区黄河取水指标,助力革命老区经济社会发展和陕北能源化工基地建设,进一步推动黄河流域生态环境改善和高质量发展,为建设南北调配、东西互济的国家水网,促进东西南北平衡发展提供坚实的水资源保障。

2023 年 7 月 16 日,历经 10 余年建设,引汉济渭工程正式向西安通水,2024 年 6 月,工程向西安主城区日供水量突破 100 万 t。

(3)鄂北地区水资源配置工程

鄂北地区的"襄—十—随"城市群,是实现湖北省"中部崛起,建成支点"的重要增长极。鄂北也是国家粮食主产区,襄州区、枣阳市、随县、曾都区、广水市和大悟县为全国粮食主产县。鄂北地区水资源配置工程是一项重要的战略工程和重大民生工程,将从根本上解决鄂北干旱缺水问题。2013 年 8 月,中华人民共和国水利部批复了该工程的总体规划。2015 年 4 月,水利部、湖北省人民政府正式联合批复了《湖北省鄂北地区水资源配置工程建设征地移民安置规划大纲》。

工程是从丹江口水库清泉沟隧洞进口引水,向沿线城乡生活、工业和唐东地区农业供水,解决鄂北地区干旱缺水问题的一项大型水资源配置工程。工程线路整体呈西北—东南方向,先后穿越襄阳市的老河口市、襄州区,枣阳市,随州市的随县、曾都区、广水市,以及孝感市的大悟县。线路总长度 269.34km,输水干渠设计流量 1.8~38.0m³/s,进口新建取水塔控制闸后的水位 147.7m,干渠终点水位 100m。

工程建成后,取水口年均总引水量 7.7 亿 m³。按照设计,鄂北地区水资源配置工程分配水量为襄阳市 4.67 亿 m³、随州市 2.68 亿 m³、大悟县 0.35 亿 m³,可解决鄂北地区总面积 1.02 万 km² 干旱缺水问题,满足沿线襄阳市的襄州区、枣阳市,随州的随县、曾都区、广水市,以及孝感市的大悟县近 400 万人、500 万亩耕地至 2030 年的用水需求,生活工业保证率达到 96%~99%,农业灌溉保证率为 72.1%~83.7%,同时改善生态环境用水条件。

2020 年 1 月封江口水库以上段第一次试通水,2021 年 1 月封江口水库以下段试通水,2022 年 7 月 1 日鄂北工程全线正式进入试运行状态。

（4）引江济汉工程

引江济汉工程是南水北调中线汉江中下游四项治理工程之一，是从长江引水至汉江的大型输水工程，也是湖北省最大的水资源配置工程。工程任务是向汉江兴隆以下河段补充因南水北调中线一期工程调水而减少的水量，工程从长江荆州段龙洲垸引水至汉江潜江段高石碑，全长 67.1km，旨在改善该河段的生态、灌溉、供水、航运用水条件，供水范围为汉江兴隆断面以下的干流河段和东荆河供水区。

引江济汉工程由引水干渠、进出口控制工程、河渠交叉、跨渠倒虹吸、路渠交叉等建筑物及东荆河节制工程组成。引水干渠采用明渠自流结合泵站抽水的输水形式。工程设计引水流量为 350m³/s，最大引水流量为 500m³/s，渠首泵站近期规模为 200m³/s；年均补水量 31 亿 m³，补东荆河水量 6 亿 m³。

2010 年 3 月，引江济汉工程在长江荆江河段开工，经过 4 年多的建设，引江济汉工程于 2014 年 9 月正式通水。

（5）引江补汉工程

引江补汉工程是南水北调中线一期工程后续水源，其任务是提高汉江流域水资源调配能力，充分发挥中线一期工程总干渠输水能力，通过汉江上下游水量置换方式增加北调水量，提升中线一期工程供水保障能力，为引汉济渭远期工程、汉江中下游及工程输水线路沿线地区城乡生活和工业补水创造条件。工程建成后，将连通三峡水库和丹江口水库两大战略水源地，南水北调中线的起点由汉江前移到长江干流，为实现长江—汉江—华北平原水资源协同调配创造工程条件。

引江补汉工程 1956—2018 年多年平均引水量 39.0 亿 m³，其中：中线陶岔渠首多年平均补水量 24.9 亿 m³，补水后多年平均北调水量 115.1 亿 m³；向汉江中下游补水 6.1 亿 m³，并具备利用工程空闲时段应急补水的潜力；补充引汉济渭工程按远期规模引水后丹江口水库入库径流减少量 5.0 亿 m³；向输水工程沿线补水约 3.0 亿 m³。

2022 年 7 月 7 日，南水北调中线引江补汉工程在十堰市丹江口市正式开工建设。

（6）其他工程

引乾济石调水工程利用西康公路秦岭隧洞施工的有利条件修建输水隧洞，将柞水县乾佑河的水调入五台乡石砭峪水库，经过石砭峪水库统一调度调节后向西安市城区供水，增加城市生活和工业供水量，并补充城区和下游河道生态环境用水。该工程引水线路全长 21.85km，其中 18.05km 为穿山隧洞，采取自流输水，引水洞最大输水流量为 8m³/s。为了保持下游河段的生活、生产和生态环境用水，流量小于 0.2m³/s 时不引水，在汛期尽可能多引，设计年调水量 4697 万 m³。工程于 2003 年

11 月 30 日正式开工,2005 年 7 月底试通水一次成功。

引红济石调水工程位于宝鸡市太白县,自秦岭南麓汉江水系褒河支流红岩河上游取水,通过穿越秦岭的长隧洞自流调入秦岭北麓渭河支流石头河,经石头河水库调节后向西安、咸阳、宝鸡、杨凌等城市供水,并向渭河干流补充一定的生态水量。工程设计最大引水流量 13.5m³/s,设计年调水量 9210 万 m³。

二郎坝引嘉(陵江)入汉(江)水电站,位于陕西省宁强县境内,是一项中型跨流域调水工程,具有灌溉、发电、工业供水等综合利用效益,多年平均调水量 2.14 亿 m³。

6.1.4.3　取用水工程

汉江流域沿江涵闸、泵站较多,根据汉江流域 2019 年取水设施核查登记工作,汉江取水口门总数为 16206 个,2018 年经过这些口门的取水总量约 380.8 亿 m³,该值比汉江流域实际用水量大,主要原因是多级口门取水重复统计,以及不考虑退水水量,根据《长江流域及西南诸河水资源公报》,2018 年汉江流域实际供用水量为 149.92 亿 m³。

汉江流域取水主要用于农业用水、生态用水等其他用水和农饮工程,取水量占比分别为 53.33%、20.43% 和 14.84%。农业用途的取水口数量占比最高,为 66.73%,约 10800 个,其次为农饮工程,取水口数量占比为 22.18%,约 3600 个。从取水口取水规模来看,达到 15 万 m³/a 规模以上取水口门数为 4951 个,占总数的 30.6%,取水量约 375.22 亿 m³,占总取水量的 98.5%。汉江流域不同用途类型取水口数量及取水量占比统计见图 6.2。

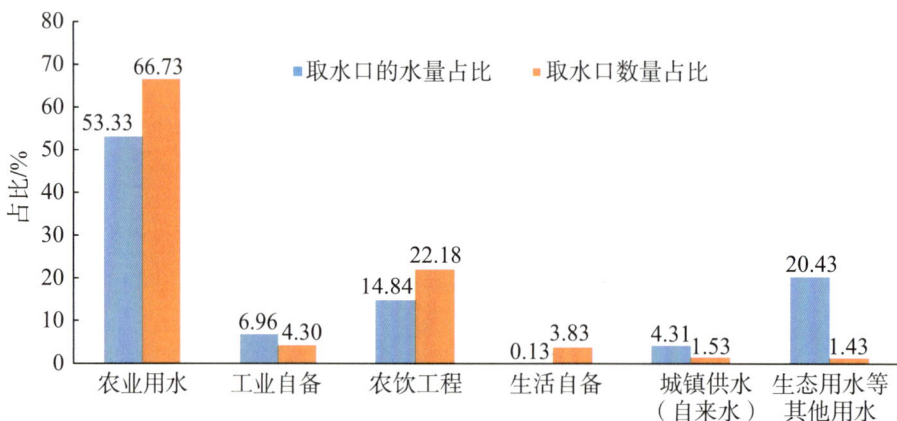

图 6.2　汉江流域不同用途类型取水口数量及取水量占比统计

6.1.4.4　汉江中下游四项治理工程

汉江中下游四项治理工程是南水北调中线工程的重要组成部分,包括兴隆水利枢纽、引江济汉工程、部分闸站改造工程和局部航道整治工程。这四项工程旨在消除和减缓中线调水对汉江中下游生态环境带来的不利影响,为这一地区经济社会的可持续发展提供丰富的水资源保障和良好的生态环境。

工程于 2009 年 2 月 26 日开工,2014 年 9 月 26 日建成通水运行,实现"提前通水、提前受益,同步验收"。工程自建成通水运行以来,工程运行状况良好,工程供水、生态、防洪、航运和社会效益明显。

兴隆水利枢纽和引江济汉工程已经在前面进行了介绍,下面简要介绍部分闸站改造工程和局部航道整治工程。

(1)部分闸站改造工程

丹江口水库加坝调水后,除已建的王甫洲枢纽、崔家营航电梯级及兴隆枢纽的库区回水范围外,汉江中下游其他河段 $P=75\%$ 保证率以下的水位均有所下降。汉江中下游部分闸站改造工程是南水北调中线工程的重要组成部分,也是汉江中下游四项治理工程之一,可恢复和改善灌溉供水条件。

闸站改造工程确定的改造项目为 185 处,其中需进行单项设计的闸站有 31 处,列入典型设计的小型泵站共 154 处。进行单项设计的 31 个闸站改造项目中,位于汉江左岸 13 处,右岸 18 处。位于襄阳市 9 处,荆门市 7 处,潜江市 1 处,天门市 4 处,仙桃市 3 处,孝感市 7 处。31 处闸站总灌溉受益面积 284.8 万亩,总人口 269 万人,2008 年农业总产值达 134 亿元,粮食总产量 154 万 t。

列入典型设计的 154 处小型闸站位于襄阳市 25 处,荆门市 36 处,孝感市 45 处,武汉市 48 处,总灌溉受益面积 108.2 万亩,总设计流量 158m³/s。

(2)局部航道整治工程

南水北调中线一期汉江中下游局部航道整治工程由丹江口至兴隆段和兴隆至汉川段组成,全长约 574km,其中丹江口至兴隆河段全长 384km,按通航 500 吨级Ⅳ级航道标准建设,兴隆至汉川河段全长 189.7km,结合兴隆至汉川河段 1000 吨级航道整治工程按Ⅲ(2)级航道标准建设,于 2014 年全部通过交工验收。

汉江丹江口至襄阳河段全长 117km,按Ⅳ(3)级航道、通航 500 吨级船舶组成的双排单列二驳一推船队标准建设,设计航道尺度 1.8m×50m×330m(水深×双线航宽×弯曲半径),设计船队尺度 111.0m×10.8m×1.6m(长×宽×设计吃水)。工程主要采用筑坝、护岸、疏浚、清障等措施,消除调水对航道产生的不利影响,维持Ⅳ(3)级通航标准。全河段共筑丁坝 32 条,护岸 1 处,全长 1370m,疏浚挖槽 16 处,总长 33659m,清障工程 2 处,总长 356m。

汉江襄阳至兴隆河段全长 267km,按Ⅳ(2)级航道、通航 500 吨级船舶组成的一项四驳双排双列标准建设,设计航道尺度 1.8m×80m×340m(水深×双线航宽×弯曲半径),设计船队尺度 112.0m×21.6m×1.6m(长×宽×设计吃水)。工程主要采用筑坝、护滩、护岸、疏浚、清障等措施,消除调水对航道产生的不利影响,维持Ⅳ(2)级通航标准。全河段共筑丁坝 201 条,护滩带 48 条,护岸 33 处,全长 36394.5m,疏浚挖槽 7 处,总长 6363.8m,护滩 1 处,长 1000m,镇脚 7 处,总长 7606m。

汉江兴隆至汉川河段全长 189.7km,按Ⅳ(2)级航道、通航 500 吨级船舶组成的一顶四驳双排双列标准建设,设计航道尺度 1.8m×80m×340m(水深×双线航宽×弯曲半径),设计船队尺度 112.0m×21.6m×1.6m(长×宽×设计吃水)。工程主要采用筑坝、护滩、护岸、疏浚等措施,消除调水对航道产生的不利影响,维持Ⅳ(2)级通航标准。全河段初步设计共筑丁坝 51 条,护滩带 47 条,护岸 17 处,全长 18479m,疏浚挖槽 5 处,总长 2728m。

6.1.5 水生生态

汉江干流梯级开发在取得巨大社会效益和经济效益的同时,对河流生态系统产生了一定的影响,其中汉江水华作为汉江流域的热点环境问题,呈现逐年频发的态势,严重威胁着区域生态安全。多项研究表明,丹江口—王甫洲区间水温降低、流量及流速减小,导致伊乐藻等沉水植物大量繁殖;同时适宜的水温为硅藻的快速繁殖提供了生存环境,增大了汉江下游水华暴发概率;丹江口水库的滞温效益导致坝下游河道水温发生显著改变,叠加梯级大坝阻隔、水流条件变化等因素,鱼类繁殖受到严重影响,鱼类资源量大幅减少。

现阶段,汉江中下游干流河段的鱼类资源具有典型的江湖复合生态系统特征,其种类组成、种群动态及资源衰退机制反映了流域水文变化与人类干扰的耦合效应。通过 1977—1978 年、2004 年、2006—2007 年对汉江中下游鱼类资源进行了较为系统的调查监测,其调查的结果表明,汉江中下游干流原王甫洲产卵场因王甫洲水利枢纽的修建已消失;"四大家鱼"产卵数量减少了 1 处,产卵场位置有所变化,襄阳产卵场消失;"四大家鱼"卵苗径流量下降明显,从 20 世纪 70 年代末的近 5 亿粒(尾)下降到 2004 年以后的不足 1 亿粒(尾),下降幅度明显。2021 年长江流域禁渔后,长江水生生物资源总体呈现向好态势,根据《长江流域水生生物资源及生境状况公报(2023年)》,汉江监利江段"四大家鱼"鱼苗资源量为 59.8 亿尾,是长江十年禁渔政策实施前的 4.4 倍。

6.2　水文(水温)监测站网及分析方法

6.2.1　水文(水温)监测站网

汉江以丹江口、钟祥为界依次分为上、中、下游,丹江口水库以下的中下游流域干流河长 652km,面积 6.38 万 km²。

研究选取的黄家港等 6 个水文站均分布在中下游干流重要控制节点,可较好地反映全河段水温时空分布特征。其中,黄家港是丹江口水库出库控制站,其资料系列最长,从 1955 年起始,襄阳站系列从 1981 年起始,其他站点系列从 1991 年起始,其中沙洋站因兴隆水库蓄水于 2014 年后下迁为兴隆站,对水温的统计分析以丹江口水库建库前时期、滞洪期、蓄水期和中线运行后时期进行分期,统计分析年份具体划分见表 6.2。其中,"南水北调中线一期、引江济汉等引调水工程运行后时期"简称为"中线运行后"。汉江中下游干流水文站及水利工程分布见图 6.3。

表 6.2　　　　　　　　　　　汉江中下游主要水文站流量(水量)分期

站名	时间分期	统计年份	站名	时间分期	统计年份
黄家港	建库前(缺 1957、1958)	1955—1959	襄阳	蓄水后*(缺 1985)	1981—2013
	滞洪期	1960—1967		中线运行后	2014—2021
	蓄水后(缺 1992)	1968—2013	皇庄	蓄水后	1991—2013
	中线运行后	2014—2021		中线运行后	2014—2021
沙洋	蓄水后(缺 1992)	1991—2013	仙桃	蓄水后	1991—2013
兴隆	中线运行后	2014—2021		中线运行后	2014—2021

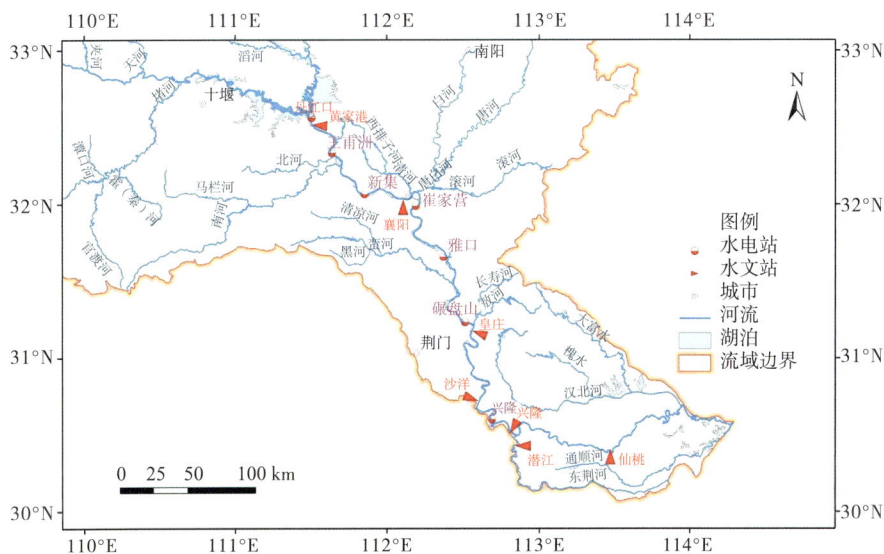

图 6.3　汉江中下游干流水文站及水利工程分布

6.2.2　分析方法

年际年内特征值统计采用数理统计方法,多时间尺度变化采用小波分析。小波分析是在 Fourier 变换的基础上引入窗口函数,在时域和频域上具有良好的局部性,能将信号分解为不同时间尺度的成分,从而揭示出隐藏在时间序列中的多种变化周期,对于具有多层次演变规律的水文序列研究意义重大,已广泛应用于降水、径流、水温等水文过程的分析和研究。本书选用复 Morlet 小波函数,由于该函数的实部和虚部位相差 $\pi/2$,消除了实数形式小波在变换过程中系数模的振荡,在应用中更具优势,其小波的母函数形式为:

$$\psi(t) = e^{i\omega_0 t} e^{-\frac{t^2}{2}} \tag{6.1}$$

式中:i——虚数;

　　ω_0——常数,是小波频率;

　　$e^{i\omega_0 t}$——余弦函数,表示小波函数的振荡部分;

　　$e^{-\frac{t^2}{2}}$——高斯分布函数,表示小波函数的幅度部分。

6.3　丹江口水库建设各时期对水温特征的影响分析

6.3.1　对水温年际特征值的影响

(1)黄家港水文站

黄家港位于丹江口坝下,水位受丹江口水库低温水下泄影响最大。从表 6.3 和图 6.4 可以看到,在丹江口水库运行前,黄家港年均水温、年最高水温、年极温差均较高,丹江口建库运行后,这 3 个特征值均减小,且随着中线一期工程的运行,特征值进一步减小,年最低水位则逐步增加,体现了水库调蓄能力增强后对水温的滞温作用。

表 6.3　　　　　　　　　　　黄家港水文站水温特征值统计

特征值	时期	均值/℃	历年最高		历年最低	
			水温/℃	时间	水温/℃	时间
平均水温	建库前	17.0	17.4	1955	16.1	1956
	滞洪期	16.4	17.2	1961	15.2	1963
	蓄水后	15.6	16.9	2013	13.8	1984
	中线运行后	14.5	15.9	2014	13.6	2017

续表

特征值	时期	均值/℃	历年最高		历年最低	
			水温/℃	时间	水温/℃	时间
最高水温	建库前	33.5	34.2	1955-07-12	32.0	1956-08-08
	滞洪期	32.4	36.3	1962-08-16	30.6	1963-07-26
	蓄水后	25.8	34.5	1969-07-27	23.2	1982-08-10
	中线运行后	22.4	25.6	2014-07-22	19.4	2016-10-19
最低水温	建库前	1.8	2.0	1955-01-19	1.3	1956-01-08
	滞洪期	1.9	3.6	1962-01-02	0.2	1964-02-07
	蓄水后	5.5	8.2	1999-02-21	1.5	1969-01-29
	中线运行后	8.5	9.9	2020-02-15	7.3	2014-02-13
年极温差	建库前	31.7	32.2	1955	30.7	1956
	滞洪期	30.5	32.7	1962	27.8	1965
	蓄水后	20.3	33.0	1969	17.2	1982
	中线运行后	13.9	18.3	2014	11.5	2016

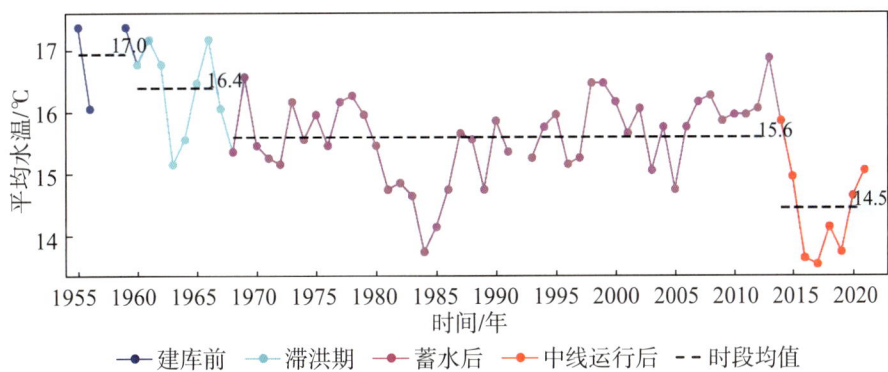
（a）平均水温

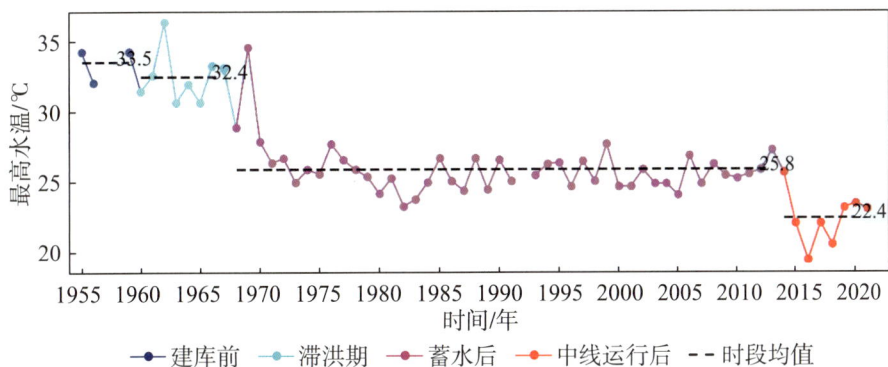
（b）最高水温

（c）最低水温

（d）年极温差

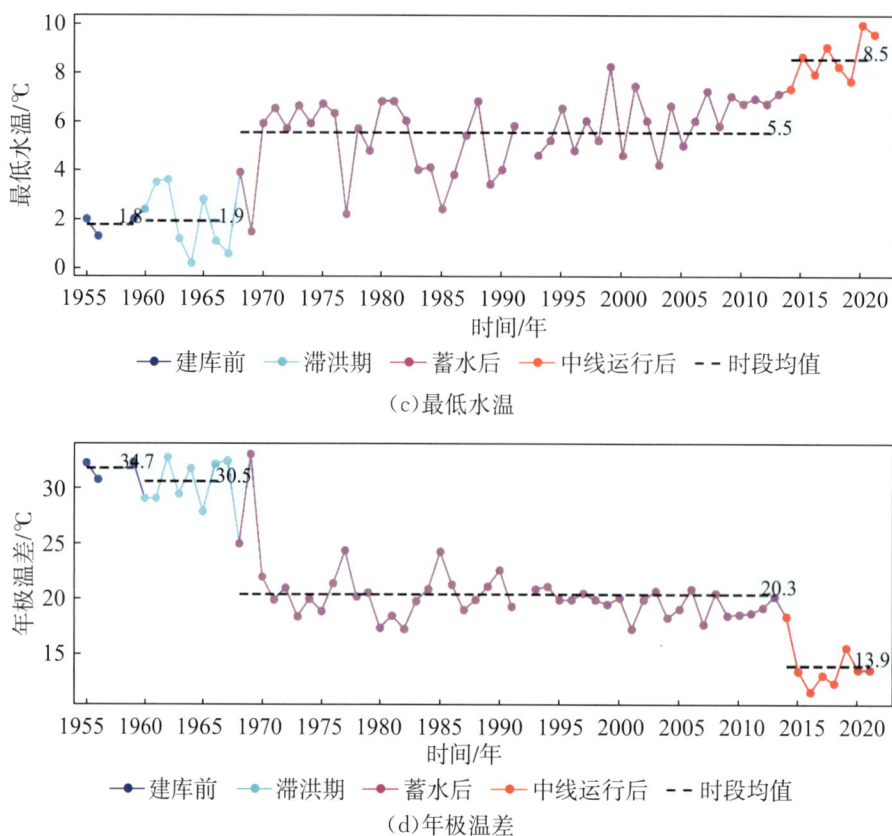

图6.4 黄家港水文站年特征水温过程线

1）从平均水温特征来看，南水北调中线一期工程运行后均值为14.5℃，较丹江口水库建库前、滞洪期和蓄水后3个时期变化分别为−2.5℃、−1.9℃、−1.1℃（"−"表示降低、"+"表示升高，下同），与建库前系列均值差距最大。不同时期水温发生跃变，中线运行后水温出现低谷，为1955年以来的最低值。

中线运行后2014年年均水温值最大，为14.5℃，该年丹江口加高后开始蓄水，库内水温尚未分层，因而黄家港断面年均水温与2013年前时期值差异不大，2017年年均水温达到最低，此后缓慢回升。

2）从最高水温特征来看，中线运行后均值为22.4℃，较前3个时期变化分别为−11.1℃、−10.1℃、−3.4℃，与建库前和滞洪期系列均值差距较大。体现了水库夏季下泄低温水的特性。中线运行后水库蓄水量进一步增加，滞温能力增强，最高水温进一步降低。

中线运行后2014年7月22日年最高水温值最大，为25.6℃。2016年10月19日年最高水温值最小，为19.4℃，且发生时间相较前3个时期7、8月延迟至10月。

3）从最低水温特征来看，中线运行后均值为8.5℃，较前3个时期变化分别为+6.7℃、+6.6℃、+3℃，与建库前和滞洪期系列均值差距较大。体现了水库冬季下泄高温水的特性。中线运行后水库蓄水量进一步增加,滞温能力增强,最低水温进一步升高。

中线运行后 2020 年 2 月 15 日年最低水温值最大,为 9.9℃,相较建库前和滞洪期发生时间推迟,与丹江口水库蓄水后时期发生时间较近。2014 年 2 月 13 日最低水温值最小,为 7.3℃。

4)从年极温差特征来看,中线运行后均值为 13.9℃,较前 3 个时期变化分别为 -17.8℃、-16.6℃、-6.4℃,在丹江口水库的蓄水作用下,水温年极温差持续减小,各时期内变化较为平稳。

中线运行后 2014 年年极温差值最大,为 18.3℃,2016 年最小,为 11.5℃。

(2)襄阳水文站

在区间来水及沿程气候环境影响下,襄阳水文站的水温变化相较黄家港水文站已有所减弱,但总体上仍呈现年最高水温降低、年极温差减小、年最低水温上升的特征,年均水温无较大变化(表 6.4、图 6.5)。

表 6.4　襄阳水文站水温特征值统计

特征值	时期	均值/℃	历年最高		历年最低	
			水温/℃	时间	水温/℃	时间
平均水温	蓄水后	16.4	17.4	2013	15.4	1981
	中线运行后	16.5	17.4	2014	15.7	2018
最高水温	蓄水后	26.9	29.1	2013-07-30	25.4	1982-08-19
	中线运行后	25.8	28.7	2014-08-03	24.6	2021-08-02
最低水温	蓄水后	5.5	7.2	1997-02-04	3.2	2000-01-25
	中线运行后	7.0	9.0	2020-01-28	5.2	2014-02-11
年极温差	蓄水后	21.5	23.8	1998	18.5	2009
	中线运行后	18.8	23.5	2014	16.1	2021

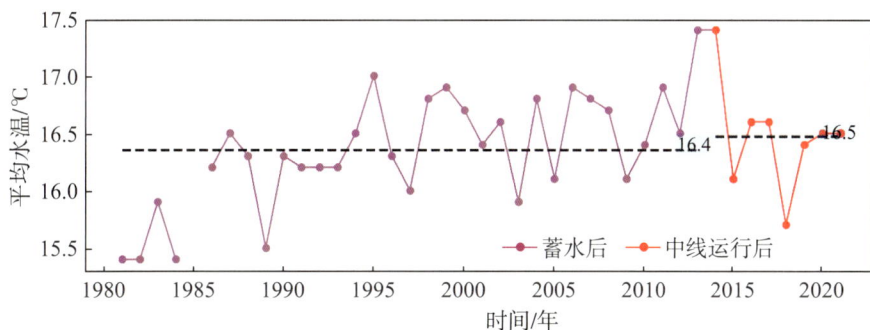

(a)平均水温

(b)最高水温

(c)最低水温

(d)年极温差

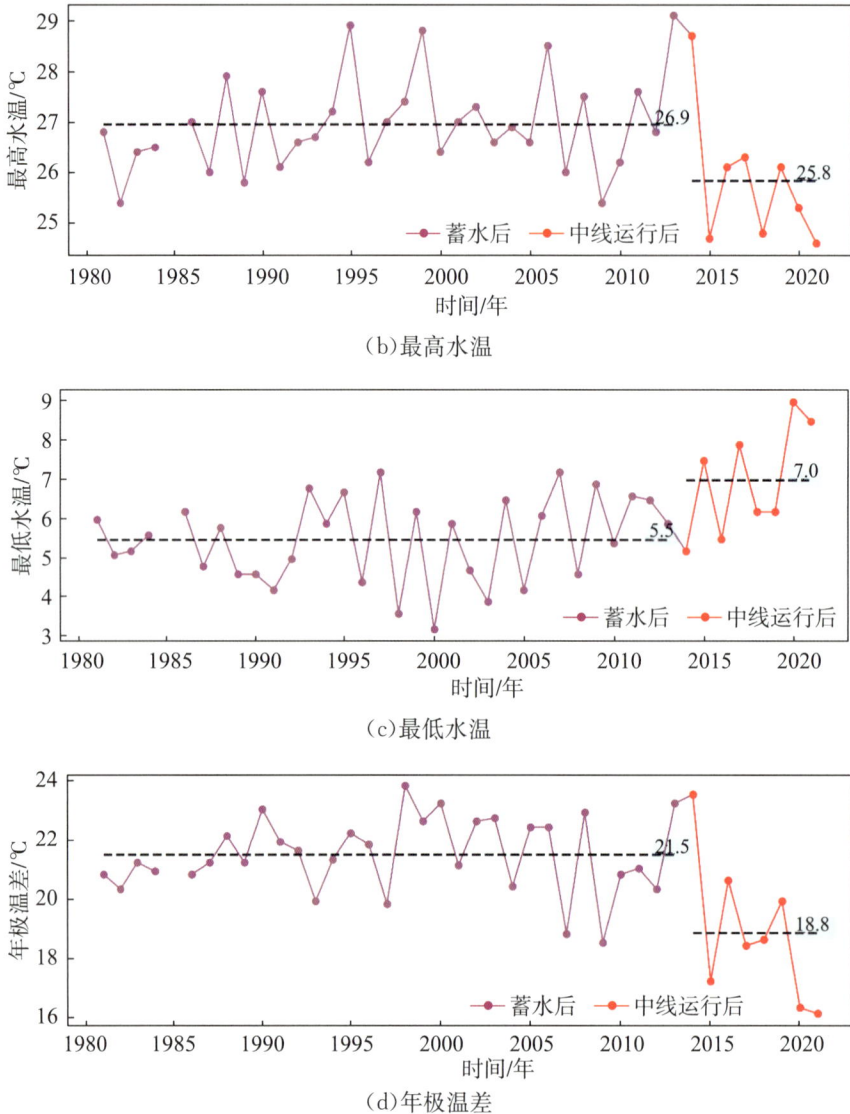

图 6.5　襄阳水文站年特征水温过程线

1)从平均水温特征来看,南水北调中线一期工程运行后均值为 16.5℃,较丹江口蓄水后时期(1981—2013 年)变化为＋0.1℃("－"表示降低、"＋"表示升高,下同),基本无明显变化。中线运行后 2014 年年均水温值最大,为 17.4℃,2018 年年均水温达到最低,为 15.7℃。

2)从最高水温特征来看,中线运行后均值为 25.8℃,较丹江口水库蓄水后时期变化为－1.1℃,变化程度相对不大。中线运行后 2014 年 8 月 3 日年最高水温值最大,为 28.7℃。2021 年 8 月 2 日年最高水温值最小,为 24.6℃。在极大值发生时间上无明显变化。

3)从最低水温特征来看,中线运行后均值为 7℃,较丹江口水库蓄水后时期变化为＋1.5℃，变化程度相对不大。中线运行后2020年1月28日年最低水温值最大，为9℃。2014年2月11日最低水温值最小，为5.2℃。在极小值发生时间上无明显变化。

4）从年极温差特征来看，中线运行后均值为18.8℃，较丹江口水库蓄水后时期变化为−2.6℃，变化程度较大。中线运行后2014年年极温差值最大，为23.5℃，2021年最小，为16.1℃。

（3）皇庄水文站

在区间来水及沿程气候环境影响下，丹江口水库的低温水下泄影响至皇庄已大幅减弱，但总体上仍呈现年最高水温降低、年极温差减小、年最低水温上升的特征，年均水温无较大变化（表6.5、图6.6）。

表6.5　　　　　　　　　　　皇庄水文站水温特征值统计

特征值	时期	均值/℃	历年最高		历年最低	
			水温/℃	时间	水温/℃	时间
平均 水温	蓄水后	17.5	18.4	2007	16.6	1993
	中线运行后	17.6	18.3	2017	16.5	2015
最高 水温	蓄水后	30.0	31.6	1995-08-02	28.2	2010-08-20
	中线运行后	29.4	31.6	2017-07-28	27.1	2020-08-19
最低 水温	蓄水后	4.7	6.6	2007-01-04	2.3	1991-12-27
	中线运行后	5.7	7.9	2020-02-07	4.3	2015-01-29
年极 温差	蓄水后	25.3	27.8	1998	22.2	2007
	中线运行后	23.8	27.0	2016	19.2	2020

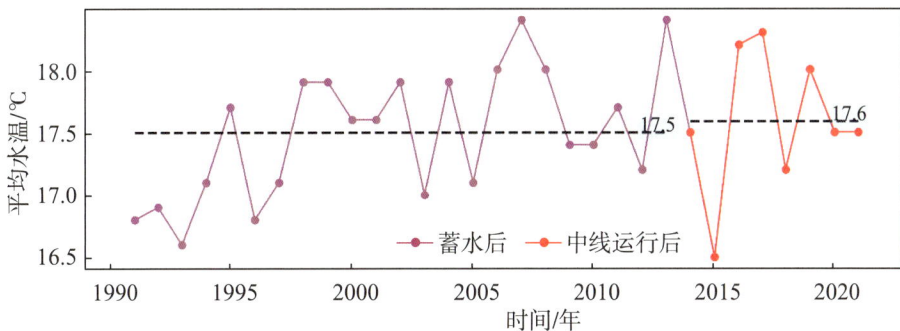

（a）平均水温

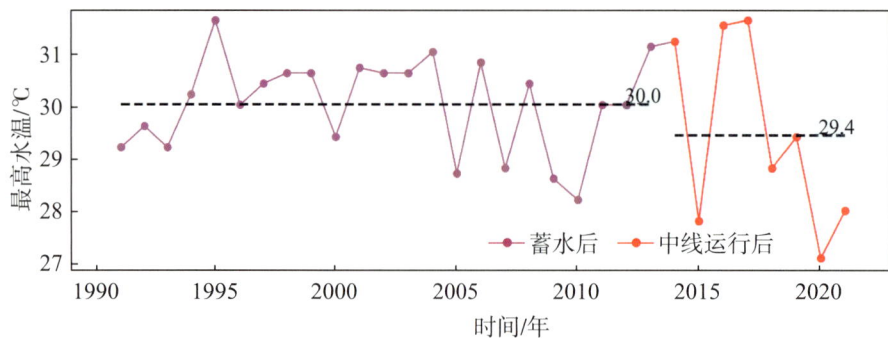

（b）最高水温

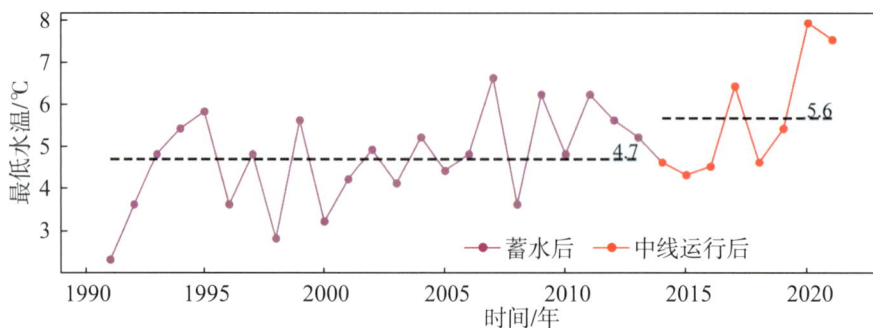

（c）最低水温

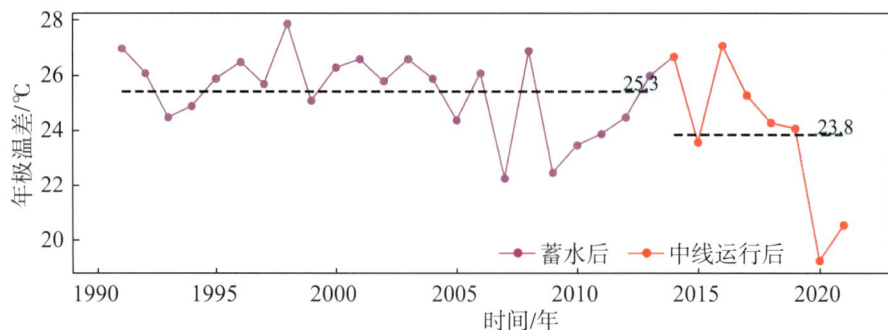

（d）年极温差

图 6.6　皇庄水文站年特征水温过程线

1）从平均水温特征来看，南水北调中线一期工程运行后均值为 17.6℃，较丹江口水库蓄水后时期（1991—2013 年）变化为＋0.1℃（"－"表示降低、"＋"表示升高，下同），基本无明显变化。中线运行后 2017 年年均水温值最大，为 18.3℃，2015 年年均水温达到最低，为 16.5℃。

2）从最高水温特征来看，中线运行后均值为 29.4℃，较丹江口水库蓄水后时期变化为－0.6℃，变化程度相对不大。中线运行后 2017 年 7 月 28 日年最高水温值最大，为 31.6℃。2020 年 8 月 19 日年最高水温值最小，为 27.1℃。在极大值发生时间上无明显变化。

3)从最低水温特征来看,中线运行后均值为 5.7℃,较丹江口水库蓄水后时期变化为+1℃,变化程度相对不大。中线运行后 2020 年 2 月 7 日年最低水温值最大,为7.9℃。2015 年 1 月 29 日最低水温值最小,为 4.3℃。在极小值发生时间上有一定延迟。

4)从年极温差特征来看,中线运行后均值为 23.8℃,较丹江口水库蓄水后时期变化为-1.6℃,变化程度较大,从过程线可见 2016 年以来呈下降趋势。中线运行后2016 年年极温差值最大,为 27℃,2020 年最小,为 19.2℃。

(4)沙洋(兴隆)水文站

在区间来水及沿程气候环境影响下,丹江口水库的低温水下泄影响至沙洋(兴隆)已大幅减弱,在丹江口下泄水影响下呈现年极温差减小、年最低水温上升的特征,但年均水温已呈微弱上升趋势,年最高水温无较大变化(表 6.6 和图 6.7)。

表 6.6　　　　　　　　　　沙洋(兴隆)水文站水温特征值统计

特征值	时期	均值/℃	历年最高		历年最低	
			水温/℃	时间	水温/℃	时间
平均水温	蓄水后	17.6	18.4	1998	16.8	1993
	中线运行后	18.2	18.6	2016	17.5	2015
最高水温	蓄水后	30.8	32.0	1995-07-21	28.6	2010-08-22
	中线运行后	30.7	32.8	2016-08-01	28.8	2020-08-20
最低水温	蓄水后	3.9	6.2	1999-12-22	0.6	1991-12-28
	中线运行后	5.5	7.4	2020-01-28	3.8	2014-02-12
年极温差	蓄水后	26.9	29.4	1998	24.2	2009
	中线运行后	25.2	28.6	2014	21.4	2020

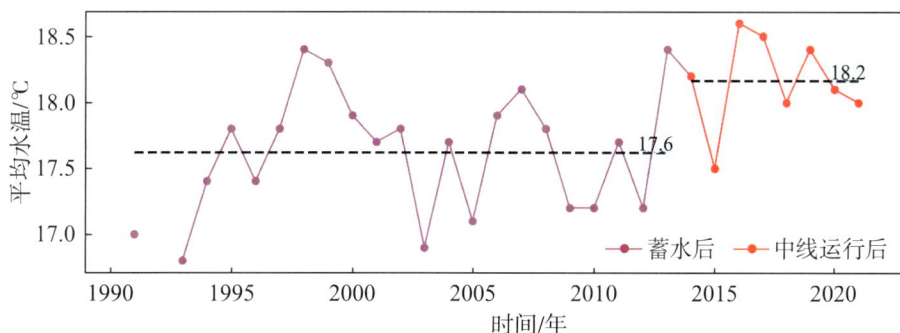

(a)平均水温

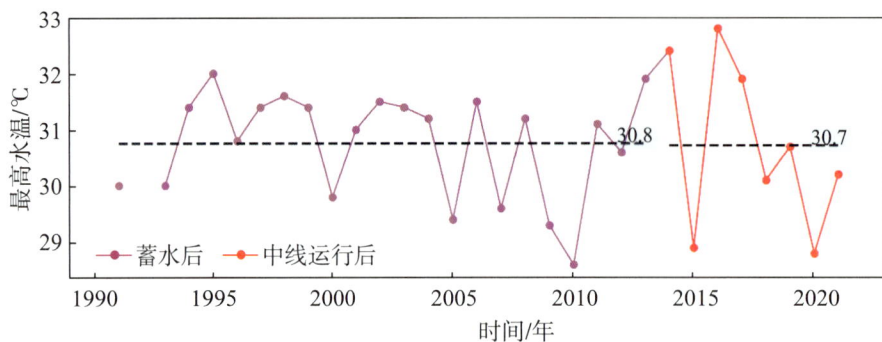

（b）最高水温

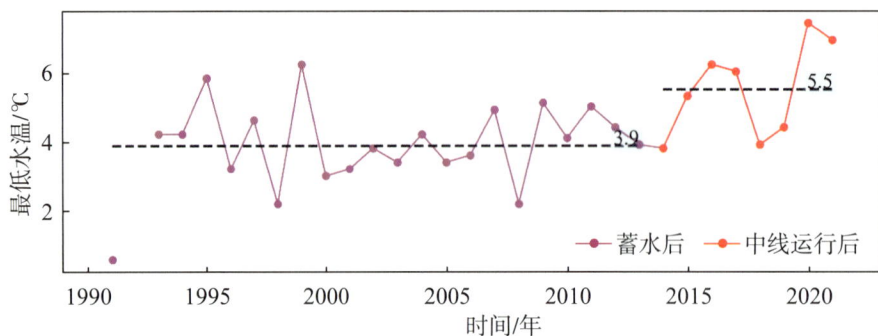

（c）最低水温

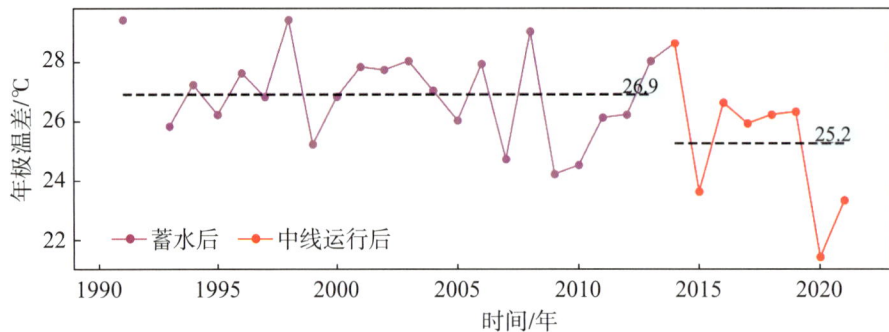

（d）年极温差

图 6.7　沙洋（兴隆）水文站年特征水温过程线

1）从平均水温特征来看，南水北调中线一期工程运行后均值为 18.2℃，较丹江口水库蓄水后时期（1991—2013 年）变化为＋0.6℃（"－"表示降低、"＋"表示升高，下同），变化程度相对不大。中线运行后 2016 年年均水温值最大，为 32.8℃，2015 年年均水温达到最低，为 17.5℃。

2）从最高水温特征来看，中线运行后均值为 30.7℃，较丹江口水库蓄水后时期变化为－0.1℃，基本无变化。中线运行后 2016 年 8 月 1 日年最高水温值最大，为 32.8℃。2020 年 8 月 20 日年最高水温值最小，为 28.8℃。在极大值发生时间上无明显变化。

3)从最低水温特征来看,中线运行后均值为 5.5℃,较丹江口水库蓄水后时期变化为+1.6℃,变化程度相对不大。中线运行后 2020 年 1 月 28 日年最低水温值最大,为 7.4℃。2014 年 2 月 12 日最低水温值最小,为 3.8℃。在极小值发生时间上有一定延迟。

4)从年极温差特征来看,中线运行后均值为 25.2℃,较丹江口水库蓄水后时期变化为-1.7℃,变化程度较大,从过程线可见 2014 年以来呈下降趋势。中线运行后 2014 年年极温差值最大,为 28.6℃,2020 年最小,为 21.4℃。

（5）仙桃水文站

在区间来水及沿程气候环境影响下,丹江口水库的低温水下泄影响至仙桃已大幅减弱,在丹江口下泄水影响下呈现年极温差降低、年最低水温上升的特征,但年均水温已呈微弱上升趋势,年最高水温无较大变化(表 6.7、图 6.8)。

表 6.7　　　　　　　　仙桃水文站水温特征值统计

特征值	时期	均值/℃	历年最高		历年最低	
			水温/℃	时间	水温/℃	时间
平均水温	蓄水后	17.8	18.6	1999	16.3	2012
	中线运行后	18.6	19.1	2021	18.0	2015
最高水温	蓄水后	31.3	33.1	1995-07-23	29.4	2007-07-01
	中线运行后	31.7	33.7	2014-08-05	29.0	2020-08-20
最低水温	蓄水后	3.4	5.6	1994-01-22	1.2	1991-12-29
	中线运行后	5.4	7.2	2020-01-28	3.6	2014-02-14
年极温差	蓄水后	27.9	30.3	1995	24.6	2007
	中线运行后	26.2	30.1	2014	21.8	2020

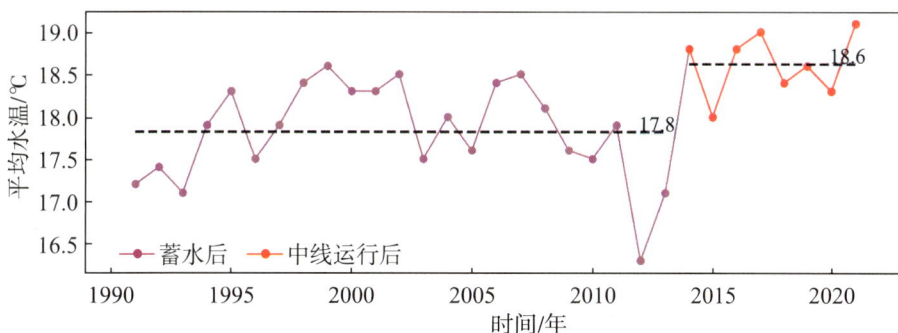

（a）平均水温

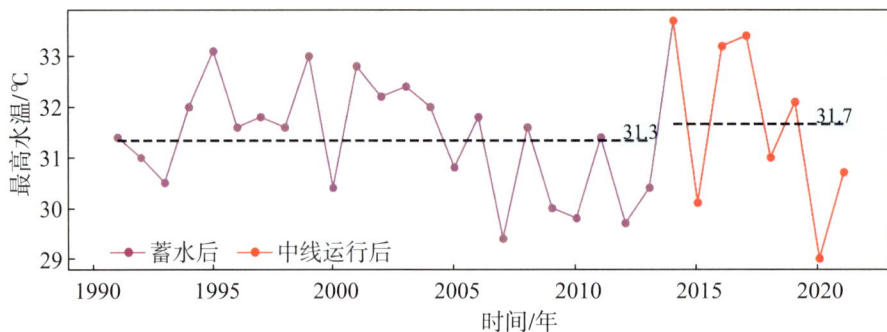

(b)最高水温

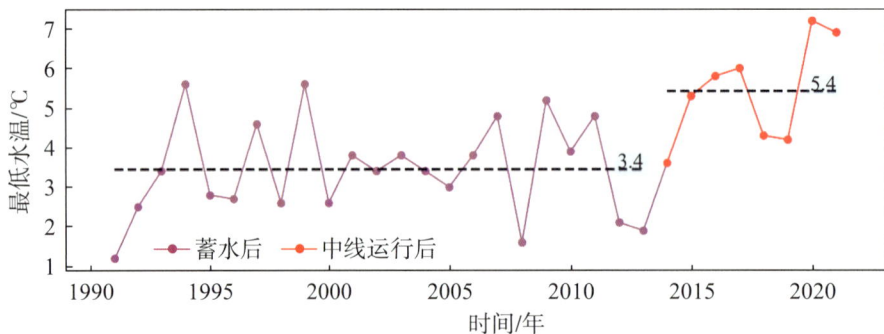

(c)最低水温

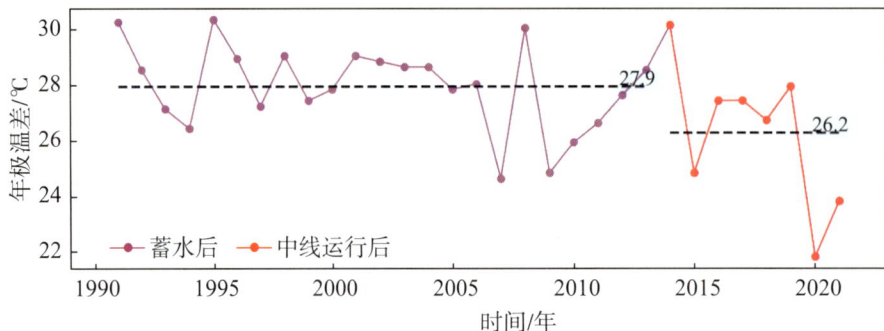

(d)年极温差

图6.8　仙桃水文站年特征水温过程线

1)从平均水温特征来看,南水北调中线一期工程运行后均值为18.6℃,较丹江口水库蓄水后时期(1991—2013年)变化为+1.2℃("−"表示降低、"+"表示升高,下同),变化程度相对不大,从过程线可见2014年以来呈一定上升趋势。中线运行后2021年年均水温值最大,为19.1℃,2015年年均水温达到最低,为18℃。

2)从最高水温特征来看,中线运行后均值为31.7℃,较丹江口水库蓄水后时期变化为+0.4℃,基本无变化。中线运行后2014年8月5日年最高水温值最大,为

33.7℃。2020 年 8 月 20 日年最高水温值最小,为 29℃。在极大值发生时间上有一定推迟。

3)从最低水温特征来看,中线运行后均值为 5.4℃,较丹江口水库蓄水后时期变化为+2℃,变化程度较大,从过程线可见 2014 年以来呈上升趋势。中线运行后 2020 年 1 月 28 日年最低水温值最大,为 7.2℃。2014 年 2 月 14 日最低水温值最小,为 3.6℃。在极小值发生时间上有一定延迟。

4)从年极温差特征来看,中线运行后均值为 26.2℃,较丹江口水库蓄水后时期变化为−1.7℃,变化程度较大,从过程线可见 2014 年以来呈下降趋势。中线运行后 2014 年年极温差值最大,为 30.1℃,2020 年最小,为 21.8℃。

6.3.2 对水温年内过程的影响

(1)黄家港水文站

表 6.8、图 6.9 为黄家港水文站平均水温、最高水温、最低水温、月水温极差均值在各个时期的年内变化过程。

表 6.8 黄家港水文站月特征水温值均值年内统计

月份	特征值/℃	建库前	滞洪期	蓄水后	中线运行后	特征值/℃	建库前	滞洪期	蓄水后	中线运行后
1		4.3	4.7	8.0	10.8		6.8	7.4	9.8	12.1
2		6.6	6.6	7.0	9.2		9.3	11.3	8.2	9.8
3		11.4	11.1	7.9	9.2		16.4	16.1	9.7	10.0
4		17.5	15.8	11.5	10.5		22.1	20.8	14.2	11.8
5		19.9	20.4	15.9	12.7		24.2	24.5	18.6	13.9
6	平均水温	25.2	25.0	19.7	14.5	最高水温	29.1	29.2	22.0	16.1
7		27.9	26.6	22.9	17.1		32.2	31.3	24.7	19.1
8		28.5	27.7	24.5	19.1		32.6	32.2	25.7	20.7
9		24.0	22.2	22.8	19.9		28.1	26.6	24.8	21.5
10		19.4	17.6	19.6	19.6		24.4	20.2	21.5	20.7
11		12.0	12.5	16.0	17.4		16.9	16.0	18.4	18.8
12		6.6	6.7	11.6	14.0		10.0	9.3	14.0	15.9

月份	特征值/℃	建库前	滞洪期	蓄水后	中线运行后	特征值/℃	建库前	滞洪期	蓄水后	中线运行后
1		1.8	2.8	6.3	9.4		5.0	4.6	3.5	2.7
2		3.9	3.9	5.7	8.6		5.5	7.4	2.5	1.2
3		7.5	7.1	6.4	8.7		8.9	9.0	3.3	1.4
4		13.5	11.8	8.9	9.5		8.6	9.1	5.3	2.3
5		15.7	15.6	13.5	11.6		8.5	8.9	5.1	2.2
6	最低水温	20.6	20.3	17.7	13.4	月水温极差	8.5	8.9	4.3	2.7
7		22.5	22.2	20.8	15.7		9.7	9.1	3.9	3.4
8		25.6	23.7	23.1	17.6		7.0	8.6	2.6	3.1
9		20.8	18.5	20.6	18.7		7.3	8.1	4.2	2.8
10		14.3	15.2	17.5	18.5		10.1	4.9	4.0	2.3
11		8.3	8.7	13.3	15.9		8.7	7.3	5.0	3.0
12		3.4	4.0	9.0	12.2		6.6	5.3	5.0	3.7

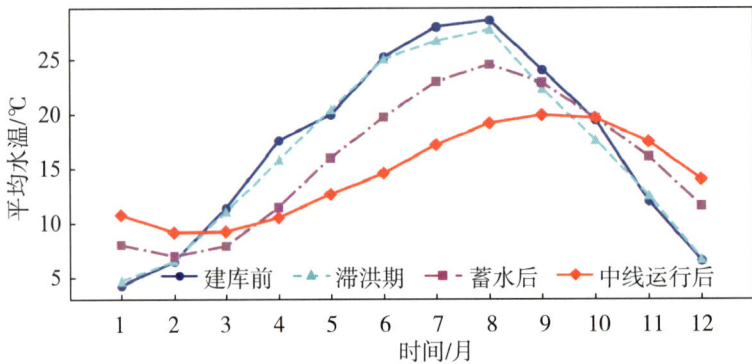

（a）平均水温

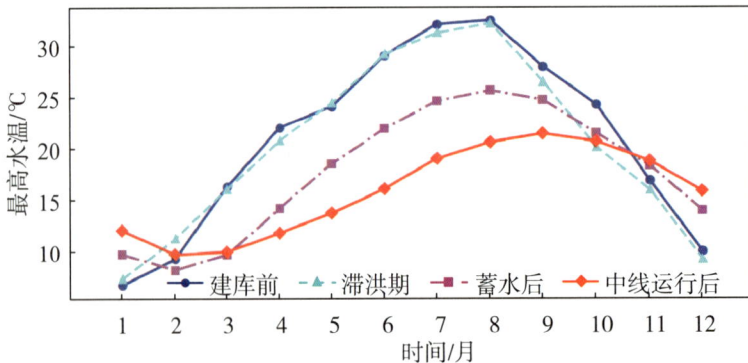

（b）最高水温

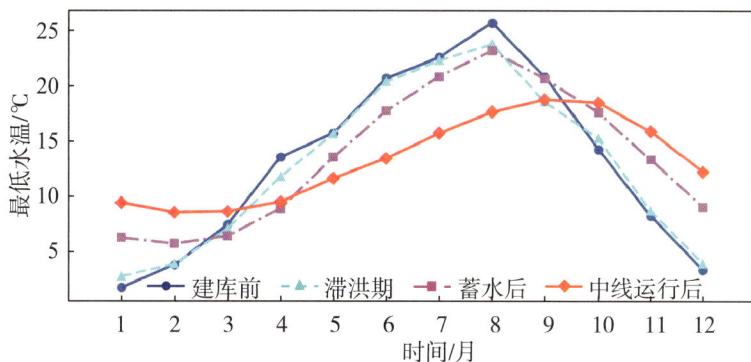

(c)最低水温

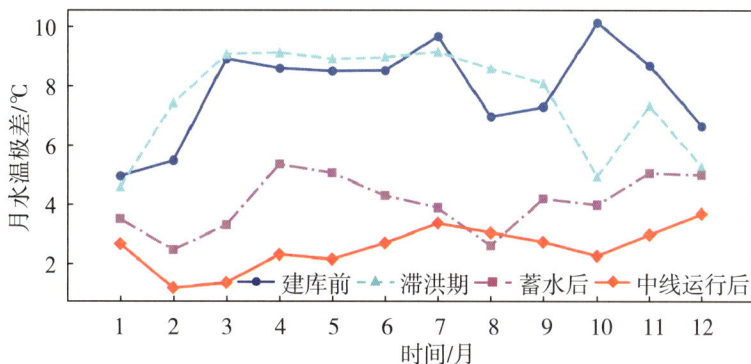

(d)月水温极差

图6.9　黄家港水文站月特征水温值均值年内变化

丹江口水库建库前、滞洪期黄家港水温月均值、最高值、最低值基本一致，均在8月达到最大值，1月达到最小值。丹江口水库蓄水后的1968—2013年，水温过程和极值发生较大变化，以月均温为例，相较建库前和滞洪期分别下降了4℃、3.2℃，最小值发生月份延迟至2月，在丹江口水库秋冬季下泄高温水、春夏季下泄低温水影响下，黄家港水温过程呈现平坦化、迟滞化特征，11月至次年1月水温升高，其余月份有所降低。中线运行后由于丹江口水库加高，库内水温分层滞温能力加强，进一步加剧了该变化情势，相较蓄水后时期的月均值，年最大值延迟至9月，并降低了4.6℃，月最高、最低水温呈现相似特性。

从月温差过程来看，丹江口水库蓄水后时期和中线运行后时期月水温差有较大降幅，中线运行后时期月温差进一步减小，年内最大月温差仅为3.7℃，最小为1.2℃。

(2)襄阳水文站

表6.9、图6.10为襄阳水文站平均水温、最高水温、最低水温、月水温极差均值在各个时期的年内变化过程。

表 6.9 　　　　　　　　　　　襄阳水文站月特征水温值均值年内统计

月份	平均水温/℃		最高水温/℃		最低水温/℃		月水温极差/℃	
	蓄水后	中线运行后	蓄水后	中线运行后	蓄水后	中线运行后	蓄水后	中线运行后
1	8.0	9.1	9.6	10.3	6.3	7.7	3.2	2.6
2	7.7	9.0	9.3	10.9	6.0	7.4	3.4	3.5
3	9.4	11.4	12.1	13.8	6.8	9.4	5.3	4.4
4	13.4	14.4	16.8	16.5	10.2	12.5	6.6	4.0
5	17.8	17.4	20.5	19.3	14.6	15.7	5.9	3.7
6	21.4	20.0	23.8	21.8	18.9	18.1	4.9	3.6
7	24.2	22.3	26.1	24.7	21.8	20.2	4.2	4.6
8	25.2	23.9	26.8	25.6	23.3	21.7	3.6	3.9
9	23.3	22.6	25.6	24.2	20.6	20.4	4.9	3.8
10	19.7	19.9	22.3	22.1	16.9	17.9	5.3	4.2
11	15.3	16.1	18.0	18.3	12.3	13.4	5.8	4.9
12	10.7	11.8	13.2	13.6	8.5	9.9	4.8	3.7

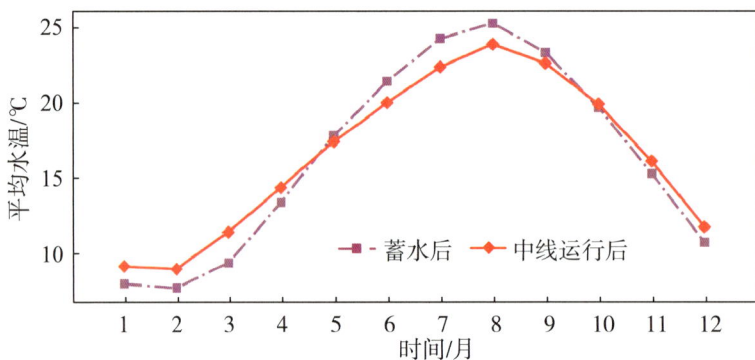

(a)平均水温

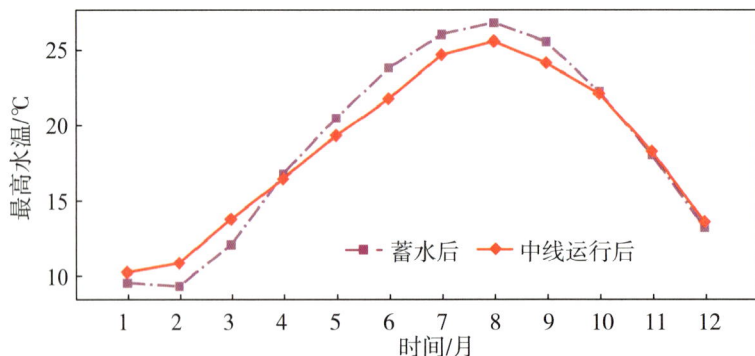

(b)最高水温

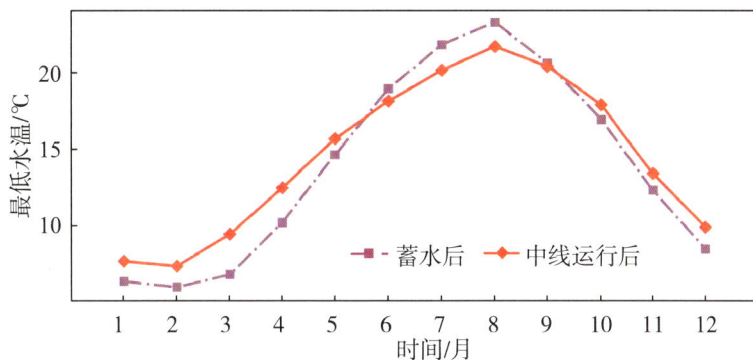

(c)最低水温

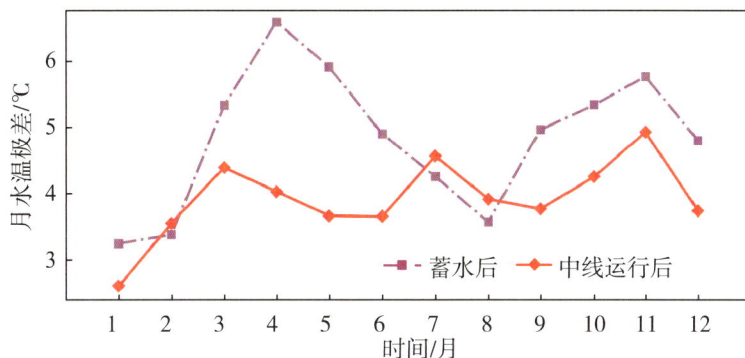

(d)月水温极差

图 6.10　襄阳水文站月特征水温值均值年内变化

中线运行后襄阳受丹江口水库滞温效应增强的影响,相较丹江口水库蓄水后的1981—2013 年,年内水温过程进一步坦化,月均温最大值下降了 1.3℃,最小值上升了 1.3℃,6—9 月水温降低,12 月至次年 2 月水温升高,极值发生月份基本无较大变化,月温差进一步减小,月温差最大值由蓄水后的 6.6℃减小为 4.9℃。相较黄家港、襄阳水文站水温已在沿程气候的影响下逐渐恢复。

(3)皇庄水文站

表 6.10、图 6.11 为皇庄水文站平均水温、最高水温、最低水温、月水温极差均值在各个时期的年内变化过程。

表 6.10　　　　　　　　　皇庄水文站月特征水温值均值年内统计

月份	平均水温/℃		最高水温/℃		最低水温/℃		月水温极差/℃	
	蓄水后	中线运行后	蓄水后	中线运行后	蓄水后	中线运行后	蓄水后	中线运行后
1	7.1	8.2	9.0	9.7	5.3	6.4	3.8	3.3
2	8.2	8.7	10.8	11.4	5.9	6.2	4.9	5.2
3	11.0	12.5	14.7	16.0	7.6	9.4	7.1	6.5

续表

月份	平均水温/℃		最高水温/℃		最低水温/℃		月水温极差/℃	
	蓄水后	中线运行后	蓄水后	中线运行后	蓄水后	中线运行后	蓄水后	中线运行后
4	16.0	16.4	19.9	19.3	12.2	13.6	7.7	5.8
5	20.6	20.1	23.6	22.7	17.3	17.9	6.3	4.8
6	24.4	23.3	27.4	25.4	20.9	20.7	6.5	4.8
7	27.3	25.8	29.6	28.7	24.6	23.0	5.0	5.7
8	27.3	26.9	29.8	29.2	24.3	24.1	5.5	5.1
9	24.0	24.0	27.5	26.5	20.5	20.6	7.0	5.9
10	19.8	19.6	23.1	22.8	16.5	16.9	6.6	6.0
11	14.5	15.1	17.9	18.0	11.0	11.1	6.9	6.9
12	9.6	10.5	12.5	12.5	7.0	8.5	5.5	4.0

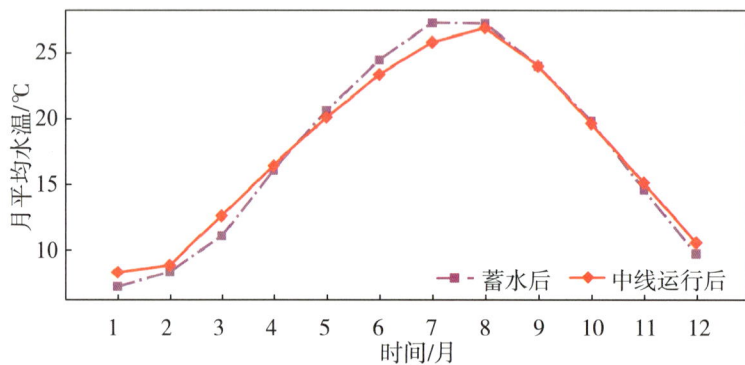

(a)平均水温

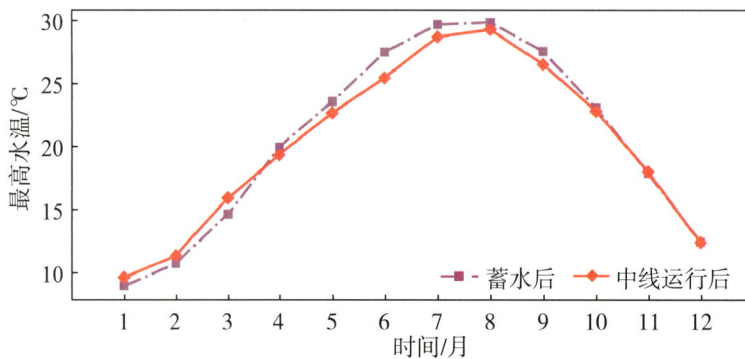

(b)最高水温

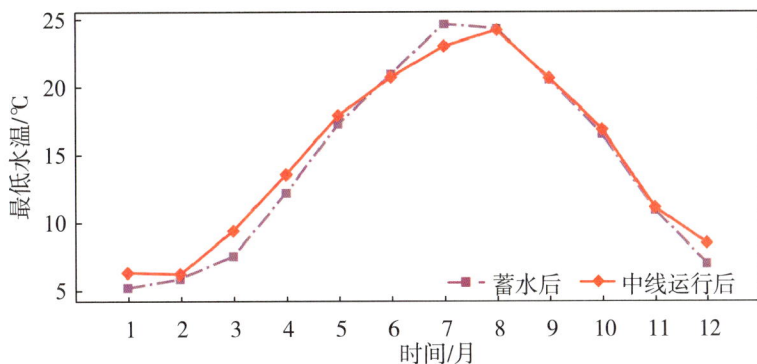

(c)最低水温

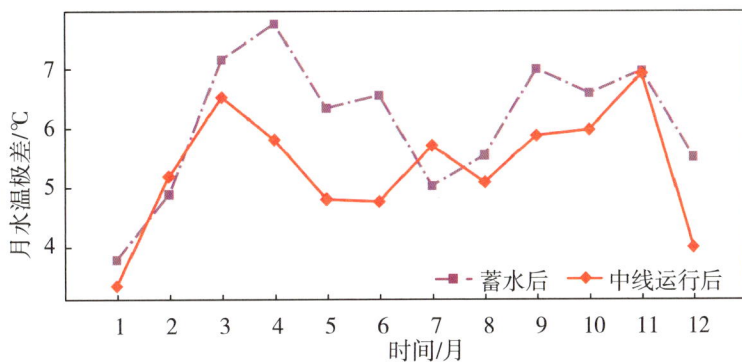

(d)月水温极差

图 6.11 皇庄水文站月特征水温值均值年内变化

中线运行后皇庄受丹江口水库滞温效应增强的影响,相较丹江口水库蓄水后的 1991—2013 年,年内水温过程进一步坦化,月均温最大值下降了 0.4℃,最小值上升了 1.1℃,极值发生月份基本无较大变化,月温差进一步减小,月温差最大值由蓄水后的 7.7℃减小为 6.9℃。相较上游的襄阳水文站,皇庄水文站受水库影响程度已大大减弱。

(4)沙洋(兴隆)水文站

表 6.11、图 6.12 为沙洋(兴隆)水文站平均水温、最高水温、最低水温、月水温极差均值在各个时期的年内变化过程。

表 6.11　　　　　　　沙洋(兴隆)水文站月特征水温值均值年内统计

月份	平均水温/℃		最高水温/℃		最低水温/℃		月水温极差/℃	
	蓄水后	中线运行后	蓄水后	中线运行后	蓄水后	中线运行后	蓄水后	中线运行后
1	6.6	7.8	8.6	9.2	4.7	6.5	4.0	2.7
2	7.9	8.5	10.5	11.3	5.5	6.2	5.0	5.1
3	10.9	12.4	14.9	16.0	7.6	9.8	7.4	6.2

月份	平均水温/℃		最高水温/℃		最低水温/℃		月水温极差/℃	
	蓄水后	中线运行后	蓄水后	中线运行后	蓄水后	中线运行后	蓄水后	中线运行后
4	16.3	17.0	20.5	19.8	12.5	14.2	8.1	5.6
5	21.1	21.0	24.3	23.6	17.6	19.3	6.7	4.3
6	25.2	24.5	28.2	26.7	21.6	22.1	6.6	4.7
7	27.8	27.0	30.4	29.9	25.2	24.4	5.2	5.5
8	27.6	28.4	30.3	30.5	24.6	26.2	5.7	4.3
9	24.4	25.2	27.9	28.0	20.9	22.2	7.0	5.8
10	20.0	20.3	23.5	23.5	16.6	17.8	6.8	5.7
11	14.3	15.4	17.9	18.5	10.6	11.7	7.3	6.8
12	9.2	10.2	12.0	12.5	6.6	8.0	5.4	4.5

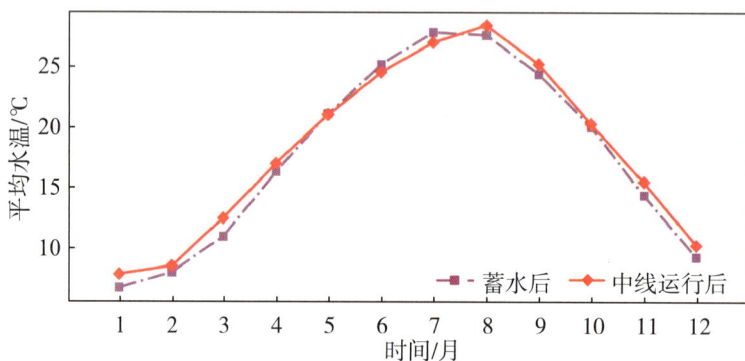

(a)平均水温

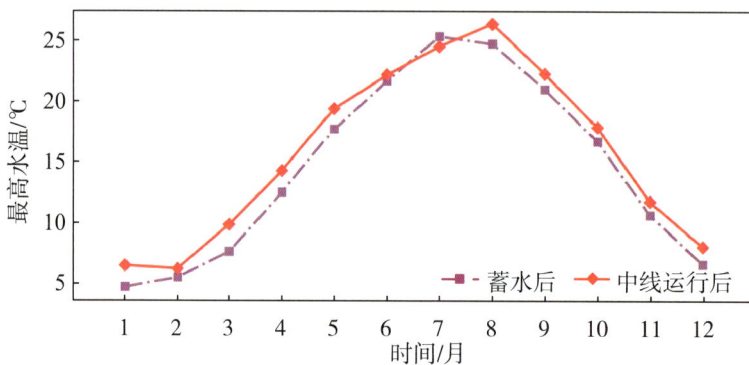

(b)最高水温

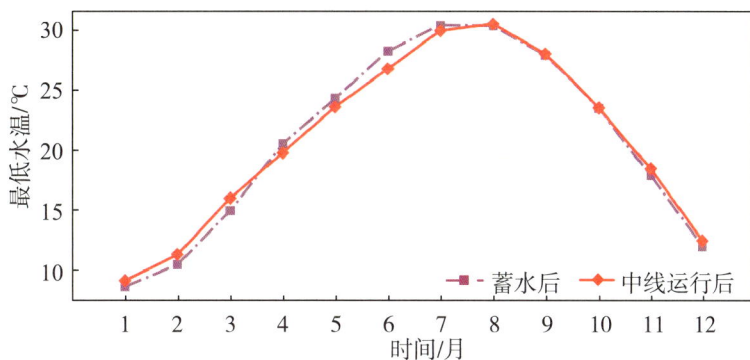

(c)最低水温

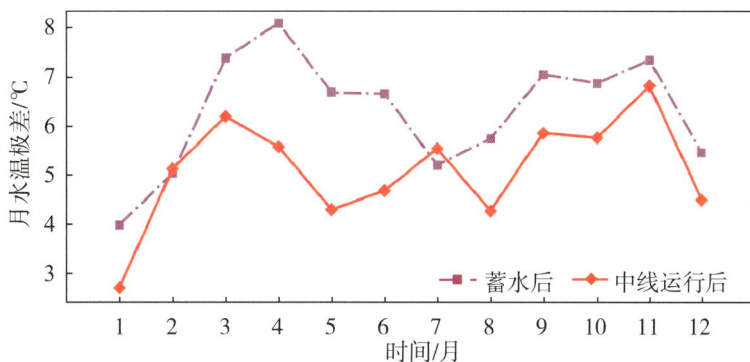

(d)月水温极差

图 6.12　沙洋(兴隆)水文站月特征水温值均值年内变化

沙洋(兴隆)受丹江口水库加高影响较为微弱,相较丹江口水库蓄水后的 1991—2013 年,年内水温过程变化较小,月均温最大值已转变为上升,上升了 0.6℃,最小值上升了 1.2℃,极值发生月份由 7 月延迟至 8 月,但这 2 个月水温值较为接近,因而总体上也相差不大。月温差进一步减小,月温差最大值由蓄水后的 8.1℃减小为 6.8℃。

(5)仙桃水文站

表 6.12、图 6.13 为仙桃水文站平均水温、最高水温、最低水温、月水温极差均值在各个时期的年内变化过程。

表 6.12　　　　　　　　　　仙桃水文站月特征水温值均值年内统计

月份	平均水温/℃		最高水温/℃		最低水温/℃		月水温极差/℃	
	蓄水后	中线运行后	蓄水后	中线运行后	蓄水后	中线运行后	蓄水后	中线运行后
1	6.3	8.0	8.5	9.4	4.2	6.4	4.3	2.9
2	7.9	8.7	10.5	11.7	5.5	6.0	5.0	5.6
3	11.0	12.9	14.9	16.5	7.8	9.9	7.1	6.6

月份	平均水温/℃		最高水温/℃		最低水温/℃		月水温极差/℃	
	蓄水后	中线运行后	蓄水后	中线运行后	蓄水后	中线运行后	蓄水后	中线运行后
4	16.7	17.6	20.7	20.4	12.9	14.9	7.8	5.6
5	21.8	21.8	24.9	24.4	18.5	20.0	6.4	4.4
6	25.7	25.3	28.8	27.6	22.4	22.8	6.4	4.7
7	28.3	27.9	31.0	30.8	25.6	25.1	5.5	5.7
8	28.1	29.0	30.9	31.4	25.1	26.4	5.8	5.0
9	24.5	25.7	28.1	28.2	21.1	22.6	7.0	5.7
10	19.9	20.6	23.3	23.8	16.7	17.9	6.6	5.9
11	14.4	15.7	18.0	18.7	10.8	11.9	7.2	6.8
12	9.0	10.3	12.0	12.6	6.4	8.2	5.6	4.3

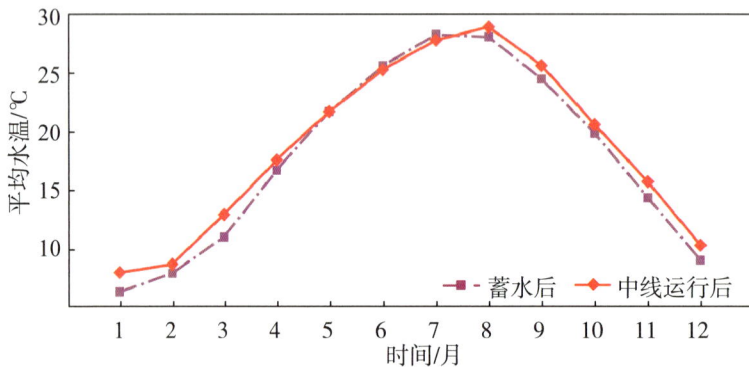

(a)平均水温

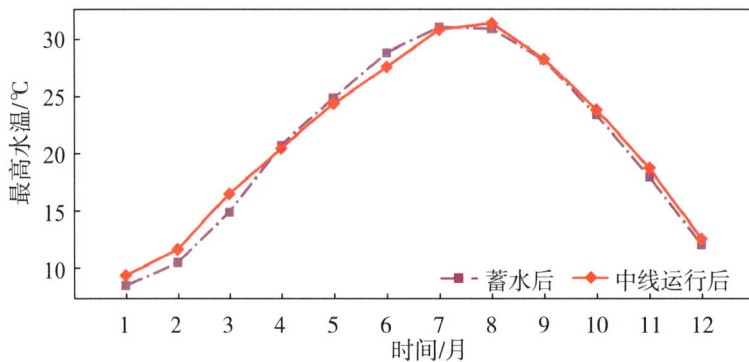

(b)最高水温

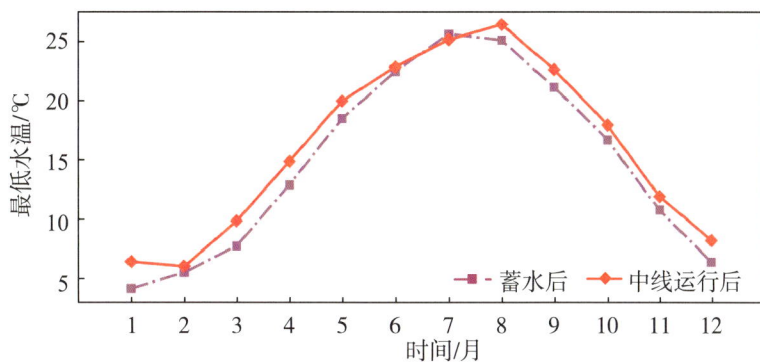

(c)最低水温

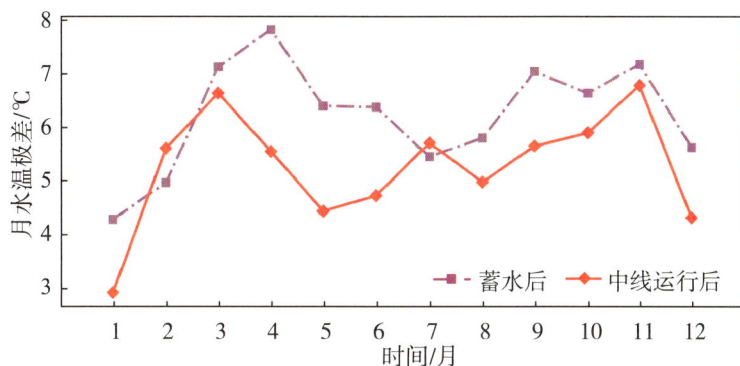

(d)月水温极差

图 6.13   仙桃水文站月特征水温值均值年内变化

仙桃受丹江口水库加高影响较为微弱,相较丹江口水库蓄水后的 1991—2013 年,年内水温过程变化较小,月均温最大值已转变为上升,上升了 0.7℃,最小值上升了 1.7℃,极值发生月份由 7 月延迟至 8 月,但这 2 个月水温值较为接近,因而总体上相差不大。月温差进一步减小,月温差最大值由蓄水后的 7.8℃ 减小为 6.8℃。

6.3.3   水温总体变化特征

汉江中下游 6 个水文站各时期的水温特征值简要统计及沿程变化情况见表 6.13 和图 6.14。

从多年平均水温沿程变化来看,南水北调中线运行后时期和丹江口水库蓄水后时期均保持沿程增温的特性,中线运行后黄家港—襄阳因黄家港水温偏低沿程上升幅度(2℃)较蓄水后时期上升幅度(0.8℃)大,襄阳—仙桃各站点间沿程升温幅度差距不大。黄家港水文站受丹江口水库低温水下泄影响最大,丹江口水库加高后影响进一步加剧,中线运行后较前 3 个时期年均水温分别下降了 2.5℃、1.9℃、1.1℃,其他站点温度则有所增加。

表 6.13　汉江中下游各站多年水温特征值统计

站名	时间分期	多年平均水温/℃	历年最高		历年最低		最大年极温差		统计年份
			水温/℃	日期	水温/℃	日期	温差/℃	年份	
黄家港	建库前*（缺1957,1958）	17.0	34.2	1955-07-12	1.3	1956-01-08	32.2	1955	1955—1959
	滞洪期	16.4	36.3	1962-08-16	0.2	1964-02-07	32.7	1962	1960—1967
	蓄水期*（缺1992）	15.6	34.5	1969-07-27	1.5	1969-01-29	33.0	1969	1968—2000
	南水北调中线运行后	14.5	25.6	2014-07-22	7.3	2014-02-13	18.3	2014	2014—2021
襄阳	蓄水后*（缺1985）	16.4	29.1	2013-07-30	3.2	2000-01-25	23.8	1998	1981—2013
	南水北调中线运行后	16.5	28.7	2014-08-03	5.2	2014-02-11	23.5	2014	2014—2021
皇庄	蓄水后	17.5	31.6	1995-08-02	2.3	1991-12-27	27.8	1998	1991—2013
	南水北调中线运行后	17.6	31.6	2017-07-28	4.3	2015-01-29	27.0	2016	2014—2021
沙洋（兴隆）	蓄水后*（缺1992）	17.6	32.0	1995-07-21	0.6	1991-12-28	29.4	1998	1991—2013
	南水北调中线运行后	18.2	32.8	2016-08-01	3.8	2014-02-12	28.6	2014	2014—2021
仙桃	蓄水后	17.8	33.1	1995-07-23	1.2	1991-12-29	30.3	1995	1991—2013
	南水北调中线运行后	18.6	33.7	2014-08-05	3.6	2014-02-14	30.1	2014	2014—2021

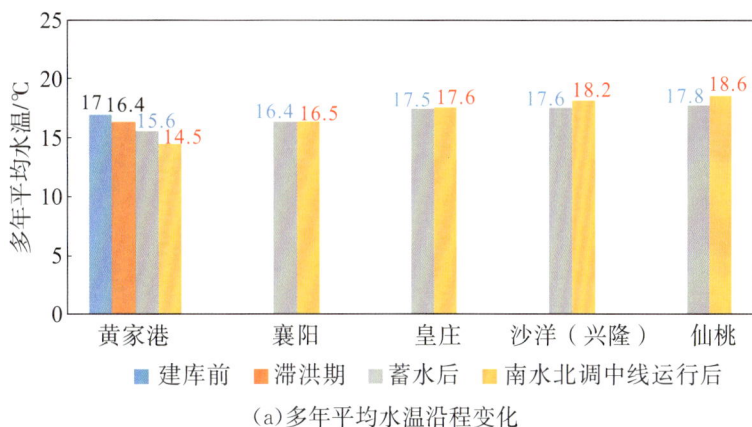

(a)多年平均水温沿程变化

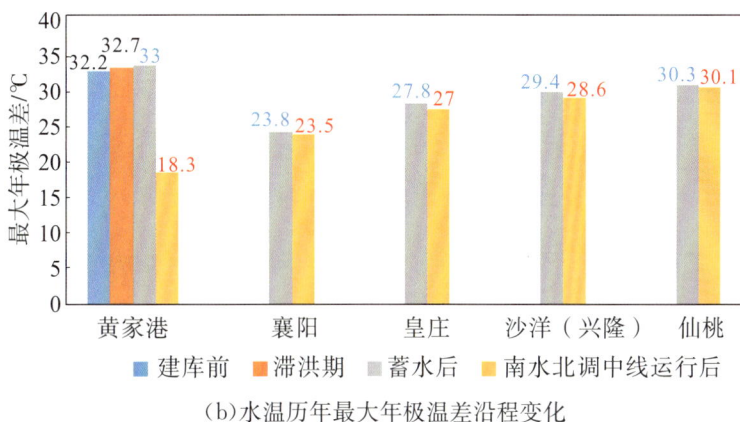

(b)水温历年最大年极温差沿程变化

图 6.14　汉江中下游各站多年水温特征值沿程变化

从历年最高水温变化来看,黄家港降幅最大,为 8.9℃,其他站变幅在 0.8℃ 以内。从历年最低水温变化来看,中线运行后相较丹江口水库蓄水后时期,各站点均上升,黄家港上升幅度最大,为 5.8℃,其他站在 3.2℃ 以内。

从历年最大年极温差沿程变化来看,襄阳—仙桃均保持沿程增温的特性,黄家港蓄水后时期最大年极温差较大,与该值出现在 1969 年有关,这一年丹江口水库运行时期较短,对水温的影响程度尚弱。中线运行后各站点的最大年极温差均小于蓄水后时期,黄家港下降值最大为 14.7℃,其他站点降幅在 0.8℃ 以内。从丹江口水库建库前、滞洪期和蓄水后时期年极温差高达 32℃ 以上来看,蓄水后各站点年极温差均在 30.5℃ 以下,从年际变化分析可知,各站点的最低水温均有所提高,黄家港—皇庄最高水温有所降低,可见丹江口水库蓄水后对最低水温的影响较大,同时使得年极温差减小。

根据水量数据资料分析,引调水工程实施前,黄家港来水占仙桃站的 89%;中线及引江济汉工程实施后,黄家港来水占仙桃站的 83%,可见黄家港断面的水温对下游河段水温影响较大。从黄家港站的水温特征值变化来看,丹江口水库的蓄水运用使下游河道水温产生了剧烈的变化,2014 年加高工程完成后(即中线运行后),进一步加剧了水温变化。从多年平均水温看,襄阳以下河段受影响程度有所减弱,从最高水温看,影响可至皇庄站,从最低水温看,影响可至仙桃站。水温特征的变化将对河道生态环境产生一定的影响。

6.4 汉江中下游河道水温多时间尺度变化分析

结合前述分析,黄家港、襄阳水文站受丹江口水库低温水下泄影响,皇庄、沙洋(兴隆)和仙桃水文站水温基本保持了天然状况,考虑到沙洋(兴隆)站水温 2014 年前后系列监测位置有差异,因此这里仅对黄家港、襄阳、皇庄和仙桃 4 个水文站的水温变化进行多时间尺度分析。

图 6.15 为黄家港水文站年均水温距平序列 Morlet 小波变换系数实部及模方的时频变化,小波变换系数的实部时频分布展现的是水温序列不同时间尺度的周期变化,可用于判断在不同时间尺度上未来水温的变化趋势;模方时频分布展现的是不同时间尺度变化周期所对应的能量密度,模方值越大,表明该时间尺度周期性越强。

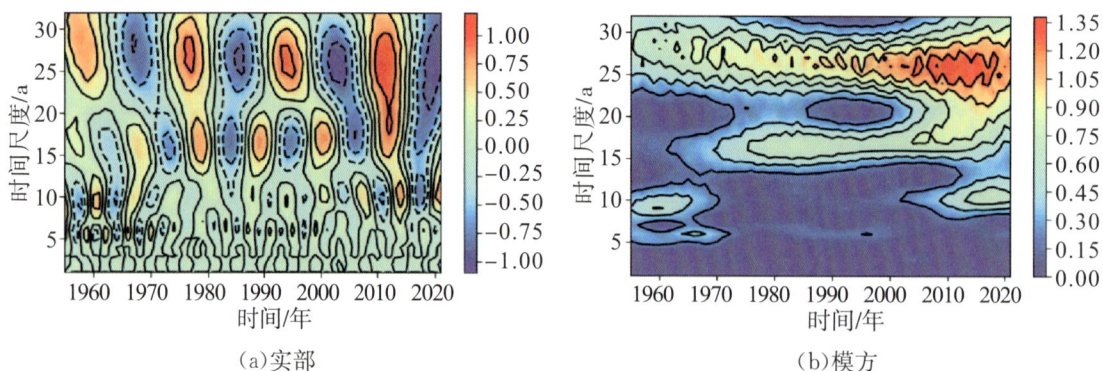

(a)实部　　　　　　　　　　　　　(b)模方

图 6.15　黄家港水文站年均水温距平序列 Morlet 小波变换系数时频分布

由图 6.15 可知,黄家港水文站 25～28 年尺度周期表现最为明显,具有全域性,2008—2016 年能量密度最大,该时期水温因丹江口水库加高下降幅度较大,是序列突变点所在的位置。15～19 年尺度周期性变化主要集中在 1970 年后,9～11 年、5～7 年尺度的周期则仅在部分区域表现明显,这 3 个尺度的能量变化说明了水利工程对坝下水温多尺度变化特征产生的显著影响,在丹江口水库建成前,天然水温序列周期性变化以 25～28 年、9～11 年、5～7 年尺度为主,蓄水期以 25～28 年、15～19 年尺度为主,加高后则以 25～28 年、15～19 年、9～11 年尺度为主,对应的第一主周期至第三主周期分别为 27 年、17 年和 10 年。

图 6.16 为黄家港水文站第一、二主周期的小波变换系数实部变化过程,在 27 年特征时间尺度上,水温的平均变化周期为 17 年左右,经历了大约 3.5 个高低温转换

期,2015 年后进入负相位,水温偏低;在 17 年特征时间尺度上,水温的平均变化周期为 11 年左右,经历了大约 6 个高低温转换期,2015—2020 年水温偏低,2021 年后进入水温偏高期。

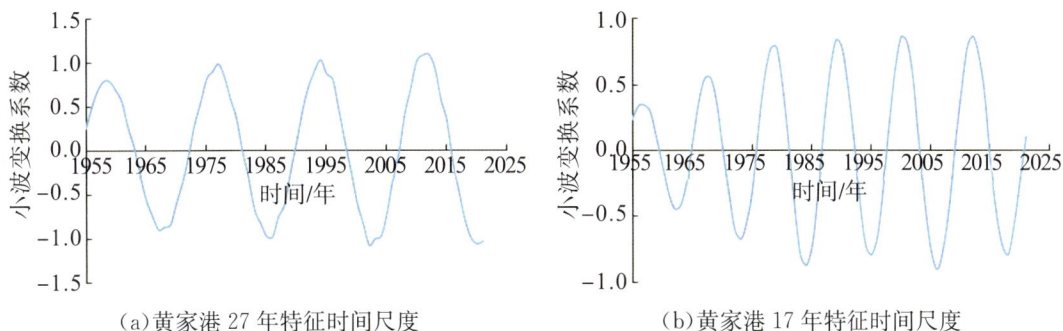

(a)黄家港 27 年特征时间尺度　　　　　　(b)黄家港 17 年特征时间尺度

图 6.16　黄家港水文站不同尺度小波变换系数实部变化过程

同样对黄家港水文站四季水温进行了小波变换,由于年内水温整体呈现延迟、坦化特性,不同尺度周期性特征仅在部分时间段表现明显,且多为 2 个主周期,第一、二主周期的相应时段统计见表 6.14。从总体上来看,黄家港四季水温主周期基本与年均水温相同,除春季水温序列外,丹江口加高后时期夏季、秋季、冬季水温序列分别以26 年、16 年、32 年的特征尺度进行周期变化。

表 6.14　　　　　　　　　各站点年均水温和四季水温序列的主要周期

水温序列	第一主周期/a	时期	第二主周期/a	时期	第一主周期/a	时期	第二主周期/a	时期
黄家港(1955—2021)					襄阳(1981—2021)			
年均	27	全域	17	1970—2021	11	2000—2021	6	1981—2000
春季	32	1955—1990	17	1955—2015	11	1990—2021	5	2006—2021
夏季	26	1990—2021	17	1955—1985	10	全域	4	2010—2021
秋季	28	1955—2015	16	全域	6	1981—2015	12	1990—2021
冬季	32	全域	16	1955—1990	9	2006—2021	13	1990—2021
皇庄(1991—2021)					仙桃(1991—2021)			
年均	5	1991—2000、2010—2020	9	全域	11	2000—2021	5	1991—2000、2005—2018
春季	11	1991—2018	5	2010—2021	11	全域	5	2005—2018
夏季	9	全域	4	2010—2021	4	2006—2021	9	全域
秋季	5	1991—2003、2010—2018	16	1991—2018	15	1991—2018	6	全域
冬季	9	2006—2021	/	/	9	2006—2021	/	/

襄阳、皇庄、仙桃水文站年均水温和四季水温小波分析成果见表6.14，受限于序列长度，3个站点最大特征尺度为16年，年均水温主周期集中在5～7年、9～11年尺度，与黄家港天然水温序列周期性变化的尺度一致，2000—2021年主要表现为9～11年尺度的变化周期。四季水温主周期集中在4～6年、9～11年、15～16年尺度，3个站点呈现的特征尺度相近，在表现时期上略有差异，其中春季水温第一、二主周期均为11年、5年，冬季水温第一主周期均为9年，且表现时期均为2006—2021年。

6.5 汉江中下游河道水华易发期水温特征

6.5.1 1993年以来汉江中下游水温年内、年际变化特征

表6.15统计了1993年以来汉江中下游干流各水文站水温特征，从多年平均水温来看，黄家港受丹江口加高影响水温降幅较大，为1.4℃，距坝109km、240km的襄阳、皇庄水文站均温无明显变化，但对照近年来受气温上升而均温有所增加的沙洋（兴隆）、仙桃水文站，黄家港、襄阳、皇庄水文站水温受丹江口水库低温水下泄影响的程度可能被低估。各站点多年平均最高值除仙桃水文站外有所降低，最低值均呈上升态势，升幅为0.8～2.4℃，温差均呈下降态势，降幅为1.4～5.6℃，表明近年来中下游水温过程均表现为坦化特征。图6.17为表6.15中各特征值的年际变化，结合图6.18来看，襄阳水文站水温变化过程与黄家港水文站较为一致，皇庄—仙桃水温在气候作用下已恢复至自然状态。

表6.15　　　　　　　　　　汉江中下游干流各水文站水温特征统计

特征值	站点	黄家港	襄阳	皇庄	沙洋（兴隆）	仙桃
多年平均水温/℃	1993—2013	15.9	16.6	17.6	17.6	17.9
	2014—2021	14.5	16.5	17.6	18.2	18.6
	差值	−1.4	−0.1	0.0	+0.6	+0.7
多年平均最高水温/℃	1993—2013	25.6	27.1	30.1	30.8	31.3
	2014—2021	22.4	25.8	29.4	30.7	31.7
	差值	−3.2	−1.3	−0.7	−0.1	+0.4
多年平均最低水温/℃	1993—2013	6.1	5.6	4.8	4.0	3.6
	2014—2021	8.5	7.0	5.7	5.5	5.4
	差值	+2.4	+1.4	+0.9	+1.5	+1.8
多年平均温差/℃	1993—2013	19.5	21.5	25.2	26.8	27.8
	2014—2021	13.9	18.8	23.8	25.2	26.2
	差值	−5.6	−2.7	−1.4	−1.6	−1.6

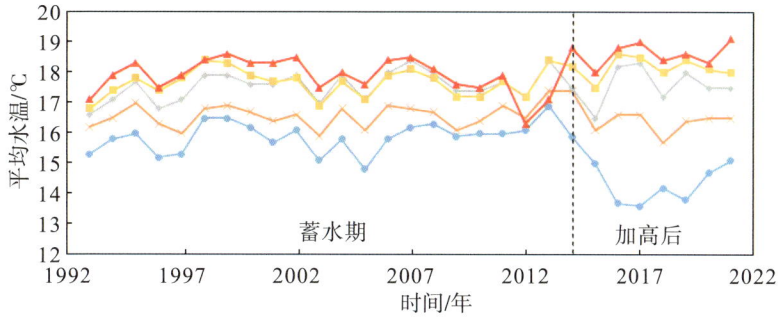

(a)平均水温

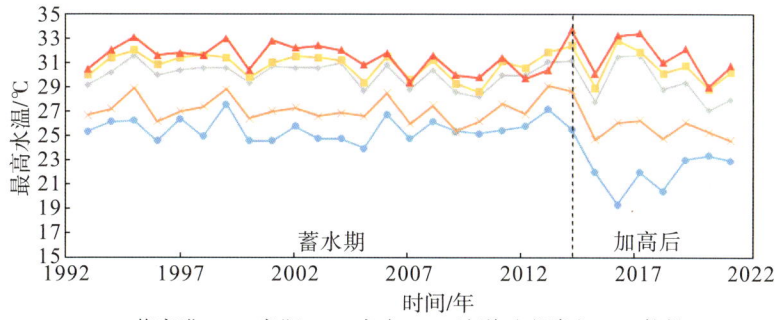

(b)最高水温

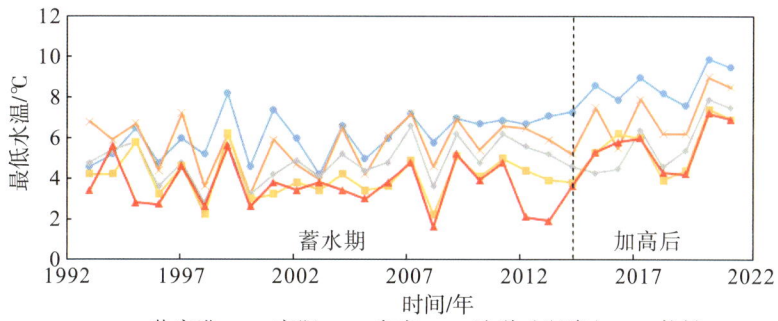

(c)最低水温

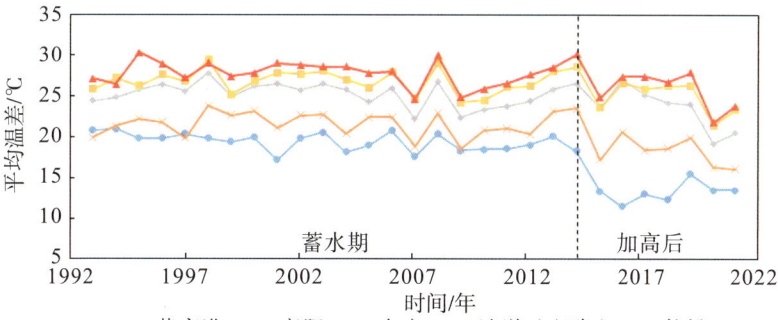

(d)平均温差

图 6.17　汉江中下游干流各水文站水温特征值年际变化

图 6.18、图 6.19 为各站点水温年内变化，在 1993—2013 年丹江口初期蓄水期，黄家港和襄阳、皇庄至仙桃这 2 组站点水温年内过程相应。从箱线图来看，襄阳 2014—2021 年水温年内过程与蓄水期相比未发生明显变化，仅在夏季 6—8 月略有下降，月均温降幅为 1.5～2.3℃，冬季 12 月至次年 1 月略有上升，月均温升幅为 1℃、1.2℃，这两个季节也是丹江口水库"滞冷滞热"效应表现最显著的时期。

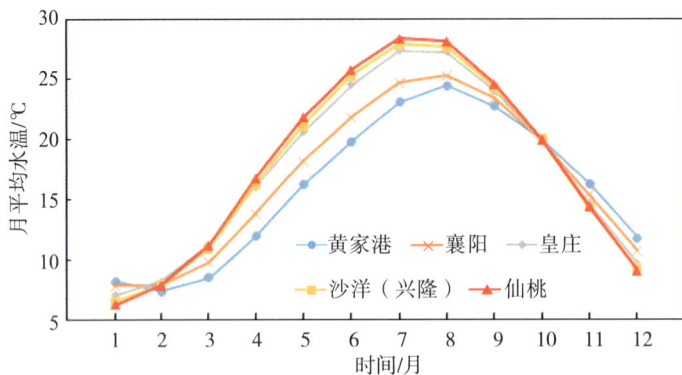

（a）蓄水期

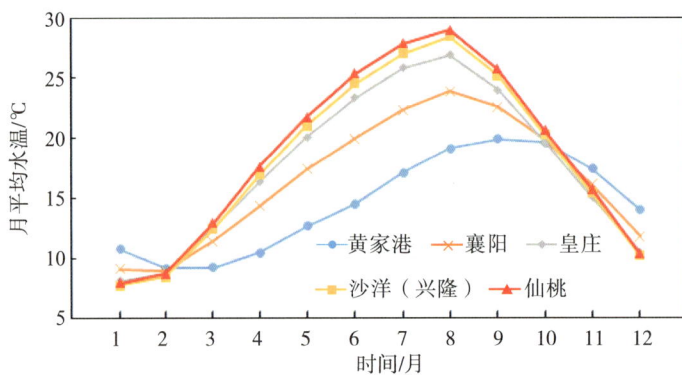

（b）加高后

图 6.18　汉江中下游干流各水文站水温年内变化

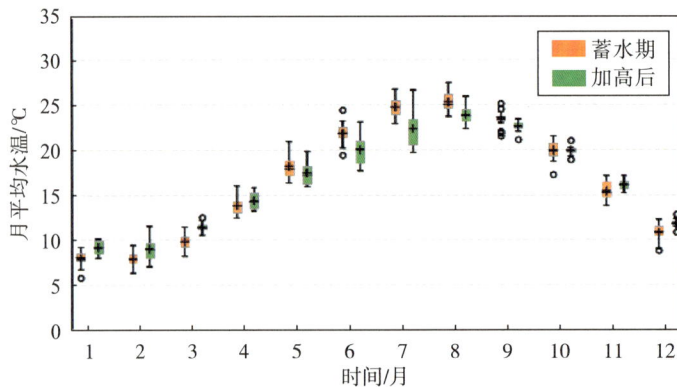

图 6.19　襄阳水文站月均水温

6.5.2　1—4 月汉江中下游水温总体特征

汉江下游水华暴发主要集中在 1—3 月,1992 年以来暴发了 11 次规模较大的水华事件,4 次发生在 2014 年后,给汉江水环境、水生态和城市供水带来许多不利影响。图 6.20 为汉江中下游 1—4 月水温沿程变化特征,丹江口大坝加高前后 2 个时期的 1 月、3 月、4 月沿程变化基本一致,1 月表现为沿程降温,3、4 月为沿程增温;2 月水温线差距较大,黄家港—襄阳由沿程增温转变为降温,体现了大坝加高后水库的滞温作用更强。1—4 月水温总体上加高后较之前增加,最大增温分别为 2.6℃、1.8℃、1.7℃、0.8℃,平均增温分别为 1.5℃、0.9℃、1.4℃、0.1℃。1—3 月增温幅度最大,易发生水华的下游河段仙桃站增幅分别为 1.7℃、0.8℃、1.7℃,该河段增温与近年来气温的上升密切相关。温度的上升叠加水量的减少为藻类的快速增殖提供了适宜的生存环境。

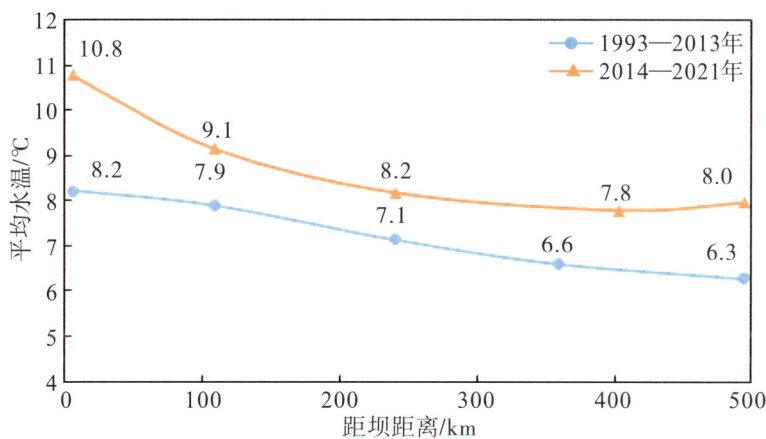

(a)1 月

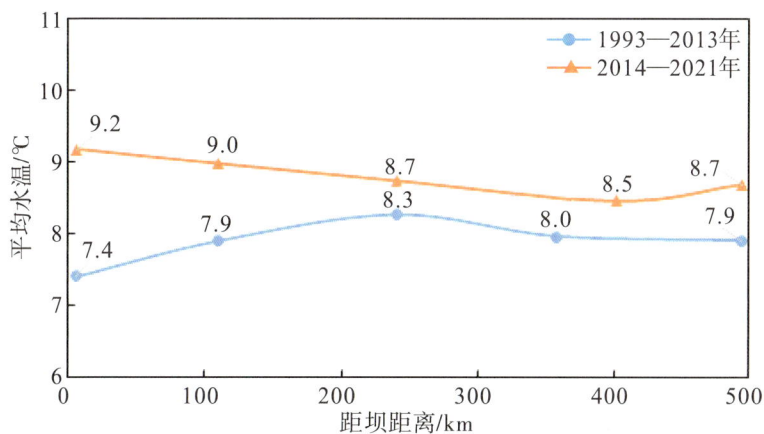

(b)2 月

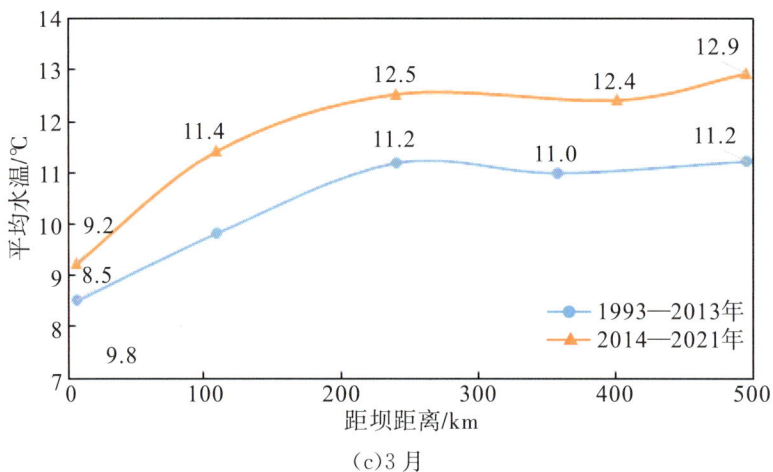

（c）3 月

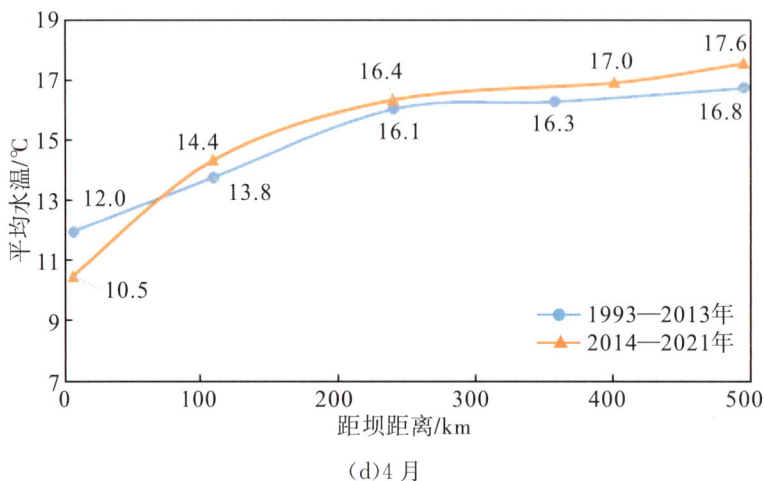

（d）4 月

图 6.20　汉江中下游干流 1—4 月水温沿程变化

6.5.3　1—3 月汉江下游重点河段水温特征

（1）沙洋（兴隆）水文站

沙洋（兴隆）水文站 1993—2021 年 1—3 月水温特征统计见表 6.16，沙洋（兴隆）水文站 1992—2021 年发生和不发生水华年份水温特征统计见表 6.17，沙洋（兴隆）水文站 1991—2021 年 1—3 月水温特征年际变化见图 6.21。

表 6.16　　　　沙洋（兴隆）水文站 1993—2021 年 1—3 月水温特征统计

年份	平均水温/℃	最小月平均水温/℃	最低日水温/℃	最高日水温/℃	最大月水温极差/℃	备注
1993	8.1	6.0	4.2	11.8	4.4	
1994	7.9	6.9	4.2	14.0	7.0	

年份	平均水温/℃	最小月平均水温/℃	最低日水温/℃	最高日水温/℃	最大月水温极差/℃	备注
1995	8.4	6.4	5.8	15.0	6.0	
1996	7.5	6.0	3.2	11.2	7.6	
1997	9.2	7.3	4.6	14.8	5.2	
1998	8.0	5.1	2.2	16.0	8.8	水华
1999	9.6	8.8	7.0	13.4	6.2	
2000	9.1	5.6	3.0	18.0	7.4	水华
2001	8.9	6.8	3.2	14.2	5.8	
2002	10.1	8.3	5.0	16.4	11.4	水华
2003	8.0	6.8	3.4	19.0	14.6	水华
2004	9.6	7.5	5.8	15.8	6.4	
2005	7.3	5.5	3.4	13.2	5.4	
2006	8.5	6.5	3.6	14.8	8.6	
2007	9.3	6.5	4.9	20.0	11.4	水华
2008	8.3	5.0	2.2	15.7	6.7	水华
2009	8.8	6.4	5.1	15.4	8.9	水华
2010	8.3	6.9	4.1	14.8	8.4	水华
2011	8.1	6.0	5.0	14.3	7.9	水华
2012	7.7	6.9	5.1	12.3	5.9	
2013	8.1	6.1	3.9	14.4	5.6	水华
2014	8.2	6.1	3.8	17.0	9.3	
2015	9.1	8.0	5.3	14.7	5.9	水华
2016	9.8	7.9	6.2	14.4	5.3	水华
2017	10.1	8.6	6.0	16.0	5.6	
2018	9.2	6.8	3.9	16.4	6.1	水华
2019	8.6	6.4	4.4	15.4	6.8	
2020	10.7	8.1	7.4	17.1	6.3	
2021	10.9	8.3	6.9	16.8	7.1	水华

表 6.17 沙洋（兴隆）水文站 1992—2021 年发生和不发生水华年份水温特征统计

时段		1992—2013		2014—2021	
水温指标		无水华年份的水温/℃	发生水华年份的水温/℃	无水华年份的水温/℃	发生水华年份的水温/℃
平均水温	平均值	8.4	8.7	9.4	9.9
	最小值	7.3	8.0	8.2	9.2
最小月平均水温	平均值	6.8	6.4	7.3	7.7
	最小值	5.5	5.0	6.1	6.8
最低日水温	平均值	4.6	4.0	5.4	5.7
	最小值	3.2	2.2	3.8	3.9
最高日水温	平均值	13.7	16.2	16.4	15.9
	最小值	11.2	14.3	15.4	14.4
最大月水温极差	平均值	6.2	8.8	7.0	6.2
	最小值	4.4	5.6	5.6	5.3

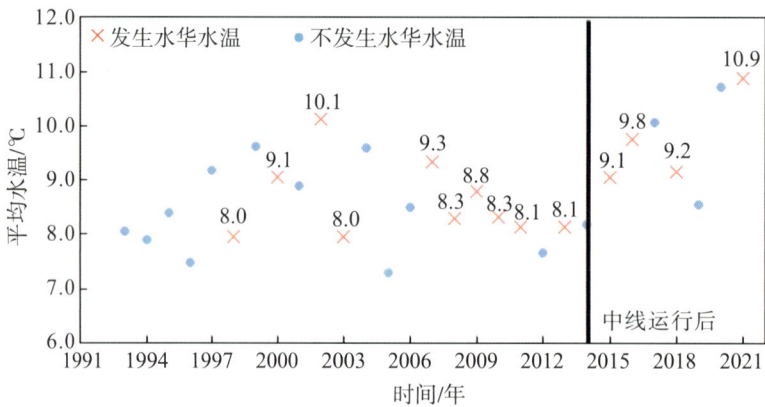

（a）1—3 月平均水温

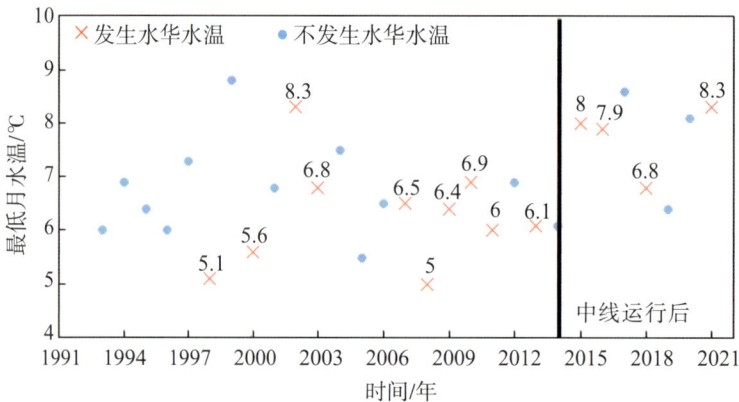

（b）1—3 月最低月水温

（c）1—3 月最低日水温

（d）1—3 月最高日水温

（e）1—3 月最大月水温极差

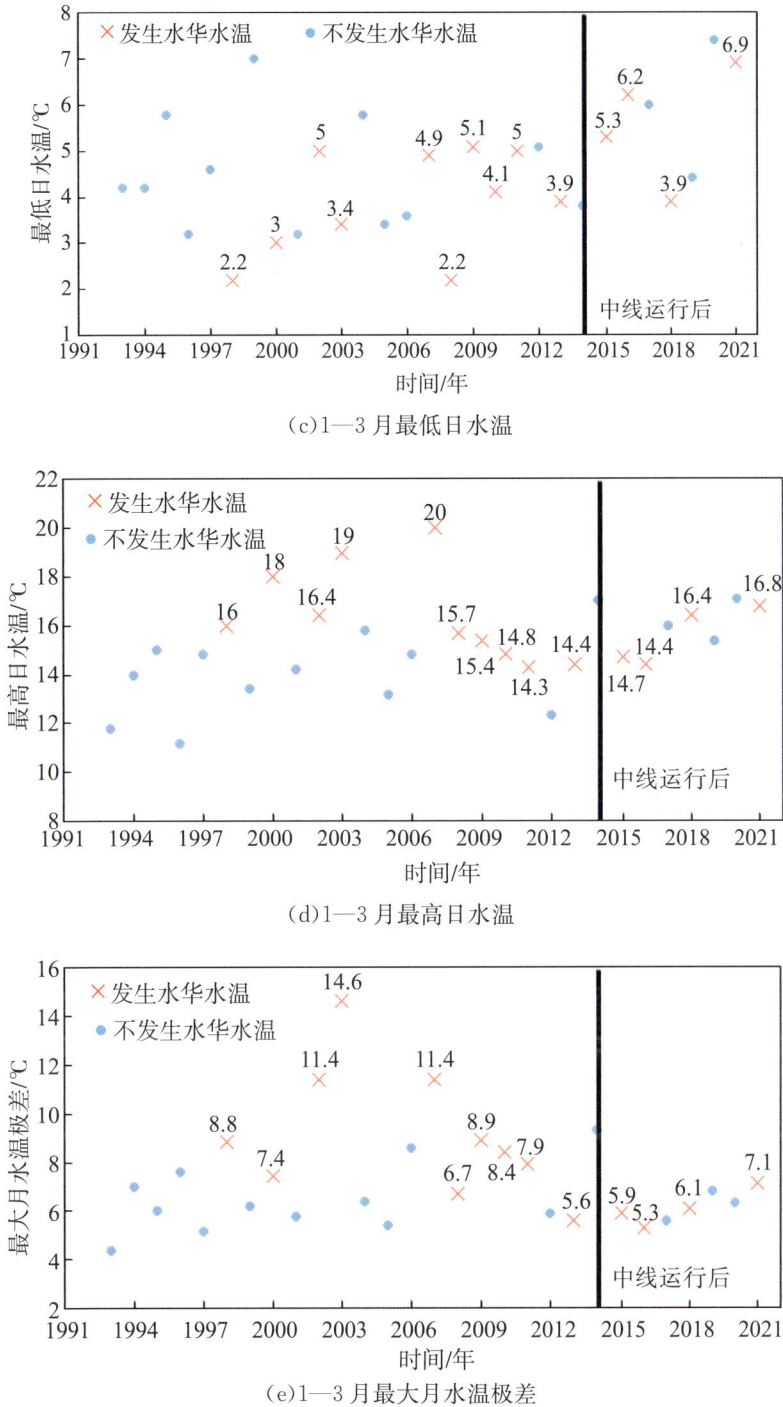

图 6.21   沙洋（兴隆）水文站 1991—2021 年 1—3 月水温特征年际变化

1992—2013 年，水华发生年份的水温一般表现为 1—3 月平均水温、最高日水温、最大月水温极差偏大的特征，以最高日水温、最大月水温极差表现最为明显。以最高日水温为例，在 2006 年以前，发生水华的年份最高水温在 16℃ 以上，比未发生水华的年份最大值 15.8℃还高。2006 年之后发生水华年份的最高日水温则有所降低,为 14.3~15.7℃。其他水温呈现同样的特征。

2014—2021 年,水华发生年份与水温特征无明显相关性,但发生水华的年份月均水温均在 9℃以上,水温较高可能是暴发水华的重要原因之一。

(2)仙桃水文站

仙桃水文站 1992—2021 年 1—3 月水温特征统计见表 6.18,仙桃水文站 1992—2021 年发生和不发生水华年份水温特征统计见表 6.19,仙桃站 1—3 月水温特征年际变化见图 6.22。其基本特征与沙洋(兴隆)水文站相似。

表 6.18　　　　　　　　仙桃 1992—2021 年 1—3 月水温特征统计

年份	平均水温/℃	最小月平均水温/℃	最低日水温/℃	最高日水温/℃	最大月水温极差/℃	备注
1992	7.6	5.9	2.5	13.6	8.2	水华
1993	8.0	5.7	3.4	11.6	4.9	
1994	8.1	6.9	5.6	14.0	7.6	
1995	8.7	5.7	2.8	16.7	6.6	
1996	7.4	6.0	2.7	12.0	7.3	
1997	9.0	6.9	4.6	14.4	4.8	
1998	8.0	5.3	2.6	14.6	6.6	水华
1999	9.7	8.5	6.8	13.2	5.4	
2000	8.7	4.9	2.6	17.6	7.0	水华
2001	9.2	7.4	3.8	14.4	5.8	
2002	10.8	8.7	6.6	18.2	10.0	水华
2003	7.9	6.5	3.8	19.4	14.0	水华
2004	9.6	7.2	5.4	15.4	5.8	
2005	7.0	5.0	3.0	13.0	5.0	
2006	8.4	6.3	3.8	15.6	9.0	
2007	9.4	6.2	4.8	20.6	11.6	水华
2008	8.4	4.7	1.6	16.2	6.8	水华
2009	9.1	6.2	5.2	16.0	10.0	水华
2010	8.2	6.5	3.9	15.2	8.8	水华
2011	8.0	5.5	4.8	14.4	7.5	水华
2012	7.5	6.8	5.2	11.3	5.0	
2013	6.5	4.0	1.9	12.6	5.3	水华
2014	9.2	6.6	3.6	18.3	10.0	

年份	平均水温/℃	最小月 平均水温/℃	最低日水温/℃	最高日水温/℃	最大月 水温极差/℃	备注
2015	9.8	8.5	5.3	15.8	7.7	水华
2016	9.8	7.6	5.8	15.1	6.1	水华
2017	10.2	8.7	6.0	16.1	6.0	
2018	9.1	6.9	4.3	16.6	6.3	水华
2019	8.3	6.1	4.2	15.5	7.3	
2020	10.6	7.8	7.2	17.3	6.6	
2021	11.8	9.0	6.9	17.2	6.4	水华

表 6.19　　　仙桃水文站 1992—2021 年发生和不发生水华年份水温特征

时段		1992—2013		2014—2021	
水温指标		无水华年份 的水温/℃	发生水华年份 的水温/℃	无水华年份 的水温/℃	发生水华年份 的水温/℃
平均水温	平均值	8.4	8.4	9.6	10.1
	最小值	7.0	6.5	8.3	9.1
最小月 平均水温	平均值	6.6	5.9	7.3	8.0
	最小值	5.0	4.0	6.1	6.9
最低日水温	平均值	4.3	3.7	5.3	5.6
	最小值	2.7	1.6	3.6	4.3
最高日水温	平均值	13.8	16.2	16.8	16.2
	最小值	11.3	12.6	15.5	15.1
最大月 水温极差	平均值	6.1	8.7	7.5	6.6
	最小值	4.8	5.3	6.0	6.1

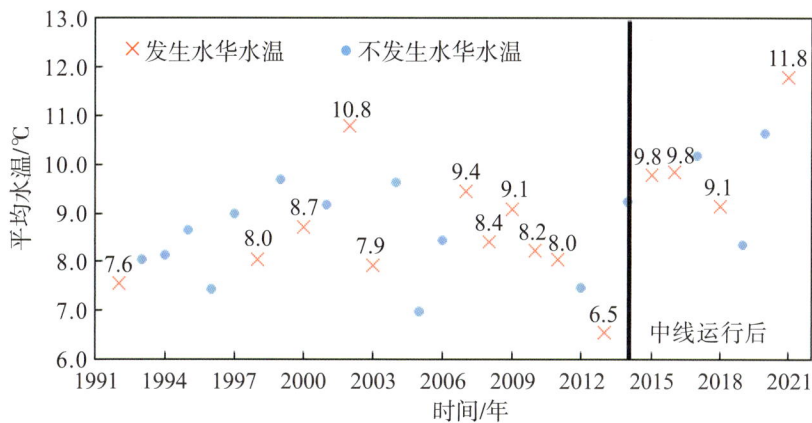

(a)1—3月平均水温

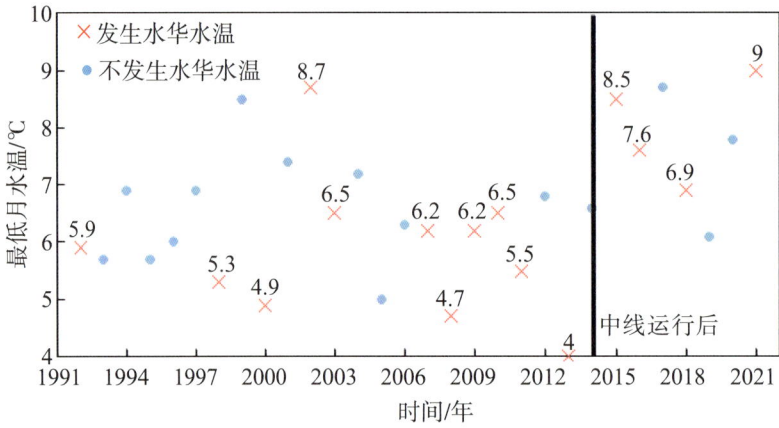

（b）1—3月最低月水温

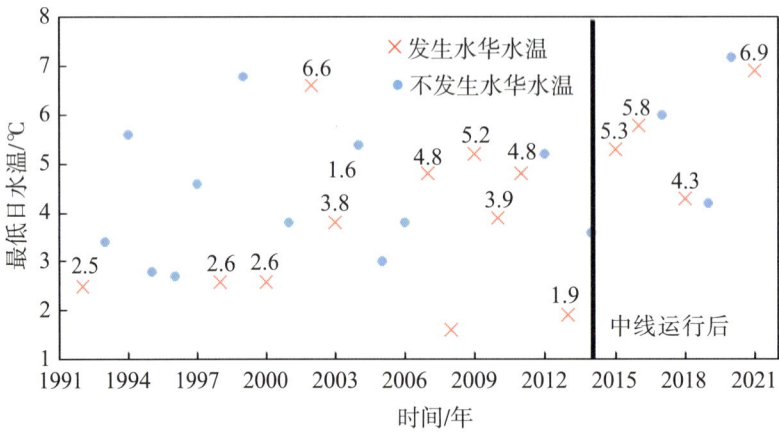

（c）1—3月最低日水温

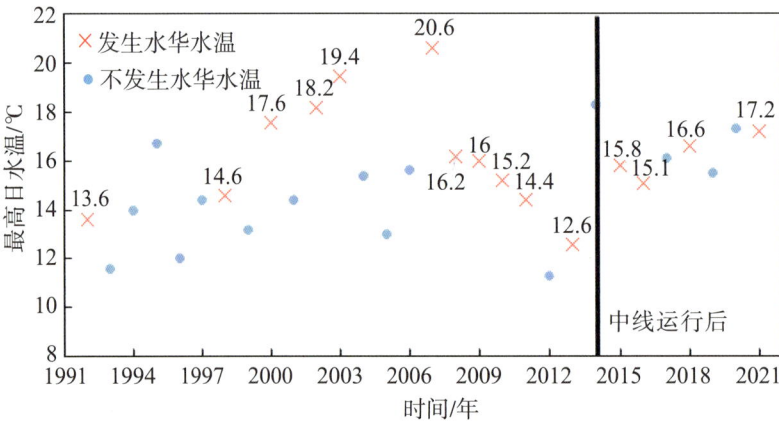

（d）1—3月最高日水温

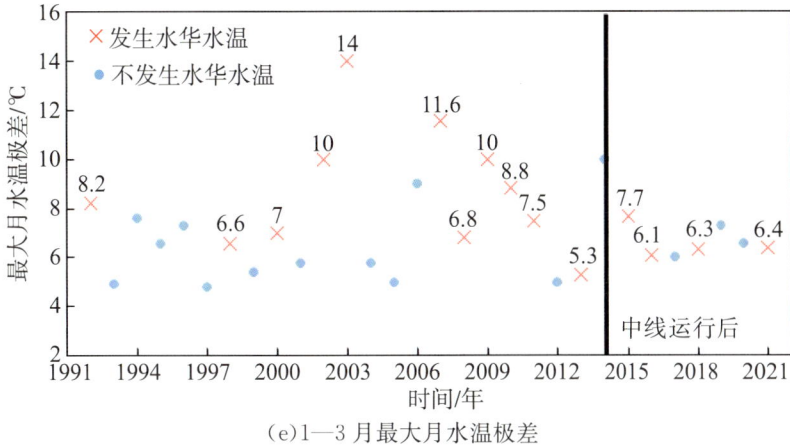

（e）1—3 月最大月水温极差

图 6.22　仙桃水文站 1—3 月水温特征年际变化

1992—2013 年，水华发生年份的水温一般表现为 1—3 月平均水温、最高日水温、最大月水温极差偏大的特征，以最高日水温、最大月水温极差表现最为明显。以最高日水温为例，在 2000—2006 年，发生水华的年份最高水温在 17.6℃以上，比未发生水华的年份最大值 15.6℃高 2℃。2006 年之后发生水华年份的最高日水温则有所降低，除 2007 年偏高外，其余在 12.6～16.2℃。最低月水温和最低日水温点群则比较散乱，无明显特征。

2014—2021 年，水华发生年份与水温特征无明显相关性，但发生水华的年份月均水温均在 9℃以上，水温较高可能是暴发水华的重要原因之一。

6.6　汉江中下游鱼类产卵期水温特征

水温变化将会影响鱼类产卵，汉江多数鱼类产卵要求水温不低于 18℃，以 5 月产卵最为集中。对 2010 年以来汉江中下游各站点年内水温首次到达 18℃的时间进行了统计（图 6.23）。受丹江口水库低温水下泄影响，黄家港达到 18℃时间大幅延迟，由 2013 年前的 5 月中下旬推迟到 7 月中旬至 9 月中旬，延迟 2～4 个月。襄阳水文站由 2013 年前的 4 月下旬至 5 月中旬推迟到 5 月上旬至 6 月上旬，受影响程度较低，2018 年后约有 2 旬的延迟。皇庄以下至仙桃河段基本未受影响，年内首次达到 18℃时间集中在 4 月。

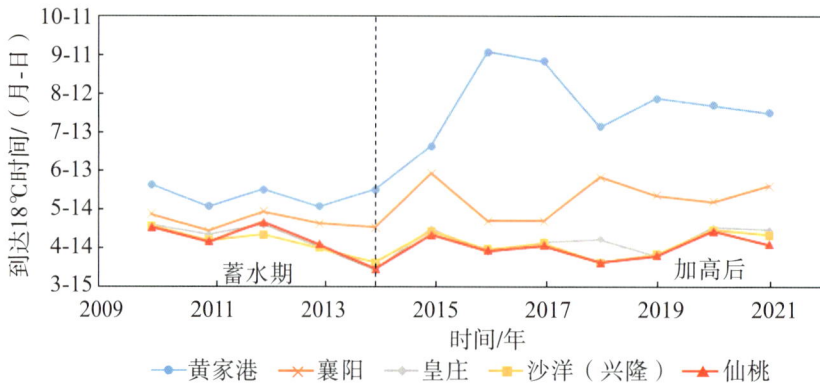

图 6.23　2010 年以来汉江中下游各水文站水温达到 18℃时间

6.7　本章小结

丹江口大坝的建设和加高工程对汉江中下游河道水温情势产生了显著影响,本研究基于数理统计和小波分析方法,对中下游长距离河段的水温时空分布特征进行了量化分析,主要结论如下:

1)从水温特性变化来看,丹江口建库后对中下游水温影响较大,黄家港水文站多年均温较丹江口建库前下降了 2.5℃,丹江口的滞温效应至襄阳水文站之后有所减弱。2014 年加高工程完成后(即中线运行后),进一步加剧了水温变化,年最低温的影响范围扩大到了下游仙桃断面,各站点多年平均最低水温均有所上升,水温特征的变化将对河道生态环境产生一定的影响。

2)经 Morlet 小波分析,各站点年均水温和季节均水温序列均存在多时间尺度特征。其中,黄家港水文站年均水温序列具有 25~28 年时间尺度的周期振荡,且具有全域性,15~19 年、9~11 年的时间尺度周期震荡也较显著,大尺度周期变化嵌套小尺度的变化周期,对应的第一主周期至第三主周期分别为 27 年、17 年和 10 年,其四季水温主周期基本与年均水温一致。襄阳、皇庄、仙桃 3 个站点年均水温主周期集中在 5~7 年、9~11 年尺度,与黄家港水文站天然水温序列周期性变化的特征尺度一致,站点间四季水温主周期基本相同,在表现时期上略有差异。

3)汉江中下游水华易发期 1—3 月水温 2014 年后较之前增加,各月平均增温分别为 1.5℃、0.9℃、1.4℃,易发生水华的下游河段仙桃水文站增幅分别为 1.7℃、0.8℃、1.7℃,增幅较大。同时,水华发生年份的水温特征在 2013 年前表现为 1—3 月平均水温、最高日水温、最大月水温极差偏大的特征,2014 年后水华发生年份与水温特征无明显相关性,但发生水华的年份月均水温均在 9℃以上,水温较高可能是暴发水华的重要原因之一。

4)水温变化将会影响鱼类产卵,汉江多数鱼类产卵要求水温不低于18℃,以5月产卵最为集中。从统计结果来看,黄家港水文站达到鱼类产卵期阈值水温18℃时间延迟了2~4个月,襄阳水文站约有2旬的延迟,皇庄以下至仙桃河段基本未受影响,年内首次达到18℃时间集中在4月。

丹江口水库通过滞温作用显著改变了中下游水温的时空分布,近坝区表现为"低温水延迟效应",下游则呈现"水温坦化与升稳趋势"。这些变化对河流生态系统的稳定性、水华防控及鱼类资源保护提出了新挑战,需结合水文调控与生态修复措施协同应对。

第7章 溪洛渡水库分层取水水温调节调度实践及效果分析

7.1 水温生态调度需求及目标

金沙江下游干流分为向家坝、溪洛渡、白鹤滩和乌东德四级开发。4个梯级水库在正常蓄水位下库容达52亿～205亿 m³,水深达120～255m,均为高坝巨型水库。向家坝和溪洛渡水电站已于2015年正式建成投产,乌东德水电站于2021年建成投产,白鹤滩水电站于2022年建成投产。通过前期开展的大量水温观测数据分析,溪洛渡库区在一段时间内呈现出不同程度的垂向水温分层,下泄水温较天然状态下河道水温会有较大的变化。而向家坝水电站位于溪洛渡水电站下游,根据以往分析研究,尽管向家坝水库本身不会出现明显的分层现象,但受溪洛渡水库的影响,在累积效应的作用下,其可能对下游河道水温产生影响。

长江上游是我国生物多样性尤其是鱼类生物多样性非常高的地区之一,分布有白鲟、达氏鲟、胭脂鱼、圆口铜鱼、长薄鳅等多种珍稀特有经济鱼类。向家坝水电站坝址以下1.8km处为长江上游珍稀特有鱼类国家级自然保护区,分布栖息有66种特有鱼类,以及3种珍稀鱼类。鱼类的生长、繁殖均有特定的水温需求,如青鱼、草鱼、鲢、鳙等,当水温达到18℃时才产卵;中华鲟的产卵水温则在21℃以下。溪洛渡、向家坝水电站建成运行后下泄水温变化,会对下游保护区的鱼类带来负面影响。因此,需要对水库水温分层及其下泄低温水予以充分的关注,以保证水生态环境的健康。

7.2 溪洛渡水库叠梁门运行方案

长江上游保护区内分布有很多产黏沉性卵鱼类,如白鲟、达氏鲟、胭脂鱼、裂腹鱼类等。对于产黏沉性卵鱼类,水温是其繁殖的一个重要因素。溪洛渡水库是水温分层型水库,水库运行将改变下游河道水温分布规律,使春季升温推迟,对其繁殖不利。

因此,为恢复产黏沉性卵鱼类产卵时的水温条件,促进鱼类繁殖,溪洛渡水库需开展生态调度分层取水试验来调节水温。

2017年4月20日至5月9日,金沙江下游溪洛渡水电站已实施生态调度分层取水试验,根据水温监测结果的初步分析,坝上坝下温差与叠梁门的提门落门过程中表层水的进入有关。但由于叠梁门运行时间较短,数据量较为有限,仍然需要进一步的研究。

为更好地维护金沙江下游与长江上游川江段重要生态功能,减缓水电开发对其的影响,识别金沙江下游受干流水电开发影响的主要因素和规律,研究制定科学合理的调度方式,使得叠梁门分层取水方案的效果分析更为精确,根据2018年度生态调度工作方案,溪洛渡水库于2018年1月15日至5月3日开展了第二次叠梁门分层取水试验。分层取水方案为:叠梁门运用计划进行第一层叠梁门的落提试验,待第一层叠梁门落下后,电站取水从第一层门顶(高程530m,即518m底板高程+12m叠梁门高)过水。整个过程分为落门、正常运行和提门三个阶段,总计历时109天:1月15日至2月8日为落门阶段,完成第一层90扇叠梁门落门工作,历时25天;2月9日至4月17日为正常运行阶段,维持单层叠梁门运行,历时68天;4月18日至5月3日为提门阶段,完成90扇叠梁门提门工作,历时16天。溪洛渡生态调度试验期间各阶段时间统计见表7.1。

表7.1　　　　　　　　溪洛渡生态调度试验期间各阶段时间统计

试验阶段	时间节点	累积天数/d	溪洛渡日均库水位运行范围/m
落门阶段(90扇)	1月15日至2月8日	25	571.43~580.39
单层叠梁门运行	2月9日至4月17日	68	569.88~573.41
提门阶段(90扇)	4月18日至5月3日	16	570.88~575.35

7.3　生态调度期水温监测方案

7.3.1　监测要素

(1)表层水温的监测

人工观测断面4个,分别为:白鹤滩水文站、朱沱(三)水文站、横江(二)水文站、高场水文站。

自动监测断面8个,分别为:溪洛渡大坝坝前、溪洛渡水文站(2018年新增)、绥江县城、向家坝大坝坝前、向家坝水文站、柏溪镇、李庄水文站和江津区。

（2）尾水区固定高程水温的监测（2018 年新增）

为了监测溪洛渡坝前水经过发电机组后温度变化情况，新设尾水区自动监测断面 2 个：溪洛渡 1 号尾水洞、6 号尾水洞。

（3）垂向水温（含水深）的监测

a. 常规人工比测

每月中旬在溪洛渡大坝坝前、绥江县城和向家坝大坝坝前 3 个断面进行人工测量垂向水温。

b. 加密人工比测

3 月下旬和 4 月下旬在溪洛渡大坝坝前自动监测设备附近进行两次人工加密比测。

c. 自动监测

溪洛渡大坝坝前和向家坝大坝坝前分别装有光纤测温设备进行每日 24 段次垂向水温自动监测，以及溪洛渡叠梁门前新设叠梁门垂向水温自动监测系统。

7.3.2　监测断面布设

根据《地表水和污水监测技术规范》（HJ/T 91—2002）、《水环境监测规范》（SL 219—2013）、《水质采样技术指导》（HJ 494—2009）中的相关要求，进行各监测断面采样垂线和采样点的布设。

2018 年金沙江下游生态调度表层水温监测断面布设了白鹤滩水文站、溪洛渡大坝坝前、溪洛渡水文站、绥江县城、向家坝大坝坝前、向家坝水文站、柏溪镇、李庄水文站、朱沱（三）水文站、江津区、横江（二）水文站和高场水文站共 12 个表层水温监测断面，其中干流 10 个，支流 2 个，自动监测断面 8 个，溪洛渡水文站为 2018 年新增自动监测断面。

溪洛渡尾水区固定高程水温的监测断面布设了溪洛渡电站 1 号尾水洞和 6 号尾水洞 2 个断面。

垂向水温监测断面共布设了溪洛渡大坝坝前、绥江县城、向家坝大坝坝前 3 个断面，其中溪洛渡大坝坝前和向家坝大坝坝前 2 个断面安装了垂向水温自动监测设备，且 2018 年新设了叠梁门垂向水温自动监测系统，断面主要布设在叠梁门之间的隔离墩顶部平台上。

表层水温监测时，在水面线下 0.5m 处设 1 个监测点。

垂向水温监测时，溪洛渡水电站坝前断面在监测垂线上按照 0.5m、1m、2m、3m、4m、5m 水深布置测点，5m 水深以下按 2m 间隔布置测点；向家坝水电站坝前断面在监测垂线上按照 0.5m、1m、2m、3m、4m、5m 水深布置测点,5m 水深以下按 2m 间隔布置测点;绥江县城断面,在监测垂线上按 0.5m、1m、2m、3m、4m、5m 水深布置测点,5m 水深以下按 2m 间隔布置测点至库底。

溪洛渡水电站叠梁门前的垂向水温监测布设温度链,其总长为 100m,其中主机至 1 号探头 6m,1 号至 24 号探头 94m,温度链上探头分布不均,从上而下间距分别为 2m、4m、6m。

各监测断面具体布置情况见图 7.1,溪洛渡水电站生态调度试验期间水温监测要求见表 7.2 至表 7.4。

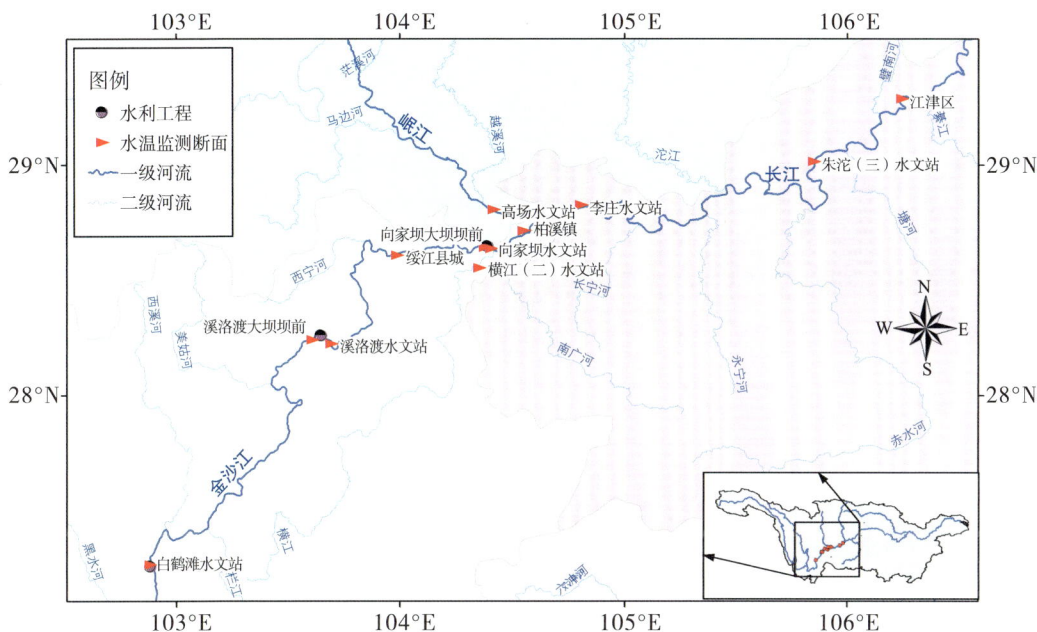

图 7.1　各监测断面具体布置情况

表 7.2　　　　　溪洛渡水电站生态调度试验期间水温监测方案(表层水温)

序号	监测断面	布设原因	观测要求	监测方式
1	白鹤滩水文站	溪洛渡入库水温	每日 3 段 3 次观测(8 时、14 时、20 时)气温和表层水温,表层水温测点为水下 0.5m,并观测不少于 5min;24 段制水位数据;4 段制流量数据	依托水文站
2	溪洛渡大坝坝前	溪洛渡坝前水温	每日 24 段 24 次观测表层水温,测点为水下 0.5m,并观测不少于 5min	自动监测设备

序号	监测断面	布设原因	观测要求	监测方式
3	溪洛渡水文站	溪洛渡下泄水温	每日 24 段 24 次观测表层水温,测点为水下 0.5m,并观测不少于 5min	自动监测设备
4	绥江县城	两坝之间的水温	每日 24 段 24 次观测表层水温,测点为水下 0.5m,并观测不少于 5min	
5	向家坝大坝坝前	向家坝坝前水温	每日 24 段 24 次观测表层水温,测点为水下 0.5m,并观测不少于 5min	
6	向家坝水文站	向家坝下泄水温	每日 24 段 24 次观测表层水温,测点为水下 0.5m,并观测不少于 5min;3 段 3 次观测(8 时、14 时、20 时)气温;24 段制水位数据;4 段制流量数据	
7	柏溪镇	重点水生生境水温	每日 24 段 24 次观测表层水温,测点为水下 0.5m,并观测不少于 5min	
8	李庄水文站	水生生境水温	每日 24 段 24 次观测表层水温,测点为水下 0.5m,并观测不少于 5min	
9	朱沱(三)水文站	水生生境水温	每日 3 段 3 次观测(8 时、14 时、20 时)气温和表层水温,表层水温测点为水下 0.5m,并观测不少于 5min;24 段制水位数据;4 段制流量数据	依托水文站
10	江津区	水生生境水温	每日 24 段 24 次观测表层水温,测点为水下 0.5m,并观测不少于 5min	自动监测设备
11	横江(二)水文站	横江出口水温	每日 3 段 3 次观测(8 时、14 时、20 时)气温和表层水温,表层水温测点为水下 0.5m,并观测不少于 5min;24 段制水位数据;4 段制流量数据	依托水文站
12	高场水文站	岷江出口水温	每日 3 段 3 次观测(8 时、14 时、20 时)气温和表层水温,表层水温测点为水下 0.5m,并观测不少于 5min;24 段制水位数据;4 段制流量数据	

表 7.3　　　　　　　溪洛渡水电站生态调度试验期间水温监测方案（垂向水温）

序号	监测断面	布设原因	观测要求
1	溪洛渡大坝坝前	溪洛渡坝前水温垂向分布	观测垂线从库表至库底沿垂向观测，测点布置在监测垂线上按照 0.5m、1m、2m、3m、4m、5m 水深布置测点，5m 水深以下按 2m 间隔布置测点，每日 24 段 24 次监测垂向水温（同时记录测点的水深）；每月中旬进行一次垂向水温的监测；3 月下旬和 4 月下旬每月各进行 1 次垂向水温加密监测
2	溪洛渡电站叠梁门门前	进水口水温垂向分布	在叠梁门门前布设温度链，每日 24 段 24 次观测 516m 高程以上不同深度位置的水温，同时观测断面水位
3	绥江县城	溪洛渡至向家坝之间水温垂向分布	观测垂线布置在断面的中心，从库表至库底沿垂向观测，测点布置应在监测垂线上按 0.5m、1m、2m、3m、4m、5m 水深布置测点，2m 水深以下按 5m 间隔布置测点至库底，每月中旬进行一次垂向水温的监测；3 月下旬和 4 月下旬每月各进行 1 次垂向水温加密监测
4	向家坝大坝坝前	向家坝坝前水温垂向分布	观测垂线从库表至库底沿垂向观测，测点布置在监测垂线上按照 0.5m、1m、2m、3m、4m、5m 水深布置测点，5m 水深以下按 2m 间隔布置测点，每日 24 段 24 次监测垂向水温（同时记录测点的水深）；每月中旬进行一次垂向水温的监测；3 月下旬和 4 月下旬每月各进行 1 次垂向水温加密监测

表 7.4　　　　　　　溪洛渡水电站尾水区固定高程的水温监测方案

序号	监测断面	布设原因	观测要求
1	溪洛渡电站 1 号尾水洞	1 号洞尾水水温	每日 24 段 24 次观测固定高程水温，水温测点位于该处最低水位以下
2	溪洛渡电站 6 号尾水洞	校测 1 号洞尾水水温	每日 24 段 24 次观测固定高程水温，水温测点位于该处最低水位以下

7.3.3　监测时间及频次

（1）表层水温

溪洛渡大坝坝前、溪洛渡水文站、绥江县城、向家坝大坝坝前、向家坝水文站、柏溪镇、李庄水文站和江津区 8 个断面采用自动监测设备，生态调度试验水温监测期间每日进行 24 段 24 次表层水温的监测，测点为水下 0.5m；白鹤滩水文站、朱沱（三）水文站、横江(二)水文站和高场水文站 4 个断面采用人工观测,每日进行 3 段 3 次(每日 8 时、14 时和 20 时)表层水温的观测;溪洛渡水文站依托中国电建集团成都勘测设计研究院有限公司现有水文站,采用人工观测,每日进行 3 段 3 次(每日 8 时、14 时和 20 时)表层水温的观测,测点为水下 0.5m,并观测不少于 5min。

(2)尾水区固定高程水温的监测

溪洛渡电站 1 号尾水洞和 6 号尾水洞 2 个断面各安装一个单点水温自动监测设备,每日进行 24 段 24 次固定高程水温的观测,水温测点位于该处最低水位以下。

(3)坝前垂向水温的自动监测

溪洛渡、向家坝水电站坝前断面布设水温垂向自动监测设备,每日进行 24 段 24 次观测(同时记录测点的水深)。

(4)垂向水温的监测

溪洛渡大坝坝前、绥江县城和向家坝大坝坝前 3 个断面每月中旬进行 1 次垂向水温加密监测(同时记录测点的水深)。

(5)垂向水温的加密监测

3 月下旬和 4 月下旬,溪洛渡大坝坝前、绥江县城和向家坝大坝坝前 3 个断面计划每月各进行 1 次垂向水温加密监测(同时记录测点的水深)。

(6)溪洛渡电站叠梁门前的垂向水温、水位

门前水温监测系统采用多通道温度链记录仪,作为垂向分层水温数据采集核心设备;同时选用液位计作为测深设备,每日 24 段 24 次观测高程 516m 以上不同深度位置的水温,同时观测断面水位。

(7)水位、流量

依托现有水文站,白鹤滩水文站、向家坝水文站、朱沱(三)水文站、横江(二)水文站和高场水文站 5 个断面每日监测 24 段制的水位和 4 段制的流量数据,以及溪洛渡水库水位及入出库流量数据。

(8)气温

白鹤滩水文站、向家坝水文站、朱沱(三)水文站、横江(二)水文站和高场水文站 5 个断面每日 8 时、14 时和 20 时进行 3 段制气温的观测。

7.4　生态调度期间水温结构变化分析

7.4.1　生态调度对表层水温的影响

7.4.1.1　日内各段次监测变化

表层水温监测断面共 12 个,尾水区固定高程监测断面共 2 个,其中溪洛渡大坝坝前、溪洛渡水文站、绥江县城、向家坝大坝坝前、向家坝水文站、柏溪镇、李庄水文站和江津区 8 个表层水温监测断面以及 2 个尾水区监测断面进行水温自动监测,自动监测采用每日 24 段 24 次监测,而白鹤滩水文站、朱沱(三)水文站、横江(二)水文站和高场水文站表层水温采用人工观测,人工观测为每日 3 段 3 次观测(8 时、14 时、20 时)。

由以往分析可知,水温受到气温、太阳辐射、风速、湿度等多种气象因素的影响,而每日 24 时内各气象要素均在发生改变,因此每日不同段次对表层水温的监测结果存在差异,选取生态调度期间(2018 年 1 月 15 日至 5 月 15 日,生态调度实际于 5 月 3 日结束,适当延长至 5 月 15 日)各断面的表层水温数据,将每日 24 时划分为 4 段次(2 时、8 时、14 时、20 时),以各断面每日 8 时的表层水温监测数据为基准,分别统计其余各时段与 8 时表层水温之间的差异,统计结果见表 7.5。

由表 7.5 中数据可以看出,各时段与每日 8 时表层水温监测结果的平均偏差大多数均在 1℃以内,平均相对偏差小于 5%,各时段之间对比可知,14 时表层水温与 8 时水温偏差最大,最大偏差为 0.2～3.7℃,其次为 20 时水温,2 时水温与 8 时水温偏差最小,最大偏差仅为 0.1～1.6℃;各断面之间对比可知,溪洛渡大坝坝前、绥江县城、向家坝大坝坝前、李庄水文站、朱沱(三)水文站、横江(二)水文站和高场水文站的表层水温各时段间差异较大,最大偏差达到 2℃以上,其余各断面在每日内 24 时的表层水温基本保持稳定,变化幅度均在 1℃以内。以上各断面逐日 4 段次表层水温变化过程见图 7.2。由图 7.2 可以看出,逐日 4 段次的表层水温变化过程基本一致,14 时水温会略高于其余时段,但整体变化趋势不变,大多时候与 8 时水温相差无几,个别日内 14 时水温显著高于 8 时水温,可能由于午后气温显著升高所致,因此由以上图表分析可得,每日 8 时水温可基本代表各断面表层水温逐日变化过程。

表7.5　各断面表层水温各段次与每日8时监测结果差异

断面名称	2时 最大偏差/℃	/%	最小偏差/℃	/%	平均偏差/℃	/%	14时 最大偏差/℃	/%	最小偏差/℃	/%	平均偏差/℃	/%	20时 最大偏差/℃	/%	最小偏差/℃	/%	平均偏差/℃	/%
白鹤滩水文站	/	/	/	/	/	/	0.8	5.1	-0.2	-1.0	0.2	1.0	1.1	6.4	-0.4	-2.2	0.2	1.2
溪洛渡大坝坝前	1.4	7.0	-0.8	-4.5	0.1	0.8	3.0	15.0	-0.7	-4.0	0.6	3.8	3.4	21.5	-0.8	-4.6	0.8	4.6
溪洛渡渡水文站	0.2	1.1	-0.2	-1.5	0.0	-0.2	1.0	6.9	-0.2	-1.4	0.1	1.0	0.5	3.6	-0.4	-2.8	0.0	0.0
绥江县城	1.6	8.5	-0.6	-2.9	0.2	1.2	3.7	22.2	-0.5	-2.7	0.9	5.2	4.1	24.2	-0.3	-1.8	1.1	6.8
向家坝大坝坝前	1.2	5.9	-0.5	-2.6	0.1	0.8	3.4	16.9	-1.4	-7.2	0.6	3.5	2.2	12.4	-1.0	-5.1	0.3	1.8
向家坝水文站	0.1	0.7	-0.3	-1.9	-0.1	-0.5	0.6	4.4	-0.2	-2.8	0.1	0.6	0.3	2.2	-0.3	-1.9	0.0	-0.1
柏溪镇	0.3	2.1	-0.2	-1.3	0.0	0.0	0.7	4.4	0.0	0.0	0.2	1.4	0.5	3.5	-0.1	-0.7	0.1	0.8
李庄水文站	0.5	3.7	-0.4	-3.1	0.1	0.9	2.0	13.9	-1.0	-7.8	0.7	4.1	1.2	7.4	-0.7	-5.1	0.3	2.1
朱沱(三)水文站	/	/	/	/	/	/	2.8	16.3	-1.1	-9.1	0.4	2.4	1.2	8.6	-1.1	-9.1	0.2	1.2
江津区	0.3	1.7	-0.1	-0.9	0.1	0.5	0.4	2.5	-0.2	-1.5	0.1	0.5	0.7	3.6	-0.3	-2.2	0.1	0.9
横江(二)水文站	/	/	/	/	/	/	3.4	42.5	-1.4	-9.5	0.9	6.2	2.5	32.5	-1.4	-13.7	0.3	2.5
高场水文站	/	/	/	/	/	/	1.3	7.0	-0.3	-1.8	0.3	2.1	1.5	9.2	-0.8	-4.0	0.3	2.3
溪洛渡电站1号尾水洞	0.2	1.5	-0.2	-1.4	0.0	0.0	0.2	1.5	-0.3	-2.1	0.0	-0.2	0.2	1.5	-0.3	-2.2	0.0	-0.3
溪洛渡电站6号尾水洞	0.3	2.1	-0.3	-2.1	0.0	0.0	0.2	1.2	-1.1	-7.5	0.0	-0.1	0.2	1.4	-1.1	-7.5	0.0	-0.3

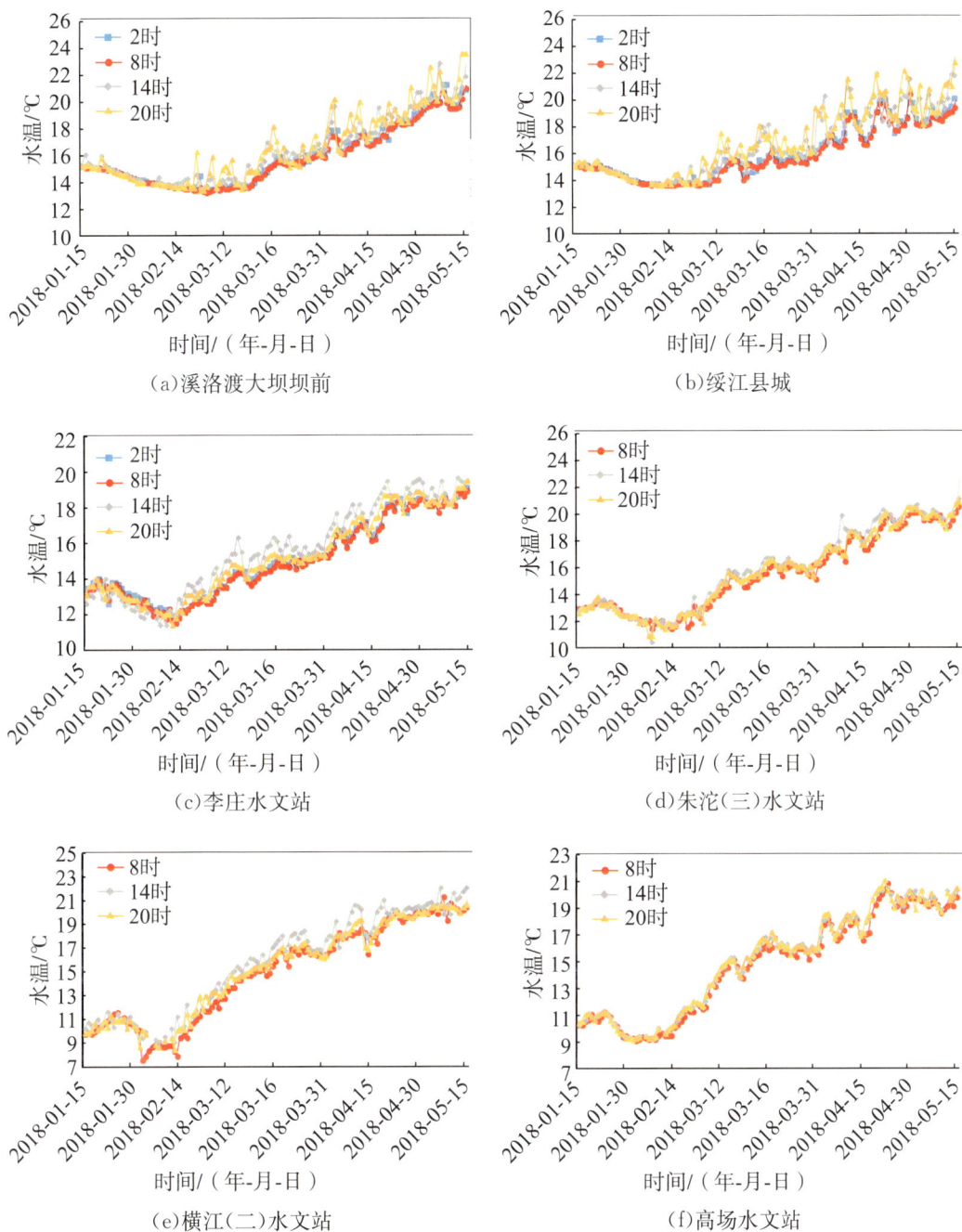

(a)溪洛渡大坝坝前

(b)绥江县城

(c)李庄水文站

(d)朱沱(三)水文站

(e)横江(二)水文站

(f)高场水文站

图 7.2　各断面逐日 4 段次表层水温变化过程

7.4.1.2　逐日变化

根据以上分析,采用各断面每日 8 时的表层水温监测数据代表逐日水温变化过程,分别对各断面生态调度期间(数据分析延长至 5 月 15 日)每 15 天的平均水温变化做统计,统计数据见表 7.6。

表 7.6   各断面每 15 天表层平均水温变化统计

断面名称	平均水温(15 天)/℃							
	1月15—30日	1月31日至2月14日	2月15日至3月1日	3月2—16日	3月17—31日	4月1—15日	4月16—30日	5月1—15日
白鹤滩水文站	14.2	13.1	14.5	15.0	15.4	16.7	18.1	19.5
溪洛渡大坝坝前	15.0	14.0	13.6	14.2	15.7	16.9	18.1	19.9
溪洛渡水文站	14.4	14.0	13.5	14.0	15.3	15.9	16.9	18.5
绥江县城	14.9	13.9	13.8	15.1	15.5	17.0	18.2	18.8
向家坝大坝坝前	15.3	14.4	14.0	15.1	16.4	17.3	19.6	20.1
向家坝水文站	15.1	14.3	13.7	14.0	14.8	15.8	16.6	17.6
柏溪镇	/	13.7	13.6	13.9	14.5	15.7	16.5	17.5
李庄水文站	13.4	12.2	13.0	14.3	15.0	16.3	17.9	18.5
朱沱(三)水文站	13.1	12.0	12.9	15.2	15.9	17.4	19.1	19.8
江津区	13.0	11.9	13.2	15.4	16.2	17.7	19.3	20.2
横江(二)水文站	10.8	8.9	11.7	14.9	16.7	17.8	19.4	20.4
高场水文站	10.6	9.5	12.1	15.2	16.0	17.4	19.4	19.6
溪洛渡电站1号尾水洞	/	14.1	13.7	13.8	15.1	15.7	16.8	18.4
溪洛渡电站6号尾水洞	/	14.2	13.8	14.0	15.2	15.8	16.8	18.4

由以上数据可以看出,各断面 1 月 15 日至 2 月 15 日水温均呈下降趋势,下降幅度 1℃左右,白鹤滩、李庄、朱沱、江津、横江以及高场站从 2 月下旬起水温回暖,而溪洛渡大坝坝前、向家坝大坝坝前、溪洛渡电站尾水洞、溪洛渡水文站、绥江县城、向家坝水文站和柏溪镇均因受到大型水库的滞冷效应影响,水温持续下降至 2 月底,自 3 月上旬水温才出现回暖趋势,从 3 月开始至生态调度期结束,各断面表层水温一致呈现上升趋势,其中 4 月升温期水温上升最为显著,从 3 月中下旬至 5 月上中旬各断面水温上升幅度均达到 3℃以上,溪洛渡大坝坝前在该时期内水温上升幅度最大,达 4.2℃。

生态调度期间各断面水温的逐日变化过程以及与历史时期和 2017 年同期水温变化过程的对比见图 7.3,图中箱型图反映了历史时期(1956—2011 年)天然河道水温的变化过程。可以看出,溪洛渡—向家坝梯级电站运行后,2017 年和 2018 年长江上游干流各断面水温变化过程与天然情况相比发生了显著差异,表现在 1—2 月水温较历史时期偏高,而 3—5 月水温较历史时期偏低,其中向家坝水文站由于直接受到向家坝电站下泄水温偏低的影响,表现最为明显。历史时期,向家坝水文站水温在 4 月上旬即可达到鱼类产卵所需 18℃,2017 年和 2018 年水温达到 18℃时间推迟至 5 月中旬,推迟约 40 天;而支流岷江控制站高场水文站由于并未受到电站下泄水体影响,因此 2017 年和 2018 年水温变化过程与历史时期基本一致,并无明显变化。

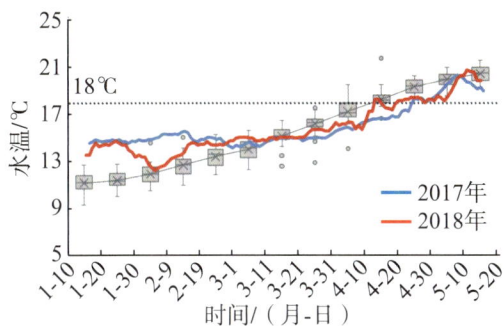

（a）白鹤滩水文站

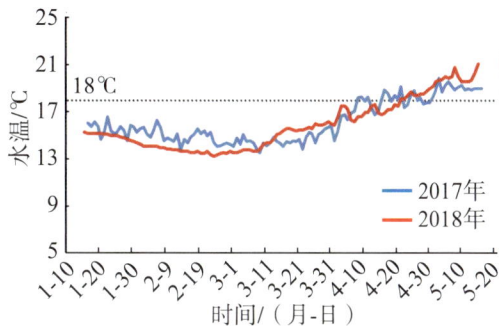

（b）溪洛渡大坝坝前

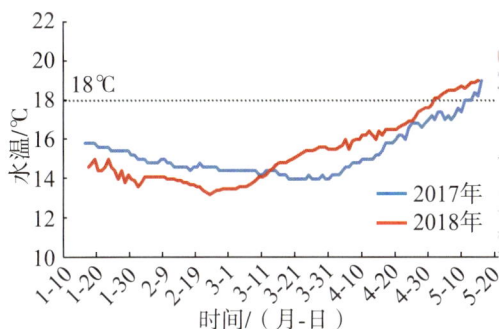

（c）溪洛渡水文站

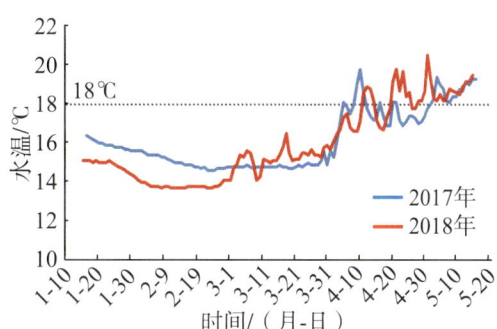

（d）绥江县城

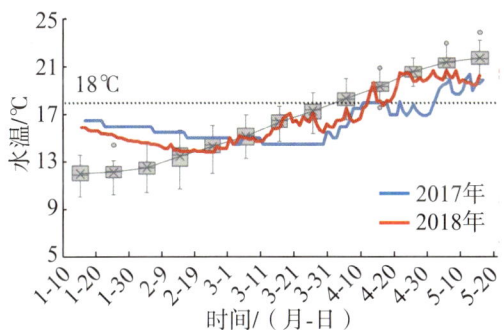

（e）向家坝大坝坝前

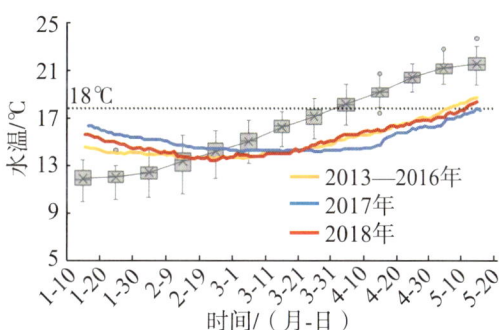

（f）向家坝水文站

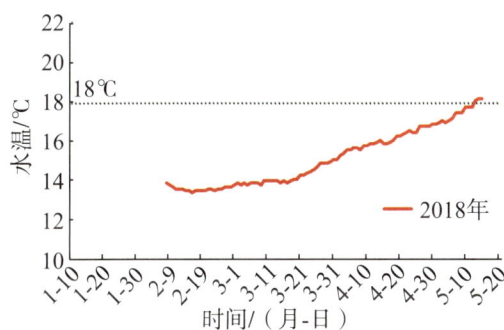

（g）柏溪镇

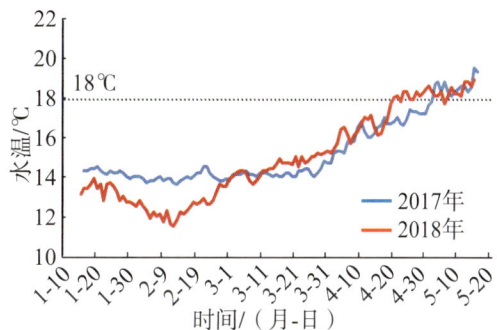

（h）李庄水文站

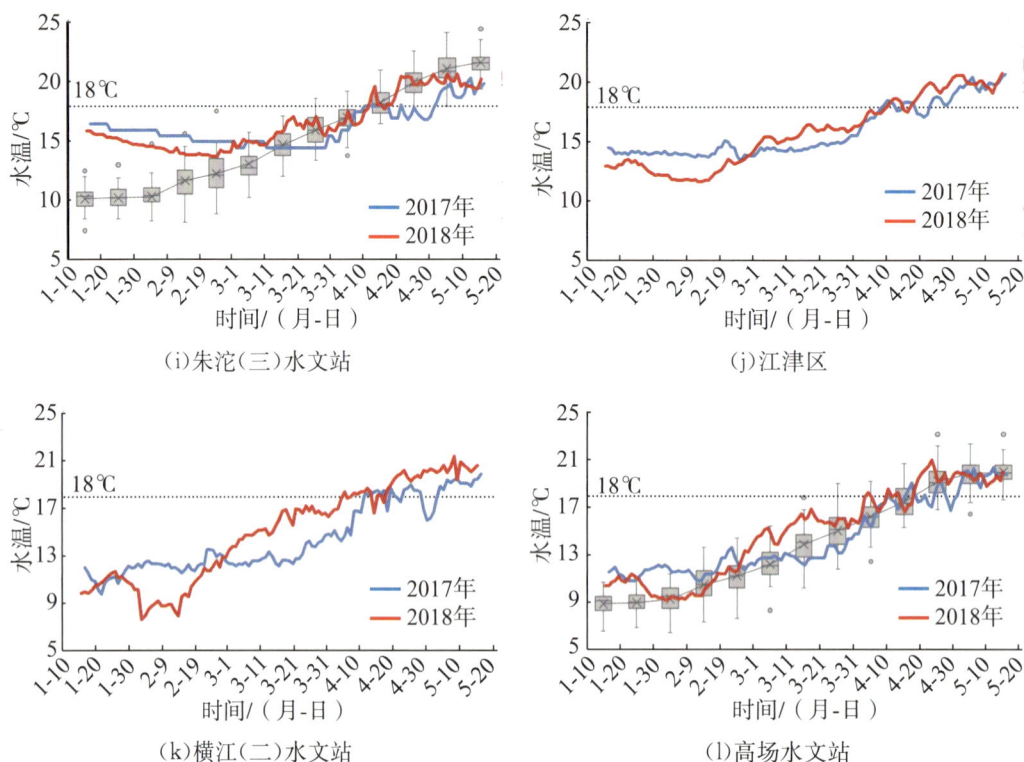

图 7.3　各断面水温逐日变化对比

对比有系统监测数据以来的 2017 年和 2018 年生态调度期间逐日水温变化过程,白鹤滩大坝坝前与溪洛渡大坝坝前于 2018 年 1—2 月水温较 2017 年略偏低,3—5 月水温与 2017 年基本相同。而溪洛渡水文站从 3 月中旬开始,2018 年水温较 2017 年反而偏高,与历史天然情况的对比分析可知,2018 年的生态调度较 2017 年有效削弱了溪洛渡电站下泄低温水的影响。至绥江县城断面,2018 年水温过程又恢复至 1—2 月水温较 2017 年偏低,而 3—5 月水温与 2017 年基本相同的状态。由此可以看出,生态调度对溪洛渡下泄水温有一定的提升作用,但影响距离很短,表层水温提升效果至绥江县城已不明显。

由向家坝大坝坝前与坝下的水温变化过程对比可以看出,溪洛渡—向家坝水库运行后,向家坝下泄低温水对下游河道水温影响显著。向家坝水文站的逐日水温变化过程分 4 个时期对比,历史时期(1956—2011 年)为溪洛渡—向家坝水库运行前水温变化,2013—2016 年为溪洛渡—向家坝水库运行后,但尚未开展生态调度试验时的水温变化过程,2017 年和 2018 年为分别开展了不同时间段的生态调度试验的水温变化过程。由图 7.3 对比可以看出,2013—2016 年向家坝水文站 3—5 月水温较水库运行前的历史时期显著下降,最大降幅约 4℃。2013—2016 年与 2017 年和 2018 年同期表层水温变化过程对比可以看出,开展生态调度后水温过程与调度前水温过程无明显变化,2018 年 3 月下旬至 5 月上旬较 2017 年水温略有提升,主要是受气温变化的影响。

2018 年长江上游保护区内沿程水温达到鱼类产卵所需 18℃ 的水温时间较 2017 年有所提前,在保护区内断面(李庄,朱沱,江津)水温达到 18℃ 时间提前至 4 月 20 日左右,相比于 2017 年 4 月 30 日左右水温才达到 18℃,提前 10 天。沿程气温变化与支流入汇应为主要影响因素。

为了进一步验证 2018 年生态调度的效果,排除气温对沿程水温的影响,对比 2018 年生态调度期气温与 2017 年同期气温见图 7.4。图 7.4 中的气温数据来自各水温监测断面所在省、市、县地区的历史气温。由图 7.4 可以看出,白鹤滩水文站的气温略高于下游其余断面气温,溪洛渡至江津河段气温变化趋势基本一致;2017 年与 2018 年气温整体差异不大,由生态调度期间 2017 年和 2018 年 15 天平均气温的变化过程可以看出,1 月 1 日至 2 月 15 日,2018 年气温较 2017 年略偏低 2~3℃,2 月 15 日至 3 月 1 日,2018 年气温与 2017 年基本持平,2018 年气温在 3 月明显高于 2017 年,尤其在 3 月上中旬,两者温差达到 5℃ 左右,而 4 月与 5 月期间两者气温虽有上下波动,但平均气温基本相同。因此,总体来看,2018 年气温与 2017 年气温相差不大,但 2018 年 1 月气温偏低,3 月气温偏高,与水温的变化对比一致,因此 2018 年较 2017 年水温的变化是气温与生态调度共同作用的结果。

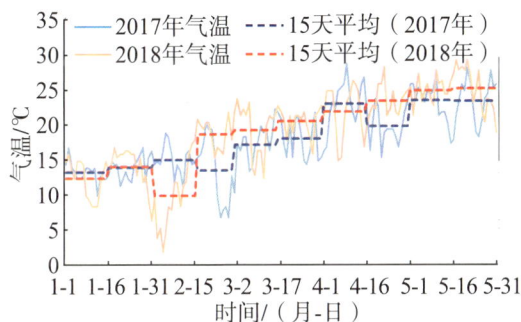

(a)白鹤滩(四川宁南)　　　　　　　　(b)溪洛渡(云南永善)

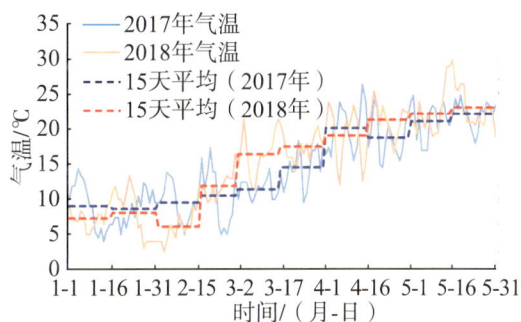

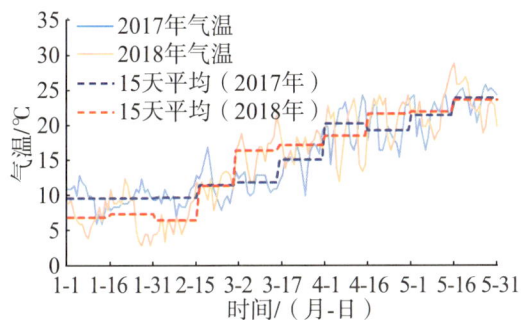

(c)向家坝(四川屏山)　　　　　　　　(d)李庄(四川宜宾)

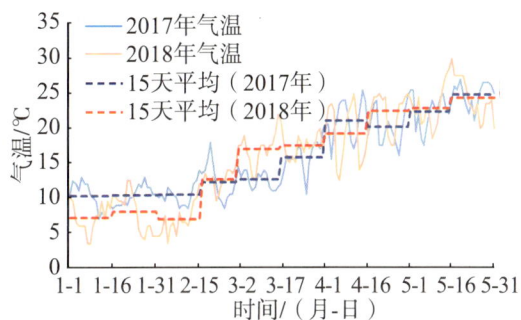

（e）朱沱（重庆永川）

（f）江津（重庆江津）

（g）高场（四川宜宾）

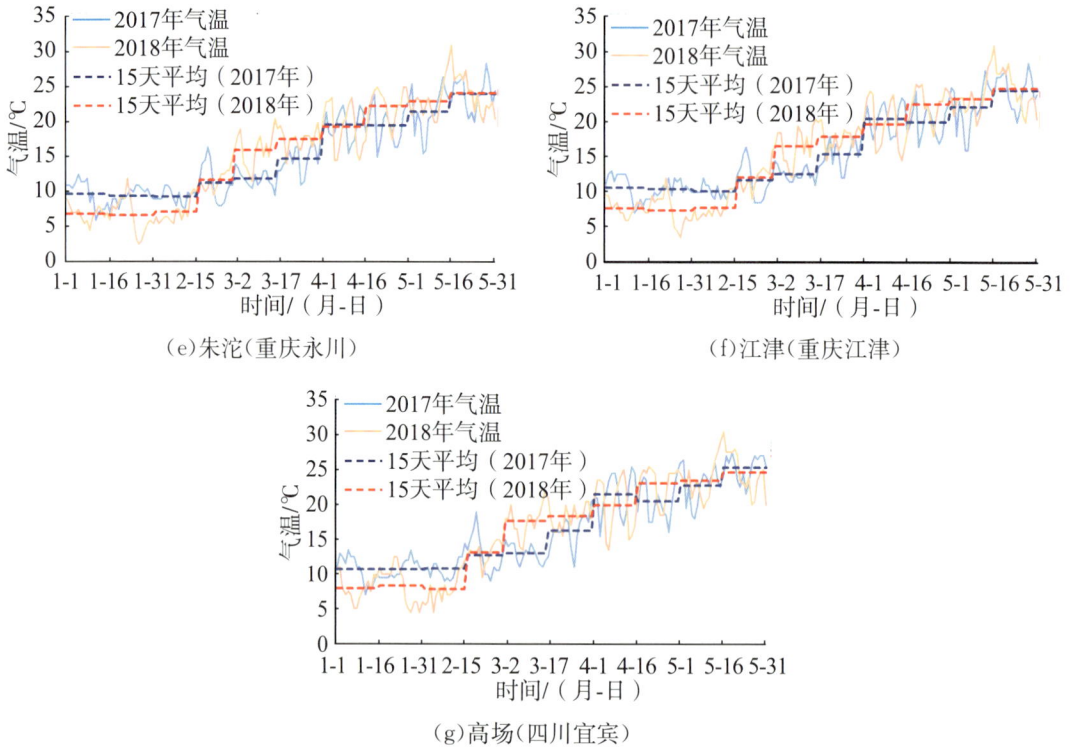

图 7.4 各断面气温逐日变化对比

7.4.1.3 沿程分布变化

2018 年生态调度从 1 月 15 日叠梁门开始落门，至 5 月 3 日叠梁门提门工作全部结束，共历时 109 天。这期间各断面水温在气温与生态调度的共同作用下随时间发生了显著变化，进而在空间上，沿程水温分布也将相应发生改变，因此统计各断面从 1 月中旬至 5 月上旬的旬平均水温沿程分布情况见表 7.7。

表 7.7   2018 年生态调度期间各断面旬平均水温沿程分布情况

断面名称	1月中旬	1月下旬	2月上旬	2月中旬	2月下旬	3月上旬	3月中旬	3月下旬	4月上旬	4月中旬	4月下旬	5月上旬
白鹤滩水文站	14.1	14.2	12.9	14.1	14.5	15.0	15.0	15.5	16.2	17.8	18.3	19.1
溪洛渡大坝坝前	15.2	14.8	14.1	13.7	13.5	13.8	15.1	15.8	16.7	17.2	18.5	19.9
溪洛渡水文站	14.7	14.3	14.0	13.8	13.4	13.7	14.6	15.4	15.8	16.3	17.1	18.3
绥江县城	15.1	14.8	13.9	13.8	13.9	14.9	15.4	15.5	16.7	17.9	18.6	18.7
向家坝大坝坝前	15.7	15.1	14.4	14.0	14.0	14.9	16.0	16.3	16.7	18.5	20.1	20.2
向家坝水文站	15.6	14.9	14.4	13.8	13.7	13.9	14.2	14.8	15.7	16.2	16.8	17.4

续表

断面名称	1月中旬	1月下旬	2月上旬	2月中旬	2月下旬	3月上旬	3月中旬	3月下旬	4月上旬	4月中旬	4月下旬	5月上旬
横江(二)水文站	10.2	11.1	8.8	9.8	12.3	14.5	15.7	16.8	17.8	18.3	19.8	20.4
柏溪镇	/	/	13.8	13.5	13.6	13.9	14.0	14.7	15.6	16.0	16.7	17.3
高场水文站	10.7	10.4	9.4	10.5	12.5	14.6	16.1	15.8	17.3	18.1	19.9	19.6
李庄水文站	13.6	13.2	12.3	12.3	13.2	14.1	14.7	15.1	16.1	17.0	18.2	18.3
朱沱(三)水文站	13.1	13.1	12.1	12.0	13.3	14.9	15.7	15.9	17.1	18.2	19.6	19.9
江津区	13.0	13.0	12.0	12.2	13.6	15.1	15.9	16.2	17.3	18.4	19.8	20.2

由表 7.7 中数据可以看出,溪洛渡和向家坝电站坝前水温比坝后水文站水温普遍偏高,支流横江(二)水文站和岷江高场水文站水温与干流水温存在显著差异,与干流水温相比,1 月上旬至 2 月下旬支流横江和岷江为低温水,而从 3 月上旬开始,支流横江和岷江转而成为高温水。这可能是因为自 3 月开始水库水温出现分层,电站下泄水体比表层水温显著偏低,而支流由于水量比干流更小,流速慢,水温受气象因素影响较大,在升温期水温上升更快,因此支流水温转而比干流水温偏高。为了直观反映各时期沿程水温分布情况,2018 年生态调度期间水温沿程分布以及与 2017 年和历史同期沿程分布对比见图 7.5 至图 7.8。

图 7.5 为叠梁门落门阶段(1 月 15 日至 2 月 8 日)各断面水温沿程分布对比。由图 7.5 中可以看出,由于研究江段拥有历史长序列水温监测数据的站点较少,因此历史时期沿程分布情况只能看出大概趋势,在历史时期,白鹤滩水文站至向家坝大坝坝前沿程水温略微升高,岷江高场水文站水温显著低于干流水温,从 1 月中旬至 2 月上旬均偏低达 3℃以上。从向家坝大坝坝前至朱沱(三)水文站沿程水温逐渐降低。从整体趋势上来看,2018 年、2017 年以及历史时期水温在 1 月中旬至 2 月上旬沿程分布趋势基本一致,但 2017 年沿程水温整体比 2018 年偏高,而历史时期水温整体偏低;2018 年叠梁门落门阶段干流沿程水温从白鹤滩水文站至向家坝水文站基本持平,溪洛渡和向家坝坝前库区水温略高于坝下水文站水温;支流横江(二)水文站和岷江高场水文站水温明显低于干流,较向家坝水文站偏低达 5℃左右,由于支流低温水入汇,向家坝水文站至江津区水温沿程降低约 2℃。

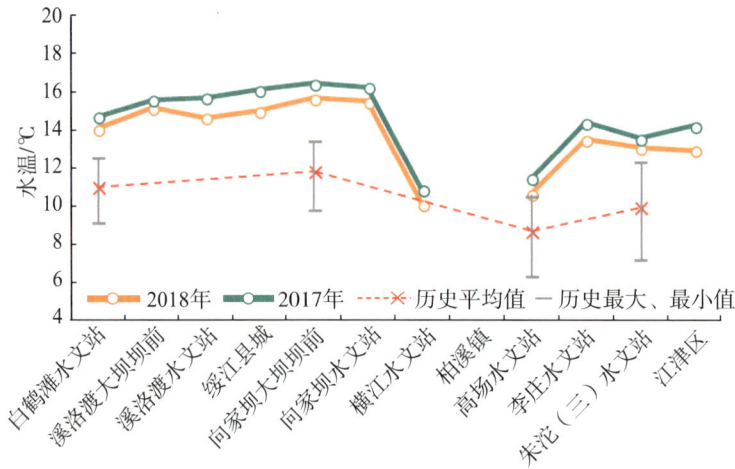

（a）1 月中旬

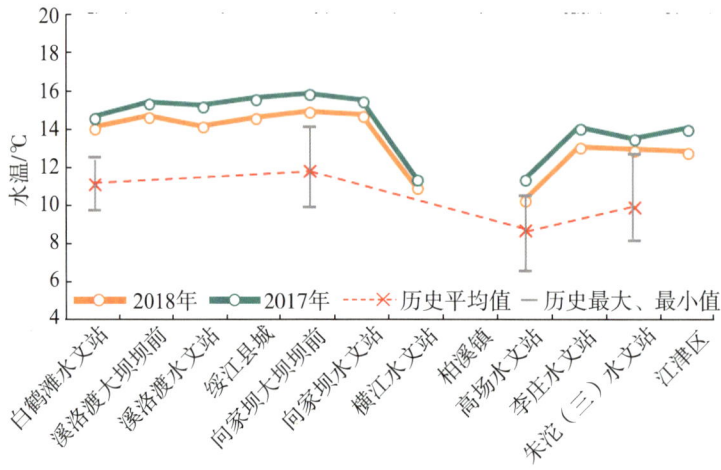

（b）1 月下旬

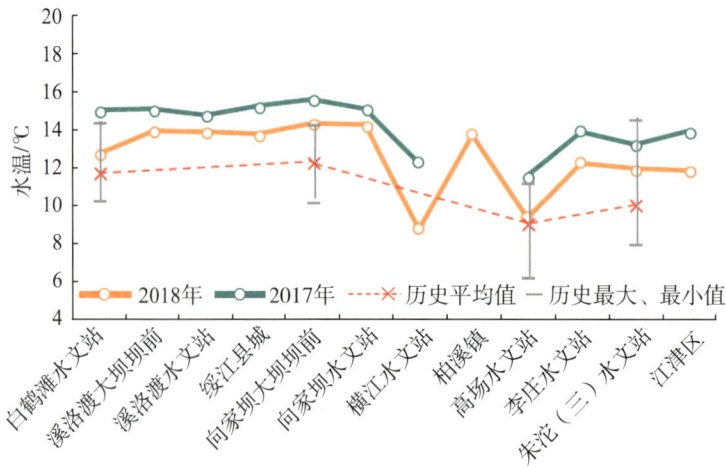

（c）2 月上旬

图 7.5　叠梁门落门阶段各断面水温沿程分布对比（1 月中旬、1 月下旬、2 月上旬）

从 2 月中旬开始,第一层 90 扇叠梁门落门工作全部结束,维持单层叠梁门稳定运行阶段。由图 7.6、表 7.6 可知,2 月中旬与叠梁门落门阶段(1 月中旬至 2 月上旬)水温沿程分布情况保持一致,进入 2 月下旬,随着气温的逐渐升高,支流横江(二)水文站和岷江高场水文站水温与干流的温差逐渐减小至 1.4℃和 1.2℃,从向家坝水文站至江津区的水温沿程减小趋势不再明显,转而变为白鹤滩至江津区整个江段水温基本持平,且持平状态一直维持到了 3 月上旬。从 2 月下旬至 3 月上旬,白鹤滩水文站至向家坝大坝坝前水温分布在历史时期以及 2017 年和 2018 年基本相同,而由于 2018 年 3 月上旬气温明显偏高于 2017 年以及历史时期,因此支流横江(二)水文站和岷江高场水文站水温升温迅速,转而略高于干流水温。

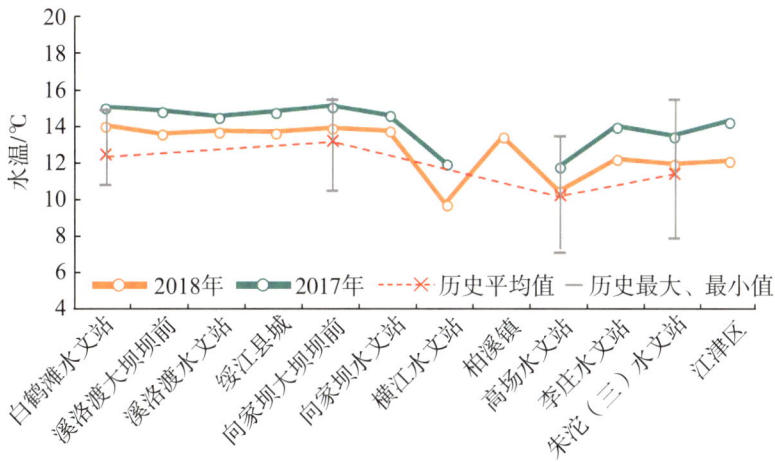

(a)2 月中旬

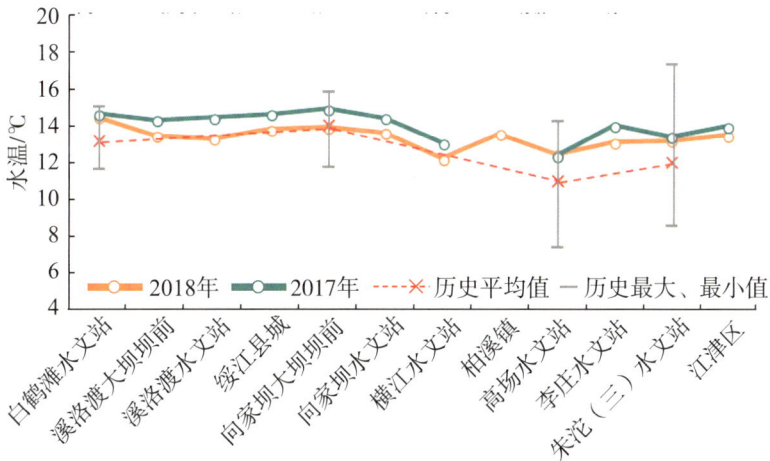

(b)2 月下旬

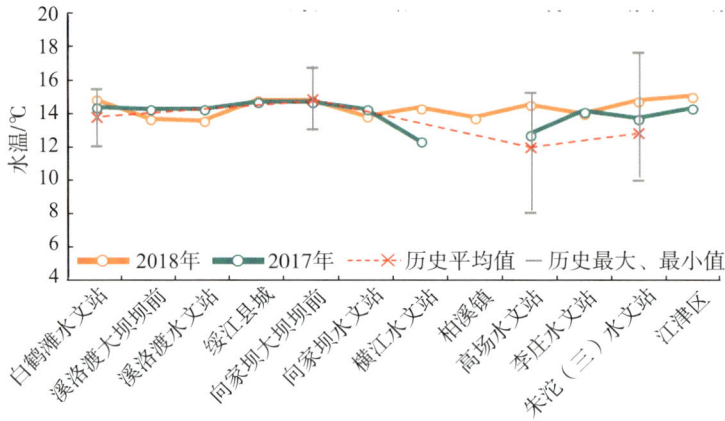

(c)3 月上旬

图 7.6　叠梁门稳定运行阶段各断面水温沿程分布对比（2 月中旬、2 月下旬、3 月上旬）

从 3 月中旬至 4 月中旬,水库水温逐渐开始分层,电站取水口水温低于表层水温将越来越显著,故溪洛渡和向家坝电站下泄低温水影响逐渐增大,因此白鹤滩水文站至向家坝大坝坝前沿程水温逐渐低于历史时期平均值;从 3 月中旬开始,向家坝大坝坝前水温与向家坝水文站水温的温差明显增大,3 月中旬坝前与坝下水文站温差已达到 1.8℃,而溪洛渡坝前与溪洛渡水文站温差为 0.5℃,至 4 月中旬,向家坝坝前与坝下水文站温差达到 2.3℃,而溪洛渡大坝坝前与溪洛渡水文站温差为 0.9℃,两者的鲜明对比充分说明了溪洛渡生态调度期间叠梁门分层取水的效果显著,大大减小了溪洛渡大坝坝前与坝下水文站的温差,与向家坝相比,温差缩小了 1.3℃。

从向家坝水文站至江津区河段,由于气温的升高,沿程水温所接收的太阳辐射逐渐增强,且支流横江(二)水文站和岷江高场水文站水温偏高于干流水温越来越明显,至 4 月中旬,支流横江与岷江水温比干流水温高 2℃左右,多种因素影响下,该江段水温转为沿程升高趋势,沿程升温 2℃左右。

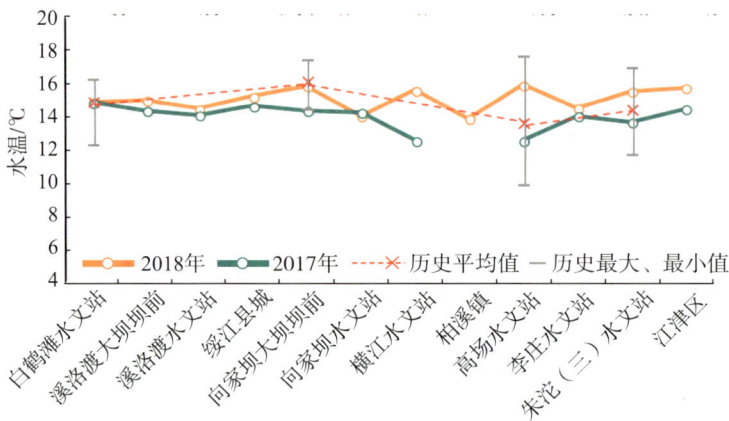

(a)3 月中旬

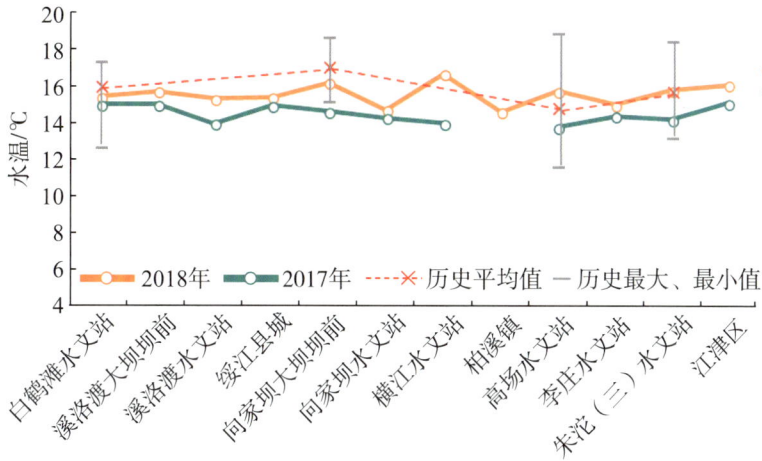

（b）3 月下旬

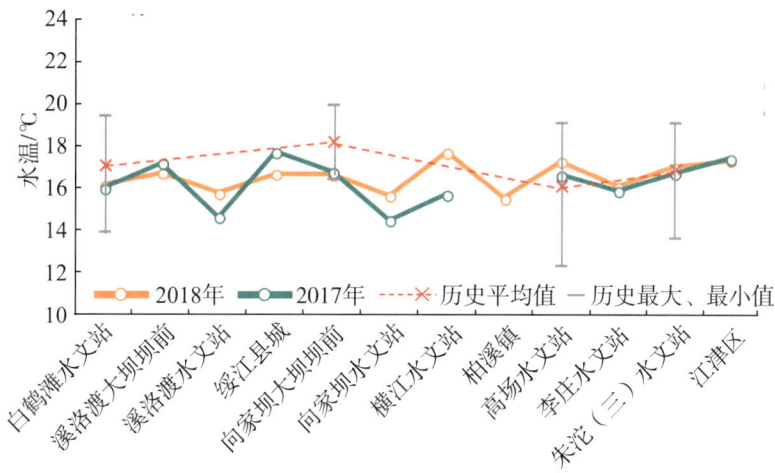

（c）4 月上旬

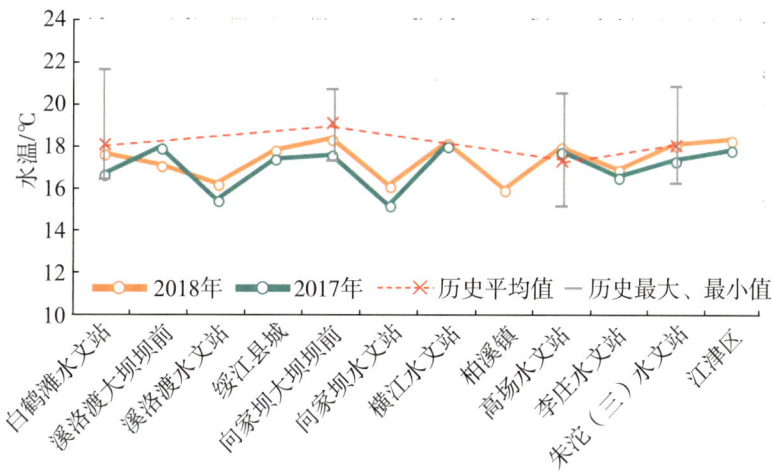

（d）4 月中旬

图 7.7　叠梁门稳定运行阶段各断面水温沿程分布对比（3 月中旬、3 月下旬、4 月上旬、4 月中旬）

图 7.8 为叠梁门提门阶段(4 月 18 日至 5 月 3 日)各断面水温沿程分布对比。由图 7.8 中可以看出,在叠梁门提门阶段,从 2018 年 4 月下旬至 5 月上旬,白鹤滩水文站至江津区沿程水温存在较大波动,但总体呈现沿程升温趋势,溪洛渡和向家坝两座水电站下泄低温水影响显著,4 月下旬向家坝坝前与坝下水文站水温温差达到最大,为 3.3℃,而溪洛渡坝前与坝下水文站水温温差为 1.4℃,坝前与坝下水温温差有增大趋势;从溪洛渡水文站至向家坝坝前沿程升温迅速,升温达 3℃;支流横江(二)水文站和岷江高场水文站水温显著高于干流水温,与干流温差显著增大到 3℃;5 月上旬整体趋势延续了 4 月下旬,但波动情况较 4 月变缓,向家坝坝前与坝下温差略有缩小,为 2.8℃,溪洛渡因叠梁门提门结束,坝前与坝下温差反而略有增大,为 1.6℃,溪洛渡水文站至向家坝坝前沿程升温 1.9℃;整个提门阶段,在支流高温水入汇和沿程太阳辐射的综合作用下,向家坝水文站至江津区沿程升温 3℃左右。

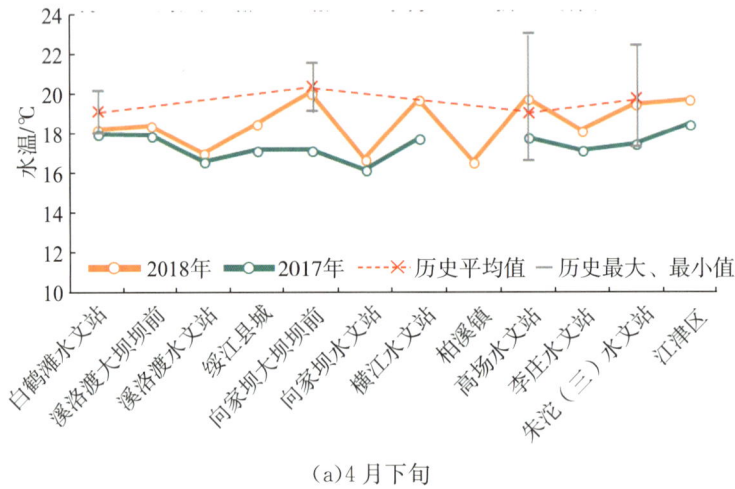

(a)4 月下旬

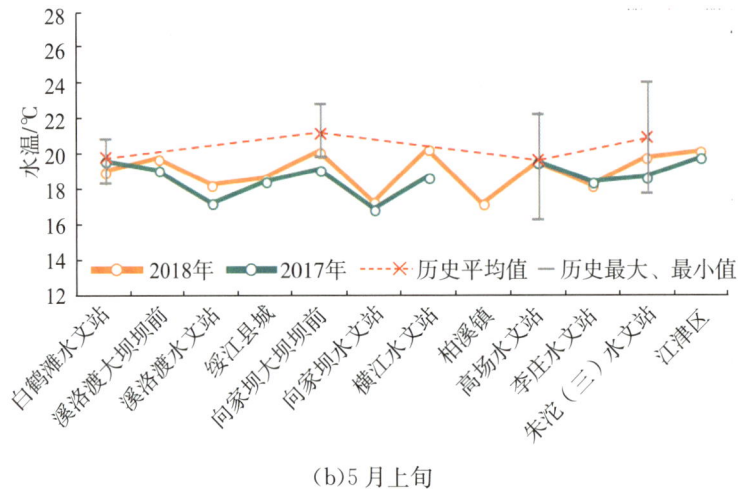

(b)5 月上旬

图 7.8 叠梁门提门阶段各断面水温沿程分布对比(4 月下旬、5 月上旬)

7.4.1.4　表层水温变化因素分析

通过对以上各断面表层水温逐日变化及沿程分布变化可以发现,引起水温变化的因素主要包括太阳辐射、气温、天然来水和水库调度等。有气温监测数据的各断面水温与气温的相关关系见图 7.9。

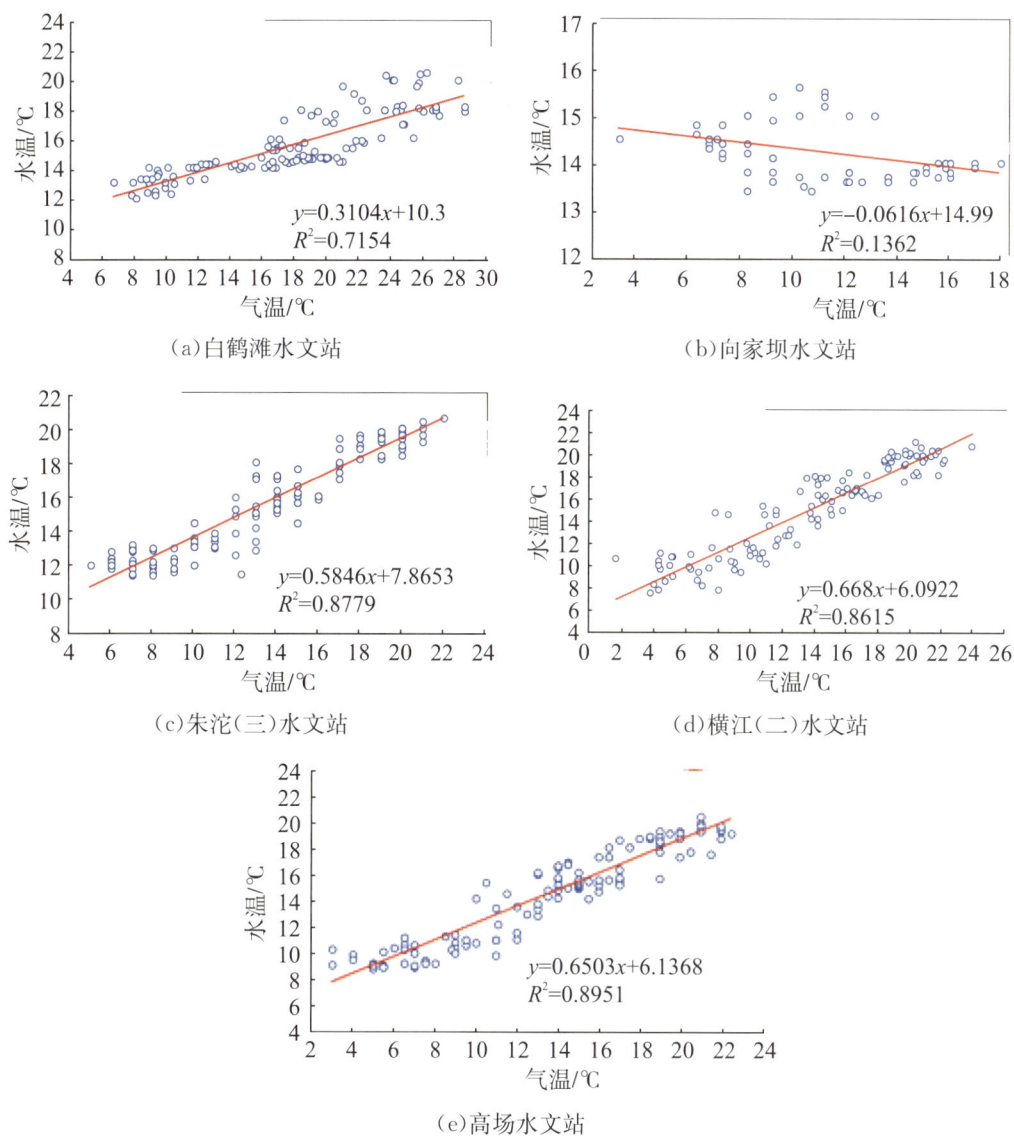

（a）白鹤滩水文站　　$y=0.3104x+10.3$　$R^2=0.7154$

（b）向家坝水文站　　$y=-0.0616x+14.99$　$R^2=0.1362$

（c）朱沱（三）水文站　　$y=0.5846x+7.8653$　$R^2=0.8779$

（d）横江（二）水文站　　$y=0.668x+6.0922$　$R^2=0.8615$

（e）高场水文站　　$y=0.6503x+6.1368$　$R^2=0.8951$

图 7.9　各断面水温与气温相关关系

由图 7.9 中可以看出,对于天然河道的表层水温,太阳辐射越强,气温越高,表层水温就越高。例如,支流横江(二)水文站和岷江高场水文站,由于水体流量小,水温受气象因素影响较大,水温与气温的相关系数 R^2 高达 0.86 和 0.90,气温的升降直接影响水温的变化。干流河道由于水体流量大,水温的变化受气象条件如气温影响较小,尤其是向家坝水文站,由于其位于向家坝大坝坝下,来水温度即电站下泄水体的温度对水温的影响远远大于气温对水温的影响,因此水温与气温的相关关系很差,相关系数 R^2 仅为 0.13。但干流朱沱(三)水文站水温与气温又恢复了良好的相关关系,相关系数达到 0.88。这说明向家坝下泄水体的影响并未到达朱沱(三)水文站,沿程水温已得到恢复。

7.4.2 生态调度对垂向水温结构的影响

7.4.2.1 溪洛渡大坝坝前的垂向水温变化

根据 α-β 法初步判断,溪洛渡正常蓄水位库容系数 α 值为 12.7,水库水温类型为过渡型,其垂向水温在一年内部分月份将出现分层结构,由 2017 年溪洛渡大坝坝前垂向水温各月变化(图 7.10)可知,1—3 月水库垂向水温均匀分布,并未出现分层现象,4 月开始表层水温升温迅速,逐渐拉大表层、底层温差,5、6 月水库呈现明显分层结构,7 月底层水温开始升温,直至 8 月水库垂向水温掺混均匀,随着 8—12 月气温降低,水温整体同步下降。

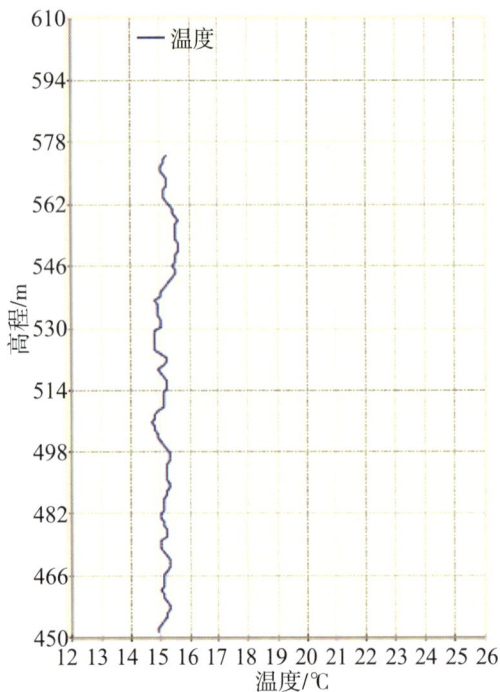

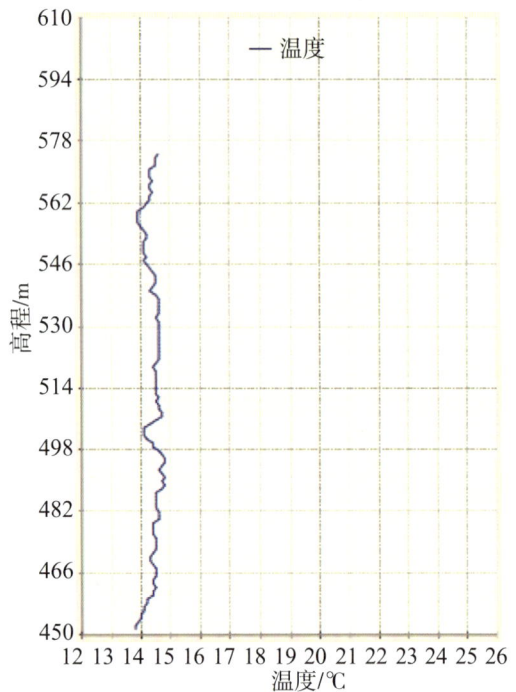

溪洛渡坝前(水库水位:580.28m,
日期:2017-01-20 8:00:00)

(a)1 月

溪洛渡坝前(水库水位:580.28m,
日期:2017-02-20 8:00:00)

(b)2 月

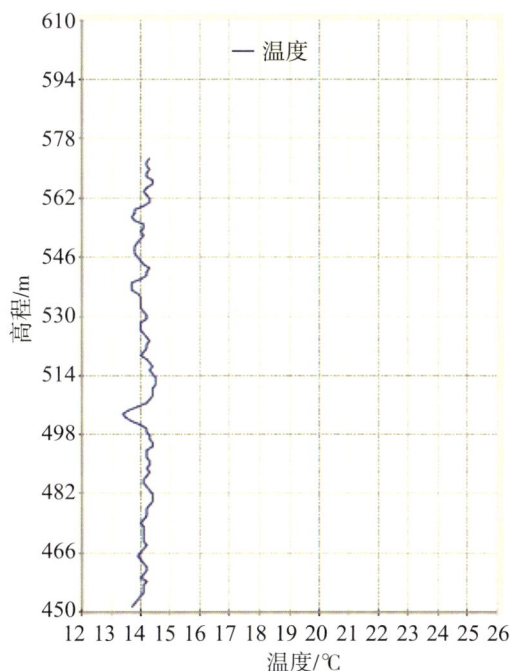

溪洛渡坝前(水库水位:577.99m,
日期:2017-03-20 8:00:00)

(c)3 月

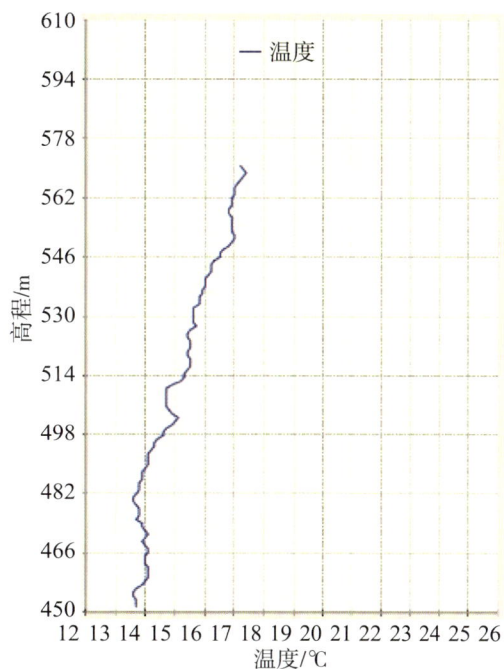

溪洛渡坝前(水库水位:575.68m,
日期:2017-04-20 8:00:00)

(d)4 月

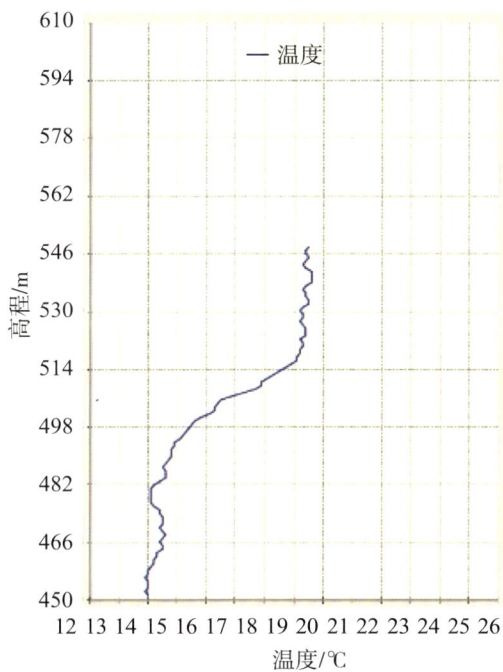

溪洛渡坝前(水库水位:553.50m,
日期:2017-05-20 8:00:00)

(e)5 月

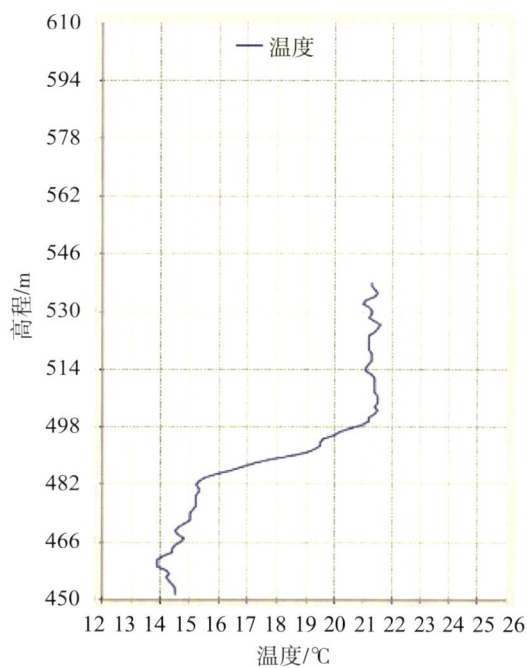

溪洛渡坝前(水库水位:543.97m,
日期:2017-06-20 8:00:00)

(f)6 月

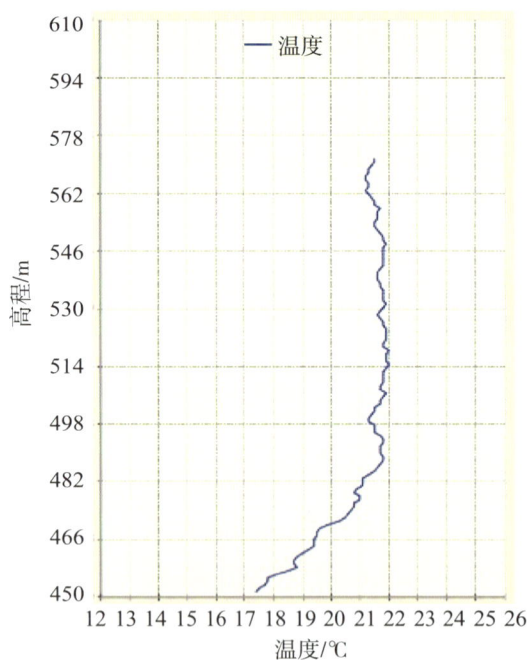

溪洛渡坝前(水库水位:577.26m,

日期:2017-07-15 8:00:00)

(g)7 月

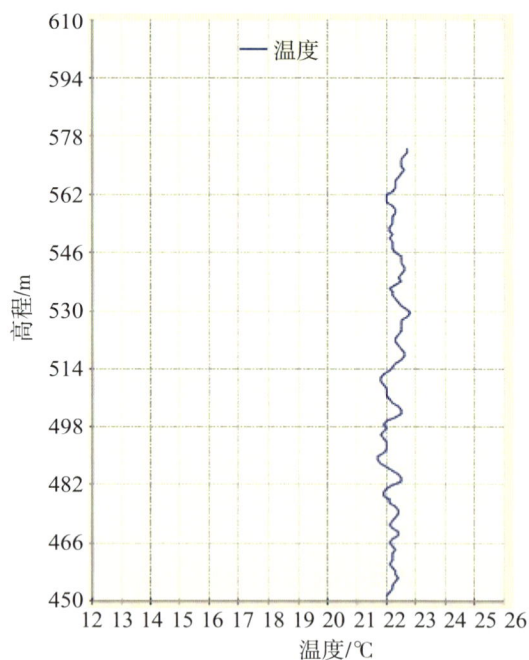

溪洛渡坝前(水库水位:579.63m,

日期:2017-08-20 8:00:00)

(h)8 月

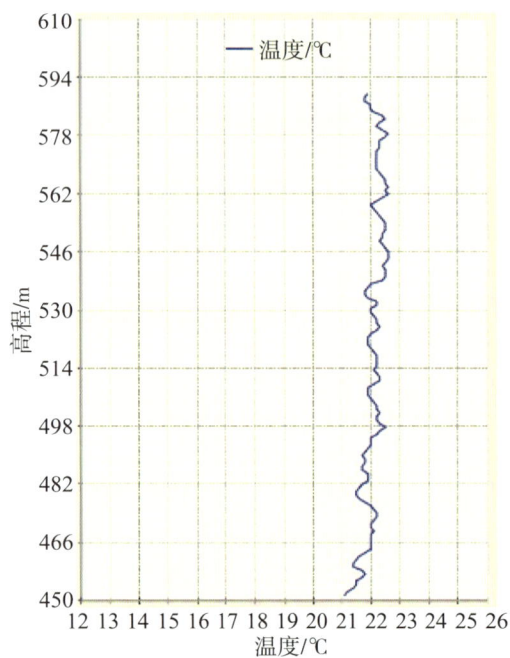

溪洛渡坝前(水库水位:595.10m,

日期:2017-09-20 8:00:00)

(i)9 月

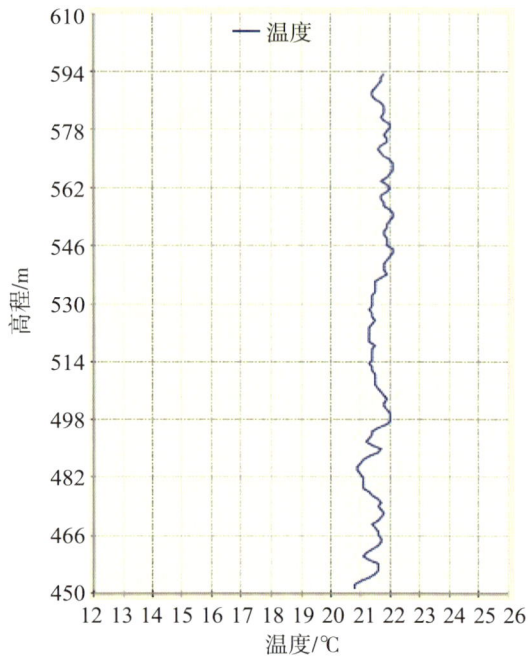

溪洛渡坝前(水库水位:599.19m,

日期:2017-10-20 8:00:00)

(j)10 月

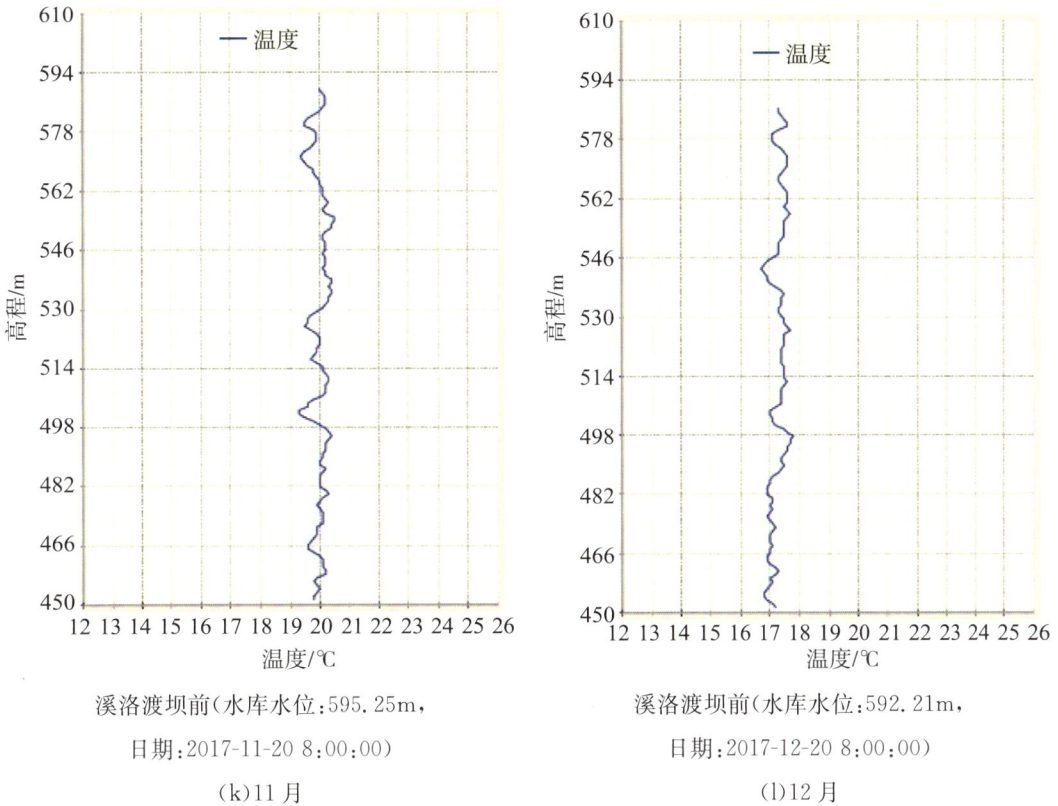

溪洛渡坝前(水库水位:595.25m,
日期:2017-11-20 8:00:00)

(k)11 月

溪洛渡坝前(水库水位:592.21m,
日期:2017-12-20 8:00:00)

(l)12 月

图 7.10　2017 年溪洛渡大坝坝前垂向水温各月变化

结合表层、底层水温及温差变化(表 7.8),各月垂向水温变化情况如下:1—3 月水温垂向掺混均匀,表层、底层温差均在 1℃以内,4 月由于气温升高,表层水温升温迅速,但底层水温仍保持不变,致使水温垂向温差逐渐增大,表层水温与底层水温相差达 3.2℃,5 月垂向水温开始出现明显分层结构,表层水温已升至 19.5℃,表温层在高程 516m 以上,但底层水温仍未改变,依然保持在 14℃,滞温层高程为 453～490m,表层、底层温差达 5.5℃,温跃层高程为 490～516m;6 月垂向水温分层更加显著,随着表层水温持续升温,表层、底层温差达到年内最大值,为 7.0℃,温跃层高程较 5 月明显下移至 483～500m,表温层深度逐渐增大而滞温层深度逐渐减小;7 月开始,表温层持续深入,温跃层进一步下移,使底层水温开始升温,表层、底层水温温差明显减小至 3.7℃,温跃层已降至水库底层,高程为 453～490m;至 8 月,随着入库流量的增大,入流水体与水库水体掺混更剧烈,底层水温进一步升温,水库再一次达到掺混均匀,分层结构逐渐消失,表层、底层温差缩小为 0.3℃,9—12 月,水库垂向水温维持均匀分布,随着气温降低,垂向水温整体同步下降,表层、底层水温温差保持在 1℃以内。

251

表 7.8   **2017 年溪洛渡大坝坝前表层、底层水温及温差各月变化**

月份	表层水温/℃	底层水温/℃	温差/℃	月份	表层水温/℃	底层水温/℃	温差/℃
1	15.0	15.0	0.0	7	21.5	17.8	3.7
2	14.4	14.0	0.4	8	22.5	22.2	0.3
3	14.3	14.0	0.3	9	22.1	21.5	0.6
4	17.2	14.0	3.2	10	21.6	21.2	0.4
5	19.5	14.0	5.5	11	20.0	20.0	0.0
6	21.3	14.3	7.0	12	17.3	17.0	0.3

图 7.11 为 2018 年生态调度期内溪洛渡大坝坝前垂向水温各旬变化。对比 2017 年水库垂向水温变化可以看出,2018 年水库水温分层较 2017 年更早一些,2018 年 3 月下旬水库表层、底层水温温差已较明显,达 3.0℃。这主要是因为溪洛渡 2018 年 3 月气温较 2017 年明显偏高,致使 3 月水库表层水温升温迅速,而 2 月中下旬气温偏低,使水库底层水温较 2017 年偏低约 2℃,因此水库表层、底层水温温差逐渐增大,至 4 月下旬,表底层温差已达 6.0℃,水库从表层至底层水温线性下降,5 月上旬,叠梁门提门工作全部完成,标志着 2018 年生态调度圆满结束,水库垂向水温呈现明显分层现象,表层、底层温差达到最大,为 6.8℃,温跃层高程为 480～547m,表温层高程在 547m 以上,滞温层高程为 451～480m,底层水温仍然维持在最低温 12.4℃,并未开始升温。2018 年生态调度期内溪洛渡大坝坝前表层、底层水温及温差变化见表 7.9。

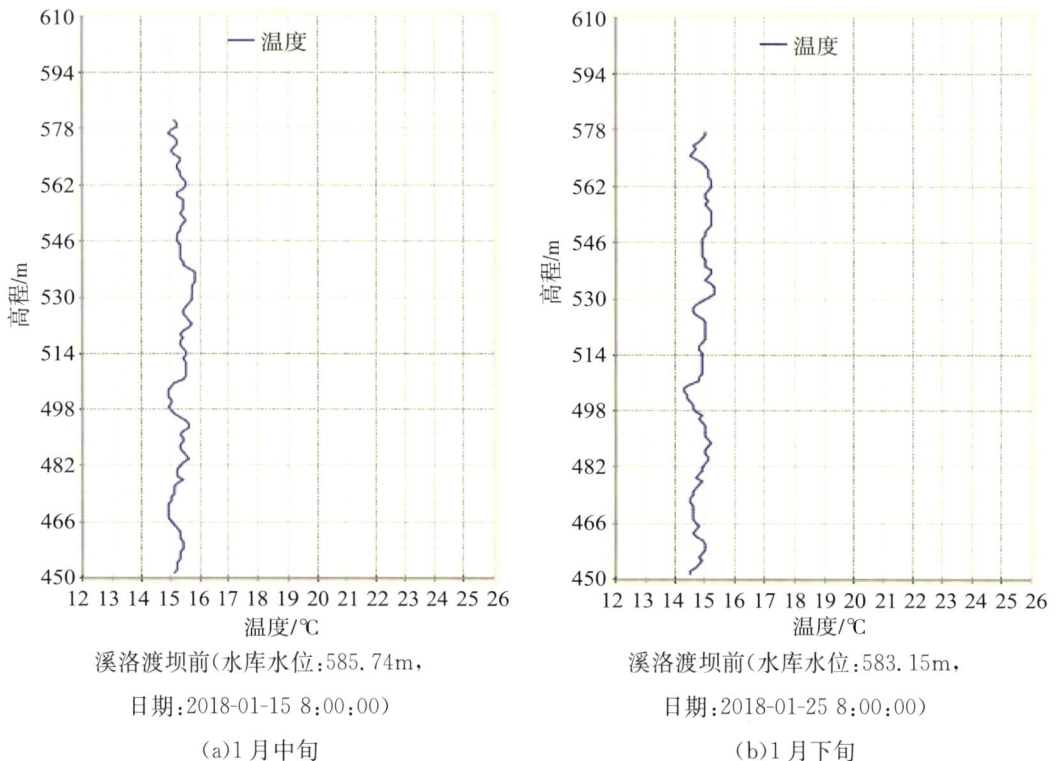

溪洛渡坝前(水库水位:585.74m,
日期:2018-01-15 8:00:00)

(a)1 月中旬

溪洛渡坝前(水库水位:583.15m,
日期:2018-01-25 8:00:00)

(b)1 月下旬

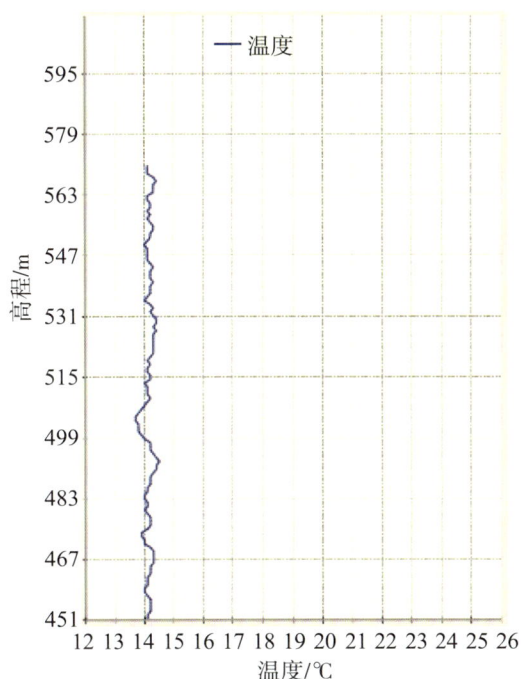

溪洛渡坝前(水库水位:574.34m,

日期:2018-02-05 8:00:00)

(c)2 月上旬

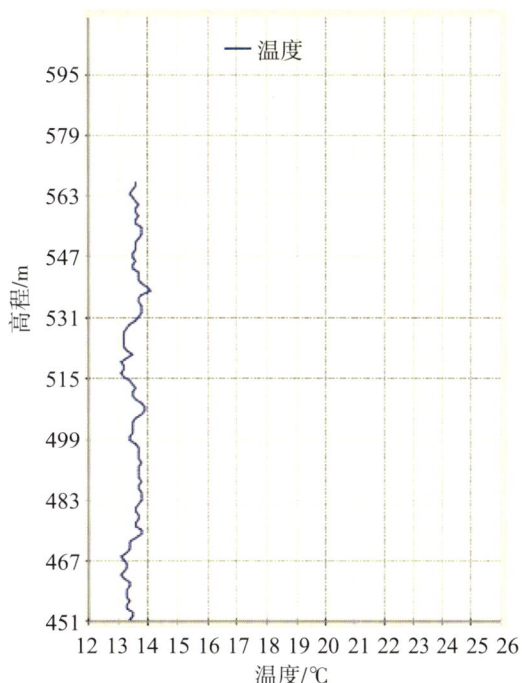

溪洛渡坝前(水库水位:570.33m,

日期:2018-02-15 8:00:00)

(d)2 月中旬

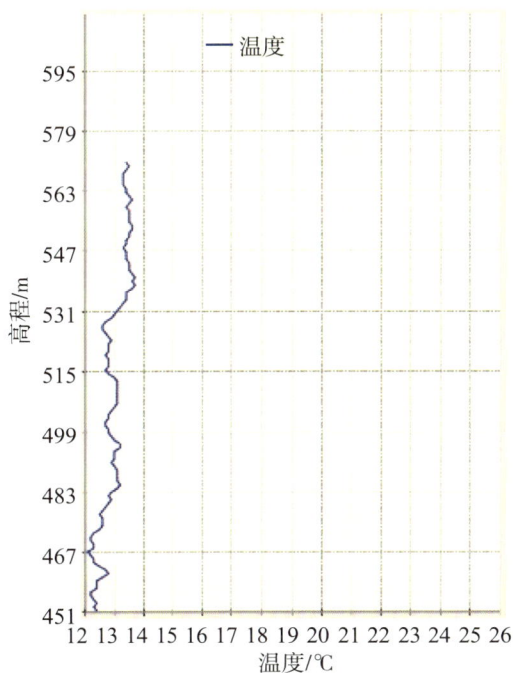

溪洛渡坝前(水库水位:573.66m,

日期:2018-02-25 8:00:00)

(e)2 月下旬

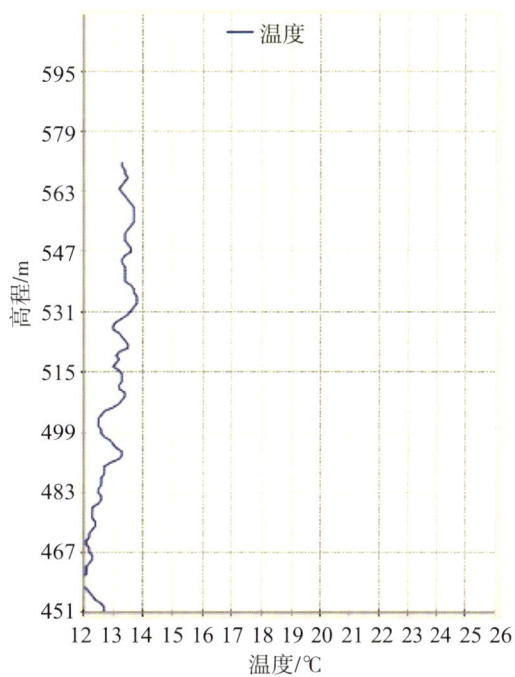

溪洛渡坝前(水库水位:574.35m,

日期:2018-03-05 8:00:00)

(f)3 月上旬

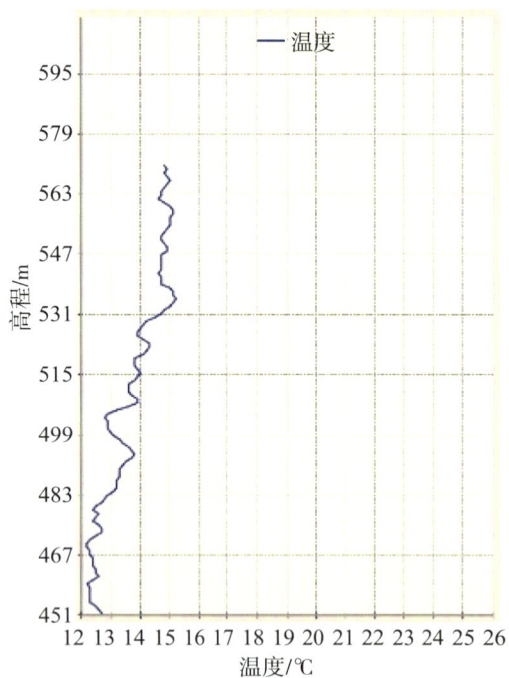

溪洛渡坝前(水库水位:574.52m,

日期:2018-03-15 8:00:00)

(g)3月中旬

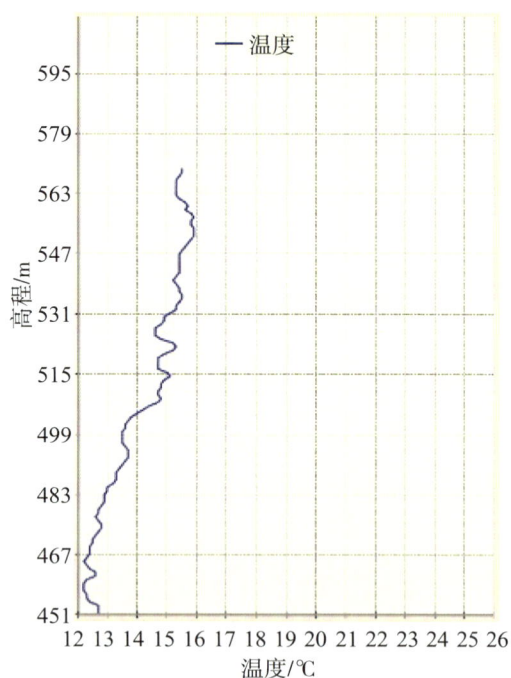

溪洛渡坝前(水库水位:579.30m,

日期:2018-03-25 8:00:00)

(h)3月下旬

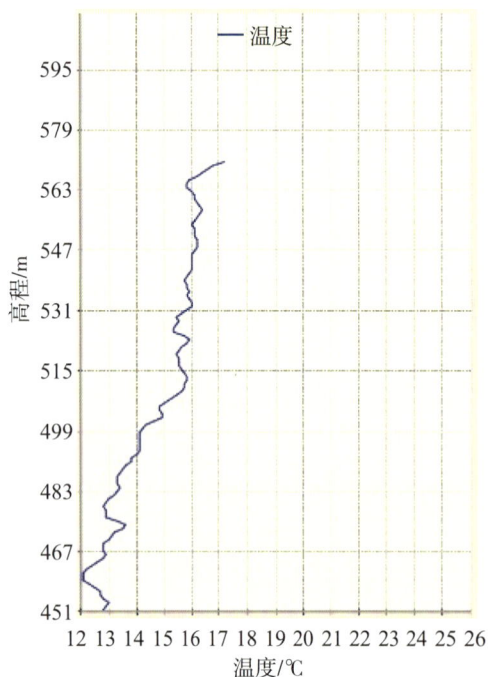

溪洛渡坝前(水库水位:573.68m,

日期:2018-04-05 8:00:00)

(i)4月上旬

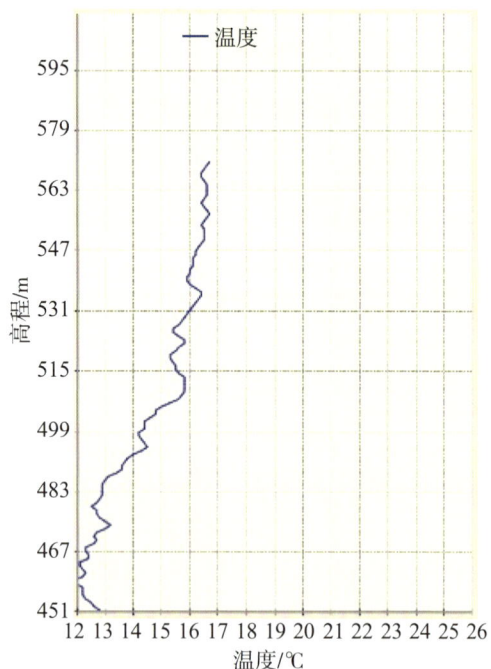

溪洛渡坝前(水库水位:574.49m,

日期:2018-04-15 8:00:00)

(j)4月中旬

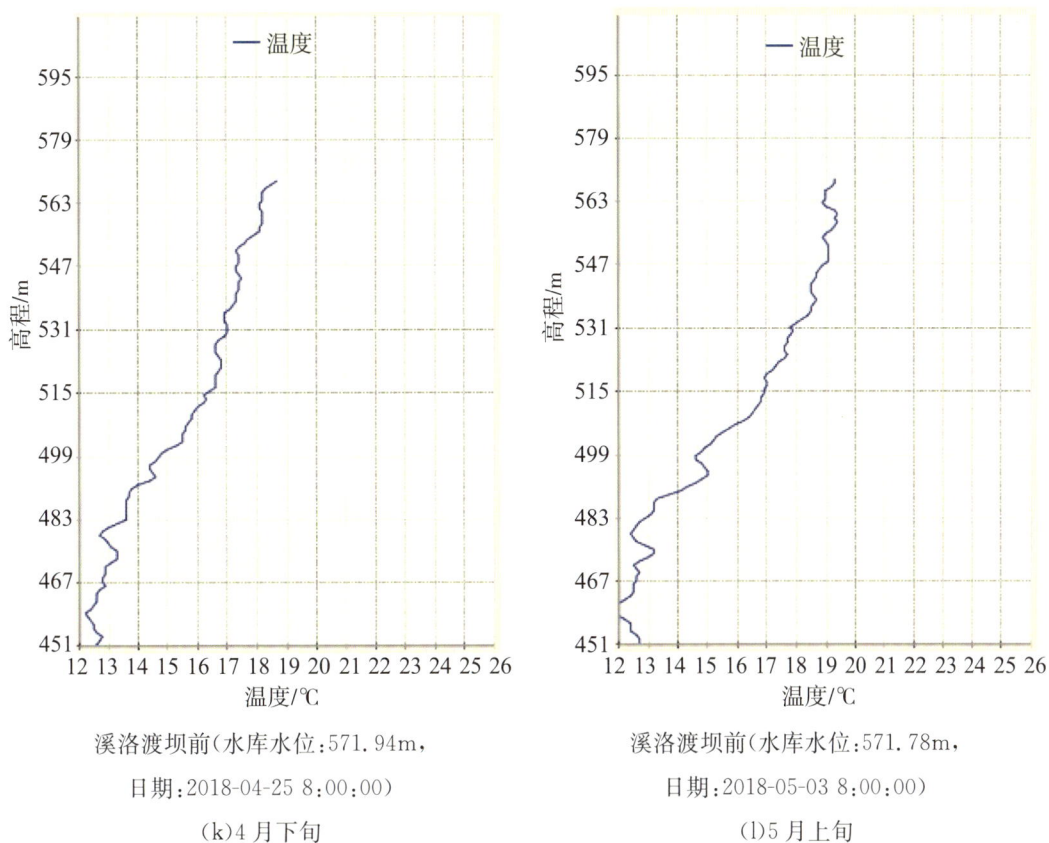

溪洛渡坝前(水库水位:571.94m,
日期:2018-04-25 8:00:00)

(k)4 月下旬

溪洛渡坝前(水库水位:571.78m,
日期:2018-05-03 8:00:00)

(l)5 月上旬

图 7.11 2018 年生态调度期内溪洛渡大坝坝前垂向水温各旬变化

表 7.9   2018 年生态调度期内溪洛渡大坝坝前表层、底层水温及温差变化

时段	表层水温/℃	底层水温/℃	温差/℃	时段	表层水温/℃	底层水温/℃	温差/℃
1 月中旬	15.1	15.1	0.0	3 月中旬	14.8	12.5	2.3
1 月下旬	14.8	14.8	0.0	3 月下旬	15.4	12.4	3.0
2 月上旬	14.2	14.1	0.1	4 月上旬	16.8	12.6	4.2
2 月中旬	13.4	13.6	0.2	4 月中旬	16.6	12.4	4.2
2 月下旬	13.4	12.4	1.0	4 月下旬	18.5	12.5	6.0
3 月上旬	13.4	12.3	1.1	5 月上旬	19.2	12.4	6.8

7.4.2.2 向家坝大坝坝前的垂向水温变化

图 7.12 为 2017 年向家坝大坝坝前垂向水温各月变化,由于光纤在 2017 年 1 月刚安装,还处在调试阶段,数据未能正常采集,因此 1 月水温垂向分布由 2 月上旬(2 月 7 日)数据代替。结合表 7.10 的表层、底层水温及温差变化,可以看出,向家坝年内垂向水温变化表现出与溪洛渡大坝坝前相同的特征,4 月垂向表层、底层

水温温差开始变大,5月表层、底层水温温差进一步增大,达到5.7℃,6月水库垂向水温出现明显分层结构,表层水温已升至21℃,底层水温与3—5月相同,仍保持在14℃左右,表层、底层温差达到7.0℃,表温层在322m以上区域,温跃层高程在288～322m,滞温层高程在248～288m,7月水库仍维持分层结构,水库表层、底层温差达到全年最大值,为7.7℃,温跃层位置显著下移,移至260～272m,表温层深度明显增大,为272m以上区域,滞温层深度逐渐缩减,为248～260m。8月开始,随着入库流量的增大,水库垂向水温达到完全掺混均匀;8月至次年3月,水库维持垂向均匀分布,表层、底层水温温差保持在1℃以内,随着气温的降低,水库水温整体同步下降。

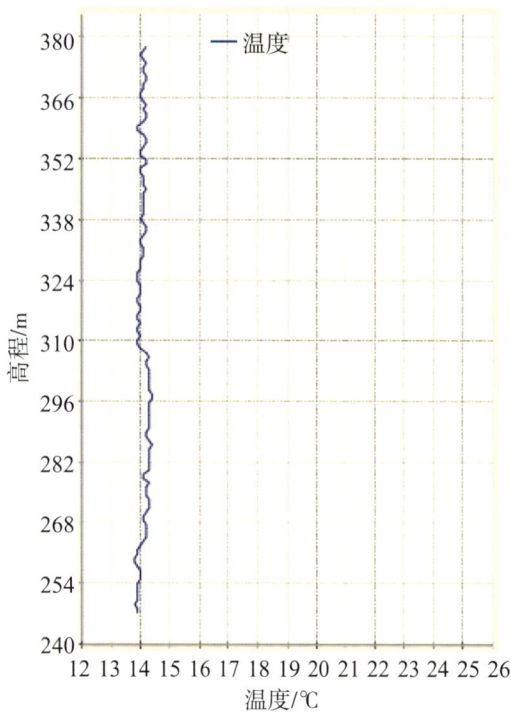

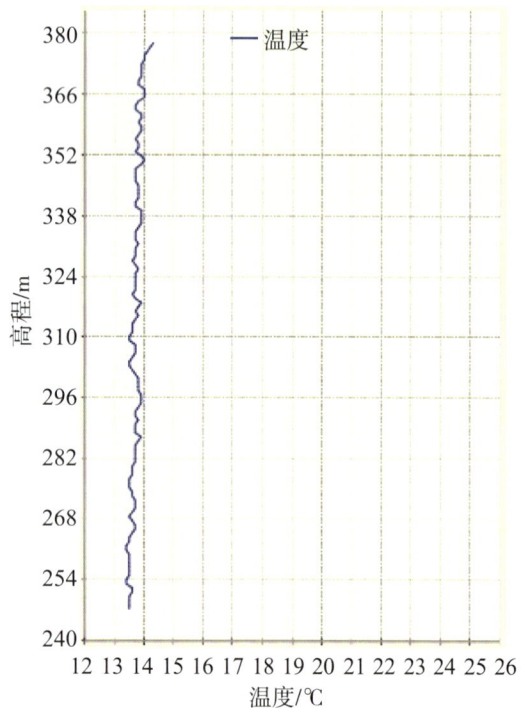

向家坝坝前(水库水位:380.28m,
日期:2017-02-07 8:00:00)

(a)2月

向家坝坝前(水库水位:380.28m,
日期:2017-02-20 8:00:00)

(b)2月

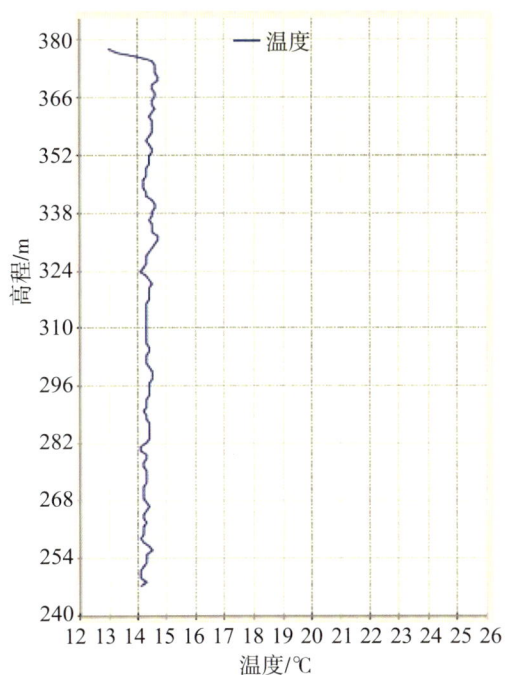

向家坝坝前(水库水位:380.28m,

日期:2017-03-20 8:00:00)

(c)3 月

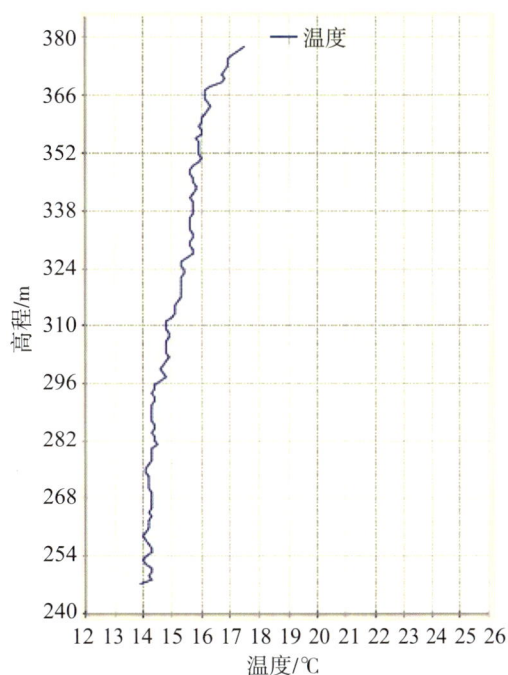

向家坝坝前(水库水位:m,

日期:2017-04-23 8:00:00)

(d)4 月

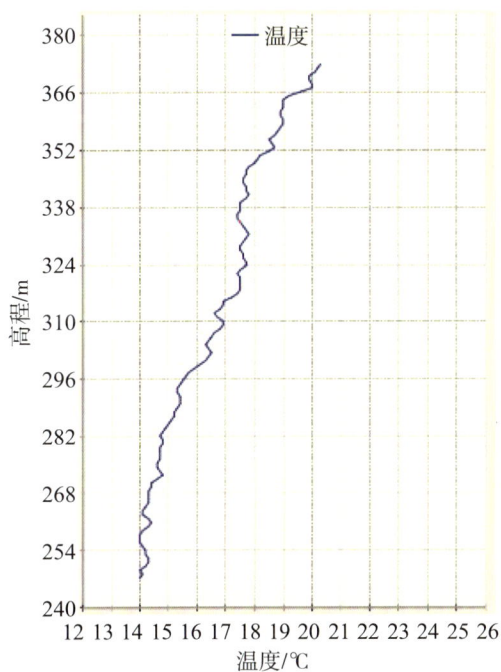

向家坝坝前(水库水位:m,

日期:2017-05-20 8:00:00)

(e)5 月

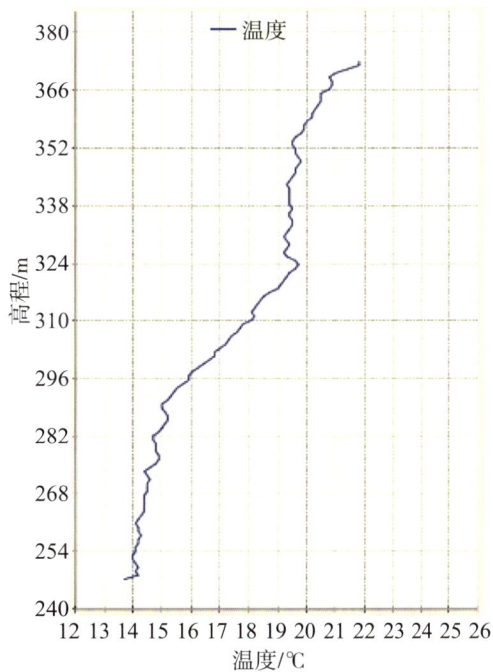

向家坝坝前(水库水位:m,

日期:2017-06-04 8:00:00)

(f)6 月

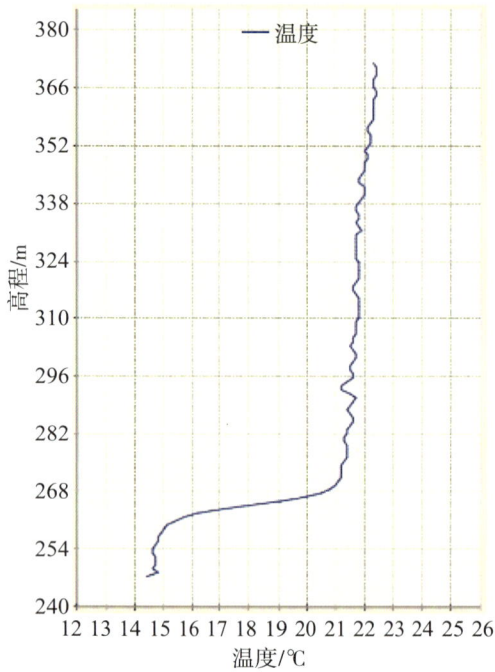

向家坝坝前(水库水位:m,

日期:2017-07-19 8:00:00)

(g)7 月

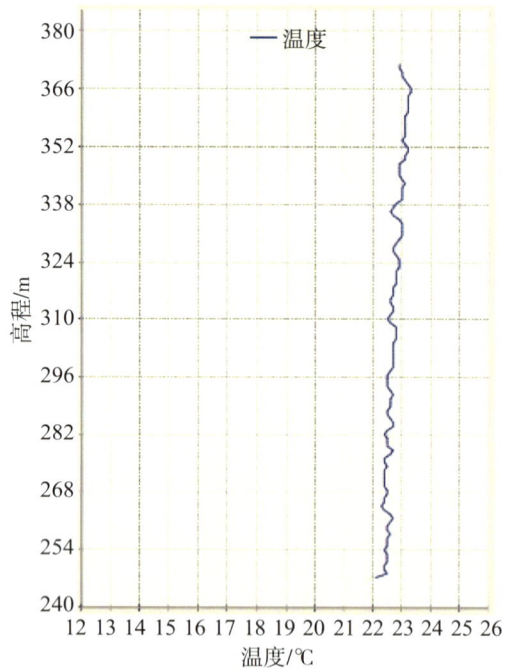

向家坝坝前(水库水位:m,

日期:2017-08-19 8:00:00)

(h)8 月

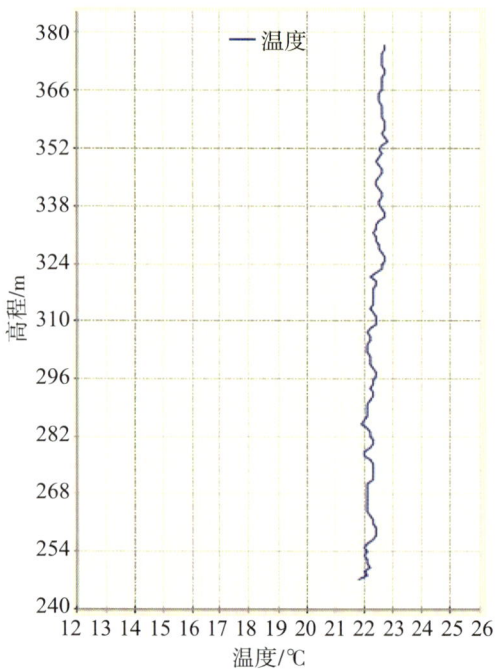

向家坝坝前(水库水位:379.37m,

日期:2017-09-20 8:00:00)

(i)9 月

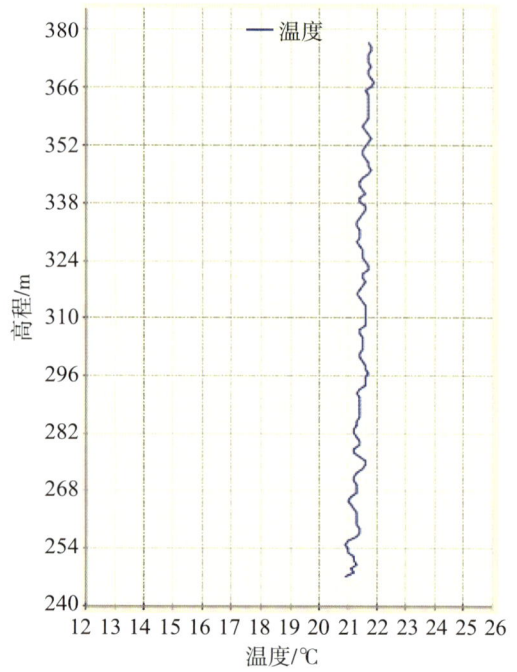

向家坝坝前(水库水位:379.38m,

日期:2017-10-20 8:00:00)

(j)10 月

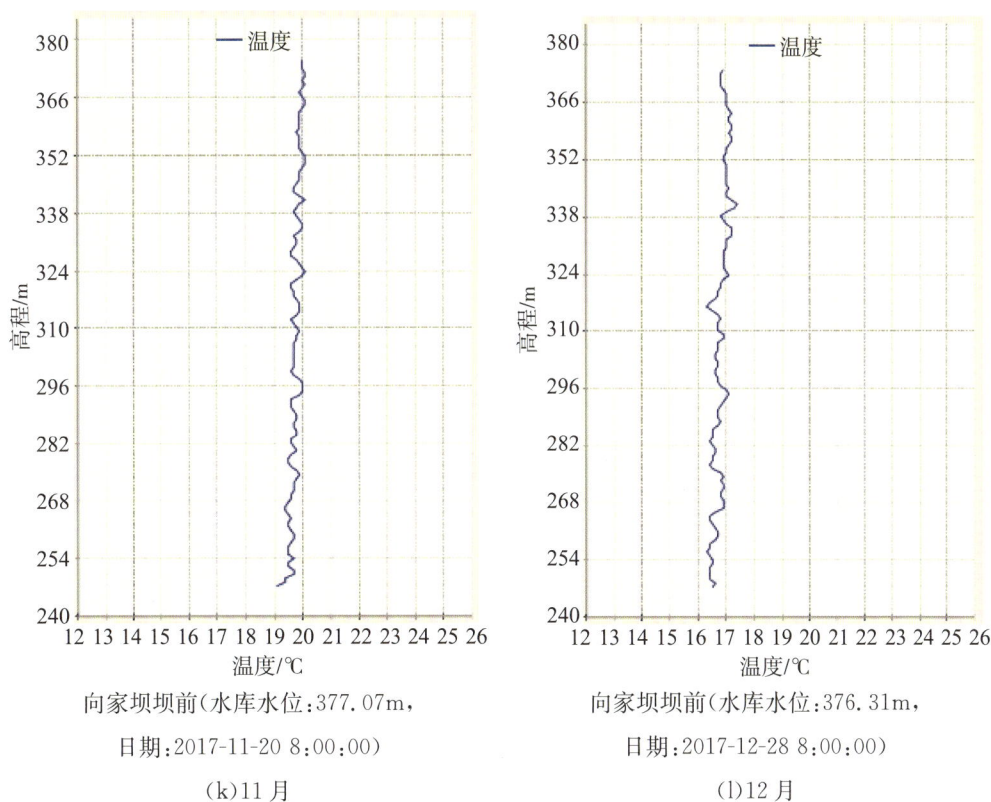

向家坝坝前(水库水位:377.07m,
日期:2017-11-20 8:00:00)

(k)11月

向家坝坝前(水库水位:376.31m,
日期:2017-12-28 8:00:00)

(l)12月

图 7.12　2017 年向家坝大坝坝前垂向水温各月变化

表 7.10　　　　　　　　　2017 年向家坝大坝坝前表层、底层水温及温差各月变化

月份	表层水温/℃	底层水温/℃	温差/℃	月份	表层水温/℃	底层水温/℃	温差/℃
2(上旬)	14.1	13.9	0.2	7	22.4	14.7	7.7
2(下旬)	14.0	13.5	0.5	8	23.1	22.4	0.7
3	14.6	14.2	0.4	9	22.6	22.1	0.6
4	17.0	14.2	2.8	10	21.7	21.1	0.7
5	19.8	14.1	5.7	11	20.0	19.5	0.5
6	21.0	14.1	7.0	12	16.9	16.4	0.5

　　图 7.13 为 2018 年生态调度期内向家坝大坝坝前垂向水温各旬变化,结合表 7.11 中的表层、底层水温及温差变化可以看出,1 月中旬至 2 月下旬,水库垂向水温均匀分布,表层、底层温差均在 1℃ 以内,从 3 月上旬开始至 5 月上旬生态调度结束,水库垂向水温表层、底层温差呈逐渐增大趋势,3 月中旬温差已达 2.8℃,与 2017 年 4 月 23 日表层、底层温差相同,因此 2018 年水库水温分层比 2017 年有所提前,大约提前 1 个月。这主要是因为 2018 年 3 月气温较 2017 年偏高,而 2 月中下旬气温较 2017 年偏低,导致底层水温较 2017 年同期降低 1℃,而至 3 月表层水温升温迅速,较 2017 年同期升高 2℃ 左右,因此水库水温温差被逐渐拉大。至 5 月上旬,水库底层水

温仍保持在最低水平,为 13.4℃,而表层水温已升至 20.1℃,水库表层、底层温差达到最大,为 6.7℃,但分层界限并不清晰,从水库表层至底层水温线性降低。

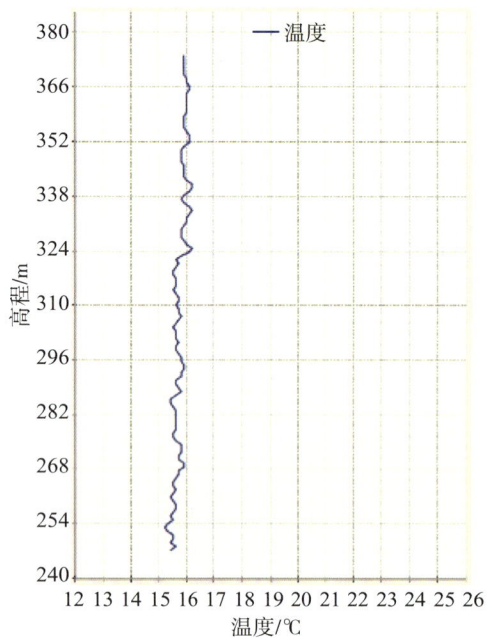

向家坝坝前(水库水位:376.05m,
日期:2018-01-15 8:00:00)

(a)1 月中旬

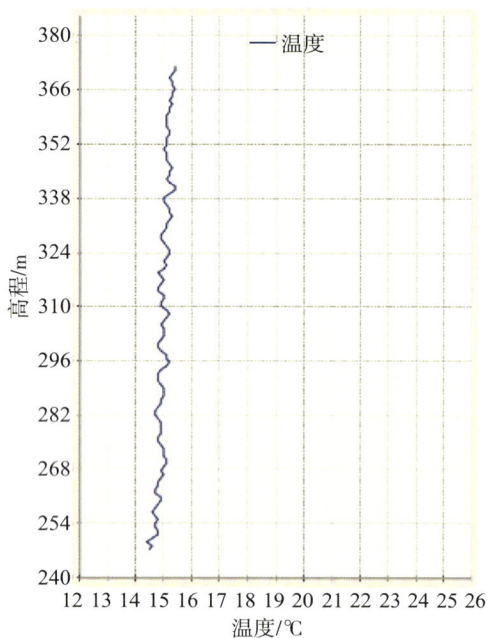

向家坝坝前(水库水位:374.57m,
日期:2018-01-25 8:00:00)

(b)1 月下旬

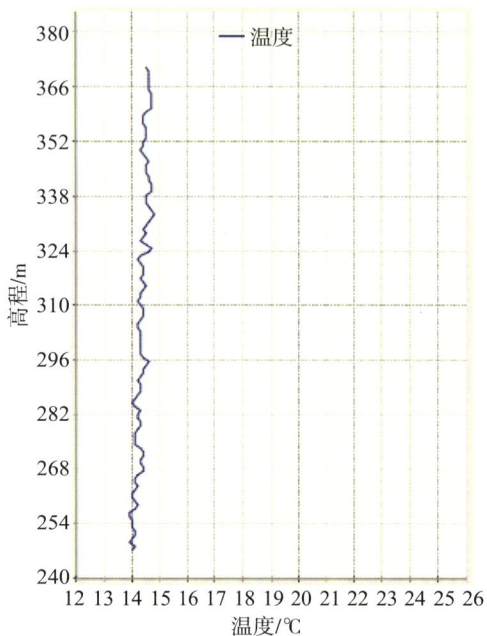

向家坝坝前(水库水位:374.45m,
日期:2018-02-05 8:00:00)

(c)2 月上旬

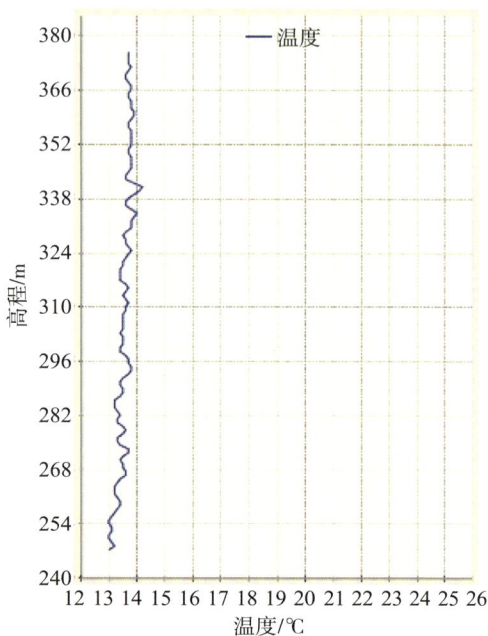

向家坝坝前(水库水位:378.93m,
日期:2018-02-15 8:00:00)

(d)2 月中旬

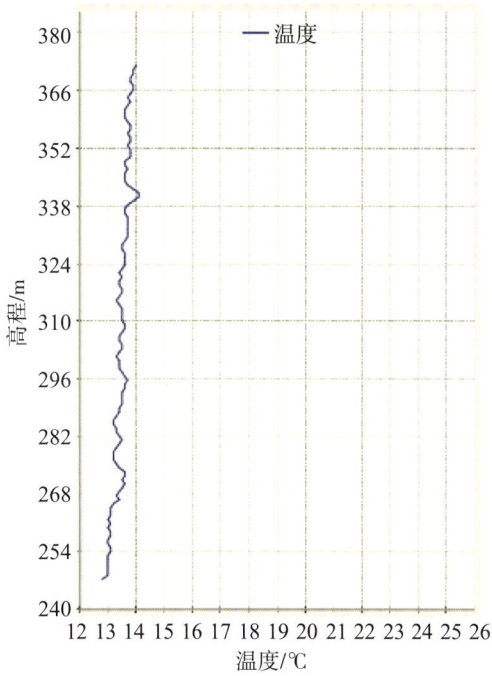

向家坝坝前(水库水位:375.00m,
日期:2018-02-25 8:00:00)

(e)2月下旬

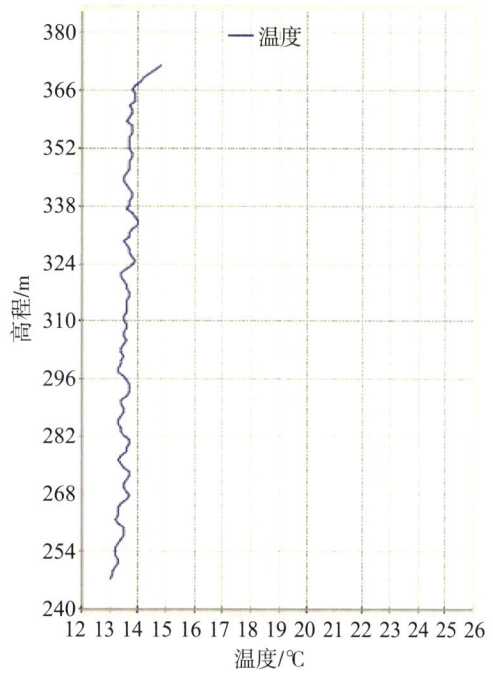

向家坝坝前(水库水位:375.38m,
日期:2018-03-05 8:00:00)

(f)3月上旬

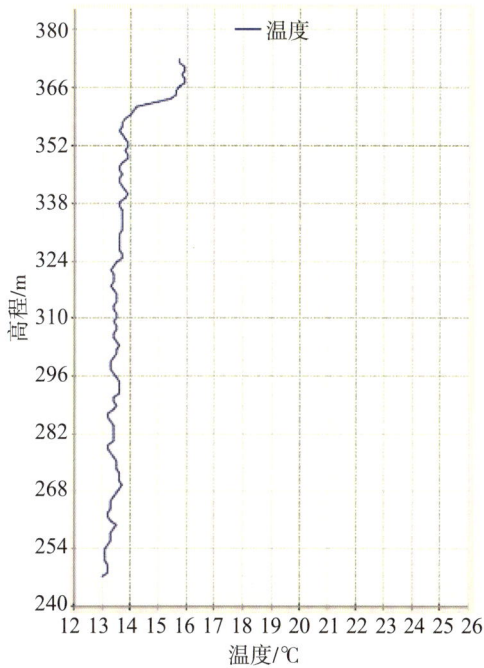

向家坝坝前(水库水位:376.77m,
日期:2018-03-15 8:00:00)

(g)3月中旬

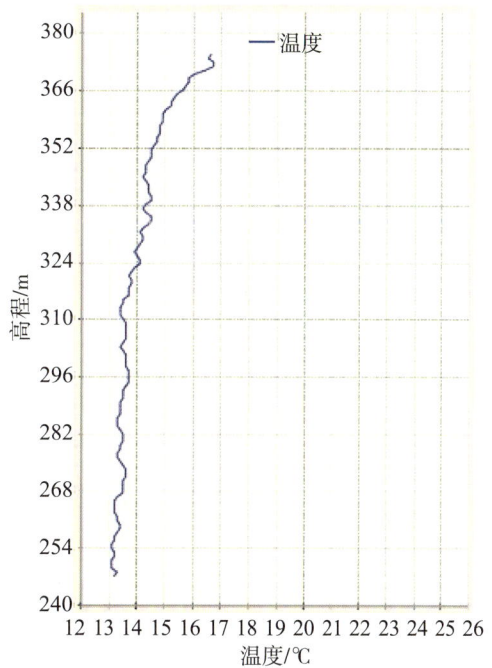

向家坝坝前(水库水位:378.16m,
日期:2018-03-25 8:00:00)

(h)3月下旬

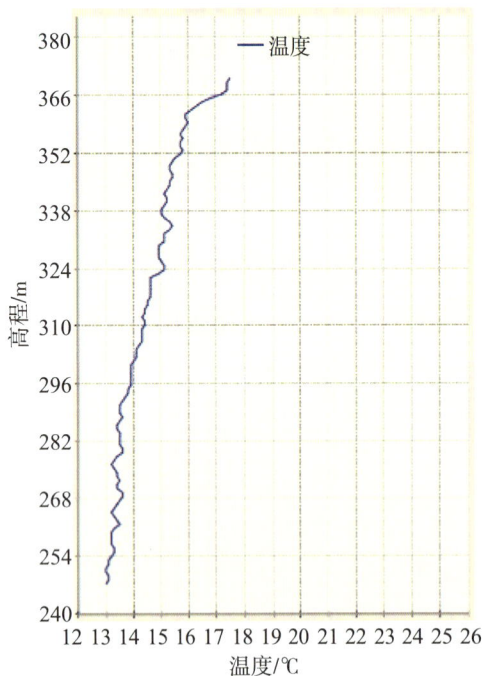

向家坝坝前(水库水位:373.67m,
日期:2018-04-05 8:00:00)

(i)4 月上旬

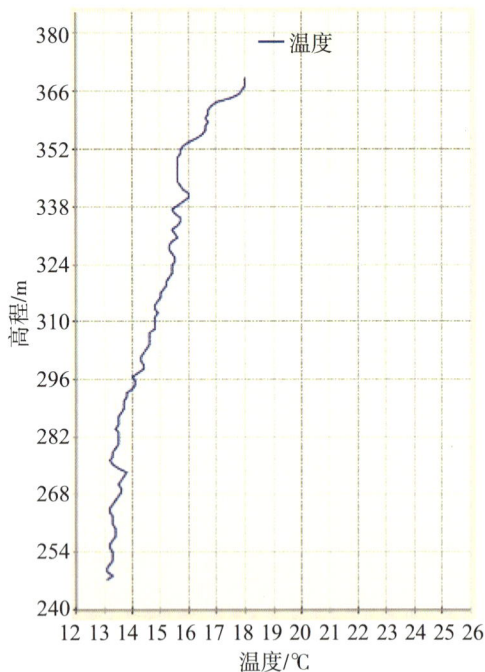

向家坝坝前(水库水位:372.22m,
日期:2018-04-16 8:00:00)

(j)4 月中旬

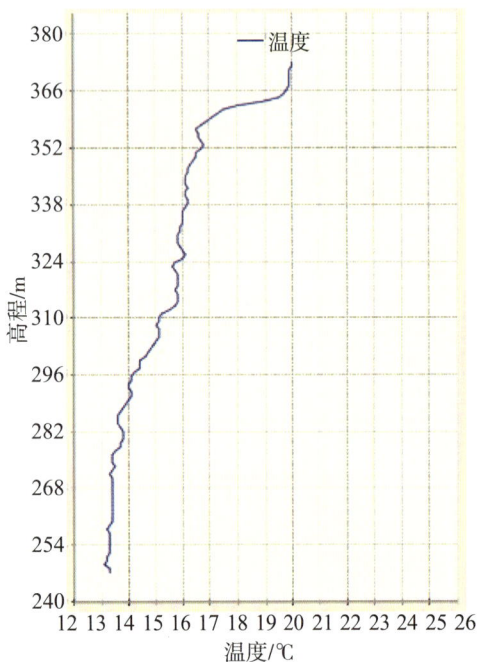

向家坝坝前(水库水位:376.18m,
日期:2018-04-26 8:00:00)

(k)4 月下旬

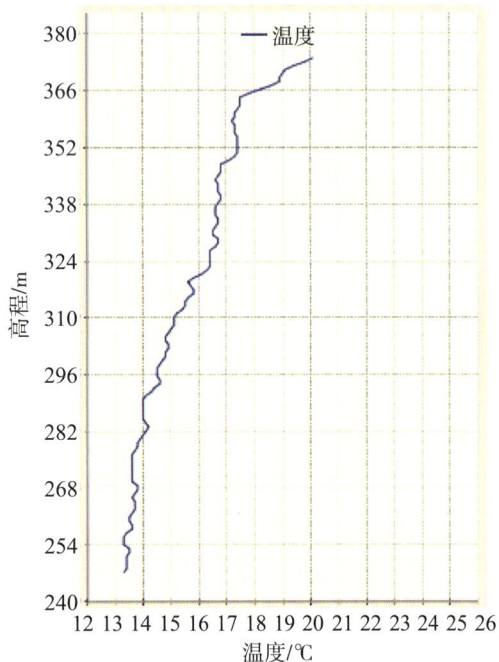

向家坝坝前(水库水位:377.78m,
日期:2018-05-05 8:00:00)

(l)5 月上旬

图 7.13　2018 年生态调度期内向家坝大坝坝前垂向水温各旬变化

表 7.11　　　　　2018 年生态调度期内向家坝大坝坝前表层、底层水温及温差变化

时段	表层水温/℃	底层水温/℃	温差/℃	时段	表层水温/℃	底层水温/℃	温差/℃
1 月中旬	16.0	15.4	0.6	3 月中旬	15.8	13.0	2.8
1 月下旬	15.3	14.7	0.6	3 月下旬	16.4	13.2	3.2
2 月上旬	14.6	14.0	0.6	4 月上旬	17.5	13.0	4.5
2 月中旬	13.7	13.1	0.6	4 月中旬	17.8	13.1	4.7
2 月下旬	14.0	13.0	1.0	4 月下旬	19.8	13.3	6.5
3 月上旬	14.8	13.0	1.8	5 月上旬	20.1	13.4	6.7

7.4.2.3　溪洛渡至向家坝沿程垂向水温变化

2018 年生态调度期间，分别在 1 月 15 日、2 月 10 日、3 月 14 日和 4 月 16 日附近共收集了 4 次人工测量垂向水温数据，包括溪洛渡大坝坝前、绥江县城和向家坝大坝坝前 3 个垂向水温断面。这 4 个月的溪洛渡至向家坝垂向水温沿程分布见图 7.14。

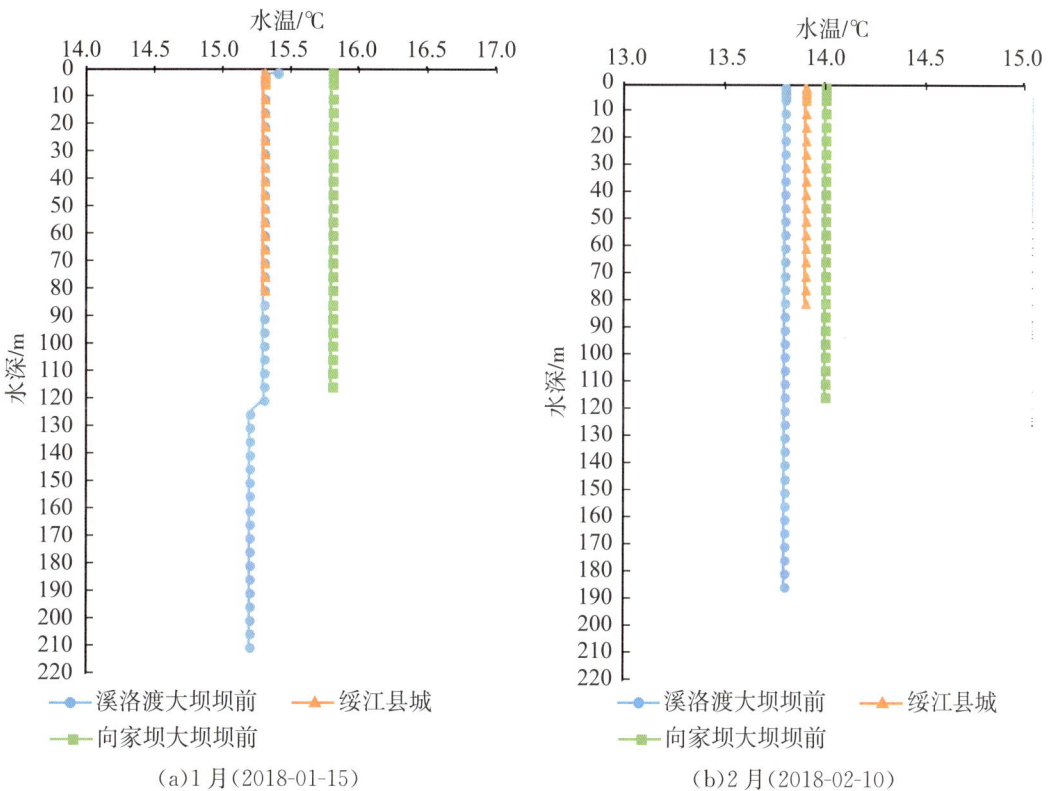

（a）1 月（2018-01-15）　　　　　　　　（b）2 月（2018-02-10）

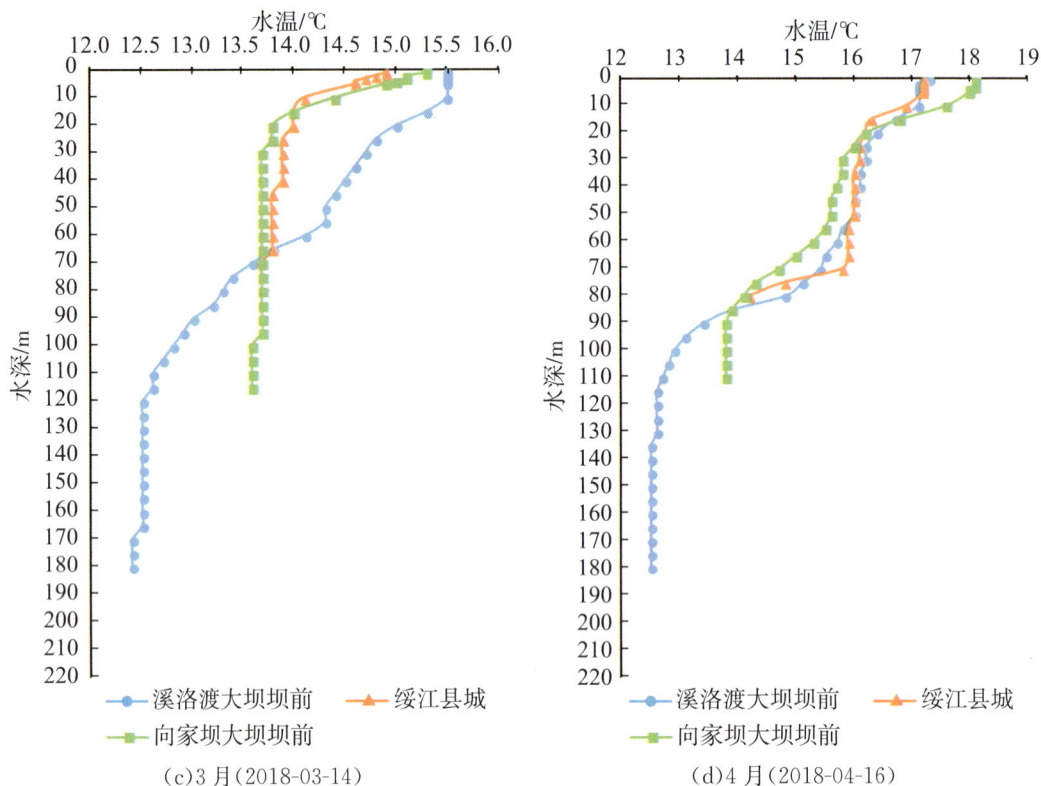

(c) 3月 (2018-03-14)　　　　　　　　　(d) 4月 (2018-04-16)

图 7.14　溪洛渡至向家坝垂向水温沿程分布

由图 7.14 中可以看出,1 月和 2 月,水库水温还未出现分层,沿程 3 个断面垂向水温呈均匀分布,但由于水温沿程接收太阳辐射的增多,溪洛渡至向家坝沿程水温在 1 月和 2 月有升高趋势,1 月绥江县城水温与溪洛渡大坝坝前水温基本一致,向家坝大坝坝前水温较溪洛渡大坝坝前整体升高 0.4℃;随着气温降低,2 月水温较 1 月水温整体偏低近 2℃,但依然维持沿程升温趋势,溪洛渡至绥江县城再至向家坝各升温 0.1℃。

3 月沿程垂向水温均出现明显分层结构,溪洛渡大坝坝前由于水深最深,因此分层结构最为显著,表温层水深为 0~10m,水温为 15.5℃,温跃层水深为 10~120m,滞温层水深为 120~180m,水温仅为 12.5℃,表层、底层温差达 3℃;溪洛渡至向家坝水温呈沿程降低趋势。这主要是因为溪洛渡坝前垂向水温的分层结构致使水温表层与取水口水温温差显著,叠梁门门顶高程 530m,结合 3 月 15 日当天水位为 574.52m,因此叠梁门门顶处水深为 44.52m。从图 7.14 中可以看出,对应水温大约为 14.4℃,与表层水温温差达 1℃,直接导致下泄水温显著降低,使绥江县城表层水温较溪洛渡坝前下降 0.5℃,绥江县城断面垂向水温呈弱分层现象,由表层的 14.9℃,逐渐降至底层的 13.7℃,温差为 1.2℃,向家坝表层水温较绥江县城略微提升,垂向水温也呈弱分层现象，由表层的 15.3℃降至底层的 13.6℃，温差为 1.7℃，较绥江县城温差拉大 0.5℃。

4 月随着气温升高，表层水温升温迅速，表层、底层温差进一步增大，沿程水温垂向分层结构越发显著，温跃层均有所下移，滞温层深度显著缩减，绥江县城断面垂向水温与溪洛渡大坝坝前基本一致，向家坝大坝坝前表层水温和底层水温较溪洛渡大坝坝前均有升高趋势。

7.4.3　生态调度对下游保护区的影响

2018 年溪洛渡生态调度试验落门期间，受持续寒潮影响，电网用电需求增加，溪洛渡水库水位消落较快。2 月 12 日，溪洛渡水库水位已消落至 570m 以下，仅具备单层叠梁门运行条件，水库水位高程维持 570～576m（图 7.15）。至 4 月 18 日，叠梁门开始提门，水位由 576m 消落至 572m。其间入库流量变幅不大，落门阶段入库流量为 2200～2800m³/s，稳定运行阶段入库流量为 1600～3000m³/s；提门阶段，入库流量小幅提升，为 1800～2700m³/s。

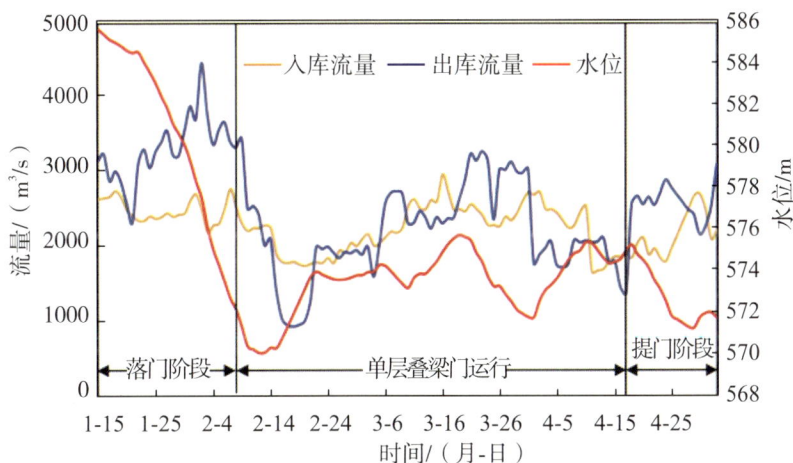

图 7.15　2018 年生态调度期间溪洛渡水库运行

稳定运行阶段，门顶淹没水深在 40～46m 上下浮动。叠梁门顶（530m）处与取水口底板（518m）处水温变化趋势基本相同，530m 处水温始终高于 518m 处水温 0.2～0.3℃（图 7.16），3 月中旬叠梁门顶部水温与取水口底板处水温温差达到最大值 0.4℃。由此可见，溪洛渡水库的分层取水对于增加发电机组进水口的水温，进而提升水库的下泄水温效果较为明显。

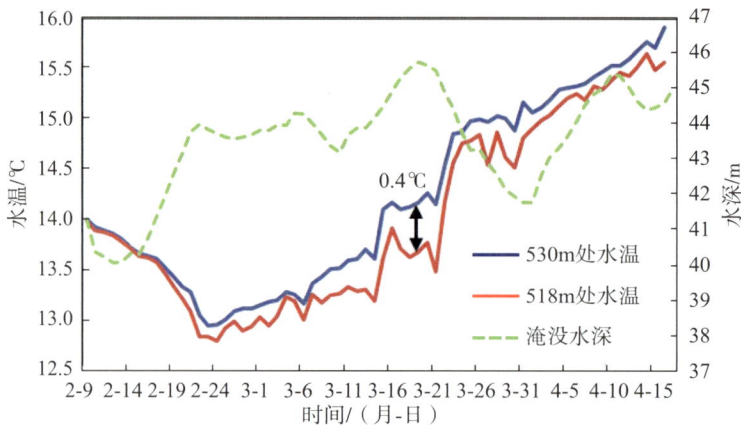

图 7.16　溪洛渡水库分层取水水温垂向变化过程

此外,通过对比 2017 年和 2018 年溪洛渡水库坝前及坝下的水温变化过程可知(图 7.17、图 7.18),通过 2018 年长达 68 天的单层叠梁门运行,坝前和坝后温差较 2017 年同期显著减小,最大温差由 2017 年的 1.9℃ 减小到 2018 年的 1.6℃,平均温差减小约 0.4℃。

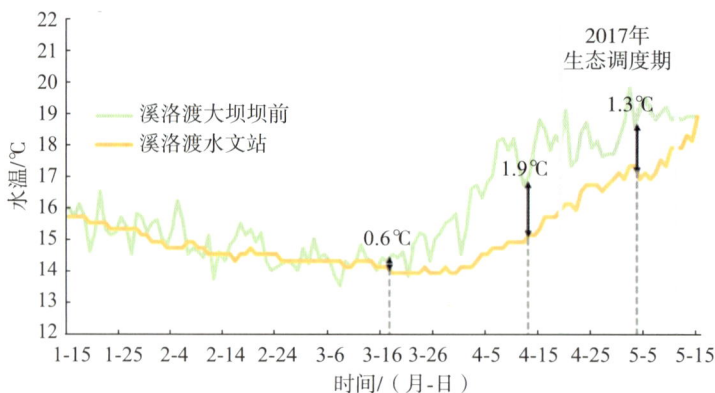

图 7.17　2017 年溪洛渡坝前及坝下水温变化过程对比

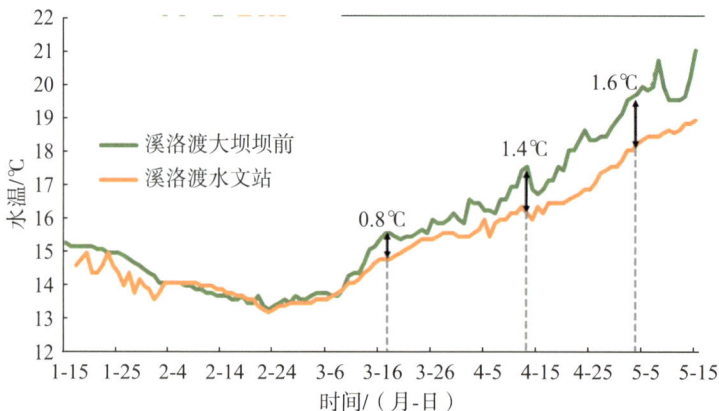

图 7.18　2018 年溪洛渡坝前及坝下水温变化过程对比

对比图 7.19、图 7.20 可知,向家坝水库坝前和坝后温差 2018 年较 2017 年并未出现显著的减小,反而略有增大,最大温差由 2017 年的 3.2℃ 升至 2018 年的 3.6℃。由此可见,溪洛渡水库的分层取水,虽然能提高坝下河段的水温,但是这种提升效果在绥江县城已显著弱化,再加上向家坝水库的调蓄作用,其对向家坝坝下河段水温几无影响。

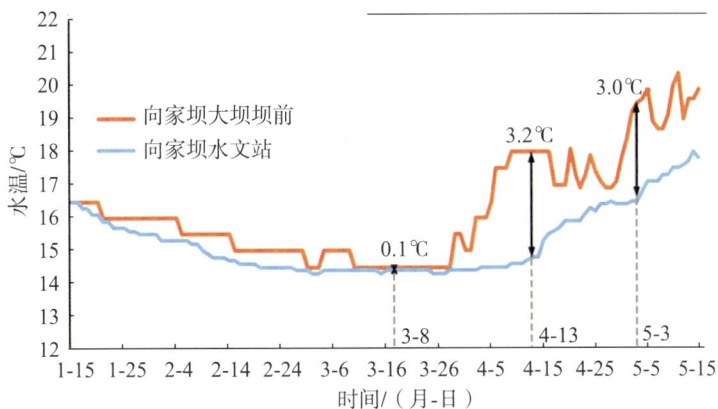

图 7.19　2017 年向家坝坝前及坝下水温变化过程对比

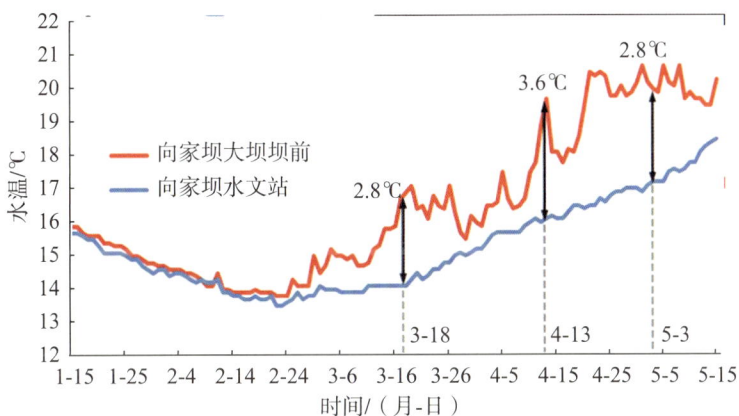

图 7.20　2018 年向家坝坝前及坝下水温变化过程对比

由上述分析可知,溪洛渡水库分层取水虽然对向家坝坝下水温的提高无明显作用,但是向家坝水库的低温水下泄并未降低保护区内朱沱断面的水温(较历史同期并无明显减小),其主要原因是支流岷江的汇入以及沿程气温的升高(图 7.21)。具体表现为:2018 年 1—5 月生态调度期内,溪洛渡水库的平均入库水量为 0.192 亿 m³,而出库流量为 0.189 亿 m³,出入库基本保持平衡,通过单层叠梁门的运用,其坝下水温提高约 0.4℃。但同期向家坝水库的库容达到 46 亿 m³,库容交换系数仅为 0.4%,故向家坝水库的下泄水温并未受到影响。此时,高温(3—5 月较干流水温平均高 1.7℃)、量大(水量占干流的比重达到 45%)的岷江水汇入,以及沿程气温的升高(李庄气温由 3 月初的 11℃ 升至 5 月底的 25℃),对向家坝—朱沱水温的沿程增高影响巨大,水温由向家坝坝下的 15.6℃逐步升高到朱沱(三)水文站的 17.3℃。

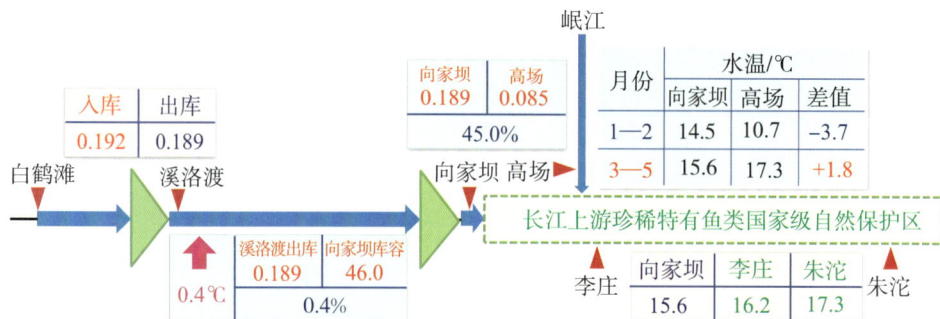

图 7.21　2018 年溪洛渡—向家坝生态调度对下游保护区水温影响

7.5　本章小结

针对金沙江下游珍稀鱼类对水温的敏感需求,溪洛渡水库作为分层型水库,通过叠梁门分层取水试验(2018 年 1—5 月)调节下泄水温。调度分为落门(单层叠梁门)、稳定运行、提门三阶段,共 109 天,旨在提升春季下泄水温,促进鱼类繁殖。通过对溪洛渡水库 2018 年度开展的梁门分层取水试验成效进行综合分析,所得主要结论如下:

1)分层取水效果方面:2018 年 1 月 15 日,溪洛渡电站启用单层叠梁门分层取水(门顶高程 530m,取水口底板 518m);单层叠梁门稳定运行期间(2 月 9 日至 4 月 17 日)叠梁门顶淹没水深在 40~46m 浮动。2018 年溪洛渡生态调度期内下泄水温明显提升,由 2017 年和 2018 年同期溪洛渡坝前及坝下温差对比可知,调度期内溪洛渡下泄水温平均提升约 0.4℃。

2)生态调度综合效果方面:2018 年溪洛渡电站实施生态调度后,有效减弱了电站下泄低温水的影响,溪洛渡水文站水温在 3 月中旬至 5 月上旬较 2017 年有明显提升,但经向家坝电站调蓄(库容交换系数仅为 0.4%)后,其坝下水温较未开展生态调度的多年均值(2013—2016 年)无明显变化。

3)溪洛渡和向家坝水库水温的垂向变化基本一致,1—2 月水温垂向分层不明显,3 月开始出现分层,随后温跃层逐月下移,且最终温度的垂向变化均止于水深110m 附近。溪洛渡水库的分层取水调度,未能从整体上引起两个梯级水库垂向水温结构的突变。

总体来看,溪洛渡分层取水可短期改善坝下局部水温,但梯级水库累积效应与支流水温波动削弱了调控效果。未来需结合支流生态流量调度及气象预测,优化分层取水方案,以平衡水电开发与生态保护需求。

第8章 主要结论和认识

8.1 大型水利工程运行对河流水温结构的影响

大型水利工程主要通过形成垂直温度分层、削弱年度水温波动和重塑空间分布格局三种机制，从而对河流水温结构产生显著影响。本书系统分析了长江干流的溪洛渡、向家坝、三峡和汉江丹江口水库下游或库区河流水温的时空演变特征，总结了水库建设运行对河道水温结构的影响，主要有以下三个方面的认识。

8.1.1 水温垂向分层与年内均化趋势显著增强

水利工程的蓄水调度改变了天然河流的水温垂向分布和季节波动，形成"分层—均化"的复合效应。

（1）形成了垂向水温分层现象

水库蓄水后，水体滞留时间延长，太阳辐射和气象条件差异导致垂向温度梯度显著。溪洛渡水库坝前垂向水温结构呈现明显季节性分层，1—3月水温均匀，4月温跃层开始发育，5—11月温跃层厚度可达10℃，12月恢复均匀；向家坝水库坝前在4—7月垂向温差达8℃。这使得取水口不同高程处水温不同，溪洛渡水库4—7月530m高程处水温较518m处平均高约0.3℃；向家坝水库4—6月340m高程处水温较321.5m处水温略高，最大高约0.5℃。同时取水口处水温与表层水温差异较大，溪洛渡水库取水口处水温较表层水温最大低约为2℃（8月），向家坝水库为3℃（4月）。水库水温的垂向分层直接导致下泄水流温度降低，溪洛渡—向家坝水库春季下泄低温水，使向家坝坝下2012—2016年3—6月水温较天然状态平均降低2.2℃，可能抑制鱼类产卵。

（2）年内水温变幅减小与均化趋势明显

梯级水库通过滞温效应削弱水温的季节性波动，表现为年极温差缩小与分布均化。三峡库区及中下游水文站年均水温较历史时期上升0.4～0.9℃，年极温差减少

1.2~2.3℃，水温系列不均匀系数和集中度下降，峰值延迟 1~2 旬。同样，丹江口水库下游的黄家港站年均水温下降 2.5℃，年最低水温上升显著，下游仙桃水文站水华易发期 1—3 月水温增幅达 0.8~1.7℃。这种均化趋势削弱了天然水温节律，易导致"四大家鱼"等依赖季节性水温变化的物种繁殖受阻。

8.1.2　干支流水温关系的重构与空间异质性加剧

水利工程通过改变流量分配与水温时空变化特征，重塑了河流沿程与支流水温的空间格局。

（1）形成了干流沿程水温的"人工调控烙印"

梯级水库的水温叠加效应改变了上下游的水温沿程分布特征，溪洛渡—向家坝梯级运行后，白鹤滩—向家坝江段春季沿程水温由升温转为降温，寸滩—宜昌江段沿程温降幅度增大。梯级水库的水量调度对干支流流量比进行了重新分配，使支流入汇对干流水温的影响发生改变，1981—2016 年，低温量大的岷江水（年均水温低于干流 2℃、流量占比 50% 以上）入汇使屏山—朱沱江段沿程水温下降 0.6℃，而嘉陵江（年均水温高于干流 1℃、流量占比 25% 左右）入汇则抬升沿程水温 0.5℃。溪洛渡—向家坝水库运行后对干支流水量分配产生影响，以 1956—2011 年、2012—2018 年 2 个时期 5 月岷江与干流流量比值变化来看，由历史时期的平均流量占比 40% 调整为 2012—2018 年的 35%，这将对干流水温的变化产生一定影响。

（2）干流—支流水温耦合机制的改变

干流水库水温结构的垂向传导使金阳河、美姑河支库库中与干流汇口下游垂向水温分层同步发展，表明干流水库蓄水对支流水温具有传导性影响。同时，向家坝水文站—李庄江段受水库调度、沿程气温、支流横江和岷江入汇影响，其中向家坝水文站 4—5 月水温较历史同期均值平均偏低 3.7℃，相较天然状态已发生显著变化，影响生态敏感区的水生生态水温需求。

8.1.3　生态系统响应与长期累积性风险

水温结构的改变对水生生物物候、群落结构及环境稳定性产生深远影响，呈现"滞后—累积—放大"效应。

（1）对鱼类繁殖周期和生态稳定性产生影响

首先是对鱼类产卵繁殖的影响，丹江口水库下游黄家港水文站达到鱼类产卵阈值水温 18℃ 的时间延迟了 2~4 个月，襄阳水文站延迟了 2 旬，鱼类繁殖受到严重影响，是导致鱼类资源量减少的重要原因。其次是汉江水华暴发机制发生转变，水华发生年份的水温特征在 2013 年前表现为 1—3 月平均水温、最高日水温、最大月水温极差偏大的特征,2014 年后水华发生年份与水温特征无明显相关性,但发生水华的年份月均水温均在 9℃ 以上,且仙桃站 1—3 月水温较历史时期升高了 0.8~1.7℃,为水华暴发提供了适宜的水环境。

(2)存在长期累积性生态风险

滞温效应存在时间延展性,丹江口水库运行 50 年后,黄家港年均水温序列仍存在 27、17 年的主周期震荡,表明工程影响具有代际传递性。梯级开发存在水温累积效应,溪洛渡—向家坝—三峡梯级的联合运行在年内不同时期形成"高、低水温串联",三峡大坝下游宜昌水文站 12 月至次年 2 月水温较历史同期均值平均偏高 3.9℃,4—6 月略有降低,均偏离历史总体,可能诱发不可逆的生态连锁反应。

综上所述,大型水利工程的建设运行深刻改变了河流水温结构,其引发的生态效应具有复杂性、多维度与累积性特征。长江攀枝花和汉江丹江口以下江段的水温分析结果表明,水温调控需从单一工程管理转向流域系统治理,方能在水电开发与生态保护间实现可持续平衡。

8.2　水温生态调度调节效果认识

长江干支流水库群在防洪、发电、航运等方面发挥了巨大作用,但水库蓄水运行对水温的扰动也深刻影响着下游生态系统的稳定性。水温是水生生物生存、繁殖的关键环境因子,尤其是鱼类产卵、洄游等行为对水温变化极为敏感,为缓解水库下泄低温水的负面影响,分层取水技术逐渐成为长江干支流水库生态调度的核心手段。

溪洛渡水电站叠梁门的主要功能是确保电站进水口在不同水位下均能取到上中层水,从而提高下泄水温,满足鱼类繁殖所需的水温条件。本书对 2018 年 1—5 月溪洛渡分层取水生态调度时期内的溪洛渡—向家坝库区水温监测数据进行了系统分析,受持续寒潮影响,电网用电需求增加,溪洛渡水库水位消落较快(2 月 12 日已消落至 570m 以下),调度工作期间仅具备单层叠梁门运行条件,将取水区域高程抬升 12m(门顶高程 530m、取水口底板高程 518m),调度后坝下水温提升效果初显,溪洛渡下泄水温平均提升约 0.4℃,有效减弱了电站下泄低温水的影响,但经过向家坝水库调蓄后,其对下游河道水温提升效果几近消失。因而建议今后可开展溪洛渡—向家坝联合生态调度,同时在有条件情况下增加叠梁门运行层数,增强生态调度对下游河道水温的提升效果;或者通过调节下泄水量,调整下游岷江来水与干流来水比值,开展干支流联合调度,对水温及下泄流量过程进行综合控制,以达到提升下游生态保护区沿程水温的目的。

从近些年长江干支流实施的水库分层取水成效来看，生态调度对促进鱼类繁殖行为恢复、缓解水体溶解氧分层与富营养化风险、维持河流连续性生态过程等方面具有重要的积极作用。长江干支流水库群需打破"单库优化"局限，开展梯级协同调度。例如，金沙江下游溪洛渡—向家坝—三峡水库群可建立联合水温调控机制，通过上游水库提前蓄热、中下游水库分层泄流，形成"温度接力"，同时完善全流域水温—生物监测网络，为调度效果评估提供数据支撑。在科技创新上加强发电、供水和生态平衡的多目标协同及动态耦合气象—水文—生态模型等方向的研究，进一步优化分层取水生态调度策略，提升工程综合效益。另外，在面对气候变化与人类活动影响叠加的背景下，需进一步融合智能算法、建立跨流域协作和长期生态监测机制，推动水温调控从"被动适应"向"主动修复"转型。只有在水库功能与河流生态之间找到动态平衡点，才能真正实现"人水和谐"的可持续发展目标。

参考文献

[1] 陈金凤,曾凌,李雨,等. 金沙江下游水温变化规律探讨[J]. 长江科学院院报,2024,41(6):200-206.

[2] 丁洪亮,程孟孟,胡永光,等. 丹江口－王甫洲区间生态调度认识与实践[J]. 人民长江,2022,53(3):74-78.

[3] 郭超,周银军,姚仕明,等. 丹江口－王甫洲区间河道伊乐藻灾害原因与治理措施初探[J]. 长江科学院院报,2023,40(5):22-28,37.

[4] 郭文献,夏自强,王鸿翔,等. 近50年来长江宜昌站水温变化的多尺度分析[J]. 水利学报,2008(11):1197-1203.

[5] 黄朝君,王栋,秦赫. 南水北调中线工程运行对汉江丹－襄区间水文情势变化的影响研究[J]. 水利水电快报,2021,42(12):31-37.

[6] 姬雨雨,陈求稳,施文卿,等. 水库运行对漫湾库区洲滩水热交换影响[J]. 水科学进展,2018,29(1):73-79.

[7] 贾建辉,陈建耀,龙晓君,等. 水电开发对河流生态系统服务的效应评估与时空变化特征分析:以武江干流为例[J]. 自然资源学报,2020,35(9):2163-2176.

[8] 李怀恩. 分层型水库的垂向水温分布公式[J]. 水利学报,1993(2):43-49,56.

[9] 李建,尹炜,贾海燕,等. 汉江中下游水华防控生态调度研究[J]. 湖泊科学,2022,34(3):740-751.

[10] 李褆来,陈黎明,王向明. 梯级水电站对库区和河道水温的影响预测[J]. 水利水电科技进展,2013,33(3):23-28.

[11] 李雨,刘秀林. 金沙江下游及川江段水温沿程监测成果分析[C]//2020(第八届)中国水生态大会论文集. 郑州,2020:7-14.

[12] 李雨,邹珊,张国学,等. 溪洛渡水库分层取水调度对下游河段水温结构的

影响分析[J].水文,2021,41(3):101-108.

[13] 刘秀林,李雨,曾凌.汉江中下游干流水温时空分布特征及多时间尺度分析[J].水文,2024,44(6):109-117.

[14] 刘有志,相建方,陈文夫,等.狭长型水库蓄水至初期运行阶段水温演化规律研究[J].水利学报,2020,51(11):1412-1422.

[15] 卢金友,林莉.汉江生态经济带水生态环境问题及对策[J].环境科学研究,2020,33(5):1179-1186.

[16] 邵骏,杜涛,郭卫,等.金沙江上游河段水温变化规律及其影响因素探讨[J].长江科学院院报,2022,39(8):17-22,28.

[17] 宋丹,华国春,黄孝容,等.西藏地区水库水温预测方法适用性研究[J].水电能源科学,2018,36(9):68-71.

[18] 孙志禹,张敏,陈永柏.水电开发背景下长江上游保护区珍稀特有鱼类保护实践[J].淡水渔业,2014,44(6):3-8.

[19] 万光,刘天鹏,苏加林,等.严寒地区库水温计算经验公式对比及修正[J].水力发电学报,2016,35(3):113-120.

[20] 汪登强,高雷,段辛斌,等.汉江下游鱼类早期资源及梯级联合生态调度对鱼类繁殖影响的初步分析[J].长江流域资源与环境,2019,28(8):1909-1917.

[21] 王冬,尹正杰,方娟娟,等.丹江口水库调水对汉江中下游四大家鱼繁育的影响研究[J].水资源研究,2016,5(6):553-563.

[22] 王何予,田晶,邓乐乐,等.基于IHA-RVA法分析汉江中下游水文情势变化[J].水资源研究,2021,10(4):350-361.

[23] 王学雷,宋辛辛.梯级水库叠加影响下汉江中下游流域水文情势变化研究[J].华中师范大学学报(自然科学版),2019,53(5):685-691.

[24] 王雅慧,李兰,卞俊杰.水库水温模拟研究综述[J].三峡环境与生态,2012,34(3):29-36.

[25] 王悦,叶绿,高千红.三峡库区175m试验性蓄水期间水温变化分析[J].人民长江,2011,42(15):5-8.

[26] 危起伟.长江上游珍稀特有鱼类国家级自然保护区科学考察报告[M].北京:科学出版社,2012.

[27] 夏依木拉提. 近50年天山西部内流河天然河道水温变化特征[J]. 水文,2009,29(2):84-86.

[28] 易伯鲁,余志堂,梁秩燊. 葛洲坝水利枢纽与长江四大家鱼[J]. 鱼类学,1988.

[29] 尹炜,李建,辛小康. 汉江中下游生态复苏面临问题与生态调度研究[J]. 中国水利,2022(7):57-60.

[30] 袁博,周孝德,宋策,等. 黄河上游高寒区河流水温变化特征及影响因素研究[J]. 干旱区资源与环境,2013,27(12):59-65.

[31] 张士杰,刘昌明,王红瑞,等. 水库水温研究现状及发展趋势[J]. 北京师范大学学报(自然科学版),2011,47(3):316-320.

[32] 中国河湖大典编纂委员会. 中国河湖大典长江卷(上)[M]. 北京:中国水利水电出版社,2010.

[33] 邹珊,李雨,陈金凤,等. 长江攀枝花-宜昌江段水温时空变化规律[J]. 长江科学院院报,2020,37(8):35-41,48.

[34] 邹振华,陆国宾,李琼芳,等. 长江干流大型水利工程对下游水温变化影响研究[J]. 水力发电学报,2011,30(5):139-144.

[35] Corbacho C,Sanchez J M,Patterns of species richness and introduced species in nativefreshwater fish faunas of a Mediterranean-type basin:the Guadiana River(southwestIberian Peninsula)[J]. John Wiley & Sons,Ltd,2001,17(6):699-707.

[36] Macdougall T M,Wilson C C,Richardson L M,et al. Walleye in the Grand River,Ontario:an Overview of Rehabilitation Efforts,Their Effectiveness,and Implicationsfor Eastern Lake Erie Fisheries[J. Journal of Great Lakes Research,2007,33:103-117.

[37] Morita K,Yamamoto S. Effects of habitat fragmentation by damming on the persistence of stream-dwelling charr populations[J]. Conservation Biology,2002,16(5):1318-1323.

[38] Santos J M,Ferreira M T,Pinheiro A N,et al. Effects of small hydropower plants onfish assemblages in medium-sized streams in central and northern Portugal[J].

Aquatic Conservation:Marine and Freshwater Ecosystems,2006,16(4):373-388.

［39］Shi L,Morovati K,Sun J,et al.Combined Effects of Climatic Change and Hydrological Conditions on Thermal Regimes in a Deep Channel-type Reservoir［J］. Environmental Monitoring and Assessment,2023,195(2):334.

［40］Sun J,Lin J,Zhang X,et al.Dam-influenced Seasonally Varying Water Temperature in the Three Gorges Reservoir［J］.River Research and Applications, 2021,37(4):579-590.

［41］Xiao Z,Sun J,Lin B,et al.Multi-timescale Changes of Water Temperature Due to the Three Gorges Reservoir and Climate Change in the Yangtze River,China［J］. Ecological Indicators,2023,148:110129.